# Die Chemie der trocknenden Öle.

Von

**Wilhelm Fahrion,**
Dr. phil., Chemiker und Betriebsleiter in Höchst a. M.

Mit 9 Textfiguren.

**Berlin.**
Verlag von Julius Springer.
1911.

ISBN-13: 978-3-642-89664-4 e-ISBN-13: 978-3-642-91521-5
DOI: 10.1007/978-3-642-91521-5



Softcover reprint of the hardcover 1st edition 1911

# Vorwort.

Für die hohe technische und wirtschaftliche Bedeutung der trocknenden Öle spricht schon der Umstand, daß bereits im Jahre 1867, zu einer Zeit, als noch keinerlei Spezialwerk über Fettchemie und Fettanalyse existierte, ein solches über die „Chemie der austrocknenden Öle" erschien, und zwar in demselben Verlag wie das vorliegende Buch. Der Verfasser war allerdings kein deutscher, sondern der holländische Chemiker G. J. Mulder, u. a. auch bekannt durch verschiedene Streitigkeiten mit Liebig. Sein Buch hat einige Mängel, die Anordnung des Stoffes ist keine glückliche und die Übersetzung (durch J. Müller) keineswegs mustergültig. Wenn man sich aber in den Geist des Werkes eingearbeitet hat, so muß man von der Gründlichkeit, Gewissenhaftigkeit und wissenschaftlichen Befähigung des niederländischen Forschers eine hohe Meinung erhalten. Die gesamte einschlägige Literatur wurde zusammengetragen, gesichtet, berichtigt und durch eine große Anzahl eigener, wertvoller Beobachtungen vermehrt. Wenn diese Beobachtungen teilweise zu Schlußfolgerungen führten, die heute als irrtümlich erkannt sind, so ist dies lediglich durch den damaligen Stand der chemischen Wissenschaft zu erklären, über seine Zeit konnte Mulder nicht hinaus.

Nun hat die Chemie als Gesamtwissenschaft in den letzten 40 Jahren ungeheure Fortschritte gemacht, die Fettchemie dagegen und insbesondere die Chemie der trocknenden Öle wurde ziemlich vernachlässigt, immerhin sind ein paar Dutzend Arbeiten erschienen, welche den von Mulder eingenommenen Standpunkt stark verschoben haben. Ferner wurde, den Bedürfnissen der Praxis entsprechend, die Fettanalyse systematisch ausgebaut, und sie gibt uns heute eine Reihe von Hilfsmitteln an die Hand, welche Mulder völlig abgingen. Endlich haben sich auch in technischer Hinsicht seit Mulders Zeiten große Umwälzungen vollzogen. Während damals jeder Maler sich seinen Bedarf an Firniß selber herstellte, werden heute sowohl die Firnisse als die Sikkative im Großen fabrikmäßig erzeugt. Angesichts dieser veränderten Sachlage mußte ein Buch, ähnlich dem Mulderschen, aber auf modernen Grundlagen beruhend, als eine Notwendigkeit erscheinen, und in der Tat schrieb M. Weger, der sich nach Mulder die größten Verdienste um die Firnischemie erworben hat, schon im Jahr 1898: „Es ist zu bedauern, daß sich kein zweiter Mulder findet, der mit gleichem Verständnis für Theorie und Praxis das Gebiet der Firnisse und Lacke der neueren Zeit entsprechend bearbeitet. Eine gesunde wissenschaftliche Grundlage würde sicher den hier beteiligten Industrien zu großem Vorteil gereichen.“ Nun bilde ich mir nicht ein, dieser zweite Mulder zu sein, nachdem aber seit 1898 nichts geschehen ist — kein einziges der seither erschienenen Werke bringt eine systematische Durcharbeitung der vorliegenden Materie —, habe ich mich zu dem Versuche, die Aufgabe im Sinne Wegers zu lösen, entschlossen. Seit vielen Jahren zwar nicht in der Firnisindustrie selbst, aber in einem verwandten Zweige der Fettindustrie praktisch tätig, habe ich mich auch theoretisch an den Arbeiten zur Aufklärung der Zusammensetzung des Leinöls und der chemischen Vorgänge beim Trockenprozeß beteiligt und mir dadurch eine ziemliche Kenntnis des Gegenstandes erworben. Aber Irrtümer sind auf einem derartigen Gebiete nie ganz zu vermeiden und vor allen Dingen mag bei dem weithin zerstreuten Material eine oder die andere wertvolle Angabe übersehen worden sein. Für alle diesbezüglichen Mitteilungen wäre ich den Fachgenossen zu Danke verpflichtet.

Daß eine bloße Umarbeitung des Mulderschen Buches wenig Wert gehabt hätte, ist leicht einzusehen, es konnte lediglich das von ihm beigebrachte Material wie alles andere historisch-kritisch verwertet werden. Ebenso war es von vornherein klar, daß eine erschöpfende Bearbeitung des Stoffes nur auf analytischer Grundlage möglich war. Nun besitzen wir ja eine ganze Anzahl guter Werke über die Fettanalyse, m. E. geht aber keines derselben auf die besonderen Schwierigkeiten, welche die trocknenden Öle bieten, genügend ein. Ferner beruhen alle diese Werke auf deduktiver Grundlage, sie bringen zuerst allgemein und oft in breiter Ausführlichkeit die Arbeitsweisen, um erst nachher auf die einzelnen Fette und Öle einzugehen. Es liegt mir ferne, die Berechtigung dieser Methode zu bestreiten; daß sie aber gewisse Mängel hat, ist meines Erachtens auch unbestreitbar. Es mußte daher einen gewissen Reiz bieten, auch einmal den umgekehrten, den induktiven Weg einzuschlagen und an dem Beispiel des Leinöls die analytischen Methoden zu entwickeln, und zwar in leicht verständlicher Fassung, ohne unnötiges Beiwerk und auf Grund langjähriger Laboratoriumspraxis. Kenntnisse der allgemeinen Analyse sind dabei natürlich vorausgesetzt.

Die Literatur ist bis Ende 1910 berücksichtigt, überall sind die Quellen angegeben; auch die Patentliteratur wurde nicht vernachlässigt. Leider war es mir nicht möglich, alle fremdsprachigen Arbeiten im Original einzusehen, ich mußte mich teilweise auf die Referate im „Chemischen Zentralblatt" und einigen anderen Zeitschriften beschränken, ich hoffe indessen, daß die Gesamtdarstellung darunter nicht gelitten hat. Mulder hat noch die alten Atomgewichte (C = 6, O = 8) angewendet, des besseren Verständnisses halber habe ich seine Formeln unserem heutigen System gemäß abgeändert. Für die Zwecke der Analyse wurden die bequemen und keine merklichen Fehler bedingenden ganzzahligen Atomgewichte (H = 1, C = 12, O = 16, K = 39) benutzt.

Gerne hoffe ich, durch das vorliegende Buch nicht nur den in der Firnis-, Lack- und Linoleumindustrie tätigen, sondern auch manchen fernerstehenden Fachgenossen einen Dienst zu erweisen. Ganz besonders würde ich mich freuen, wenn es zur Folge hätte, daß die rein wissenschaftliche Forschung sich mehr als seither diesem vielfach noch dunklen Gebiete zuwendet.

Höchst a. M., im Juni 1911.

**W. Fahrion.**

# Inhaltsverzeichnis.

## Berichtigungen.

Seite 41, Zeile 10 v. o. lies Linolsäure anstatt Linolensäure.
„ 55, in der zweiten Gleichung lies 0,45 anstatt 0,5.
„ 169, Zeile 17 v. o. lies 70 %O anstatt 70 %C.

# Einleitung.

Die natürlich vorkommenden Fette lassen sich nach verschiedenen Prinzipien einteilen, einerseits nach ihrer Konsistenz in feste, halbfeste und flüssige, andererseits nach ihrer Herkunft in tierische und pflanzliche. Die **trocknenden Öle** gehören zu den **flüssigen Pflanzenfetten**. Ihren Namen verdanken sie der Eigenschaft, daß dünne Schichten unter dem Einfluß der Luft allmählich ihre Flüssigkeit verlieren und in eine feste, aber elastische Haut übergehen. Schon vor Jahrhunderten erkannte man, daß eine derartige Haut zum Schutze von Flächen, z. B. gegen die schädlichen Einwirkungen der Atmosphäre, dienen kann. Es lag nahe, mit dem Zwecke des Schützens auch denjenigen des Schmückens zu verbinden, indem man dem Öl vor dem Trocknen feingemahlene Farbkörper beimischte, welche noch den weiteren Vorteil bringen, die Widerstandsfähigkeit der Firnishaut zu erhöhen. Man braucht nur an eine große eiserne Eisenbahnbrücke zu denken, deren Haltbarkeit durch einen geeigneten Anstrich um viele Jahre verlängert wird, um einen Begriff zu erhalten von den enormen Ölmengen, welche Jahr für Jahr zu Anstrichzwecken verwendet werden. Aber auch die Kunst bedient sich ihrer, und wenn wir heute die Meisterwerke lange verstorbener Maler bewundern, so verdanken wir auch dies zu einem guten Teil der konservierenden Wirkung der trocknenden Öle. Der Chemismus des Trockenprozesses bietet daher in technischer und wissenschaftlicher Hinsicht hohes Interesse. Von seiner Erforschung konnte natürlich in früheren Jahrhunderten keine Rede sein. Als Geburtsjahr der Fettchemie kann man das Jahr 1823 und als den „Vater der Fettchemie" den französischen Chemiker M. E. Chevreul bezeichnen, welcher 1889 im hohen Alter von 103 Jahren starb. Im oben genannten Jahre 1823 erschien seine berühmte Abhandlung: Traité des corps gras d'origine animale, in welcher er die Konstitution der tierischen Fette als Glyzerinester hochmolekularer, fester und flüssiger Fettsäuren aufklärte. Daß auch die pflanzlichen Fette Glyzerinester sind, wurde bald darauf erkannt, aber über 60 Jahre dauerte es, bis die chemische

Natur der in den trocknenden Ölen enthaltenen Fettsäuren vollständig erkannt wurde (Hazura 1886—1888). Mit dem Trockenprozeß beschäftigte sich zuerst Mulder, (1867), später Hazura (1888), Weger (1898), Genthe (1906), Fokin (1909), Fahrion (1893, 1904, 1910) und in den letzten Jahren besonders auch Meister. Über die Sikkative und Firnisse haben hauptsächlich Weger (1897—1899) und Lippert (1897—1903) wertvolle Arbeiten geliefert.

Die Anzahl der trocknenden Öle, welche uns die Natur zur Verfügung stellt, ist eine ziemlich große, die Anzahl derjenigen dagegen, welche bis heute in größerer Menge technische Verwendung finden, eine beschränkte. Es sind in der Hauptsache nur 5, das Lein-, Mohn-, Hanf-, Nußöl-, sowie das Holzöl. Die ersteren 4 stammen von Kulturpflanzen, welche auch in Europa gedeihen, das Holzöl von einem in Asien wild wachsenden Baum. Außer den trocknenden gibt es auch sog. „halbtrocknende Öle", welche nur sehr langsam die Firnishaut liefern. Zu ihnen gehören hauptsächlich das Baumwollsamen-, Raps-, Mais-, Sonnenblumen- und Sojabohnenöl. Endlich gibt es auch pflanzliche Öle, welche die Eigenschaft des Trocknens, wenigstens bei gewöhnlicher Temperatur, gar nicht zeigen, hier sind besonders das Oliven-, Sesam- und Erdnußöl zu nennen. Von den tierischen Ölen zeigen die Trane in beschränktem Maße die Eigenschaft des Trocknens. Sie kommen, wie auch die halbtrocknenden Pflanzenöle, als Verfälschungs- bzw. Verbilligungsmittel der trocknenden Öle in Betracht, während die nichttrocknenden Öle für die vorliegenden Betrachtungen vollkommen ausscheiden.

Von den 5 oben genannten, trocknenden Ölen ist das Holzöl ungenießbar, die anderen 4 kommen auch als Speiseöle in Betracht. Beim Leinöl tritt aber die letztere Verwendung gegenüber der technischen weit in den Hintergrund, wie überhaupt an technischer Bedeutung das Leinöl alle übrigen trocknenden Öle weit hinter sich läßt. Infolgedessen ist es auch am eingehendsten studiert worden, so daß der erste, größere Teil des vorliegenden Buches ausschließlich dem Leinöl gewidmet und alle allgemeinen Fragen in diesem ersten Teile abgehandelt sind. Im zweiten Teil folgen dann die übrigen trocknenden Öle, von denen besonders das Holzöl in den zwei letzten Jahrzehnten eine besondere Bedeutung erlangt hat.

## Erster Teil.

# Das Leinöl.

Das Leinöl stammt aus den Samen des Leins oder Flachses (linum usitatissimum). Die Pflanze wird schon seit den ältesten Zeiten kultiviert, die Stammpflanze scheint nicht bekannt zu sein. Die Frucht ist eine Kapsel mit 10 Samen von 3,5—5,5 mm Länge. Der Flachs wird nicht nur wegen der ölhaltigen Samen angebaut, sondern auch wegen der Fasern, welche durch geeignete Behandlung des Stengels gewonnen werden, um das als Leinwand bekannte Gewebe zu liefern. Beide Zwecke des Anbaus stehen in einem gewissen Widerspruch zueinander: will man eine gute Faser erzielen, so muß der Flachs vor der Reife geerntet werden, und die Samen sind klein und ölarm. Da aber die Leinwand vielfach durch baumwollene Gewebe verdrängt wurde, so ist heute die Saatgewinnung der weitaus überwiegende Zweck des Anbaus. Die Samen enthalten 32—43 % Öl, gewonnen wird das letztere fast ausschließlich durch hydraulische Pressung. Die kalte Pressung liefert ein hellgelbes Öl, welches besonders in Rußland, Nordostdeutschland, Ungarn und Indien für Speisezwecke Verwendung findet. In der Regel wird aber die Leinsaat vor dem Pressen angewärmt und liefert dann in einer Ausbeute von 29—36 % ein gelb bis braungelb gefärbtes Öl. Der Rest des Öls bleibt in den Preßkuchen zurück, deren Fettgehalt bis zu 12 % beträgt. Er ließe sich zwar durch Extraktion so gut wie vollständig gewinnen, doch würde dadurch der Wert der Leinkuchen, welche als Viehfutter dienen, zu stark vermindert.

Auf die Einzelheiten der Leinölgewinnung einzugehen, ist hier nicht der Ort, es sei in dieser Beziehung auf das im gleichen Verlag erschienene Werk: Chemische Technologie der Fette und Öle von Gustav Hefter verwiesen. Nur über die Produktionsverhältnisse mag kurz einiges erwähnt werden. Die Weltproduktion an Leinsaat beträgt heute über 3 Millionen

Tonnen jährlich. Die hauptsächlichsten Produktionsländer sind Argentinien (La Plata-Saat), die Vereinigten Staaten von Nordamerika, Indien (Bombay- und Kalkutta-Saat), Rußland (baltische und Schwarzmeer- oder Asowsaat). Geringere Mengen von Leinsaat produzieren Rumänien, Ägypten, Kanada, Nordfrankreich, Dänemark, Belgien, Holland, Ungarn. In Deutschland geht die Produktion ständig zurück, dagegen importierte es im Jahre 1909 436867 Tonnen Leinsaat, davon die größere Hälfte aus Argentinien. Die Einfuhr an fertigem Leinöl kommt kaum in Betracht, ebensowenig die Ausfuhr. Iu den Handel kommt das Leinöl in den bekannten Barrels, Holzfässern von 160—180 kg Inhalt. Der Preis des Leinöls ist starken Schwankungen unterworfen, zurzeit ist er abnorm hoch.

Die nachstehenden Ausführungen über das Leinöl gliedern sich in 12 Kapitel, und zwar:

1. Allgemeine und physikalische Eigenschaften.
2. Verhalten gegen chemische Agenzien.
3. Chemische Bestandteile.
4. Chemische Analyse.
5. Quantitative Zusammensetzung.
6. Veränderungen beim Lagern und Erhitzen ohne Luftzutritt.
7. Veränderungen beim Lagern und Erhitzen mit Luftzutritt.
8. Gewichtsveränderungen beim Trockenprozeß.
9. Chemismus des Trockenprozesses.
10. Sikkative.
11. Leinölfirnis.
12. Öllack.

Erstes Kapitel.

# Allgemeine und physikalische Eigenschaften des Leinöls.

Das Leinöl ist von hellgelber bis brauner Farbe und von eigentümlichen Geruch und Geschmack. Daß die beiden letzteren von flüchtigen Fettsäuren herrühren, wie man früher bei den Fetten allgemein annahm, bestritt Mulder, weil er keine flüchtigen Fettsäuren im Leinöl nachweisen konnte. Er schloß daher auf einen geringen Gehalt an, bis dahin unbekannten Substanzen. Nach A. Mitarewski[1]) zeigt gepreßtes Leinöl denselben charakteristischen Geruch wie Leinsaat und Leinkuchen, extrahiertes dagegen einen fischtranähnlichen Geruch. Eine Ausnahme macht das mit Schwefelkohlenstoff ausgezogene Öl, welches einen scharfen Knoblauchgeruch aufweist. M. Tsujimoto[2]) behandelte Leinöl mit 10 % Fullererde (s. später), neutralisierte das Filtrat mit alkoholischer Kalilauge und entfernte die Seife durch sorgfältiges Waschen mit Wasser. Das so gereinigte Öl war nahezu geruchlos, nachdem es aber einige Tage auf einem Uhrglas im zerstreuten Tageslicht gestanden hatte, zeigte es wiederum den alten charakteristischen Geruch. Tsujimoto schloß daraus, daß der Geruch dem stark ungesättigten Linolensäureglyzerid bzw. gewissen Autoxydationsprodukten desselben zuzuschreiben ist. Leinöl aus indischer Saat soll zuweilen beim Lagern bitter werden. Auch direkt giftiges Leinöl soll schon im Handel vorgekommen sein, ebenso wurden schon schädliche Einwirkungen der Leinkuchen auf das Vieh beobachtet. Manche schreiben die Giftwirkung Fremdsamen zu, z. B. denen des Taumellolchs, andere einem Glukosid Linamarin, das zusammen mit einem Enzym (Emulsin) im Leinsamen vorkommen soll. Bei der warmen Pressung wird das Enzym zerstört, bei der kalten bleibt es aber aktiv und kann bei Gegenwart von Wasser eine Abspaltung von Blausäure aus dem Glukosid veranlassen. Die Menge des letzteren steigt beim Keimen der Leinsaat beträchtlich, so daß besonders bei schon angekeimter Saat die Giftwirkung eintreten kann.

## A. Dichte.

Im allgemeinen ist das spezifische Gewicht eines fetten Öls um so höher, je höher sein Erstarrungspunkt liegt, d. h. je mehr feste Fettsäuren es enthält. Das Leinöl macht indessen eine Ausnahme von dieser Regel, es hat, wie im nächsten Abschnitt

---

[1]) Westnik gigieni 1906, **42**, 578.

[2]) Journ. of the College of Engineering, Tokyo 1909, **4**, 181.

gezeigt werden wird, einen sehr niedrigen Erstarrungspunkt, dagegen ist sein spezifisches Gewicht verhältnismäßig hoch. Was die Bestimmung des letzteren betrifft, so genügt für die Zwecke der Praxis ein Aräometer, am meisten wird die sog. Fischersche Ölwage verwendet. Für genauere Bestimmungen benützt man das Pyknometer. Mit der Mohrschen Wage erhielt zwar Utz [1]) dieselben Resultate, trotzdem dürfte sie weniger zu empfehlen sein, weil, wie schon hier bemerkt sei, bei analytischen Arbeiten mit Leinöl die Luft tunlichst abzuhalten ist. Bekanntlich spielt bei der Bestimmung des spezifischen Gewichts die Temperatur eine wichtige Rolle, und sollten daher Aräometer und Pyknometer stets mit einem Thermometer kombiniert sein.

Die ältesten Angaben über das spezifische Gewicht des Leinöls dürften diejenigen von de Saussure [2]) sein. Er fand

| | |
|---|---|
| bei 12° | 0,939 |
| „ 25° | 0,930 |
| „ 50° | 0,921 |
| „ 94° | 0,881 |

Bei 100° hätte de Saussure demnach ungefähr 0,877 gefunden. Dagegen findet W. Thörner [3]) das spez. Gew. des Leinöls bei 100° zu 0,9162. Die Ursache dieser beträchtlichen Differenz liegt darin, daß sich in der Zwischenzeit die Definition des spez. Gewichts geändert hat. Früher sagte es aus, wieviel Mal schwerer ein Körper ist als dasselbe Volumen Wasser von + 4°. Heute sagt es, wie viel mal schwerer ein Körper ist als dasselbe Volumen Wasser von derselben Temperatur. Wenn nun Leinöl und Wasser denselben Ausdehnungskoeffizienten hätten, so wäre das spez. Gew. bei jeder Temperatur dasselbe. Nun dehnen sich aber beim Erwärmen von 0 auf 100° 100 ccm Wasser um 4,5 ccm, 100 ccm Leinöl dagegen um 7,2 ccm aus (vgl. Thörner, loc. cit.). Infolgedessen sinkt das spez. Gew. zwar nach wie vor mit steigender Temperatur, doch sind die Differenzen nicht mehr so groß wie früher.

---

[1]) Chem. Revue über die Fett- und Harzindustrie 1907, **14**, 138.
[2]) Ann. chim. phys. 1820, **13**, 351.
[3]) Zeitschr. f. chem. Apparatenkunde 1908, **3**, 165.

Aus leicht ersichtlichen Gründen empfiehlt es sich, das spez. Gew. immer bei derselben Temperatur zu bestimmen. In Deutschland ist man mehr und mehr zu der Normaltemperatur von 15° C übergegangen, in England und Amerika wählt man häufig die Temperatur (60° F =) 15,5° C. Die Differenz zwischen beiden Werten ist etwa 0,000 08, kann also für praktische Zwecke vernachlässigt werden.

Beim Arbeiten mit dem Pyknometer füllt man dieses zunächst mit destilliertem Wasser von 15° und stellt das Gewicht b der betreffenden Wassermenge ein für allemal fest. Dann füllt man es mit Leinöl von 15° und wiegt wieder. Ist a das Gewicht der entsprechenden Leinölmenge, so ist der Quotient $\frac{a}{b}$ das spez. Gew. Nun macht es manchmal Schwierigkeiten, das Öl genau auf 15° zu halten. Wiegt man es aber z. B. bei 17° ($a_1$), so ist das spez. Gew. $\frac{a_1}{b}$ zu niedrig, wiegt man es z. B. bei 12° ($a_2$), so ist das spez. Gew. $\frac{a_2}{b}$ zu hoch. Ein Korrektionsfaktor für derartige ungenaue Zahlen ist daher wünschenswert. Einen solchen ermittelte zuerst Allen[2]) mit ± 0,000 64 pro 1° C, gültig für alle Öle, weil alle annähernd denselben Ausdehnungskoeffizienten haben. Zu dem obigen Wert $\frac{a_1}{b}$ wären somit $2 \times 0{,}000\,64 = 0{,}0013$ zu addieren, von dem Wert $\frac{a_2}{b}$ $3 \times 0{,}000\,64 = 0{,}0019$ zu subtrahieren. P. C. Mc Ilhiney[3]) hat die Sache speziell beim Leinöl untersucht. Aus den oben angegebenen Zahlen von Saussure berechnete er den Korrektionsfaktor zu

| | | | | |
|---|---|---|---|---|
| 0,0069 | zwischen | 12 | und | 25° |
| 0,0036 | ,, | 25 | ,, | 50° |
| 0,0091 | ,, | 50 | ,, | 94° |

Diese stark differierenden Zahlen würden nur dadurch zu erklären sein, daß die Ausdehnung des Leinöls zwischen 12 und

---

[1]) Vgl. Allens Commercial Organic Analysis, 4. Aufl., London 1910, Band II, S. 49.

[2]) Chem. Revue 1901, 8, 226.

$94^0$ eine ganz verschiedene ist. Bei eigenen Versuchen fand Mc Ilhiney dies aber nicht bestätigt, vielmehr war der Faktor

0,000 654 zwischen 15,5 und $28^0$
0,000 72 „ 28 „ $100^0$
0,000 71 „ 15,5 „ $100^0$

Einen ganz ähnlichen Faktor, nämlich 0,00071, hätte Mc Ilhiney gefunden, wenn er aus den Saussureschen Zahlen auch noch die Differenz zwischen 25 und $94^0$ herangezogen hätte. Es folgt daraus, daß der von Saussure gefundene Wert $d_4^{50} = 0{,}923$ zu hoch und durch 0,918 zu ersetzen ist. Nachdem sich schließlich auch noch aus den Thörnerschen Zahlen der Korrektionsfaktor zwischen 0 und $100^0$ zu etwa 0,000 67 pro $1^0$ berechnet, darf man annehmen, daß die Ausdehnung des Leinöls zwischen 0 und $100^0$ tatsächlich eine sehr gleichmäßige ist.

Die Literaturangaben über das spez. Gew. des Leinöls sind sehr zahlreich und können hier nicht alle angeführt werden. Zum Teil verdienen sie auch keine Berücksichtigung, weil entweder keine Temperatur angegeben ist, oder weil das betreffende Öl nicht rein, oder weil es nicht mehr frisch war. Läßt man nämlich Leinöl an der Luft stehen, so steigt infolge von Sauerstoffaufnahme das spez. Gewicht, gleichzeitig sinkt die Jodzahl. Volles Vertrauen verdienen daher eigentlich nur diejenigen Angaben, bei welchen gleichzeitig die Jodzahl bestimmt und nicht unter 170 gefunden wurde. Der nachstehenden Tabelle liegt die Prüfung von über 80 Ölproben zugrunde.

| Analytiker | Herkunft der Saat | Anzahl der Proben | $d_{15}^{15}$ bzw. $d_{15,5}^{15,5}$ | Bemerkungen |
|---|---|---|---|---|
| F. Filsinger, Chem.-Ztg. 1894, **18**, 1005. | Deutschland | 1 | 0,9329 | Speiseleinöl |
| | Indien | 1 | 0,9329 | Firnisleinöl |
| | | 2 | 0,9321—0,9326 | In England gepreßt. |
| J. Lewkowitsch, Chem. Rev. 1898, **5**, 212. | Kalkutta | 1 | 0,9316 | |
| | Petersburg | 1 | 0,9334 | |
| | Balt. Provinz. | 1 | 0,9343 | |
| Gill und Lamb, J. Amer. Chem. Soc. 1899, **21**, 282. | Nordamerika | 4 | 0,931—0,934 | |

| Analytiker | Herkunft der Saat | Anzahl der Proben | $d_{15}^{15}$ bzw. $d_{15,5}^{15,5}$ | Bemerkungen |
|---|---|---|---|---|
| A. A. Shukoff, Chem. Rev. 1901, **8**, 250. | Rußland | ? | 0,935—0,936 | |
| J. J. A. Wijs, Z. Unters. Nahr.- u. Genußm. 1902, **5**, 497. | Holland | 5 | 0,9333—0,9352 | |
| | Indien | 5 | 0,9313—0,9324 | |
| | La Plata | 3 | 0,9311—0,9314 | |
| | Nordamerika | 1 | 0,9309 | |
| | Nordrußland | 3 | 0,9325—0,9335 | |
| | Südrußland | 4 | 0,9305—0,9319 | |
| J. van Itallie, Pharm. Weekblad 1903, **40**, 106. | ? | 2 | 0,9333—0,9337 | |
| | ? | 1 | 0,9336 | |
| C. Niegemann, Chem.-Ztg. 1904, **28**, 97. | Rußland | 5 | 0,9290—0,9325 | |
| | La Plata | 9 | 0,9290—0,9330 | |
| | Indien | 1 | 0,9305 | |
| | ? | 2 | 0,9300—0,9305 | |
| H. Thaysen, Ber. D. Pharm. Ges. 1906, **16**, 277. | ? | 5 | 0,9300—0,9330* | *Durch kaltes Press. selbst hergestellt. |
| | Sizilien | 1 | 0,9323 | |
| G. Tomarchio, Chem.-Ztg. 1906, **30**, 394. | Italien | 1 | 0,9320 | |
| | Bombay | 1 | 0,9358 | |
| | Marokko | 1 | 0,9325 | |
| | Marmara | 1 | 0,9360 | |
| | La Plata | 1 | 0,9300 | |
| | Rußland | 1 | 0,9372 | |
| Utz, Chem. Rev. 1907, **14**, 137. — | ? | 22 | 0,9297—0,9370† | †In Deutschland gepreßt. |
| Amer. Soc. etc. s. u. | Nordamerika | 4 | 0,9329—0,9345 | |

Wie man sieht, bewegen sich die Zahlen der Tabelle zwischen 0,929 und 0,937, wobei allerdings Zahlen unter 0,930 eigentlich nur bei Niegemann anzutreffen sind. Die besonders wertvollen, weil direkt aus der Praxis der Leinölfabrikation stammenden Zahlen von Wijs ergeben die Grenzwerte 0,930 und 0,935. Mc Ilhiney [1]) hat die Grenzzahlen 0,931 und 0,937 aufgestellt, und das Subcommittee on Linseed Oil der American Society for Testing Materials [2]) verlangt sogar 0,932—0,936. Der untere Grenzwert ist hier sicher zu hoch.

[1]) Chem. Rev. 1901, **8**, 226.
[2]) Oil and Col. Journ. 1909, **36**, 299.

## B. Zähigkeit.

Die spezifische Zähigkeit oder Viskosität, welche naturgemäß von der Temperatur abhängig ist, wird durch die Auslaufgeschwindigkeit gemessen, und zwar zumeist mittels des Englerschen Viskosimeters, dessen Dimensionen, einschließlich der Auslauföffnung, genau normiert sind, und der von L. Ubbelohde[1]) in einigen Punkten verbessert wurde. Die Auslaufzeit in Sekunden, dividiert durch diejenige des Wassers bei 20°, ergibt die Englergrade oder die Englerzahl. Für das Leinöl fanden Crossley und Le Sueur[2]) bei 70° F = 21,1° C den Wert 8,33, der aber zu hoch zu sein scheint, denn F. Bedford[3]) fand bei 20° nur 6,75 und Ubbelohde[4]) bei 20 bzw. 50 bzw. 100° die Werte 6,36 bzw. 3,2 bzw. 1,76.

## C. Verhalten beim Abkühlen.

Das Leinöl zeichnet sich durch eine große Kältebeständigkeit aus; es kann im allgemeinen weit unter 0° abgekühlt werden, ohne daß es fest wird. Die Literaturangaben über seinen Erstarrungs- und Schmelzpunkt schwanken ganz bedeutend, was auch begreiflich ist. Einerseits können verschiedene Sorten und Jahrgänge eine verschiedene Zusammensetzung zeigen, und da ferner das Leinöl ein Gemisch verschiedener Körper ist, so wird auch die Art und Weise der Abkühlung, ob rasch oder langsam, ob mit oder ohne Umrühren usw., von Einfluß sein.

Mulder hat über diesen Punkt keine Versuche angestellt zitiert aber zwei ältere Angaben über den Erstarrungspunkt des Leinöls:

Gusserow: — 16°
De Saussure: — 27,5°.

Zwei weitere ältere Angaben finden sich im Benedikt-Ulzer[5]):

Chateau: Erstarrungspunkt — 27°
Glässer; Schmelzpunkt — 15 bis — 20°.

---

[1]) Chem.-Ztg. 1907, **31**, 38.
[2]) J. Soc. Chem. Ind. 1898, **17**, 992.
[3]) Dissertation, Halle 1906.
[4]) Vgl. dessen Handbuch der Chemie und Technologie der Fette und Öle, Leipzig 1908, Bd. I, S. 347.
[5]) Analyse der Fette und Wachsarten, 5. Aufl., Berlin 1908, S. 638.

D. Holde[1]) hat zwei Leinöle der Kälteprobe unterzogen und folgendes konstatiert:

I. Bei — 10⁰ dickflüssig getrübt, geringe Ausscheidung von Talgkörnern.
Bei — 15⁰ nicht mehr fließend, dicksalbig.

II. Bei — 10⁰ noch klar fließend.
Bei — 15⁰ noch fließend, aber trüb.

Derselbe[2]) gibt später an, daß das Leinöl bei — 15⁰ noch fließt, bei — 27,5⁰ starr ist.

J. Lewkowitsch[3]) findet, daß das Leinöl bei — 25⁰ Ausscheidungen von Stearin gibt.

Nach B. Sjollema[4]) ist nordrussisches Öl das kältebeständigste und bei — 14⁰ noch vollkommen flüssig, dagegen kann ein Leinöl mit viel freien Fettsäuren schon bei 0⁰ Ausscheidungen geben.

Versuche von L. E. Andés[5]) ergaben, daß das Leinöl bei — 6⁰ trüb zu werden beginnt und bei — 16⁰ sehr dick, aber noch flüssig ist. Bei — 29⁰ ist es, bis auf einen kleinen Rest, fest geworden, und bei noch stärkerer Abkühlung wird es vollkommen fest, ohne aber kristallinische Ausscheidungen zu zeigen.

H. Thaysen[6]) findet reines Leinöl bei — 14⁰ noch vollkommen flüssig.

F. Bedford[7]) brachte Leinöl durch flüssige Luft zum Erstarren und fand, daß es schon bei — 30⁰ wieder flüssig wird.

Nach M. Weger[8]) ist baltisches Leinöl bei — 18⁰ noch flüssig, indisches fängt bei — 8⁰ an zu erstarren und ist bei — 12 bis 15⁰ völlig fest.

Für die Hauptverwendung des Leinöls — zu Firnissen — ist eine möglichst hohe Kältebeständigkeit wünschenswert. J. Hertkorn[9]) hat versucht, diese Eigenschaft dadurch zu steigern,

---

[1]) Zeitschr. f. angew. Chem. 1891, **4**, 712.

[2]) Untersuchung der Mineralöle und Fette, 2. Aufl., Berlin 1905, S. 331.

[3]) Chemical Technology and Analysis of Oils, Fats and Waxes, London 1904, Bd. II, S. 450.

[4]) Zeitschr. f. Unters. d. Nahr.- u. Genußm. 1903, **6**, 631.

[5]) Chem. Rev. 1905, **12**, 79.

[6]) Ber. D. Pharm. Ges. 1906, **16**, 277.

[7]) Dissertation, Halle 1906.

[8]) Benedikt-Ulzer, 5. Aufl., S. 502.

[9]) D.R.P. 129 809, 137 306.

daß das Leinöl auf — 3 bis — 25° abgekühlt wird und die ausgeschiedenen Glyzeride bei derselben Temperatur abgepreßt werden. Das Verfahren hat aber, wohl wegen seiner Kostspieligkeit, keinen Eingang in die Praxis gefunden.

## D. Lichtbrechung.

Wie alle fetten Öle lenkt auch das Leinöl den Lichtstrahl von seiner Bahn ab. Das Verhältnis zwischen Einfalls- und Brechungswinkel ist bei derselben Temperatur konstant und heißt Brechungskoeffizient, -exponent oder -index. Mit steigender Temperatur sinkt er, so daß stets die Beobachtungstemperatur anzugeben ist.

Der Brechungsindex wurde gefunden von

| | | | |
|---|---|---|---|
| Strohmer[1] . . . . . . | bei 14° | zu | 1,4836 |
| | „ 16° | „ | 1,4834 |
| Thörner[2] . . . . . . | „ 60° | „ | 1,4660 |
| Tolman und Munson[3] . | „ 15,5° | „ | 1,4831 |
| Harvey[4] . . . . . . . | „ 20° | „ | 1,4800—1,4812 |
| Procter und Holmes[5] . | „ 15,5° | „ | 1,4817—1,4825 |
| Amerik. Committee[6] . | „ 25° | „ | 1,4795—1,4798 |

Zur Bestimmung des Brechungsindex hatte man früher verschiedene Systeme von Refraktometern, heute wird fast ausschließlich der sog. Butterrefraktometer der Firma Carl Zeiß in Jena benutzt. Eine Beschreibung erübrigt sich, da dem Apparat eine genaue Gebrauchsanweisung beigegeben wird. Die Ablenkung wird durch ein Fernrohr auf einer hundertteiligen Skala direkt abgelesen. Aus den beobachteten Graden kann man mit Hilfe einer Tabelle den Brechungsindex berechnen, in der Regel werden aber direkt die Grade angegeben und der betreffende Wert als Refraktionszahl bezeichnet. Ferner ist man in Deutschland übereingekommen, als Normaltemperatur

[1] Vgl. Zeitschr. f. angew. Chemie 1889, **2**, 326.
[3] Chem.-Ztg. 1894, **18**, 1154.
[3] J. Amer. Chem. Soc. 1903, **25**, 954.
[4] J. Soc. Chem. Ind. 1905, **24**, 718.
[5] J. Soc. Chem. Ind. 1905, **24**, 1289.
[6] Oil and Colourm. Journ. 1909, **36**, 299.

für Öle 25° zu wählen. Man kann aber auch bei einer etwas abweichenden Temperatur beobachten und den gefundenen Wert umrechnen. Der Faktor beträgt (nach Sjollema) 0,6 Skalenteile pro 1° C. Harvey (s. o.) fand als Korrektionsfaktor für den Brechungsindex selbst 0,000 36—0,000 37 pro 1° C. Zu berücksichtigen ist, daß bei der Oxydation des Leinöls die Refraktionszahl steigt; ferner machte Sjollema darauf aufmerksam, daß sie durch freie Fettsäuren herabgedrückt wird, und zwar durch 10 % (auf Ölsäure berechnet) um etwa 1,5 Skalenteile. Literaturangaben, bei welchen eine stattgehabte Oxydation des Leinöls nicht zweifelhaft ist, sind in der nachfolgenden Tabelle weggelassen.

| Analytiker | Anzahl der Proben | Temperatur | Refraktionszahl |
|---|---|---|---|
| M. Weger, Zeitschr. f. angew. Chem. 1899, **12**, 298. | 6<br>4 | 25°<br>40° | 80,2—81,5<br>71,4—72,5 |
| J. van Itallie, Pharm. Weekblad 1903, **40**, 106. | 6 | 25° | 82,0—86,5 |
| B. Sjollema, Zeitschr. f. Unters. d. Nahr.- u. Genußm. 1903, **6**, 631. | 15 | 15° | 87,0—91,6 |
| Thomson und Dunlop, Analyst 1906, **31**, 283 | 5 | 25° | 81,0—85,5 |
| H. J. F. de Vries, Chem. Weekblad 1908, **5**, 555 | 7 | 15° | 87,3—91,8 |
| Olig und Brust, Zeitschr. f. Unters. d. Nahr.- u. Genußm. 1909, **17**, 561. | 1 | 25° | 80,0 |

Rechnet man die bei 15° beobachteten Zahlen auf 25° um, so ergibt obige Tabelle die Grenzwerte 80,0 und 86,5. Es ist aber nicht ausgeschlossen, daß die Leinöle van Itallies teilweise nicht ganz frisch waren, für zwei selbst bereitete fand er 84,0 und 84,5. Man wird daher sagen können, daß die Refraktionszahl frischen Leinöls bei 25° nicht unter 80 und nicht über 85 liegt.

## E. Optisches Drehungsvermögen.

Die Einwirkung des Leinöls auf das polarisierte Licht ist, wie bei den meisten Ölen, eine sehr geringe. Seine Glyzeride sind gänzlich inaktiv, höchstens das Phytosterin könnte einen Einfluß ausüben. F. Filsinger[1]) und W. Thörner[2]) erhielten überhaupt keine Ablenkung, Bishop p[3]) + 6′, Crossley und Le Sueur[4]) — 6′, während in jüngster Zeit M. Rakusin[5]) — 0,3 bis + 0,28° angab.

## F. Spektroskopisches Verhalten.

Das Leinöl soll chemisch wirksame Strahlen des Spektrums absorbieren und daher bei der spektroskopischen Untersuchung charakteristische Linien zeigen. Die Ursache sind wahrscheinlich lediglich die im Leinöl enthaltenen Farbstoffe. Die spektroskopische Untersuchung könnte daher vielleicht für den Nachweis einer stattgehabten Bleichung in Betracht kommen, oder eventuell auch, da tierische Öle spektroskopisch indifferent sind, zum Nachweis von Tran. Patterson[6]) hat einen besonderen Apparat zur spektroskopischen Untersuchung der Öle empfohlen, doch scheinen eingehendere Beobachtungen noch nicht vorzuliegen.

## G. Elektrische Leitfähigkeit.

Auch diese ist, wie bei allen fetten Ölen, sehr gering. Mit fortschreitender Oxydation soll sie steigen, doch fehlen auch hier noch eingehendere Untersuchungen.

## H. Flammpunkt.

Unter Flammpunkt versteht man bekanntlich diejenige Temperatur, bei welcher ein Öl anfängt, brennbare Dämpfe auszustoßen. Er kommt mehr für die Mineralöluntersuchung in Betracht, und man hat wiederum vereinbarte Apparate zu seiner Bestimmung. Er wurde aber auch für das Leinöl wiederholt ermittelt, doch differieren die Angaben stark. Die älteste und höchste mit 285° stammt von Künkler (1890). Ein Ungenannter[7]) fand für Öl aus La Plata-, Kalkutta- und baltischer Saat die Flamm-

---

1) Chem.-Ztg. 1894, **18**, 1005.
2) Chem.-Ztg. 1894, **18**, 1154.
3) Journ. Pharm. Chim. 1887, **16**, 300.
4) J. Soc. Chem. Ind. 1898, **17**, 992.
5) J. Russ. Phys.-Chem. Ges. 1905, **37**, 442.
6) J. Soc. Chem. Ind. 1890, **9**, 36.
7) Oil and Colourm. J. 1901, **22**, 2081.

punkte 250, 275 und 280°, Bearn[1]) für indisches Leinöl 258, für baltisches 257°, dagegen M. Rakusin[2]) für verschiedene Leinöle (spez. Gew. 0,930—0,935) nur 205—225°.

## I. Verbrennungswärme.

Die Verbrennungswärme steigt im allgemeinen mit dem Molekulargewicht und differiert daher bei den fetten Ölen nur wenig. Sherman und Snell[3]) finden die Verbrennungswärme frischen Leinöls bei konstantem Volumen zu 9364, bei konstantem Druck zu 9379 Kalorien. Bei der Oxydation sinkt sie.

## K. Löslichkeit.

Mulder erwähnt von früheren Angaben, daß das Leinöl in 1,6 Teilen Äther, in 40 Teilen kalten und in 5 Teilen kochenden Alkohols löslich sei. Nach Girard[4]) dagegen lösen 100 g kochenden absoluten Alkohols nur 7 g Leinöl. Außer in Äther ist das Leinöl auch in Petroläther, Benzol, Schwefelkohlenstoff, Kohlenstofftetrachlorid leicht löslich. Mit demselben Volumen Eisessig (spez. Gew. 1,0562) erhitzt, geht es in Lösung. Läßt man diese Lösung erkalten, so trübt sie sich nach Valenta[5]) bei einer ganz bestimmten Temperatur, was zur Unterscheidung von anderen Ölen dienen kann. Schon vor längerer Zeit hat indessen Hurst[6]) gezeigt, daß die Methode unzuverlässig ist, und in der Tat schwanken die Literaturangaben über die Valenta-Zahl des Leinöls zwischen 46 und 74°.

Zweites Kapitel.

# Verhalten des Leinöls gegen chemische Agenzien.

Die nachstehend beschriebenen Versuche wurden zum größten Teil vor Mulder, also zu einer Zeit ausgeführt, als man

---

[1]) Vgl. Allens Commercial Organic Analysis, 4. Aufl., Bd. II, S. 332.
[2]) Chem.-Ztg. 1905, **29**, 690.
[3]) J. Amer. Chem. Soc. 1901, **23**, 164.
[4]) Benedikt-Ulzer, S. 577.
[5]) Dingl. pol. J. 1884, **252**, 296.
[6]) J. Soc. Chem. Ind. 1887, **6**, 22.

über die Zusammensetzung des Leinöls noch nicht viel wußte, ein Teil ist aber auch neueren Datums.

## A. Verhalten gegen schweflige Säure.

Beim Einleiten von schwefliger Säure in Leinöl konstatierte Sacc[1]) eine Abscheidung weißer Flocken, die er als Gips ansprach. Mulder wiederholte den Versuch, indem er das Leinöl zuerst mit schwefliger Säure behandelte und dann verbrannte. Er fand aber nur 0,03 % Asche und bestritt daher die Behauptung Saccs, daß das Leinöl regelmäßig größere Mengen Kalk enthalte. Dagegen erhielt auch Mulder beim Einleiten von Schwefligsäuregas in Leinöl einen Niederschlag, der aber aus weißen Kriställchen, unlöslich in Wasser, löslich in Alkohol und Äther, bestand. Näher untersucht wurden sie nicht, dagegen konstatierte Mulder eine reduzierende Wirkung der schwefligen Säure, indem er dem damit behandleten Leinöl ziemlich viel Schwefelsäure entziehen konnte.

Schon vor Mulder hatte Tilchmann[2]) die schweflige Säure zum Reinigen (Bleichen)?) des Leinöls empfohlen. In das auf 260° erhitzte Öl soll 4 Stunden lang ein Strom des Gases geleitet, dann soll es mit Wasserdampf behandelt werden.

## B. Verhalten gegen Schwefelsäure.

Schon Chevreul hatte festgestellt, daß die Fette bei der Einwirkung konzentrierter Schwefelsäure Glyzerin abspalten. Sacc[3]) behandelte Leinöl mit konzentrierter Schwefelsäure. Es entwichen schweflige und Ameisensäure, das Leinöl färbte sich zuerst purpurrot, dann violett, dann schwarz. Das mit Wasser gewaschene Reaktionsprodukt war amorph und ließ sich zu langen Fäden ausziehen, in Alkohol war es löslich, mit Alkalien gab es hellgelbe, gallertartige Seifen. Mulder verwendete die Schwefelsäure nicht im Überschuß, es entwich kein Gas, und die Reaktionsprodukte wurden durch Wasser wieder farblos. Sie waren leichter verseifbar als das Leinöl selbst. Mulder nahm

---

[1]) Ann. Chem. **51**, 213.

[2]) Polyt. Zentralbl. 1858, 975.

[3]) Ann. Chem. **51**, 214.

an, daß nur Ölsäure, keine Leinölsäure frei wird, vermutete aber auch bei der letzteren eine „Lockerung“ der Verbindung mit dem Glyzerin.

Ein genaues Studium der Reaktion zwischen Leinöl und Schwefelsäure steht noch aus, wohl aber hat man der Erwärmung, welche bei obiger Reaktion entsteht, Aufmerksamkeit geschenkt. Sie ist beim Leinöl stärker als bei allen anderen fetten Ölen. Maumené[1]) schlug zuerst vor, den Unterschied des Temperaturanstiegs auch zur Unterscheidung der verschiedenen Öle bzw. zum Nachweis von Verfälschungen zu benützen, in neuerer Zeit hat sich hauptsächlich Tortelli[2]) mit der Methode beschäftigt. Sie ist zwar kurz, aber nicht sehr genau, denn die Literaturangaben über die „Maumenézahl“ oder „Thermozahl“ des Leinöls schwanken zwischen 90 und 145°. Außerdem geht die Maumenézahl parallel mit der Jodzahl, welche ungleich bessere Anhaltspunkte zur Beurteilung der Öle liefert.

## C. Verhalten gegen salpetrige Säure.

Schon im Jahre 1819 ließ Poutet salpetrige Säure auf die fetten Öle einwirken und glaubte in dieser Reaktion ein unterscheidendes Merkmal zwischen trocknenden und nicht trocknenden Ölen gefunden zu haben, indem die ersteren bei der Behandlung flüssig bleiben, die letzteren nach kürzerer oder längerer Zeit erstarren. Der Grund dieses Erstarrens ist der Übergang der Ölsäure, Schmelzp. 14°, in die isomere Elaidinsäure, Schmelzp. 44°, die Reaktion heißt daher Elaidinreaktion. Sie ist aber unzuverlässig und wird heute kaum mehr angewendet. A. Lidoff[3]) hat Leinöl mit salpetriger Säure behandelt und gefunden, daß es zwar flüssig bleibt, aber trotzdem tiefgehende Veränderungen erleidet. Das spez. Gew. stieg von 0,932 auf 0,971, und das Öl war auch nach dem Waschen stickstoffhaltig. Vermutlich lagert sich die salpetrige Säure direkt an die Doppelbindungen an.

---

[1]) Compt. rend. 1882, **35**, 572.
[2]) Chem.-Ztg. 1905, **29**, 530; 1909, **33**, 134.
[3]) J. Russ. Phys.-Chem. Ges. 1892, **24**, 515.

## D. Verhalten gegen Salpetersäure.

Bromeis [1]) konstatierte, daß das Leinöl sich beim Er hitzen mit Salpetersäure anders verhält als die Ölsäure. Es liefert zunächst eine zähe, dunkelrote Masse und weiterhin Pimelinsäure, $C_7H_{12}O_4$, Korksäure, $C_8H_{14}O_4$, Oxalsäure $C_2H_2O_4$, und eine Säure, welche Bromeis als „Margarinsäure" ansprach (s. später). Sacc[2]) bestätigte obigen Befund. Mulder hat den Versuch nicht wiederholt, den roten Körper sprach er als „Linoxysäure" an (s. später). Dagegen behandelte er Leinöl bei gewöhnlicher Temperatur mit einer geringen Menge starker Salpetersäure, fand aber die Behauptung von Jonas [3]), daß es dadurch rascher trocknend werde, nicht bestätigt.

Nach Livache [4]) liefert dick gekochtes Leinöl mit verdünnter Salpetersäure einen braunen, elastischen, nicht mehr an den Fingern klebenden Körper, der als „künstlicher Kautschuk" bezeichnet wird.

A. Lidoff[5]) leitete „Salpetersäureanhydrid" in eine ätherische Lösung von Leinöl. Es findet gleichzeitig Nitrierung und Oxydation statt, und entsteht ein schweres, gelbes Öl, in Wasser nicht unlöslich, ohne Explosion veraschbar, fast kein Jod mehr absorbierend. In ätherischer Lösung läßt es sich durch Zinnchlorür, Schwefelwasserstoff oder Aluminiumamalgam reduzieren zu einer sirupartigen bis festen, in Äther nicht mehr löslichen Masse, welche Lidoff als ein Mittelding zwischen Fett und Eiweiß ansieht.

## E. Verhalten gegen Schwefel und Chlorschwefel.

R. Henriques [6]) hat gezeigt, daß das Leinöl beim Erhitzen mit Chlorschwefel letzteren direkt addiert; als Nebenprodukte entstehen Sulfofettsäuren. Das Reaktionsprodukt wird unter dem Namen „weißer Faktis" als Kautschuksurrogat verwendet. Brauner Faktis wird erhalten durch Erhitzen des Leinöls mit

---

[1]) Ann. Chem. 1840, **35**, 110.

[2]) Ann. Chem. **51**, 221.

[3]) Ann. Chem. **34**, 238.

[4]) Vernis et huiles siccatives, Paris 1896, S. 250.

[5]) Westnik shirow. weschtsch. 1903, **4**, 85.

[6]) Chem.-Ztg. 1893, **17**, 634.

viel Schwefel. Nach J. Altschul[1]) nimmt das Leinöl bei mehrstündigem Erhitzen mit Schwefel auf 100—160° bis zu 10 % desselben auf. Wenn man das sulfurierte Produkt nunmehr noch mit 10—12 % Chlorschwefel behandelt, oder wenn man es direkt mit 25—30 % Chlorschwefel erhitzt, so erhält man einen guten Faktis in Form einer festen, leicht zerreiblichen Masse.

## F. Verhalten gegen Wasserstoff.

Leitet man Wasserstoff in Leinöl, so tritt auch bei höherer Temperatur keine Reaktion ein. Eine Anlagerung von Wasserstoffatomen an die doppeltgebundenen Kohlenstoffatome erfolgt vielmehr erst unter Mitwirkung eines Katalysators.

Paal und Roth[2]) verrieben 4 Teile Leinöl (Jodzahl 181,7) mit 2 Teilen arabischem Gummi und 3 Teilen Wasser, verdünnten die Emulsion mit Wasser, fügten als Katalysator kolloidales Palladium zu und leiteten nunmehr unter Umschütteln Wasserstoff ein. Nachdem die Masse dick geworden war, wurde sie auf 50—70° erhitzt und weiterer Wasserstoff eingeleitet. Die erste Hydrogenisation lieferte eine weiße harte Masse vom Schmelzp. 56—63° und der Jodzahl 5,6. Durch eine zweite Hydrogenisation ging die Jodzahl auf 0 zurück, das Produkt war weiß, pulverisierbar, in Chloroform und Schwefelkohlenstoff leicht löslich und schmolz bei 61—65°.

F. Bedford[3]) reduzierte nicht das Leinöl selbst, sondern die Leinölsäure unter Anwendung von fein verteiltem Nickel als Katalysator.

## G. Verhalten gegen Magnesium.

Meusel & Co.[4]) erhitzen Leinöl unter gewöhnlichem Druck oder im Vakuum 3½—4 Stunden mit 0,5—1 % Magnesiumpulver, wobei unter Wasserstoffentwicklung ein festes, formbares und leicht schmelzbares Produkt entsteht. Daß die Verdickung auf die Bildung von Magnesiaseife zurückzuführen ist, kann kaum zweifelhaft sein.

---

[1]) Zeitschr. f. angew. Chem. 1895, **8**, 541.

[2]) Berl. Ber. 1909, **42**, 1541.

[3]) Dissertation, Halle 1906; vgl. a. D.R.P. 211 669 (E. Erdmann).

[4]) D.R.P. 201 966.

## H. Verhalten gegen Halogene.

Lefort[1]) leitete Chlorgas bzw. Bromdampf in einen mit Wasser und Leinöl beschickten Kolben und stellte dabei die Bildung von Salzsäure bzw. Bromwasserstoffsäure fest. Mulder leitete Chlorgas in wasserfreies, nicht erhitztes Leinöl und sah ebenfalls viel Salzsäure entstehen. Das Leinöl färbte sich zuerst dunkel, dann wurde es wieder hell und gleichzeitig fest. In Wasser war der feste Körper wenig löslich, leicht in Äther, durch Kalilauge war er leicht verseifbar. Mulder vermutete, daß durch das Chlor auch ein Teil des Glyzerins abgespalten werde.

Wir wissen heute, daß das Leinöl die Halogene zunächst addiert und daß erst in zweiter Linie Substitutionsprozesse eintreten. Wir wisser ferner, daß der Additionsprozeß unter den oben erwähnten Reaktionsbedingungen niemals zu Ende geht, daß aber unter anderen Bedingungen alle im Leinöl vorhandenen Doppelbindungen sich durch Chlorjod absättigen lassen. Hierauf beruht unsere wertvollste Methode der Fettuntersuchung, die Bestimmung der Jodzahl, und es ist zu bedauern, daß Mulder diese Methode noch nicht kannte.

## J. Verhalten gegen Ammoniak.

Rowney[2]) hat trocknende und nicht trocknende Öle, z. B. Leinöl und Olivenöl, mit alkoholischem Ammoniak unter öfterem Umschütteln längere Zeit stehen lassen. Er erhielt im ersteren Falle viel gefärbte, harzartige Substanz und wenig eines festen, weißen, kristallisierbaren Körpers; beim Olivenöl war das Verhältnis umgekehrt. Den weißen Körper betrachtete Rowney und mit ihm Mulder als ein Amid, in Wirklichkeit dürfte er eine Seife sein. Den roten, harzartigen Körper hielt Mulder wiederum für Linoxysäure. Im übrigen zog er aus den Versuchen Rowneys den Schluß, daß auch die nichttrocknenden Öle Leinölsäure, d. h. stärker ungesättigte Fettsäuren und daß umgekehrt auch das Leinöl Ölsäure enthalten. Beides hat sich später bewahrheitet.

---

[1]) Journ. Pharm. Chim. **23**, 278, 342; **24**, 113.

[2]) Ann. Chem. **51**, 221.

# K. Spaltung des Leinöls.

Daß die Fette ganz allgemein durch Ätzkali und Ätznatron gespalten werden in Glyzerin und Fettsäuren, welch letztere dabei in die Kali- bzw. Natronsalze (Seifen) übergehen, hat schon Chevreul gezeigt, und schon vor ihm haben die Seifensieder von obiger Reaktion praktischen Gebrauch gemacht. Das Leinöl ist ein beliebtes Material zur Herstellung von Schmierseifen (Kaliseifen). In früheren Jahrhunderten stellten sich die Seifensieder das Kalihydrat aus Holzasche bzw. dem darin enthaltenen Kaliumkarbonat und Ätzkalk selbst dar, heute ist die elektrolytisch gewonnene Kalilauge Handelsartikel geworden.

Wir wissen heute, daß das eigentliche verseifende Agens in allen Fällen das Wasser ist, gelingt doch die Spaltung der Fette auch mit Wasser allein, allerdings erst bei $200^0$ oder unter einem Druck von 15 Atm. Bedeutet ROH die Gesamtheit der Leinölfettsäuren, so ist der Vorgang der Verseifung folgender:

$$C_3H_5(OR)_3 + 3\,H_2O = C_3H_5(OH)_3 + 3\,ROH.$$

Es ist viel darüber gestritten worden, ob diese Reaktion direkt oder stufenweise verläuft, d. h. ob ohne weiteres Glyzerin und freie Fettsäuren entstehen, oder ob als Zwischenprodukte Di- und Monoglyzeride auftreten, entsprechend dem Schema

$$\begin{aligned} &\text{I.} \quad C_3H_5(OR)_3 + H_2O = C_3H_5(OH)(OR)_2 + ROH \\ &\text{II.} \quad C_3H_5(OH)(OR)_2 + H_2O = C_3H_5(OH)_2(OR) + ROH \\ &\text{III.} \quad C_3H_5(OH)_2(OR) + H_2O = C_3H_5(OH)_3 + ROH. \end{aligned}$$

R. Fanto [1]) behandelte Leinöl mit einer zur völligen Verseifung ungenügenden Menge wässeriger Kalilauge; er konnte aber unter den Reaktionsprodukten keine Di- und Monoglyzeride finden. Erst vor kurzer Zeit wurde die Frage, hauptsächlich durch die Arbeiten von J. Kellner [2]), dahin aufgeklärt, daß die Spaltung tatsächlich stufenweise verläuft, daß auch die Di- und Monoglyzeride manchmal zu fassen sind, daß aber bei der Verseifung mit wässeriger Lauge die drei Phasen der Reaktion so rasch aufeinander folgen, daß die letztere praktisch direkt verläuft.

Bei der Verseifung mit wässerigen Alkalien wirkt der Umstand verzögernd, daß die Fette in Wasser unlöslich sind und daher

---

[1]) Monatsh. Chem. 1904, **25**, 919.

[2]) Chem.-Ztg. 1909, **33**, 453, 661, 993.

nur langsam angegriffen werden. Ungleich rascher verläuft die Verseifung mit alkoholischem Alkali. Zwar sind die Fette auch in Alkohol kaum löslich, aber die Spaltung wird dadurch erleichtert, daß die Glyzerinester zunächst in Äthylester übergehen, und erst diese gespalten werden:

$$\text{I. } C_3H_5(OR)_3 + 3\,C_2H_5OH = C_3H_5(OH)_3 + 3\,C_2H_5(OR)$$
$$\text{II. } C_2H_5(OR) + H_2O = C_2H_5(OH) + ROH.$$

Der eigentlichen „Hydrolyse“ geht somit hier eine „Alkoholyse“ voraus. Dies geht schon daraus hervor, daß, auch wenn die Menge des Alkalis bei weitem nicht genügt, um alle Fettsäuren in Salze überzuführen, trotzdem das ganze Glyzerin abgespalten wird, z. B.

$$C_3H_5(OR)_3 + KOH + 2C_2H_5OH = C_3H_5(OH)_3 + ROK + 2C_2H_5OR.$$

Wenn außer Alkohol noch ein Lösungsmittel vorhanden ist, das sowohl die Glyzerin- als die Äthylester löst, so geht obige Reaktion sehr rasch und schon in der Kälte vor sich: kalte Verseifung. R. Henriques[1]) löste 50 g Leinöl in 50 ccm Petroläther, fügte 25,75 ccm normale alkoholische Kalilauge (= 1,442 g KOH, zur völligen Verseifung wären 9,610 g erforderlich) zu, schüttelte tüchtig durch und ließ 6 Stunden stehen. Die Flüssigkeit gab mit Phenolphtalein keine Rötung mehr, und das Glyzerin war quantitativ abgespalten, die Äthylester ließen sich durch Destillation (über 360°) oder durch überhitzten Wasserdampf isolieren, während die Glyzerinester nicht flüchtig sind. Später fand A. Haller [2]), daß zum Überführen der Glyzerin- in die Äthylester überhaupt kein Alkali notwendig ist, daß dasselbe vielmehr auch durch Kochen mit alkoholischer Salzsäure gelingt. Dementsprechend kochte A. Rollett [3]) Leinöl mit überschüssiger methylalkoholischer Salzsäure 6 Stunden am Rückflußkühler, wodurch die gesamten Glyzeride in die Methylester verwandelt wurden. Es ist daraus zu schließen, daß sowohl bei der Hydrolyse als bei der Alkoholyse Alkali oder Säure zunächst nur katalytisch wirken.

Verseift man Leinöl mit wässeriger Natronlauge oder mit alkoholischer Natronlauge unter nachherigem Verdunsten des Alkohols und Lösen der Seife in Wasser, so hat man in der wässe-

---

1) Zeitschr. f. angew. Chem. 1898, **11**, 340.
2) Compt. rend. 1908, **146**, 259.
3) Zeitschr. f. physiol. Chemie 1909, **61**, 210.

rigen Lösung das gesamte Glyzerin, alle Fettsäuren des Leinöls in Form der Natronsalze und den Überschuß an Ätznatron. Man kann aus dieser Lösung die Natronsalze durch „Aussalzen" abscheiden, indem man in derselben 10 % Kochsalz unter Erwärmen auflöst und sie dann der Ruhe überläßt. Das Glyzerin, das Ätznatron und das Chlornatrium bleiben in Lösung, die fettsauren Natronsalze scheiden sich nahezu quantitativ an der Oberfläche ab, man kann sie abfiltrieren, mit 10 proz. Kochsalzlösung auswaschen und auf diese Weise ziemlich rein erhalten. Von diesem Aussalzprozeß wird bei Herstellung der Kernseifen, zu denen allerdings Leinöl nicht verwendet wird, praktischer Gebrauch gemacht. Nimmt man zur Verseifung Ätzkali und löst in der wässerigen Seifenlösung 10 % Kochsalz, so findet eine Umsetzung in der Weise statt, daß die Fettsäuren in Form der Natronsalze ausgeschieden werden, und die äquivalente Menge Chlorkalium in Lösung bleibt.

Löst man die neutralen Seifen in Wasser, so reagiert diese Lösung nicht, wie man eigentlich erwarten sollte, neutral, sondern alkalisch. Der Grund hierfür liegt in dem hohen Molekulargewicht und daher schwach sauren Charakter der Fettsäuren, ihre Salze werden durch das Wasser dissoziiert, d. h. die Lösung enthält einerseits freies Alkali, andererseits saure Seifen. Diese Dissoziation kann verhindert werden durch überschüssiges Alkali oder durch Alkohol. A. Kanitz [1]) hat gezeigt, daß in einem Gemisch von mindestens 40 % Alkohol und 60 % Wasser die Dissoziation der Seifen aufhört.

Die Fettspaltung im Großen wurde früher ausschließlich zu dem Zwecke unternommen, die gewonnenen Fettsäuren sofort auf Kerzen oder Seifen weiter zu verarbeiten. Heute sind die Fettsäuren Handelsartikel geworden. Dies gilt auch von der Leinölsäure [2]), welche besonders zur Herstellung von Sikkativen (s. später) vielfach verwendet wird. Zu ihrer Gewinnung kommt das in den Kerzenfabriken übliche Autoklavenverfahren — die Spaltung erfolgt unter einem Druck von etwa 8 Atm. durch Wasser unter Zusatz einer verhältnismäßig geringen Menge

---

1) Berl. Ber. 1903, **36**, 460.

2) Unter „Leinölsäure" ist hier die Gesamtheit aller im Leinöl vorkommenden Fettsäuren zu verstehen, während Mulder nur den flüssigen Anteil so nannte.

Kalk, Magnesia oder Zinkstaub — nicht in Betracht, dagegen die Methode Twitchell[1]) oder das fermentative Spaltverfahren [2]). Bei der ersteren Methode erfolgt die Spaltung durch Wasserdampf unter gewöhnlichem Druck, als Katalysator wirkt Naphtalinstearosulfosäure. Bei der fermentativen Spaltung wirkt als hydrolysierendes Agens ein Ferment (Lipase), welches besonders reichlich im Rizinussamen vorkommt. Man hat auch den Leinsamen bzw. den Leinkuchen auf ein derartiges Ferment untersucht[3]). Das Spaltungsvermögen erwies sich aber als sehr gering, das Zymogen kann nicht in ein aktives Enzym umgewandelt werden. Gekeimter Leinsamen dagegen enthält eine aktive Lipase, die aber von derjenigen anderer Samen verschieden ist. Zu bemerken ist noch, daß die beiden oben genannten Spaltverfahren niemals ganz quantitativ arbeiten, daß vielmehr die technische Leinölsäure noch 5—10 % Neutralfett enthält.

Drittes Kapitel.

# Die chemischen Bestandteile des Leinöls.

Wie alle Fette setzt sich auch das Leinöl aus den Elementen Kohlenstoff, Wasserstoff und Sauerstoff zusammen. Schwefel enthält es gar nicht oder höchstens in Spuren[4]); nur wenn die Leinsaat durch Kruziferensamen stark verunreinigt ist, kann der Schwefelgehalt des Leinöls ein merklicher werden. Extrahiertes Öl soll auch geringe Menge stickstoffhaltiger Substanzen enthalten.

Die obigen drei Elemente gruppieren sich im Leinöl einerseits zum Glyzerin, andererseits zu Fettsäuren, beide vereinigt zu Glyzerinestern. Die Spaltung dieser Ester erfolgt im Laboratorium am besten durch Erhitzen mit überschüssiger alkoholischer Kali- (oder Natron-)lauge, nach dem Verdunsten des Alkohols

---

[1]) D.R.P. 114 491.
[2]) D.R.P. 145 413, 147 757.
[3]) Dunlop und Seymour, J. Amer. Chem. Soc. 1905, **27**, 935.
[4]) Vgl. Fox und Riddick, Chem. News 1895, **71**, 296.

hat man ein Gemisch von Glyzerin, Kaliseifen und freiem Alkali. Dieses Gemisch ist in heißem Wasser vollständig löslich; kocht man diese Lösung mit überschüssiger Salz- (oder Schwefel-)säure, so werden die Seifen zersetzt, die in Wasser unlöslichen Fettsäuren scheiden sich an der Oberfläche als ölige Schicht ab und können im Scheidetrichter von der sauren wässerigen Flüssigkeit getrennt werden. Daß in letzterer keine flüchtigen Fettsäuren zurückbleiben, hat Mulder durch einen Destillationsversuch bewiesen. Dagegen enthält sie das gesamte Glyzerin, welches daraus, allerdings nicht ganz rein, durch Eindampfen mit $K_2CO_3$ und Ausziehen des Rückstandes mit Azeton isoliert werden kann[1]).

## A. Gesamtfettsäuren des Leinöls.

Daß die Leinölfettsäuren zum größeren Teil flüssig, zum geringeren fest sind, zeigt ihr Verhalten beim Abkühlen. Schon bei 15° kristallisieren sie teilweise, beim Erwärmen auf 20° werden sie wieder vollkommen flüssig, indem die festen Fettsäuren zwar einen wesentlich höheren Schmelzpunkt haben, aber von den flüssigen Fettsäuren gelöst werden. Wegen dieser Löslichkeit scheiden sich auch bei 0° die festen Fettsäuren nicht quantitativ ab, außerdem enthält der auskristallisierte Anteil regelmäßig viel flüssige Fettsäuren. Etwas besser gelingt die Trennung beim Abkühlen einer alkoholischen Lösung der Fettsäuren, eine Methode, die schon von Chevreul und später auch von Mulder angewendet wurde. Vorwiegend benutzte Mulder aber die von Varrentrapp angegebene Methode, darauf beruhend, daß die Bleisalze der flüssigen Fettsäuren in Äther löslich sind, diejenigen der festen Fettsäuren nicht. Mulder erkannte, daß auch diese Methode nicht genau ist, indem die Bleisalze der festen Fettsäuren in Äther nicht ganz unlöslich, und daß auch die, aus den unlöslichen Bleisalzen abgeschiedenen festen Fettsäuren noch gelb gefärbt, also verunreinigt sind. In der Tat wissen wir heute, daß beträchtliche Mengen flüssiger Fettsäuren bei den ätherunlöslichen Bleisalzen zurückbleiben[2]).

---

[1]) Vgl. Shukoff und Schestakoff, Zeitschr. f. angew. Chem. 1905, **18**, 294.

[2]) Vgl. Fahrion, Zeitschr. f. angew. Chem. 1903, **16**, 1197.

## B. Feste Fettsäuren.

Liebig[1]) sprach die feste Fettsäure, welche sich beim Stehen der gesamten Leinölfettsäuren ausscheidet, als Palmitinsäure an. Unverdorben[2]) behauptete, daß das Leinöl außer Palmitin- auch Stearinsäure enthalte. Bromeis[3]) isolierte die festen Fettsäuren durch Behandlung des Leinöls mit Salpetersäure, wobei sie zum größten Teil unverändert bleiben und aus Alkohol kristallisiert werden können. Er nannte sie Margarinsäure[4]), ebenso Sacc[5]), welcher sie auf demselben Wege darstellte, und dessen Analysen für $C_{16}H_{32}O_2$ annähernd stimmten. Nach der Varrentrappschen Methode konnte Sacc die feste Fettsäure nicht rein erhalten, die ätherunlöslichen Bleisalze enthielten auch „basisch leinölsaures Blei". Er versuchte daher die Abscheidung auf einem anderen, interessanten Wege, die ihn bei einem nicht trocknenden Öle niemals zum Ziel geführt hätte. Er verseifte Leinöl mit Natronlauge und schied durch Zusatz von überschüssigem Kochsalz die Natronseifen aus der Lösung ab (s. S. 23). Die halbtrockene Seife wurde in dünner Schicht „an einem luftigen Platz" gelinder Wärme ausgesetzt, wobei sie rasch Sauerstoff aufnahm und gelb und trocken wurde. Nach 2—3 Wochen wurde sie durch Erwärmen mit schwacher Natronlauge in Lösung gebracht, welche braun gefärbt war. Beim neuerlichen Aussalzen blieben die gefärbten Substanzen größtenteils in Lösung. Die ganze Operation wurde noch 2—3 mal wiederholt und dadurch zum Schluß eine nahezu weiße Seife erhalten. Diese wurde mit Salzsäure zersetzt und die Fettsäure aus Alkohol umkristallisiert. Schmelzp. 60°, C 75,8, H 12,5, O 11,7 % ($C_{16}H_{32}O_2$ 75,0, 12,5 und 12,5 %). Aus Obigem folgt, daß Sacc als erster festgestellt hat, daß die Autoxydationsprodukte der flüssigen Leinölfettsäuren nicht aussalzbar sind.

---

[1]) Ann. Chem. 1839, **33**, 110.

[2]) In dem damaligen Handbuch von Gmelin-Kraut.

[3]) Ann. Chem. 1840, **35**, 110.

[4]) Als Margarinsäure bezeichnete Chevreul zuerst eine Fettsäure $C_{17}H_{34}O_2$, die er aber schon 1820 zerlegen konnte in Stearinsäure, $C_{18}H_{36}O_2$, und eine Säure $C_{16}H_{32}O_2$, welche zuerst Margarinsäure, später Palmitinsäure genannt wurde.

[5]) Ann. Chem. **51**, 221.

Schüler[1]), der sich noch vor Mulder mit dem Leinöl beschäftigte, sprach die feste Fettsäure wie Liebig als Palmitinsäure an, ohne sie näher zu untersuchen.

Mulder verseifte Leinöl mit wässeriger Kalilauge, fällte die alkalische Seifenlösung mit Bleiessig, knetete die Salze mit warmem Wasser durch und zog sie noch feucht mit Äther aus. Die unlöslichen Bleisalze, vermischt mit „Bleiweiß und Bleioxydhydrat", wurden mit Salzsäure zersetzt und die Fettsäuren einer fraktionierten Kristallisation aus Alkohol unterzogen. So erhielt Mulder Palmitinsäure, $C_{16}H_{32}O_2$, vom Schmelzp. 62° und Myristinsäure[2]), $C_{14}H_{28}O_2$, vom Schmelzp. 53,5°. Beide waren, auch nach wiederholtem Umkristallisieren, durch eine rote, harzartige Substanz gefärbt, welche nur durch Tierkohle zu entfernen war. Aus den letzten Mutterlaugen wurde eine butterartige Substanz erhalten, welche bei Kristallisierversuchen immer nur ein rotes, in Alkohol leicht lösliches und vollkommen verseifbares Harz lieferte. Die Entstehung dieses Harzes führte Mulder ganz richtig auf Leinölsäure zurück, welche bei den unlöslichen Bleisalzen zurückgeblieben und im Verlauf der vielen Operationen oxydiert worden war. Laurinsäure, $C_{12}H_{24}O_2$ (Schmelzp. 43—44°), konnte Mulder, entgegen einer Angabe Hazuras[3]), auch nicht in Spuren finden.

Nun wissen wir heute, daß es nahezu unmöglich ist, aus einem Gemisch von drei und mehr festen Fettsäuren die einzelnen Individuen völlig rein und frei von flüssigen Fettsäuren durch bloße Kristallisation abzuscheiden[4]). Wenn man daher auch auf Grund der Mulderschen Versuche als sicher annehmen durfte, daß Palmitinsäure und Myristinsäure den Hauptbestandteil der festen Leinölfettsäuren ausmachen, so war es doch nicht ausgeschlossen, daß Mulder eine oder mehrere, in geringerer Menge vorhandene Fettsäuren übersehen hatte. In der Tat fand denn auch A. Haller[5]) bei der Alkoholyse des Leinöls (s. S. 22) mit nachfolgender Fraktionierung und Verseifung der Methylester außer Palmitin- und Myristinsäure eine merkliche Menge Stearin-

---

[1]) Ann. Chem. 1857, **101**, 252.

[2]) Von Playfair in der Muskatbutter aufgefunden, Ann. Chem. **37**, 155.

[3]) Zeitschr. f. angew. Chem. 1888, **1**, 312.

[4]) Vgl. z. B. Kreis und Hafner, Berl. Ber. 1903, **36**, 1123, 2766.

[5]) Compt. rend. 1908, **146**, 259.

säure, $C_{18}H_{36}O_2$, Schmelzp. 69°, und eine ganz geringe Menge Arachinsäure, $C_{20}H_{40}O_2$, Schmelzp. 77°.

## C. Flüssige Fettsäuren.

Chevreul hatte von flüssigen Fettsäuren nur die Ölsäure dargestellt, deren richtige Zusammensetzung als $C_{18}H_{34}O_2$ erst von Gottlieb und Völcker erkannt wurde. Daß das Leinöl eine andere flüssige Fettsäure enthalten muß, scheint zuerst Laurent [1]) ausgesprochen zu haben, nachdem er gefunden hatte, daß die flüssige Leinölsäure bei der Elaidinprobe und bei der Vakuumdestillation sich anders verhält als die gewöhnliche Ölsäure. Der erste, welcher die genaue Zusammensetzung der Leinölsäure zu ermitteln versuchte, war wiederum Sacc[2]). Er verseifte kalt gepreßtes Leinöl mit Bleioxyd, zog die Bleiseife mit Äther aus, zerlegte die ätherische Lösung durch Schwefelwasserstoff und unterzog die so erhaltene flüssige Leinölsäure der Verbrennung. Aus den erhaltenen Zahlen (C 75,5, H 10,6 %) schloß er auf die Formel $C_{23}H_{39}O_3$. Mulder wendet gegen die obigen Zahlen, sicher mit Recht, ein, daß die Saccsche Leinölsäure schon Sauerstoff aufgenommen hatte. Sacc bestätigte, daß die Leinölsäure mit salpetriger Säure keine Elaidinsäure liefert, beim Erhitzen mit Salpetersäure gab sie zunächst ein rotes Harz, weiterhin Korksäure, $C_8H_{14}O_4$.

Ungleich sorgfältiger als Sacc hat Schüler[3]) sein Analysenmaterial dargestellt. Er verseifte Leinöl mit Natronlauge, salzte die Seife aus, fällte ihre wässerige Lösung mit Chlorkalzium, zog die Kalksalze mit Äther aus, zersetzte die ätherische Lösung durch Salzsäure und dampfte sie bei niedriger Temperatur im Wasserstoffstrom ein. Zur weiteren Reinigung wurde die Leinölsäure in das Barytsalz übergeführt, dieses aus Alkohol umkristallisiert, mit Äther ausgezogen und die ätherische Lösung wiederum wie oben behandelt. Die so erhaltene Leinölsäure beschreibt Schüler als ein hellgelbes, sehr dünnflüssiges Öl vom spez. Gew. 0,9206, von schwach saurer Reaktion und von, zuerst gelindem,

---

[1]) Ann. chim. phys. 1837, **65**, 150, 298.
[2]) Ann. Chem. 1844, **51**, 213.
[3]) Ann. Chem. 1857, **101**, 252.

nachher kratzendem Geschmack. Die Verbrennungsresultate (C 75,9—76,2 %, H 10,9—11,4 %) führten zu der Formel $C_{16}H_{28}O_2$.

Mulder äußerte auch gegenüber der Schülerschen Leinölsäure das Bedenken, daß sie schon Sauerstoff aufgenommen habe, ferner könne von einem Umkristallisieren des Barytsalzes eigentlich nicht gesprochen werden, indem es sich aus der alkoholischen Lösung flockig abscheide. Von unserem heutigen Standpunkt aus kann man hinzufügen, daß die vielen Reinigungsoperationen nicht ohne beträchtliche Substanzverluste möglich waren, daß somit die schließlich analysierte Fettsäure eine andere Zusammensetzung hatte als die ursprüngliche. Zu erwähnen ist noch, daß Schüler in den Salzen seiner Leinölsäure durchweg zu wenig Metall fand und daher vorübergehend zu der Ansicht kam, $C_{17}H_{30}O_2$ sei die richtige Formel. Mulder dagegen führte obigen Umstand darauf zurück, daß die Schülersche Leinölsäure auch noch gewöhnliche Ölsäure enthielt.

Die Schülersche Formel wurde zunächst von O. Süssenguth[1]) bestätigt. Er behandelte die Leinölsäure mit Brom, wobei unter starker Erwärmung Bromwasserstoffsäure entwich, zog das Produkt mit Äther aus, kristallisierte den unlöslichen Rückstand aus Alkohol um und erhielt so eine in Blättchen kristallisierende Säure, welcher er die Formel $C_{16}H_{26}Br_4O_4$ beilegte. In Wirklichkeit hatte er unreine Hexabromlinolensäure (s. später) in Händen.

Mulder hatte sich von der großen Oxydationsfähigkeit der Leinölsäure wiederholt überzeugt. Er schreibt einmal: „Je mehr man reine Leinölsäure bearbeitet, desto weniger bleibt übrig, und desto mehr wird sie durch Oxydationsprodukte verunreinigt"; und ein andermal: „Sowohl die freie Leinölsäure als ihre Salze werden rasch oxydiert und für die Analyse unbrauchbar". Er scheint daher die freie Leinölsäure überhaupt nicht analysiert zu haben, wohl aber gab er sich ungeheure Mühe, reine Salze derselben darzustellen und aus ihrem Gehalt an Kohlenstoff, Wasserstoff und Metall die richtige Leinölsäureformel zu ergründen. Der Metallgehalt ergab die größten Widersprüche, entweder enthielten die Salze zu wenig, was Mulder ganz richtig auf Hydrolyse

[1]) Zeitschr. f. Chem. 1865, S. 563.

zurückführte, oder zu viel, was er durch Annahme basischer Salze zu erklären suchte, oder sie waren, bei annähernd richtigem Gehalt, in Äther nicht mehr vollständig löslich. Resigniert schrieb er schließlich: „Man muß es aufgeben, durch Äther ein neutrales Salz ausziehen zu wollen“ und: „Ich glaube, daß es niemandem gelingen wird, ein Metallsalz der Leinölsäure zu bereiten, mit dem man zufrieden sein kann“. Dabei ist die Sache gar nicht so schwierig, man muß nur nicht, wie Mulder es regelmäßig tat, stark alkalische Lösungen fällen. Verf.[1]) verseifte Leinöl mit Natronlauge, neutralisierte die wässerige Lösung annähernd mit Essigsäure, fällte mit Chlorbaryum, extrahierte die abgepreßte Barytseife mit Äther und dampfte die ätherische Lösung ohne besondere Vorsichtsmaßregeln in der Platinschale auf dem Wasserbad ein. Der Rückstand enthielt 20,2 % Ba, während sich für linolensaures Baryum 19,9 % berechnen.

Trotz alledem glaubte Mulder in dem C- und H-Gehalt einiger Kalk- und Kupfersalze eine Bestätigung der Schülerschen Formel gefunden zu haben. Dabei paßten die betreffenden Zahlen keineswegs für $C_{16}H_{28}O_2$, sondern, entsprechend der damaligen Theorie, welche die Salze als Additionsprodukte von Metalloxyd und Säureanhydrid ansah, für irgend welche Anhydride von $C_{16}H_{28}O_2$ (z. B. $3\,C_{32}H_{54}O + 2\,C_{16}H_{28}O_2$), und wenn man näher zusieht, hatten auch die Mulderschen Salze schon Sauerstoff aufgenommen. Dabei läßt sich auch die Oxydation leichter hintanhalten, als Mulder glaubte. Hazura[2]) verseifte Leinöl mit alkoholischem Kali, trug die Seife in viel Wasser ein, neutralisierte mit Essigsäure, fällte mit Bleizucker, extrahierte den noch feuchten Niederschlag mit Äther, zersetzte die ätherische Lösung durch Säure und trocknete den Verdunstungsrückstand über Schwefelsäure. Die Verbrennung ergab 77,48 und 77,35 % C, 10,85 und 10,79 % H gegenüber 7,77 bzw. 10,8 %, für Linolensäure berechnet.

Nur unter Vorbehalt akzeptierte Mulder die Schülersche Leinölsäureformel $C_{16}H_{28}O_2$; er schrieb: „Niemand kann verkennen, daß man in der Bereitung einer reinen Leinölsäure noch nicht weit gekommen ist, und daß daher wohl einige Zweifel

---

[1]) Zeitschr. f. angew. Chem. 1903, **16**, 1193.

[2]) Zeitschr. f. angew. Chem. 1888, **1**, 314.

hinsichtlich der Formel $C_{16}H_{28}O_2$ aufgeworfen werden können.“ Diese Zweifel wurden genährt durch Mulders feste Überzeugung, daß die Leinölsäure auch Ölsäure, $C_{18}H_{34}O_2$, oder zum mindesten eine ähnliche Säure enthalte. Sie durch fraktionierte Kristallisation der Salze von der Leinölsäure zu trennen, gelang ihm zwar nicht, dagegen glaubte er sie in anderer Weise nachgewiesen zu haben. Er zog vollkommen eingetrocknetes Leinöl mit Äther aus, nach dessen Verdunsten ein dickflüssiger, fast farbloser, schon in Ammoniak und Sodalösung löslicher Körper hinterblieb. Wenn dieser aber in das Blei- oder Barytsalz verwandelt, letzteres mit Äther ausgezogen und das ätherlösliche Salz wiederum zersetzt wurde, so resultierte eine tropfbar flüssige Fettsäure. Ferner ließ Mulder eine ätherische Lösung von leinölsaurem Blei an der Luft verdunsten, zog den Rückstand mit Äther aus, ließ diese Lösung von neuem verdunsten usw. Das schließlich erhaltene, ätherlösliche Bleisalz ergab bei der Zersetzung eine ölige Säure, welche auch in dünner Schicht nicht eintrocknete, also keine Leinölsäure war. Da sie aber immerhin dickflüssiger war als gewöhnliche Ölsäure und mit salpetriger Säure keine Elaidinsäure lieferte, so betrachtete sie Mulder als „oxydierte Ölsäure“.

Die Leinölsäure beschrieb Mulder als ein farbloses Öl, das sich aber an der Luft rasch färbt, und das weit unter $0^0$ abgekühlt werden kann, ohne zu erstarren. Das K-, Na-, $NH_4$-Salz sind in Wasser, das Ba- und Ca-Salz in heißem Alkohol, das Ca-, Ba-, Zn-, Cu-, Pb-Salz in Äther löslich. Beim Schmelzen mit Ätzkali gab die Leinölsäure Kohlenwasserstoffe und eine flüchtige Säure, Wasserstoff und Essigsäure konnten aber nicht nachgewiesen werden. Eigentlich hätten die beiden letzteren aus der Ölsäure entstehen sollen, aus Hanfölsäure und schmelzendem Kali erhielt Hazura Essigsäure.

Nahezu 20 Jahre lang blieb die Leinölsäureformel $C_{16}H_{28}O_2$ nach Mulder noch in Geltung, bis K. Peters [1]) die von jenem geäußerten Zweifel bestätigte. Er stellte die Leinölsäure nach der Schülerschen Vorschrift (S. 28) her, mit dem Unterschied, daß das Barytsalz nur einmal aus Alkohol umgelöst wurde. Die Verbrennung lieferte Zahlen, welche für die Formel $C_{18}H_{32}O_2$

[1]) Monatsh. Chem. 1886, 7, 552.

stimmten. Daß die Leinölsäure tatsächlich den Kern $C_{18}$ enthält, konnte Peters in folgender Weise zeigen. Sie wurde mit Jodwasserstoffsäure und rotem Phosphor 8—10 Stunden auf 200—210° erhitzt und das Produkt noch mit Natriumamalgam behandelt. Es resultierte ausschließlich Stearinsäure, $C_{18}H_{36}O_2$, vom Schmelzp. 69°.

Auch Dieff und Reformatsky[1]) stellten die Leinölsäure nach Schüler her, reinigten sie aber außerdem noch über den Äthylester. Sie wurde durch Jodwasserstoffsäure in Monojodstearinsäure (?), $C_{18}H_{35}JO_2$, übergeführt und letztere durch Zink und Salzsäure zu Stearinsäure, $C_{18}H_{36}O_2$, reduziert. Die Ausbeute an letzterer war allerdings nur gering.

Wenn somit auch die Unrichtigkeit der Schülerschen Formel nachgewiesen war, so betrachteten doch die oben genannten Autoren, im Gegensatz zu Mulder, die Leinölsäure als einheitlich. Erst K. Hazura war es vorbehalten, die von Mulder in der Leinölsäure vermutete Ölsäure tatsächlich nachzuweisen und weiterhin zu zeigen, daß außer Ölsäure, $C_{18}H_{34}O_2$, zwar eine Säure $C_{18}H_{32}O_2$ (s. o. Peters) vorhanden ist, aber in noch größerer Menge eine noch stärker ungesättigte Fettsäure $C_{18}H_{30}O_2$.

Das wichtigste Hilfsmittel Hazuras war eine Oxydationsmethode, bei welcher die ungesättigte Fettsäure in überschüssiger Kalilauge gelöst und diese Lösung mit Chamäleonlösung versetzt wird. Diese Methode scheint zuerst von Kekulé[2]) zur Oxydation von Fumar- und Maleinsäure benutzt worden zu sein, für hochmolekulare ungesättigte Fettsäuren wurde sie zuerst von Saytzeff[3]) angewendet. Man hatte bis dahin angenommen, daß bei der Oxydation ungesättigter Körper durch Kaliumpermanganat stets eine Sprengung der Doppelbindung stattfinde, und in der Tat erhielt auch Saytzeff bei der direkten Oxydation der Ölsäure mit wässeriger Permanganatlösung vorwiegend Azelainsäure, $C_9H_{16}O_4$, Schmelzp. 108°. Als er aber die Ölsäure in überschüssiger Kalilauge löste — 168 g Ölsäure mit 50 g KOH zu 1 L. — und diese Lösung unter Kühlung mit Permanganatlösung — 168 g $KMnO_4$ in 3 L. Wasser —

---

[1]) Berl. Ber. 1887, **20**, 1211.
[2]) Berl. Ber. 1880, **13**, 2150; 1881, **14**, 713.
[3]) J. pr. Chem. 1885, **31**, 541; 1886, **33**, 300.

allmählich versetzte, entstand als Hauptprodukt Dioxystearinsäure, $C_{18}H_{34}(OH)_2O_2$. Durch $PJ_3 + H_2O$ ließ sich diese Säure in Monojodstearinsäure und diese durch naszierenden H in Stearinsäure überführen. Die Dioxystearinsäure erwies sich als identisch mit der „Isodioxystearinsäure", welche Overbeck[1]) durch Behandlung der Oxyölsäure, $C_{18}H_{34}O_3$ (aus Dibromölsäure und Silberoxyd), mit Kalilauge erhalten hatte.

Saytzeff hatte somit nachgewiesen, daß die Ölsäure bei der Oxydation in alkalischer Lösung zwei Hydroxylgruppen addiert. Er erklärte die Reaktion in der Weise, daß sich zuerst ein Sauerstoffatom an die Stelle der Doppelbindung anlagert, und daß hierauf unter dem Einfluß des Alkalis noch eine Hydratation stattfindet. Hazura[2]) stellte auf Grund seiner Versuche die allgemeine Regel auf, daß alle ungesättigten Fettsäuren, in alkalischer Lösung mit Kaliumpermanganat oxydiert, so viel Hydroxylgruppen aufnehmen, als sie freie Valenzen haben, und daß sie dabei gesättigte Oxysäuren mit derselben Anzahl von Kohlenstoffatomen im Molekül liefern. Mit dieser Regel standen auch Versuche von R. Fittig[3]) und G. Wagner[4]) im Einklang. Letzterer wandte aber gegen die Saytzeffsche Erklärungsweise ein, daß die Anlagerung eines Sauerstoffatoms an eine Doppelbindung noch nie beobachtet worden sei, daß vielmehr das $KMnO_4$ zunächst das Wasser oxydiere, indem es aus 2 Molekülen desselben 2 H-Atome herausnimmt, und daß alsdann die 2 übrigbleibenden OH-Gruppen sich an die beiden doppeltgebundenen C-Atome anlagern. Hazura[5]) bestritt diese Erklärung, weil die ungesättigten Fettsäuren sonst auch bei der Oxydation mit Wasserstoffsuperoxyd Dioxysäuren liefern müßten, während Hanfölsäure mit $H_2O_2$ Azelainsäure gibt. Ferner spreche auch die Notwendigkeit des Alkalis für die Addition von $O + H_2O$. Im übrigen schränkte er die Gültigkeit seiner Regel dahin ein, daß ungesättigte Fettsäuren mit dreifacher Bindung und wahrscheinlich auch solche mit zwei benachbarten Doppelbindungen sich anders verhalten.

1) Ann. Chem. **140**, 72.
2) Monatsh. Chem. 1887, **8**, 260.
3) Berl. Ber. 1888, **21**, 919.
4) Berl. Ber. 1888, **21**, 1237.
5) Monatsh. Chem. 1888, **9**, 469.

Später sprachen sich aber Holde und Marcusson[1]) für die Wagnersche Ansicht aus. Sie fanden, daß ölsaures Ammoniak, in ammoniakalischer Lösung mit übermangansaurem Ammoniak behandelt, ebenfalls Dioxystearinsäure liefert. Da Hazura das $H_2O_2$ nicht im status nascens zur Anwendung brachte, so halten sie seinen diesbezüglichen Einwand für hinfällig.

Die Untersuchungen Hazuras über die flüssigen Fettsäuren der trocknenden Öle sind in einer Reihe von Abhandlungen[2]) niedergelegt, welche zum Teil auch Irrwege aufweisen. So wurde zuerst die Hanfölsäure als $C_{16}H_{28}O_2$, die Sativinsäure als $C_{32}H_{62}O_{11}$ und die Linusinsäure als $C_{18}H_{36}O_7$ angesprochen. Den nachfolgenden Ausführungen ist daher die zusammenfassende Abhandlung: Über trocknende Öle[3]) zugrunde gelegt, welche Hazura erscheinen ließ, nachdem seine Arbeiten zu einem gewissen Abschluß gelangt waren.

Die Untersuchung der flüssigen Leinölfettsäuren geschah in folgender Weise. Leinöl wurde mit KOH verseift, die Seife in Wasser gelöst, die Lösung mit Essigsäure neutralisiert[4]) und mit Bleizucker gefällt. Die Bleiseifen wurden mit Äther ausgezogen und aus den ätherischen Auszügen durch Zersetzen mit verdünnter Schwefelsäure und Verdunstung des Äthers die flüssigen Fettsäuren gewonnen. 30 g dieser Fettsäuren werden mit 36 ccm Kalilauge der Dichte 1,27 (= 29,5 % KOH)[5]) und Wasser zu 2 L. gelöst und diese Lösung bei Zimmertemperatur mit 2 L. einer 1,5 proz. $KMnO_4$-Lösung langsam und unter fortwährendem Rühren versetzt. Die Flüssigkeit färbt sich zuerst dunkelgrün, nach einiger Zeit scheidet sich Mangansuperoxyd ab, von welchem die nach einigen Stunden klar gewordene Flüssigkeit durch Filtrieren getrennt wird. Das alkalische Filtrat enthält die Kalisalze der entstandenen Oxysäuren, es wird mit Schwefelsäure angesäuert, wobei ein flockiger Niederschlag herausfällt,

[1]) Berl. Ber. 1903, **36**, 2661.

[2]) Monatsh. Chem. 1886, **7**, 216 (Bauer und Hazura), 637; 1887, **8**, 147, 156 (Hazura und Friedreich), 260; 1888, **9**, 180, 198 (Hazura und Grüßner), 469.

[3]) Zeitschr. f. angew. Chem. 1888, **1**, 312.

[4]) Was bekanntlich wegen der Dissoziation der Seifen nicht genau möglich ist. D. Vf.

[5]) Die angewandte Menge KOH ist etwa doppelt so groß als diejenige, welche zum bloßen Neutralisieren der Fettsäuren nötig wäre. D. Vf.

der abfiltriert und auf Tonplatten getrocknet wird. Dieses Säuregemisch (A) wird in das Barytsalz übergeführt und letzteres mit siedendem Wasser ausgezogen. Das unlösliche Barytsalz wird mit Salzsäure zersetzt, die abgeschiedene Säure an der Luft getrocknet und mit großen Mengen kalten Äthers ausgelaugt. Nach dem Verdunsten des Äthers hinterbleibt neben unoxydierter Leinölsäure die Dioxystearinsäure, $C_{18}H_{36}O_4$. Der in Äther unlösliche Rückstand besteht aus Sativinsäure, $C_{18}H_{36}O_6$.

Die wässerige Barytzalzlösung wird stark konzentriert und alsdann mit verdünnter Salzsäure zersetzt. Die abgeschiedene Säure ist in den meisten Fällen Linusinsäure, $C_{18}H_{36}O_8$, manchmal sind ihr noch kleine Mengen Isolinusinsäure, $C_{18}H_{36}O_8$, beigemischt, von welcher sie lediglich durch fraktionierte Kristallisation zu trennen ist. Das saure Filtrat von A wird mit Kalilauge neutralisiert und je 4 L. auf etwa 300 ccm eingedampft, abermals mit verdünnter Schwefelsäure angesäuert, das herausfallende Säuregemisch abfiltriert und, nachdem es lufttrocken geworden ist, mit Äther ausgelaugt. In den letzteren geht fast nur Azelainsäure, $C_9H_{16}O_4$, über, welche schon ein Zersetzungsprodukt der Leinölsäure ist. Der ätherunlösliche Anteil dagegen ist Isolinusinsäure, $C_{18}H_{36}O_8$, ein Isomeres der Linusinsäure.

Hazura hatte somit vier verschiedene Oxysäuren erhalten, über deren Eigenschaften und Muttersubstanzen noch folgendes zu sagen ist:

Die Dioxystearinsäure, $C_{18}H_{34}O_2(OH)_2$, ist das Oxydationsprodukt der Ölsäure, $C_{18}H_{34}O_2$; die Vermutung Mulders, daß das Leinöl auch Ölsäure enthalte, war somit durch Hazura bestätigt worden. Da die Konstitution der Ölsäure als $CH_3 . (CH_2)_7 . CH : CH . (CH_2)_7 . COOH$ heute sichergestellt ist[1]), so muß der Dioxystearinsäure die Formel $CH_3 . (CH_2)_7 . CHOH . CHOH . (CH_2)_7 . COOH$ zukommen. Die Kristallform bezeichnet Saytzeff als rhombische Blättchen, Hazura spricht zuerst von perlmutterglänzenden Blättchen, später von rhombischen, oft an zwei gegenüberliegenden Ecken abgestumpften Täfelchen. Den Schmelzpunkt gab Saytzeff zuerst mit 132,5, später mit 136,5° an. Hazura fand zuerst 130—131°, später 137°

[1]) Vgl. Baruch, Berl. Ber. 1894, **27**, 172. Saytzeff hatte für die Ölsäure die Formel $CH_3 . (CH_2)_{13} . CH : CH . CH_2 . COOH$ aufgestellt.

M. Gröger[1]), welcher die Ölsäure des Rindertalgs oxydierte, konnte für die Dioxystearinsäure niemals einen höheren Schmelzp. als 130,5—131,5° finden, und dieser Angabe kann sich Verf. auch für die Dioxystearinsäure aus Leinöl anschließen. Im übrigen kann es heute kaum mehr zweifelhaft sein, daß in den natürlichen Fetten verschiedene Ölsäuren vorkommen. Die Dioxystearinsäure ist in Wasser vollständig unlöslich, in heißem Alkohol leicht, in kaltem schwer löslich, in Äther ist sie sehr schwer löslich. Die Alkalisalze sind in Wasser leicht löslich, das Barytsalz ist darin unlöslich.

Da Hazura die flüssigen Leinölfettsäuren auch bromiert hat, so mag hier noch erwähnt sein, daß die Ölsäure beim Bromieren kein kristallisiertes Derivat, sondern die dickflüssige Dibromölsäure, $C_{18}H_{34}Br_2O_2$, liefert[2]).

Die Sativinsäure, $C_{18}H_{32}O_2(OH)_4$, ist eine Tetraoxystearinsäure. Sie kristallisiert in langen Nadeln mit aufgesetzten Pyramiden, ihr Schmelzp. liegt bei 173°. In kaltem Wasser ist sie unlöslich, in etwa 1000 Teilen siedenden Wassers löslich, in Äther unlöslich, in kaltem Alkohol schwer, in heißem leicht löslich. Das Barytsalz ist in Wasser unlöslich. Die vier OH-Gruppen konnten durch Acetylierung nachgewiesen werden, ferner gibt die Sativinsäure bei der Jodierung und nachfolgenden Reduktion Stearinsäure. Somit muß die Muttersubstanz der Sativinsäure eine ungesättigte Fettsäure $C_{18}H_{32}O_2$ mit 4 Doppelbindungen sein, Hazura nannte sie Linolsäure.

Verschiedene Umstände sprechen dafür, daß in verschiedenen Ölen auch verschiedene Linolsäuren vorkommen. Während die Linolsäure des Hanföls nach Hazura ein schön kristallisierendes Tetrabromderivat vom Schmelzp. 114—115° liefert, gibt die Linolsäure des Leinöls nach S. Fokin[3]) ein dickflüssiges Tetrabromderivat, das nur schwer fest wird und als amorphe Masse bei 98—101° schmilzt. Ferner wurden aus einer ganzen Anzahl von Fetten Tetraoxystearinsäuren erhalten, deren Schmelzp. weit unter 173° liegt.

Die Linusinsäure, $C_{18}H_{30}O_2(OH)_6$, bildet selten Nadeln, zumeist rhombische Tafeln, oft an zwei gegenüberliegenden Ecken

[1]) Berl. Ber. 1889, **22**, 620.
[2]) Ann. Chem. **170**, 42.
[3]) J. Russ. Phys.-Chem. Ges. 1902, **34**, 513.

abgestumpft. Schmelzp. 203—205°. Sie ist in Äther unlöslich, in kaltem Wasser schwer, in heißem leichter, dagegen auch in heißem Alkohol schwer löslich. Das Barytsalz ist in kaltem Wasser schwer, in heißem leicht löslich. Mit Essigsäureanhydrid liefert sie ein Hexaacetylderivat, sie ist somit eine Hexaoxystearinsäure, und es liegt ihr eine ungesättigte Fettsäure $C_{18}H_{30}O_2$, die Linolensäure, zugrunde. Die Hexabromlinolensäure, $C_{18}H_{30}Br_6O_2$, bildet Nadeln vom Schmelzp. 177°, fast unlöslich in Äther und Eisessig. Wegen der letzteren Eigenschaft läßt sie sich aus den Gesamtfettsäuren des Leinöls direkt darstellen. In alkoholischer Lösung mit naszierendem H reduziert, liefert sie die Linolensäure selbst als ein dünnflüssiges, schwach nach Fischtran riechendes Öl.

Die Isolinusinsäure, $C_{18}H_{30}O_2(OH)_6$, hat dieselbe Zusammensetzung wie die Linusinsäure und gibt wie diese ein Hexaacetylderivat. Sie kristallisiert aus Wasser in kleinen prismatischen Nadeln vom Schmelzp. 173—175°. In kaltem Wasser ist sie schwer, in heißem leicht löslich, in Alkohol löst sie sich schon in in der Kälte, in Äther gar nicht. Das Barytsalz ist in kaltem Wasser schwer, in heißem leicht löslich.

Nachdem Hazura aus dem Leinöl zwei verschiedene Hexaoxystearinsäuren erhalten hatte, nahm er in ersterem außer der Linolensäure noch eine weitere, dreifach ungesättigte Fettsäure, die Isolinolensäure, $C_{18}H_{30}O_2$, an, die somit mit der Linolensäure isomer wäre. Mit Brom soll sie nach Hazuras Angabe ein öliges, in Äther lösliches Hexabromderivat liefern. Es mag aber gleich hier darauf hingewiesen werden, daß die Isolinusinsäure für sich allein das Vorkommen der Isolinolensäure im Leinöl noch nicht beweist, indem auch eine und dieselbe ungesättigte Fettsäure zwei verschiedene Oxysäuren liefern kann[1]).

Wie man sieht, war durch die Arbeiten Hazuras die Leinölchemie auf eine ganz neue Grundlage gestellt worden. Während alle früheren Autoren, mit alleiniger Ausnahme von Mulder, die flüssige Leinölsäure als eine einheitliche Substanz angesehen hatten, erkannte sie Hazura als ein Gemisch von vier verschiedenen Säuren, nämlich:

---

[1]) Vgl. Saytzeff, J. pr. Chem. 1894, **50**, 81; Mangold, Monatsh. Chem. 1894, **13**, 326.

Ölsäure, $C_{18}H_{34}O_2$, mit 1 Doppelbindung,
Linolsäure, $C_{18}H_{32}O_2$, mit 2 Doppelbindungen,
Linolensäure, $C_{18}H_{30}O_2$, mit 3 Doppelbindungen,
Isolinolensäure, $C_{18}H_{30}O_2$, mit 3 Doppelbindungen.

Sogar nach Hazura wurde nochmals die Einheitlichkeit der Leinölsäure behauptet. Aus dem Laboratorium Saytzeff[1]) erschien eine Arbeit von A. Reformatsky[2]) über die Leinölsäure. Sie wurde nach Schüler dargestellt, in den Äthylester übergeführt und dieser unter 180 mm Druck fraktioniert destilliert. Die Fraktion 270—275° wurde gesondert aufgefangen und verseift. Für die freie Säure wurde die Zusammensetzung der Linolsäure, $C_{18}H_{32}O_2$, gefunden, sie ergab ein öliges Tetrabromid, welches sich wiederum zu Linolsäure reduzieren ließ. Letztere konnte ferner durch Jodierung und Reduktion in Stearinsäure übergeführt werden. Bei der Oxydation in alkalischer Lösung mit $KMnO_4$ ergab sie als Hauptprodukt eine Tetraoxystearinsäure vom Schmelzp. 159—161°, in geringerer Menge zwei Säuren vom Schmelzp. 202 bzw. 173—175° (vgl. o. Hazura), Ameisensäure und Azelainsäure. Die Hexaoxystearinsäuren sprach Reformatsky als sekundäre Produkte an, trotzdem Hazura schon früher[3]) gezeigt hatte, daß die Sativinsäure bei der Weiteroxydation in alkalischer Lösung keine Linusin- und Isolinusin-, sondern nur Azelainsäure und andere Zersetzungsprodukte liefert.

Im Jahre 1898 wiederholten Hehner und Mitchell[4]) die Bromierung der Leinölsäure in Äther- oder Eisessiglösung. Anstatt 177° fanden sie 180—181° für den Schmelzp. der Hexabromlinolensäure, die Brombestimmung ergab immer ein Manko von etwa 1,8° %, aus der Mutterlauge ließ sich kein kristallisiertes, sondern nur ein dickflüssiges, unreines Tetrabromid gewinnen. Sowohl dieses als das Hexabromid spalten beim Kochen mit alkoholischer Kalilauge das gesamte Brom wieder ab. Die durch Reduktion der Hexabromlinolensäure mit Zn + HCl erhaltene freie Linolensäure war ein fast farbloses Öl, $d_{15}$ 0,9228, Jod-

[1]) Zwischen Saytzeff und Hazura entspann sich ein Prioritätsstreit, in welchen auch Peters eingriff, vgl. J. pr. Chem. 1889, **39**, 146; **40**, 190, 419, 422.

[2]) J. pr. Chem. 1890, **41**, 529.

[3]) Monatsh. Chem. 1887, **8**, 260.

[4]) Analyst 1898, **23**, 313.

zahl 241,8. In Eisessiglösung bromiert, ging sie nur teilweise in die feste Hexabromlinolensäure über, außerdem entwich auch HBr. Weiterhin wurde auch das Leinöl selbst bromiert, und zwar in abgekühlter, ätherischer, etwas Eisessig enthaltender Lösung. Es schied sich, in einer Ausbeute von etwa 25 %, ein kristallisiertes Bromid vom Schmelzp. 143,5—144$^0$ aus. Die Analysen stimmten für die Formel $C_{57}H_{96}O_6Br_{14}$; wahrscheinlich liegt ein gemischtes Glyzerid der Hexabromlinolen- und Dibromölsäure vor, $C_3H_5(C_{18}H_{33}O_2Br_2)(C_{18}H_{29}O_2Br_6)_2$.

Im Jahre 1906 begann C. Harries[2]) seine Studien über die Einwirkung des Ozons auf ungesättigte Verbindungen. Es lagert sich ein Molekül Ozon an die Doppelbindung an, beim Kochen des entstandenen Ozonids mit Wasser tritt an derselben Stelle Spaltung ein unter Bildung von Aldehyden. Harries und Thieme[2]) wandten die Reaktion auf die Ölsäure an und erhielten je nach dem Lösungsmittel entweder ein normales Ozonid, $C_{18}H_{34}O_5$, oder ein Ozonidperoxyd, $C_{18}H_{34}O_6$. Beim Kochen mit Wasser lieferten beide als Primärprodukte Nonylaldehyd, $CH_3 . (CH_2)_7 . . CHO$ und Azelainsäurehalbaldehyd, $CHO . (CH_2)_7 . COOH$, somit war die Konstitution der Ölsäure als $CH_3 . (CH_2)_7 . CH : : CH . (CH_2)_7 . COOH$ erneut bewiesen.

C. Thieme[3]) hat auch die Leinölsäure mit Ozon behandelt und dabei ein sirupförmiges Ozonid von der annähernden Zusammensetzung $C_{18}H_{32}O_8$ erhalten. Als Spaltungsprodukte konnten nur Ameisensäure, Azelainsäure und Azelainsäurehalbaldehyd sicher nachgewiesen werden. Allem Anschein nach hielt Thieme die Leinölsäure gemäß den Angaben von Reformatsky (s. S. 38) für einheitlich.

Um dieselbe Zeit arbeitete G. L. Goldsobel[4]) über die Linolsäure, die er in Form des Tetrabromids (Schmelzp. 113,4$^0$) aus Sonnenblumenöl darstellte. Die flüssigen Fettsäuren dieses Öls ergaben bei der Oxydation Sativinsäure vom Schmelzp. 173$^0$ und diese bei der Weiteroxydation in schwach alkalischer Lösung Oxalsäure, Azelainsäure und eine Hexylsäure (Capronsäure? Der Verf.). Daraus wurde geschlossen, daß die Linolsäure wahr-

---

[1]) Ann. Chem. 1906, **343**, 311.

[2]) Ann. Chem. 1906, **343**, 354; Berl. Ber. 1906, **39**, 2844.

[3]) Dissertation, Kiel 1906.

[4]) Chem.-Ztg. Rep. 1906, **30**, 458.

scheinlich die Konstitution $CH_3 . (CH_2)_4 . CH : CH . CH_2 . CH : CH . (CH_2)_7 . COOH$ hat. Später konnte Goldsobel [1]) diese Formel auf optischem Wege bestätigen.

Ebenfalls im Jahre 1906 veröffentlichte Fr. Bedford [2]) seine ersten Studien „über die ungesättigten Fettsäuren des Leinöls und über ihre quantitative Reduktion zu Stearinsäure". Bedford versuchte zunächst eine Trennung der einzelnen Fettsäuren durch fraktionierte Destillation im hohen Vakuum, für welch letztere er einen besonderen Apparat zusammenstellte. Aber trotzdem der Druck weniger als 0,0005 mm betrug, trat eine Scheidung nicht ein, alle Fraktionen zeigten annähernd dieselbe Jodzahl. Nunmehr wurden die gesamten Leinölfettsäuren in Eisessiglösung bromiert und mit Hilfe eines besonderen Reinigungsverfahrens die Hexabromlinolensäure in größerer Menge dargestellt. Sie war rein weiß und schmolz bei 178,5°, nach zweimaligem Umkristallisieren aus Essigäther bei 179—180°. Eine Reihe von Derivaten der Hexabromlinolensäure wurden dargestellt, ferner wurde sie durch Kochen der alkoholischen Lösung mit geraspeltem Zink zu Linolensäure reduziert. Der Geruch der letzteren war nicht tranartig (s. S. 37), sondern ziemlich angenehm, $d_4^{20}$ 0,8919, Jodzahl 248,7 anstatt 273,8, Siedep. unter 0,001—0,002 mm Druck 157—158°. Bei der Bromierung ging nur etwa ¼ der Linolensäure in die kristallisierte Hexabromlinolensäure, der Rest in ein dickflüssiges Tetrabromid über (s. S. 37). Nach der Entbromung lieferte dieses bei erneuter Bromierung noch eine geringe Menge, nach nochmaliger Entbromung gar kein Hexabromid mehr. Durch HJ + P ließ sich die Linolensäure nicht zu Stearinsäure reduzieren, wohl aber ihr Äthylester durch H unter Anwendung von frisch reduziertem Nickel als Katalysator (Methode Sabatier-Sendérens, s. S. 19) zu Stearinsäureäthylester, Schmelzp. 33,5°, welcher bei der Verseifung normale Stearinsäure vom Schmelzp. 69° lieferte. Hierdurch war für die Linolensäure die normale Kette erneut bewiesen. Die Hazurasche Isolinolensäure lehnte Bedford ab, nicht nur aus dem Grunde, weil eine und dieselbe Säure zwei stereoisomere

[1]) J. Russ. Phys.-Chem. Ges. 1910, **42**, 55.

[2]) Dissertation, Halle 1906; vgl. a. Erdmann und Bedford, Berl. Ber. 1909, **42**, 1324.

Oxysäuren liefern kann (s. S. 37), sondern weil bei der Hazura-Oxydation außer Oxysäuren auch Laktone und Anhydride entstehen, so daß das Oxydationsprodukt ein kompliziertes Gemisch sei, dessen einzelne Bestandteile sich nur schwer oder gar nicht im reinen Zustand isolieren lassen. Dagegen nahm er an, daß bei der Entbromung der Hexabromlinolensäure zwei isomere Linolensäuren entstehen, die α-Linolensäure mit dem kristallisierten Hexabromid und die β-Linolensäure mit dem flüssigen Tetrabromid. Im Leinöl soll aber nur die α-Linolensäure vorkommen. Da auch die Linolensäure des Leinöls, im Gegensatz zu derjenigen des Mohnöls, kein kristallisiertes Bromprodukt liefert, wird auch sie als β-Linolsäure angesprochen.

Die wertvolle Arbeit Bedfords wurde durch Fr. Raspe [1]) fortgesetzt, und es gelang ihm nach mühevollen Versuchen, die Konstitution der Linolensäure einwandsfrei festzustellen. Die nach Bedford dargestellte Linolensäure wurde ozonisiert, wobei sie, je nach dem Lösungsmittel, 9 oder 10 Atome O aufnimmt. Dadurch ist endgültig bewiesen, daß das Molekül der Linolensäure 3 Doppelbindungen aufweist. Das Ozonid ist ein dickes, kaum mehr flüssiges, wasserklares Öl von stechendem Geruch, das Ozonidperoxyd ist mehr gummiartig; gegen Wasser zeigen beide das gleiche Verhalten. Auch der Linolensäureäthylester addiert in Chloroformlösung 10 Atome O, das zähe, wasserklare Produkt lieferte bei der Zersetzung mit warmem Wasser zunächst Azelainsäure, Azelainsäurehalbaldehyd, Kohlensäure, Azetaldehyd und ein leicht zersetzliches Öl, das bei vorsichtiger Oxydation Oxalsäure und Adipinsäure gab. Durch partielle Zersetzung mit kaltem Wasser — Raspe nimmt an, daß hierbei nur das Ozonid des α-Esters zersetzt wird — konnten dann noch weiter Malonsäurehalbaldehyd und Malonsäure nachgewiesen werden. Da ferner der Azetaldehyd als ein sekundäres Produkt, entstanden aus Propionaldehyd, aufzufassen, während die Adipinsäure auf Azelainsäurehalbaldehyd zurückzuführen ist, so sind die primären Zersetzungsprodukte Propionaldehyd, Malonsäure und Azelainsäure bzw. die Aldehyde beider Säuren. Daraus ergibt sich die folgende Formel der Linolensäure: $CH_3 . CH_2 . CH : CH .$

[1]) Dissertation, Halle 1909; vgl. auch Erdmann, Bedford und Raspe, Berl. Ber. 1909, **42**, 1334.

$CH_2 . CH : CH . CH_2 . CH : CH . (CH_2)_7 . COOH$. Da die α- und β-Linolensäure sich bei der Ozonisierung gleich verhalten, so sind sie als stereoisomer anzusehen, die α-Säure ist die labile cis-, die β-Säure die stabile trans-Form.

In neuester Zeit hat sich alsdann noch A. Rollett [1]) mit der Linol- und Linolensäure beschäftigt. Die erstere stellte er zwar aus Mohnöl (in Form des Tetrabromids, Schmelzp. 114 bis 115°) dar, da aber ohne Zweifel die β-Linolsäure des Leinöls zur α-Linolsäure des Mohnöls in nahen Beziehungen steht, so soll die Arbeit hier registriert werden. Das Tetrabromid wurde (durch methylalkoholische HCl + Zn) direkt in den Linolsäuremethylester übergeführt und aus diesem durch kalte Verseifung die freie Linolsäure gewonnen. Sie stellt ein wasserhelles Öl dar, Siedep.$_{14}$ 228°, Jodzahl 178,3 und 179,1 (anstatt 181,4), $d_4^{18} = 0{,}9026$. Die Bromierung ergab das kristallisierte Tetrabromid niemals in einer höheren Ausbeute als 50 % der Theorie. Trotzdem kann die Linolsäure einheitlich sein, denn sie kann beim Bromieren zwei verschiedene Derivate liefern, von denen jedes in zwei optisch aktive Komponenten spaltbar sein muß. In der Tat addierte auch das ölige Tetrabromid kein Jod mehr und ergab bei der Reduktion eine, allerdings nicht ganz reine Linolsäure: Siedep.$_{15}$ 230°, Jodzahl 158,9 und 160,2, welche bei nochmaliger Bromierung nur mehr 26,2 % kristallisiertes Tetrabromid lieferte. Vielleicht ist das flüssige Tetrabromid nur verunreinigt. Gegenwart von Ölsäure scheint die Ausbeute an festem Tetrabromid nicht zu beeinflussen, wohl aber Linolensäure. Die durch Oxydation der Linolsäure erhaltene Sativinsäure (s. S. 36) schmolz trotz wiederholter Kristallisation aus Alkohol unscharf bei 156—169°, durch Auskochen mit Benzol und nochmaliges Kristallisieren aus Alkohol stieg der Schmelzp. auf 171 bis 173°.

Zur Darstellung von Linolensäure wurden die gesamten Leinölfettsäuren in Eisessiglösung bromiert und das kristallisierte Hexabromid (Schmelzp. 180—181°) direkt in Linolensäuremethylester übergeführt. Wasserhelles Öl, Siedep.$_{14}$ (im $CO_2$-Strom) 207°, Jodzahl 257,5 (Theorie 261). Auch die freie Linolensäure war ein wasserhelles Öl, Siedep.$_{17}$ (im $CO_2$-Strom) 230—232°,

[1]) Zeitschr. f. physiol. Chem. 1909, **62**, 410, 422.

Jodzahl 267,4 und 267,8 (Theorie 274,2), $d\,_4^{18} = 0{,}9141$. Die Ausbeute an kristallisiertem Hexabromid betrug nur 20 % der Theorie, der Bromgehalt des flüssigen Bromids stimmte annähernd für $C_{18}H_{30}Br_4O_2$, dementsprechend addierte es auch noch Jod. Durch energische Bromierung der Linolensäure in Petrolätherlösung wurde aber ein flüssiges Hexabromid erhalten, das kein Jod mehr addierte und nur noch ein Manko von 1,6 % Br aufwies. Bei der Reduktion lieferte es eine Linolensäure vom Siedep. $_{13}$ 232° und der Jodzahl 217,7, die Bromierung ergab immer noch 11 % kristallisiertes Hexabromid. Da die Linolensäure 4 verschiedene Bromadditionsprodukte mit je 2 optisch aktiven Komponenten liefern kann, so beweist ihr Verhalten bei der Bromierung nichts gegen ihre Einheitlichkeit. Bei der Hazura-Oxydation liefert endlich die Linolensäure nicht nur, wie Hazura angegeben hatte, Linusinsäure vom Schmelzp. 201—203°, sondern auch Isolinusinsäure vom Schmelzp. 171—173° (Hazura 173—175°). Rollett kommt daher zu dem Schluß, daß für die Annahme einer Iso- oder β-Linolensäure kein ausreichender Grund vorliege.

Gegen diesen Schluß protestieren Erdmann und Bedford [1]) entschieden. Aus dem betreffenden Artikel sei hier zunächst nur folgendes angeführt. Das flüssige, in Petroläther lösliche Bromierungsprodukt wurde durch Erhitzen mit Zink und Eisessig entbromt. Es resultierte ein Öl mit der Jodzahl 185,8 und dem Molekulargewicht 428 (aus der Säurezahl). Bei der nochmaligen Bromierung gab es 3,2 % festes Hexabromid und ein flüssiges, aber in Petroläther unlösliches Bromid, aus dem durch Entbromen ein dickflüssiges Öl mit der Jodzahl 109,3 und dem Molekulargewicht 516 erhalten wurde. Bei einer dritten Bromierung gab dieses Öl kein festes Hexabromid mehr, die bei der zweiten Bromierung entstandenen 3,2 % werden daher einfach dadurch erklärt, daß eine gewisse Menge Hexabromid in dem flüssigen Tetrabromid gelöst bleibt und bei der Entbromung wieder α-Linolensäure liefert. Die β-Linolensäure dagegen liefert nur flüssiges Tetrabromid, das beim Entbromen keine α-Linolensäure und auch keine reine β-Linolensäure zurück-

[1]) Zeitschr. f. physiol. Chem. 1910, **69**, 76.

bildet, sondern fortschreitender Polymerisation oder Anhydridbildung anheimfällt.

Zusammenfassend ist zu bemerken, daß bis heute im Leinöl 3 ungesättigte Fettsäuren mit Sicherheit nachgewiesen sind, nämlich

Ölsäure, $C_{18}H_{34}O_2$ bzw.
$CH_3 . CH_2 . CH_2 . CH_2 . CH_2 . CH_2 . CH_2 . CH_2 . CH : CH . (CH_2)_7 . COOH$
Linolsäure, $C_{18}H_{32}O_2$ bzw.
$CH_3 . CH_2 . CH_2 . CH_2 . CH_2 . CH : CH . CH_2 . CH : CH . (CH_2)_7 . COOH$
Linolensäure, $C_{18}H_{30}O_2$ bzw.
$CH_3 . CH_2 . CH : CH . CH_2 . CH : CH . CH_2 . CH : CH . (CH_2)_7 . COOH$

Die obige Linolsäureformel ist zwar nur für die Linolsäure aus Sonnenblumenöl bewiesen, man sieht aber, daß sie sich zwanglos zwischen die zwei übrigen Formelbilder einreiht. Alle drei Säuren zeigen eine Doppelbindung genau in der Mitte, in der 9 . 10-Stellung, die Linol- und Linolensäure zeigen eine zweite Doppelbindung in der 6 . 7- und die Linolensäure außerdem noch eine dritte in der 3 . 4-Stellung.

## D. Glyzeride.

Über die Art und Weise, wie die Fettsäuren des Leinöls mit dem Glyzerin zu Triglyzeriden verbunden sind, wissen wir fast nichts. Bis zum Ende des vorigen Jahrhunderts nahm man an, daß alle Fettsäuren ausschließlich in Form von einfachen Triglyzeriden in den Fetten enthalten seien, daß also z. B. die Ölsäure, $C_{18}H_{34}O_2$, nur in Form des Trioleins, $C_3H_5(C_{18}H_{33}O_2)_3$, in der Natur vorkomme. Seither sind aber eine Reihe gemischter Glyzeride, z. B. Oleodistearin [1]), $C_3H_5(C_{18}H_{33}O_2)(C_{18}H_{35}O_2)_2$, aus natürlich vorkommenden Fetten isoliert worden, und zwar vorwiegend durch langwierige fraktionierte Kristallisation aus Fettlösungsmitteln. Beim Leinöl ist aber dieser Weg wegen seiner hohen Kältebeständigkeit wenig aussichtsvoll. Andererseits spricht gerade die Kältebeständigkeit dafür, daß das Leinöl die festen Fettsäuren in Form von gemischten Glyzeriden enthält, denn deren Triglyzeride würden sicher schon bei 0° zum größten Teil auskristallisieren. In der Tat gelang es Henriques und Künne [2]),

---

[1]) Vgl. Henriques und Künne, Chem. Rev. 1899, **6**, 45.
[2]) Chem. Rev. 1899, **6**, 49.

aus dem Leinöl verschiedene gemischte Glyzeride in Form ihrer Halogenadditionsprodukte zu isolieren, die Arbeit wurde aber durch Henriques' Tod unterbrochen und seither nicht fortgesetzt. Jedenfalls ist das Leinöl ein Gemisch einer Reihe von Triglyzeriden, die wir im einzelnen noch nicht kennen. Für das mittlere Molekulargewicht dieses Gemisches macht es natürlich nichts aus, ob die Triglyzeride einfache oder gemischte sind. Nun bilden Linol- und Linolensäure den Hauptbestandteil des Leinöls, ihre Triglyzeride haben das Molekulargewicht 878 und 872, und in der Nähe dieser Zahlen sollte daher auch das mittlere Molekulargewicht des Leinöls liegen. Versuche in dieser Richtung scheint zuerst G. Borries [1]) gemacht zu haben, und zwar nach der Beckmannschen Gefriermethode in Benzollösung. Für rohes Leinöl wurden Werte von 300—700 gefunden, sie nahmen mit der Konzentration zu. Bessere Resultate wurden erhalten, nachdem das Leinöl durch Hindurchleiten wasserfreier Kohlensäure getrocknet worden war. Nunmehr fielen die Zahlen mit steigender Konzentration, es wurde gefunden 708, 674 und 644, also im Mittel 675. Auch W. Normann [2]) suchte das Molekulargewicht von Ölen nach der Gefriermethode in Benzollösung zu bestimmen und erhielt mit steigender Konzentration steigende Werte. Bei der Siedemethode war es umgekehrt, die Zahlen fielen mit steigender Konzentration, Leinöl ergab Werte von 1182 bis herab zu 500,4. Äther scheint als Lösungsmittel bei der Siedemethode besser geeignet zu sein, A. Genthe [3]) erhielt für das Leinöl annähernd richtige, um 800 liegende Werte. F. Fokin [4]) fand nach der Gefriermethode — das Lösungsmittel wird nicht angegeben — den Wert 832. Jedenfalls ist bezüglich des Molekulargewichts und seiner Bestimmung weitere Aufklärung nötig.

Das Leinöl enthält außer den eigentlichen Fettsäuretriglyzeriden auch noch andere Substanzen, welche allerdings ihrer Menge nach nicht ins Gewicht fallen, denn man kann sagen, daß mindestens 97, zumeist sogar 98 % des Leinöls aus Fettsäureglyzeriden bestehen. Dagegen bieten die übrigen Bestandteile zum Teil hohes wissenschaftliches oder technisches Interesse.

---

[1]) Dissertation, Leipzig 1902.

[2]) Chem.-Ztg. 1907, **31**, 211.

[3]) Zeitschr. f. angew. Chem. 1906, **19**, 2098.

[4]) Seifensiederztg. 1907, **34**, 822.

## E. Lezithin.

Das Lezithin ist auch ein Triglyzerid, in welchem aber die Fettsäuren zum Teil durch andere Säuren ersetzt sind. Es liefert bei der Verseifung Fettsäuren, Glyzerinphosphorsäure, $C_3H_5(OH)_2(PO_4H_2)$, und Cholin, $C_2H_4(OH) . N(CH_3)_3 (OH)$. Im Leinsamen fanden Schulze und Steiger [1]) 0,88 % Lezithin, und ein beträchtlicher Teil davon scheint beim Pressen in das Leinöl überzugehen, H. Jaeckle [2]) fand in demselben 0,33 %, mehr als in allen anderen Pflanzenölen. Nach seiner Ansicht ist es im Samen an einen Eiweißkörper gebunden, welche Verbindung bei der Ölgewinnung teilweise zersetzt wird. Er bestimmte seine Menge lediglich aus dem Phosphorsäuregehalt der Asche; wie es vom Öl zu trennen und in Substanz zu isolieren ist, hat E. Schulze [3]) gezeigt.

## F. Phytosterin.

Alle natürlich vorkommenden Fette enthalten außer Glyzerin mindestens noch einen weiteren, hochmolekularen Alkohol, wahrscheinlich auch in Form eines Fettsäureesters. Es gilt als sicher, daß alle tierischen Fette Cholesterin, alle pflanzlichen Phytosterin enthalten. Beide haben die Zusammensetzung $C_{27}H_{46}O$ und, wie T. Klobb [4]) behauptet, auch dieselbe Konstitution, die aber noch nicht endgültig aufgeklärt ist. Vom Cholesterin ist nach A. Windaus [5]) mit Sicherheit folgendes festgestellt. Es ist ein einwertiger, einfach ungesättigter, sekundärer Alkohol. Die Hydroxylgruppe steht in einem hydrierten Ring zwischen zwei Methylengruppen. Die Doppelbindung findet sich in einer endständigen Vinylgruppe ($CH : CH_2$). Das Molekül enthält ferner eine Isopropylgruppe und insgesamt vier hydrierte Ringe. Es ist ein kompliziertes Terpen, das wahrscheinlich der Cholsäure nahesteht.

Die Abscheidung des Phylosterins aus dem Leinöl wird im nächsten Kapitel besprochen. Man erhält es dabei nicht rein,

---

[1]) Zeitschr. f. physiol. Chem. 1889, **13**, 365.

[2]) Zeitschr. f. Unters. d. Nahr.- u. Genußm. 1902, **5**, 1062.

[3]) Chem.-Ztg. 1897, **21**, 374; 1904, **28**, 751; 1908, **32**, 981.

[4]) Bull. d. Sciences Pharmacol. 1910, **17**, 160.

[5]) Arch. Pharm. 1908, **246**, 117.

sondern gemischt mit einigen anderen, bis jetzt nicht näher bekannten Substanzen. Das Gemisch heißt „das Unverseifbare". Eigentlich ist auch das Glyzerin unverseifbar, da es aber in Wasser leicht löslich ist, so mischt es sich bei der Abscheidung des „Unverseifbaren" diesem nicht bei und wird ihm daher auch nicht zugerechnet. Das Unverseifbare des Leinöls ist eine homogene, gelbe, wachsartige, in heißem Alkohol lösliche Masse [1]). Nach Salkowsky [2]) lassen sich darin unter dem Mikroskop Phytosterinkristalle undeutlich erkennen. Bömer [3]) kristallisierte das Leinöl-Unverseifbare 3—6 mal aus heißem Alkohol um und erhielt so farblose, monokline Kristalle von Phytosterin, Schmelzp. 137,5—138°. Was die übrigen Bestandteile des Unverseifbaren betrifft, so mag erwähnt sein, daß in verschiedenen Pflanzenfetten außer Phytosterin noch andere hochmolekulare Alkohole und außerdem auch Kohlenwasserstoffe — natürlich in minimalen Mengen — gefunden wurden. Eine Behauptung von C. Niegemann [4]), das Leinöl-Unverseifbare enthalte „ungesättigte Eiweißkörper", ist ohne weiteres abzulehnen, weil diese bei der Verseifung Umwandlungsprodukte liefern, welche in Äther und Petroläther unlöslich sind.

## G. Schleim.

Ein normaler Bestandteil rohen Leinöls, der allerdings vom technischen Standpunkt aus zumeist als Verunreinigung aufgefaßt wird, ist der sog. „Schleim". Besonders unreife und feuchte Leinsaat gibt ein schleimreiches Öl. Nach C. Niegemann [5]) enthält Leinöl, das durch eine Filterpresse ging, nur wenig Schleim. In manchen Betrieben wird es aber durch Köperbeutel filtriert und der so erhaltene Schleim zur Wiedergewinnung des Öls, mit dem er vollständig durchtränkt ist, frisch zerkleinerter Saat im Vorwärmer beigemischt und mit dieser gepreßt. Derartig gewonnenes Öl ist reich an Schleim. Demgemäß behauptet Niegemann auch, daß Leinöl, wenn es in einen Behälter gebracht

---

[1]) Vgl. Thoms und Fendler, Chem.-Ztg. 1904, **28**, 841.
[2]) Zeitschr. f. anal. Chem. 1887, **26**, 557.
[3]) Zeitschr. f. Unters. d. Nahr.- u. Genußm. 1898, **1**, 81.
[4]) Chem.-Ztg. 1904, **28**, 727.
[5]) Chem.-Ztg. 1904, **28**, 729.

wird, in dem sich von früheren Lieferungen her noch eine größere Menge Bodensatz befindet, einen Teil desselben löst.

Der Schleim ist kein einheitlicher Körper, er besteht vielmehr aus verschiedenen, in der Leinsaat enthaltenen Substanzen, welche beim Pressen in das Leinöl übergehen. Seine Menge ist schwankend, aber unter allen Umständen sehr gering. Er macht sich auch zunächst gar nicht bemerkbar, ein Leinöl kann vollkommen klar und trotzdem schleimhaltig sein. Erhitzt man aber ein derartiges Öl rasch auf 250—300°, so scheidet sich der Schleim in Flocken aus, ein Vorgang, den man das „Brechen" des Leinöls nennt. Die Ausscheidung erfüllt einen großen Teil des Gefäßes und täuscht eine große Menge vor, sie ist aber außerordentlich voluminös und stark ölhaltig, so daß ihre Menge in Wirklichkeit sehr gering ist.

Der Schleim wirkt bei der Verwendung des Leinöls zu Firnis und besonders zu Lack störend, so daß seine Entfernung technisch von Bedeutung ist. Entschleimtes Öl heißt „Lackleinöl". Anstatt durch Erhitzen wurde auch schon versucht, den Schleim durch Abkühlung zu beseitigen. G. Benz [1]) empfahl, schleimhaltige Speiseöle 24 Stunden lang einer Temperatur von etwa — 4° auszusetzen, worauf beim Wiedererwärmen nur ein ganz geringer Teil der ausgeschiedenen Schleimstoffe wieder in Lösung gehen soll. Nach C. Niegemann [2]) ist indessen dieses Verfahren für Leinöl ungeeignet, nach seinem Verfahren [3]) wird es unter seinen Gefrierpunkt, also auf etwa — 20° abgekühlt und dann bei wenig höherer Temperatur, jedenfalls aber unter 0° filtriert. Derartig behandeltes Leinöl wird nie mehr trüb, und der ausgeschiedene Schleim ist fettfrei. W. Traine [4]) will das Leinöl durch Erhitzen mit einer geringen Menge gepulverten Ätzkalks entschleimen, nach C. Niegemann [5]) färbt sich aber so behandeltes Öl beim nachherigen Erhitzen dunkel. A. Stelling [6]) verwendet ein besonderes Filtrierpapier, das den Schleim katalytisch entfernen soll. Es wird zuerst mit einer Lösung von Mangannitrat,

[1]) Allgem. Chem.-Ztg. 1905, 100.
[2]) Chem.-Ztg. 1905, **29**, 465.
[3]) D.R.P. 163 056.
[4]) D.R.P. 161 941.
[5]) Farben-Ztg. 1906, **11**, 517.
[6]) D.R.P. 177 693.

dann mit einer solchen von Borax behandelt. Neuerdings wird ein natürlich vorkommendes Aluminium-Magnesiumhydrosilikat, das als Floridaerde, Fullererde, Bleicherde in den Handel kommt, zur Entschleimung des Leinöls empfohlen. Man läßt das Öl entweder durch eine hohe Schicht gröberer Erde fließen, oder man schickt es, mit feingepulverter Erde innig gemischt, durch eine Filterpresse. Ob auf diesem Wege der Schleim vollständig zu entfernen ist, scheint noch nicht mit aller Sicherheit festzustehen.

Schon Liebig [1]) kannte den Leinölschleim und glaubte, daß er das Trocknen verhindere. Durch langes Lagern, durch Kochen des Leinöls oder durch Zusatz von Metalloxyden werde er entfernt. Zu seiner direkten Beseitigung empfahl er Behandeln des Leinöls mit Bleiessig. Mulder dagegen bestritt das Vorkommen des Schleims in gutem Leinöl, das schreibe immer nur einer vom anderen ab. Kalt gepreßte Leinöle kämen wohl trüb aus der Presse, aber niemand wisse, woraus die Trübung bestehe, und durch Ruhe, Filtration oder chemische Mittel seien derartig trübe Öle leicht zu reinigen. In warm gepreßten Leinölen könne Eiweiß überhaupt nicht vorhanden sein, weil es schon unterhalb der betreffenden Temperatur koaguliere. Pflanzenschleim werde dabei trocken und unlöslich. Mulder behandelte ein warm gepreßtes Leinöl mit Bleiessig und erhielt dabei allerdings einen stark ölhaltigen Satz, in welchem er aber keinerlei Schleim, sondern nur Bleiseife und etwas Bleikarbonat fand. Dazu bemerkt Weger [2]), daß Mulder entweder ausnahmsweise ein besonders gutes Leinöl in Händen hatte, oder daß seine Methode zum Nachweis des Schleims unbrauchbar war, indem zweifellos auch absolut klare Öle schleimhaltig sein können. Durch Behandlung eines Öls mit Holzkohle wird auch der gelöste Schleim entfernt. Bei langsamem Erhitzen des Öls tritt der Niederschlag zuweilen nicht auf. Weger filtrierte den durch Erhitzen abgesonderten Schleim ab und suchte ihn durch Lagern auf Tontellern möglichst vom Öl zu befreien, was aber nur unvollkommen gelang. Er stellte dann eine geleeartige, durchscheinende, gelbliche Masse dar, die sich an der Luft nach einigen

---

[1]) Ann. Chem. **33**, 110.
[2]) Chem. Rev. 1898, **5**, 246.

Tagen mit einer Haut überzog. Ein derartiger Schleim zeigte 77,5° Refraktion gegenüber 72,4° beim nicht entschleimten Öl.

Der Leinölschleim darf nicht verwechselt werden mit dem „Leinsamenschleim“, welcher erhalten wird, wenn man Leinsamen mit kaltem Wasser auszieht und den Auszug mit Alkohol fällt. Der so erhaltene Rohschleim enthält viel Mineralsubstanzen, hauptsächlich Kalzium- und Magnesiumphosphat, nach Ravenna und Zamorani[1]) auch $SiO_2$, $SO_3$, Cl, K, Na. Der organische Anteil enthält keine Stärke, nur Spuren von Zellulose und liefert bei der Hydrolyse mit verdünnter Säure Zucker. Entschleimter Samen zeigt ein stark vermindertes Keimungsvermögen.

Auch der Leinölschleim wurde wiederholt näher untersucht. G. W. Thompson[2]) erhitzte frisch gepreßtes Leinöl auf 400°, filtrierte die gallertartige Ausscheidung ab und wusch sie zur Entfernung des anhängenden Öls mit Petroläther. Der unlösliche Rückstand betrug 0,277 % des Leinöls, er enthielt 47,79 % Asche, vorwiegend CaO, MgO, $P_2O_5$. Thompson erwähnt die Möglichkeit, daß diese Pyrophosphate im Öl an organische Basen gebunden sind. Von dem organischen Anteil stellte er nur fest, daß sein Stickstoffgehalt weniger als 1 % betrug, daß er also Eiweißkörper kaum enthielt. Dagegen behauptet C. Niegemann[3]), der Leinölschleim bestehe in der Hauptsache aus Eiweißkörpern. Sie gerinnen bei 120°, nach dem Abfiltrieren sehen sie rein weiß aus, ihre Lösung in Eisessig gibt mit konz. $H_2SO_4$ die für Eiweißkörper charakteristische Violettfärbung (? Der Verf.). J. Kochs[4]) untersuchte einen aus einem frischen Leinöl durch Erhitzen, Absetzenlassen und Behandlung mit Äther erhaltenen Niederschlag. Seine Menge betrug nur 0,06 % des Öls, er war grauweiß, unlöslich in Wasser und Alkohol. Aus einem schwachen Geruch nach Trimethylamin, der beim Erhitzen noch stärker hervortrat, schloß er auf zersetzte Eiweißkörper. Unter dem Mikroskop waren zu erkennen Myzelfäden, Sporen, anscheinend von Schimmel-

---

[1]) Über den Leinsamenschleim haben gearbeitet: Kirchner u. Tollens, Ann. Chem. **175**, 215; R. W. Bauer, Landw. Vers.-St. 1892, **40**, 480; Hilger und Rothenfußer, Berl. Ber. 1903, **36**, 3198; Ravenna u. Zamorani, Atti R. Accad. dei Lincei, Roma, 1910 [5], **19**, II, 247.

[2]) J. Amer. Chem. Soc. 1903, **25**, 716.

[3]) Chem.-Ztg. 1904, **28**, 724; Farben-Ztg. 1906, **11**, 503, 517.

[4]) Mitt. a. d. K. Mat.-Prüfungsamt Großlichterfelde, 1906, **23**, 289.

pilzen, Schleimalgen, stäbchenförmige Bakterien, Staubteilchen, Faserbestandteile, Haarfragmente, Gewebetrümmer. Nach Behandlung mit verdünnter Salzsäure reduzierte der Körper Fehlingsche Lösung, enthielt somit auch Kohlehydrate. Aus der Kupferzahl wurde ein Gehalt von 16,3 % Leinsamenschleim berechnet. Aus einem zweiten, indischen Leinöl wurden nur 0,009 % eines ziemlich festen, gelben Niederschlags erhalten, der aus 11,3 % Eiweißsubstanz, berechnet aus dem N-Gehalt, 9,1 % Asche und etwa 80 % Linoxyn bestand. Eisenschiml und Cophtorne [1]) fanden einen Unterschied in dem Bodensatz von gepreßtem und von mit Naphtha extrahiertem Leinöl. Während die Asche der ersteren in der Hauptsache aus CaO, MgO, $P_2O_5$ besteht und ganz frei von $SiO_2$ ist, enthält diejenige des extrahierten Öls auch $SiO_2$, in einem Falle sogar 34,38 %.

Während somit der anorganische Anteil des Leinölschleims mit demjenigen des Leinsamenschleims im wesentlichen übereinzustimmen scheint, trifft dies für den organischen nicht zu. Zur endgültigen Aufklärung der Frage sind weitere Arbeiten notwendig.

## H. Farbstoffe.

Nach Hartley [2]) kann das Leinöl vier verschiedene Farbstoffe enthalten, welche einander in der chemischen Zusammensetzung sehr nahestehen, nämlich das gelbe Xanthophyll, ein gelbes und ein blaues Chlorophyll und das rote Erythrophyll. Das Mischungsverhältnis dieser vier Farbstoffe, von denen der eine oder andere auch ganz fehlen kann, bestimmt die Farbe des Öls. Es ist braun, wenn das Erythrophyll und ein Gemisch der beiden Chlorophylle zugegen ist, es wird grünlichbraun bei steigendem Gehalt an Chlorophyll, und es ist hellgelb, wenn das Xanthophyll vorherrscht. Alle vier Farbstoffe werden durch das Licht zerstört, besonders rasch unter Mitwirkung des Luftsauerstoffs. Auch schon beim bloßen Erhitzen leiden die Farbstoffe, beim „Brechen" (s. S. 48) findet ein Farbenumschlag von Gelb in Grünlich statt. Dabei hält baltisches Leinöl seine Farbe besser als die übrigen Provenienzen. Ferner werden die Farb-

[1]) Journ. of Ind. and Engin. Chem. 1910, 2, 28.
[2]) Vgl. Livache, S. 189.

stoffe zerstört durch Oxydationsmittel, besonders Chlor, ebenso durch Säuren. Durch Alkalien und Metallsalze werden die Chlorophylle zuerst gefällt, erst später die beiden anderen Farbstoffe.

Rohes Leinöl verleiht weißen Farben einen gelblichen Ton, der allerdings am Licht allmählich verschwindet. Es werden daher für Malerfarben sehr helle Leinöle verlangt, welche nur durch eine Bleichung des Rohöls erhältlich sind. Am besten ist die Sonnenbleiche, welche auch Mulder in erster Linie empfahl. Sie wird durch die Gegenwart von Blei beschleunigt, man setzt daher das Öl in bleiernen, mit Glas bedeckten Gefäßen dem Sonnenlichte aus. Die Methode ist aber langwierig und daher teuer. A. Genthe [1]) hat gefunden, daß die ultravioletten Lichtstrahlen besonders wirksam sind, und behandelt daher das Leinöl mit dem Licht von Quecksilberdampflampen, dem sog. Uviollicht. Indifferente Bleichmittel sind die Knochenkohle und die Fullererde, besonders die letztere wird neuerdings vielfach als Bleichmittel verwendet. Man rührt in das auf 80° erhitzte Öl 5—8 % Erde ein, erhitzt unter Umrühren weiter auf 100° und filtriert nach dem Erkalten. Von Chemikalien werden verwendet Chlorkalk und besonders konz. Schwefelsäure (1—3 % in der Kälte). Das mit letzterer gebleichte Öl kann bei ungenügendem Waschen schweflige Säure enthalten[2]) (s. S. 16). Außerdem werden noch als Bleichmittel verwendet Kaliumbichromat und Kaliumpermanganat, jeweils mit Salzsäure. Wasserstoffsuperoxyd soll merkwürdigerweise auf Leinöl keinerlei Bleichwirkung ausüben.

## I. Wasser.

Rohes Leinöl kann vollkommen klar sein und trotzdem bis zu 0,3 % Wasser enthalten. Amerikanische und russische Öle sollen wasserreicher sein als indische. Erhitzt man wasserhaltiges Öl, so entweicht das Wasser in Form von Dampfbläschen bei 120—130°. Dies dürfte die Hauptursache dafür sein, daß manche noch heute von einem „Siedepunkt" des Leinöls reden. Auf kaltem Wege läßt sich das Wasser durch Fullererde entfernen.

---

[1]) D.R.P. 195 663, 223 419.

[2]) H. C. Frey, J. Amer. Chem. Soc. 1907, **29**, 1372.

## K. Asche.

Der Aschengehalt des Leinöls ist im allgemeinen sehr gering, Mulder fand 0,03 %. Nach dem unter „Schleim" Gesagten müssen schleimhaltige Leinöle aschenreicher sein als schleimfreie. In der Tat fand Thompson [1]) in amerikanischen Rohölen bis zu 0,20 % Asche, vorwiegend CaO, MgO, $P_2O_5$, in raffinierten nur Spuren. Das amerikanische Komitee (s. S. 9) gibt den Aschengehalt von 4 Rohölen zu 0,02—0,16 % an.

Viertes Kapitel.

# Die chemische Analyse des Leinöls.

Wenn es auch einmal gelingen sollte, das Leinöl in seine einzelnen Glyzeride zu zerlegen (s. S. 45), so werden die Methoden jedenfalls umständlich sein und daher für die praktische Analyse nicht in Betracht kommen. Deren Aufgabe ist es, in möglichst kurzer Zeit und mit möglichst wenig Arbeit möglichst viele Aufschlüsse zu geben. Sie wird daher stets das Charakteristische der einzelnen Öle zu fassen suchen und das allen Ölen Gemeinsame zurückstellen. So hat es z. B. wenig Zweck, den Glyzeringehalt des Leinöls zu bestimmen, denn er ist so ziemlich bei allen pflanzlichen Ölen annähernd gleich, um 10 % herum. Man findet daher auch in der Literatur nur wenige Angaben über den Glyzeringehalt des Leinöls, und es kann im vorliegenden Werke von einer Erörterung der Glyzerinbestimmungsmethoden ganz abgesehen werden. Die technische Analyse begnügt sich, abgesehen von den im zweiten Kapitel erörterten „physikalischen Kennzahlen", mit wenigen „chemischen Kennzahlen". Es werden bestimmt die Gesamtfettsäuren (Hehnerzahl), die freien Fettsäuren (Säurezahl), das mittlere Molekulargewicht der Gesamtfettsäuren (Verseifungszahl), als ein Maß für die Menge der ungesättigten Fettsäuren die Jodzahl und endlich das Unverseifbare. Dazu kommt, besonders bei oxydierten Leinölen, die Bestimmung der Oxysäuren. Als ein Maß der

[1]) J. Amer. Chem. Soc. 1903, **25**, 716.

stattgehabten Oxydation wird öfters auch die „Azetylzahl“[1]) bestimmt, d. h. man behandelt Leinöl oder seine Fettsäuren mit Essigsäureanhydrid und bestimmt auf irgend eine Weise, wie viel von dem letzteren in Reaktion getreten ist, um daraus dann einen Rückschluß auf die Menge der OH- und anderer esterifizierbarer Gruppen zu ziehen. Es kann aber heute keinem Zweifel mehr unterliegen, daß die Methode eine Reihe von Fehlerquellen hat und zu quantitativen Schlüssen nicht berechtigt. Für den lediglich qualitativen Nachweis der oben erwähnten Gruppen ist sie aber zu umständlich. Ebensowenig wie die Maumené-Zahl (Erwärmung mit Schwefelsäure, s. S. 17) kann die Bestimmung der Bromierungswärme (Messung der Temperaturerhöhung beim Mischen mit Brom) Anspruch auf wissenschaftliche Genauigkeit erheben, so daß auch von der letzteren Methode abgesehen werden kann.

## A. Bestimmung der freien Fettsäuren.

Ein vollständig neutrales Fett, das genau äquivalente Mengen Glyzerin und Fettsäuren enthält, kommt in der Natur überhaupt nicht vor, es ist immer ein gewisses Manko an Glyzerin und die entsprechende Menge Fettsäuren daher im freien Zustande vorhanden. Daß die Leinsaat fettspaltende Lipasen nicht oder nur in minimaler Menge enthält, wurde schon früher (S. 24) erwähnt. In der Tat ist auch der Gehalt des Leinöls an freien Fettsäuren ein verhältnismäßig geringer, wenn auch die Angabe Mulders, frisches Leinöl sei vollständig neutral, nicht zutrifft. Je älter die Leinsaat, desto saurer wird im allgemeinen das Öl sein, auch durch das dem Pressen vorausgehende Erwärmen des Saatguts kann eine geringe Steigerung des Säuregehaltes eintreten.

Was die Bestimmung der freien Fettsäuren betrifft, so kann man sie in Form ihrer Natronsalze quantitativ abscheiden, wenn man das Öl mit einem Überschuß von festem, trockenem Natriumbikarbonat innig verreibt und die Mischung mit Petroläther auszieht. Nur das Neutralfett geht in Lösung, aus den zurückbleibenden Seifen können die Fettsäuren durch Salzsäure wieder

[1]) Vgl. Benedikt und Ulzer, Monatsh. Chem. 1887, **8**, 40; J. Lewkowitsch, J. Soc. Chem. Ind. 1890, **9**, 846; 1897, **16**, 503; Analyst 1899, **24**, 310; R. Henriques, Chem. Rev. 1900, **7**, 54; Ad. Grün, Berl. Ber. 1909, **42**, 3759.

abgeschieden werden. Die Methode ist aber einerseits beim Leinöl wegen seiner leichten Oxydierbarkeit nicht zu empfehlen, andererseits ist sie für die Praxis zu umständlich. Man zieht es vor, die freien Fettsäuren nicht in Substanz, sondern in Form ihres Neutralisationsäquivalentes titrimetrisch zu bestimmen. Man wiegt sich, am besten in einem Erlenmeyerkolben, einige 10 g Leinöl ab, setzt 25 ccm vollständig neutralen (96 proz.) Alkohol zu, erwärmt bis beinahe zum Sieden[1]), fügt einige Tropfen Phenolphtaleinlösung bei — Phenolphtalein ist der gegebene Indikator für die Fettanalyse, man benützt es am besten in Form einer 1 proz. alkoholischen Lösung — und titriert mit wässeriger Normallauge auf Rot. Man erwärmt nochmals, wobei zuweilen wieder Entfärbung eintritt und noch 1—2 Tropfen Lauge erforderlich sind. Die verbrauchte Lauge wird auf mg KOH[2]) pro 1 g Leinöl umgerechnet, die gefundene Zahl heißt die Säurezahl. In der Praxis hat man noch eine andere Art der Berechnung. Man nimmt der Einfachheit halber für die freien Fettsäuren das Molekulargewicht der Ölsäure (282) an und rechnet den Verbrauch an Lauge auf Prozent Ölsäure um.

Beispiel. Angewandt 9,525 g Leinöl, verbraucht 0,45 ccm Normallauge.

$$\text{Säurezahl} = \frac{0{,}45 \times 56}{9{,}525} = 2{,}6$$

$$\text{Freie Fettsäuren} = \frac{0{,}\ 5 \times 0{,}282 \times 100}{9{,}525} = 1{,}3\,\%$$

Wie man sieht, ist die Säurezahl doppelt so groß als die Prozentzahl, was zuweilen zu Irrtümern Veranlassung gibt.

Die Literaturangaben über den Säuregehalt des Leinöls sind nicht so zahlreich wie die übrigen, es mögen die folgenden angeführt sein:

---

[1]) Man kann auch außer Alkohol noch Äther oder Petroläther zusetzen, dann ist kein Erwärmen nötig, aber Titrieren mit alkoholischer Lauge empfehlenswert.

[2]) Man kann natürlich trotzdem auch Normal-Natronlauge verwenden.

| Analytiker | Anzahl der Proben | Ursprung | Säurezahl | Prozent freie Fettsäuren | Bemerkungen |
|---|---|---|---|---|---|
| H. Nördlinger, Z. anal. Chem., 1889, **28**, 183 | 10 | — | — | 0,41—4,19 | Technische Öle; Mittel 1,57 %. |
| Haselhof, Landw. Vers.-St. 1892, **41**, 55 | ? | | | 0,07—0,27 | Aus reiner Saat frisch gepreßt. |
| J. Lewkowitsch, Chem. Rev. 1898, **5**, 212. | 4 | 3 Rußland 1 Indien | 1,3—1,3 | | |
| P. Schestakoff, Chem. Rev. 1902, **9**, 204. | 11 | Rußland | | 0,55—4,33 | |
| Tomarchio, Chem.-Ztg. 1906, **30**, 394. | 6 | Diverse, s. S. 9. | | 0,35—1,50 | |
| Amerik. Komitee s. S. 9 | 4 | Nordamerika | 1,1—3,3 | | |

M. Weger[1]) gibt als mittlere Säurezahl des Leinöls den Wert 2,5. P. C. Mc Ilhiney[2]) verlangt als obere Grenze 3,0, das amerikanische Komitee 6,0. Gegen die letztere Zahl wird man nicht viel einwenden können, trotzdem die Tabelle auch höhere Werte enthält.

## B. Bestimmung der Gesamtfettsäuren.

Für rechnerische Zwecke verschlägt es nichts, wenn man annimmt, die Hauptbestandteile des Leinöls, die Linol- und Linolensäure, seien in Form der jeweiligen einfachen Triglyzeride vorhanden, und wenn man diese Triglyzeride formuliert: $C_3H_2(C_{18}H_{32}O_2)_3$ und $C_3H_2(C_{18}H_{30}O_2)_3$[3]). Aus diesen Formeln berechnet sich für die beiden Triglyzeride ein Gehalt von 95,70 % Linolsäure bzw. 95,67 % Linolensäure, und in der Nähe dieser Zahlen muß also der Gehalt des Leinöls an Gesamtfettsäuren liegen. Ähnliche Überlegungen hat schon Mulder angestellt. Nachdem er die Abwesenheit flüchtiger Fettsäuren konstatiert

[1]) Zeitschr. f. angew. Chem. 1897, **10**, 404.
[2]) Chem. Rev. 1901, **8**, 247.
[3]) Vgl. Fahrion, Zeitschr. f. angew. Chem. 1903, **16**, 1201.

hatte, bestimmte er die gesamten nichtflüchtigen Fettsäuren in der Weise, daß er das Leinöl mit wässeriger Lauge verseifte, den Seifenleim mit verdünnter $H_2SO_4$ zersetzte, die Fettsäuren abfiltrierte und mit Wasser auswusch, hierauf in Alkohol löste, die Lösung eindunstete und den Rückstand bei 100° trocknete. Er fand in einem selbst hergestellten Leinöl 95,4 %, in einem Leinöl des Handels 95,0 % Gesamtfettsäuren. Die Resultate sind somit etwas zu niedrig; einen Grund hierfür fand Mulder ebenfalls, er erhitzte Myristinsäure und Palmitinsäure auf Blechplatten 6 Stunden lang auf 80° und konstatierte, daß die letztere dabei ihr Gewicht nicht verändert, erstere dagegen um 12,1 % abnimmt. Andererseits fand Mulder auch, daß die Leinölsäure beim Erhitzen an Gewicht zunimmt. Daß diese Zunahme nicht beträchtlich ist, hat später R. H. Tatlock [1]) gezeigt. Er erhitzte die Gesamtfettsäuren des Leinöls längere Zeit auf 90° und fand nach 24, 48, 96 und 120 Stunden eine Gewichtszunahme von 1,25, 1,23, 0,42 und 0,19 %.

Die obige Muldersche Methode hat später Hehner[2]) derart abgeändert, daß er das Auflösen in Alkohol wegließ und die Fettsäuren samt dem Filter direkt trocknete. Seither heißt die prozentuale Ausbeute eines Fettes an nichtflüchtigen Fettsäuren die Hehnerzahl. Für die trocknenden Öle war die Hehnersche Methode keineswegs ein Fortschritt, weil durch das Eindringen der Fettsäuren in das Filtrierpapier ihre Autoxydation wesentlich begünstigt wird.

Nachstehend soll die Methode beschrieben werden, nach welcher Verf. die Hehnerzahl des Leinöls bestimmt[3]). Zur Verseifung wählt man zweckmäßig eine etwa doppeltnormale alkoholische Kalilauge. Zu ihrer Herstellung löst man 120 g reinstes Ätzkali in derselben Menge Wasser, füllt mit 96 proz. Alkohol zum Liter auf, schüttelt tüchtig durch und filtriert am nächsten Tag durch Glaswolle, Asbest oder schließlich auch durch starkes Filtrierpapier. Noch bequemer ist es, die verhältnismäßig sehr reine elektrolytische Kalilauge des Handels, welche über 70 Volumprozent KOH enthält, mit dem fünffachen

[1]) J. Soc. Chem. Ind. 1890, **9**, 374.
[2]) Zeitschr. f. anal. Chem. 1877, **16**, 145.
[3]) Chem.-Ztg. 1907, **31**, 279.

Volumen 96 proz. Alkohols zu schütteln und am nächsten Tag zu filtrieren. Bei geringem Bedarf wird man sich natürlich auch eine geringere Menge Lauge herstellen. Die Verseifung wird zweckmäßig in einer Porzellanschale vorgenommen, welche ganz voll etwa 100 ccm faßt, auf der Außenseite nicht glasiert sein darf und noch bequem auf der Wagschale Platz hat. In eine derartige Schale werden 2—3 g Leinöl eingewogen, dann fügt man 10 ccm der obigen Lauge zu und erwärmt unter Umrühren auf dem Wasserbad — event. auch auf dem Drahtnetz —, bis der Alkohol vollkommen verdunstet ist. Es ist alsdann sicher vollkommene Verseifung eingetreten. Die Seife wird mit ca. 50 ccm Wasser bis zur völligen Lösung erwärmt und diese quantitativ in einen Scheidetrichter[1]) übergeführt. Nach dem Erkalten setzt man zuerst 25 ccm Petroläther — bei 75$^0$ vollkommen flüchtig —, dann 10 ccm 10 proz. Salzsäure zu, schüttelt tüchtig durch und läßt über Nacht stehen[2]). Am nächsten Tag zieht man die saure wässerige Lösung unten ab und bringt die Petrolätherlösung in eine tarierte Porzellanschale (s. oben), die aber jeweils nur bis höchstens zur Hälfte gefüllt sein darf. Man bringt sie auf ein schwach kochendes Wasserbad und verdunstet den Petroläther vorsichtig. Ist dies erreicht, so bringt man das Wasserbad zum starken Kochen und beläßt die Schale noch eine Stunde darauf. Da die Temperatur des Bodens etwas über 90$^0$ beträgt, so kann man sicher sein, daß nach obiger Zeit auch die letzten Reste des Lösungsmittels verdunstet sind[3]). Die Schale wird mit einem weichen Tuch trocken gerieben und nach völligem Erkalten — am besten auf einer metallenen Unterlage, ein Exsikkator ist überflüssig — gewogen. Nach den Erfahrungen des Verf. findet man nach dieser Methode für frisches Leinöl Hehnerzahlen von 95—96. In der Regel werden sie etwas zu hoch sein, weil die Oxydation der ungesättigten Fettsäuren nicht ganz vermieden

---

[1]) Wer viel mit Fettanalysen zu tun hat, hält sich zweckmäßig an demselben Stativ 3 Scheidetrichter von 500, 250 und 100 ccm.

[2]) In eiligen Fällen kann man die wässerige Lösung auch schon nach einer Stunde abziehen, dann muß aber das Ausschütteln mit Petroläther nochmals wiederholt werden.

[3]) Es kann vorkommen, daß die so erhaltenen Fettsäuren Spuren von Wasser enthalten. In diesem Falle verrührt man sie mit 5 ccm Alkohol und bringt neuerdings zur Trockne.

wird. Da die Hehnerzahl der übrigen fetten Öle zumeist in derselben Höhe liegt, so ist es begreiflich, daß in der Literatur nur wenige Angaben über die Hehnerzahl des Leinöls zu finden sind. Lewkowitsch gibt als Mittelwert 95,5.

## C. Mittleres Molekulargewicht der Gesamtfettsäuren.

Da die Leinölfettsäuren in Alkohol leicht löslich sind, so liegt es nahe, eine alkoholische Lösung derselben unter Verwendung von Phenolphtalein als Indikator mit einer Lauge von bekanntem Gehalt zu titrieren und aus dem Verbrauch das mittlere Molekulargewicht zu berechnen[1]). Diese Rechnung ist am einfachsten bei Verwendung von Normallauge. Ist x das Mol.-Gew., so brauchen x Gramm Öl 1 L., wenn also a Gramm (a = ungefähr 3) b ccm erfordern, so ist $x = \frac{1000\,a}{b}$. Stattdessen findet man in der Literatur auch zuweilen die Säurezahl der Gesamtfettsäuren angegeben, d. h. es wird (vgl. Abschnitt A) der Alkaliverbrauch auf mg KOH pro 1 g Fettsäure umgerechnet. Wie leicht einzusehen, herrscht zwischen den beiden Werten folgende Beziehung:

$$\text{Mol.-Gew.} = \frac{5600}{\text{Säurezahl}}.$$

Nun ist das Mol.-Gew. der Linolensäure 278, dasjenige der Linolsäure 280. Durch die Ölsäure (Mol.-Gew. 282) wird das mittlere Mol.-Gew. etwas erhöht, ebenso durch die das Unverseifbare bildenden Neutralkörper, durch die festen Fettsäuren (Myristinsäure 228, Palmitinsäure 256) wird es herabgedrückt. Man wird also im voraus sagen können, daß das mittlere Mol.-Gew. der Leinölfettsäuren bei 275—280, ihre Säurezahl bei 200—204 liegen muß.

In Wirklichkeit wird das Mol.-Gew. höher, die Säurezahl niedriger gefunden, beispielsweise fanden

---

[1]) Wenn Mulder die Maßanalyse gekannt hätte, so wäre er sicher darauf gekommen, daß die Leinölsäure nicht den Kern $C_{16}$, sondern $C_{18}$ enthält.

| | | | | |
|---|---|---|---|---|
| Tortelli und Pergami[1] . . | Säurezahl | 194,6 | Mol.-Gew. | 288,2 |
| Fahrion[2] . . . . . . . . . | „ | 193,2 | „ | 289,9 |
| P. Schestakoff[3] . . . . . | „ | — | „ | 303 |

Aus obigen Zahlen ist zu schließen, daß beim Erwärmen der Leinölfettsäuren ein Teil der Karboxylgruppen verschwindet. Um die Bildung eigentlicher Säureanhydride kann es sich nicht handeln, sie entstehen unter 100° und ohne wasserentziehende Mittel sicher nicht. Auch die Bildung von Laktonen ist nicht wahrscheinlich, denn die Ölsäure, $C_{18}H_{34}O_2$, lagert sich zum Stearolakton, $C_{18}H_{34}O_2$, auch erst unter der Einwirkung von konz. $H_2SO_4$ oder $ZnCl_2$ um[4]). Ferner schmilzt das Stearolakton bei 51° und wird bei der Verseifung nicht verändert, da die ihm zugrunde liegende Oxystearinsäure nicht existenzfähig ist. Dagegen bilden diejenigen Neutralkörper, welche die Erniedrigung der Säurezahl veranlassen, bei der Verseifung die ursprüngliche Säure zurück. Man bestimmt daher das mittlere Mol.-Gew. besser in der Weise, daß man die Fettsäure mit überschüssiger alkoholischer Lauge behandelt und den Überschuß zurückmißt. Man verwendet zweckmäßig eine etwa normale Lauge, welche man sich aus der früher (S. 57) erwähnten stärkeren Lauge durch Verdünnen mit demselben Volumen Alkohol herstellen kann. Etwa 3 g Fettsäure werden mit 25 ccm obiger Lauge gelinde erwärmt, nach dem Erkalten setzt man Phenolphtalein zu und titriert mit wässeriger Normalsalzsäure zurück. Durch einen blinden Versuch wird der Wirkungswert der Lauge ermittelt. Der aus der Differenz beider Versuche sich ergebende Alkaliverbrauch, ausgedrückt in mg KOH pro 1 g Fettsäure, heißt die Verseifungszahl. Eigentlich sollte sie mit der Säurezahl identisch sein, tatsächlich wird sie aber höher gefunden, und die entsprechenden Molekulargewichte fallen im allgemeinen innerhalb der oben angegebenen Grenzen 275—280. So fanden

| | | | | |
|---|---|---|---|---|
| Tortelli und Pergami[5]) | Verseif.-Zahl | 201,8, | daraus Mol.-Gew. | 277,9 |
| Fahrion[6]) | „ | 202,5, | „ „ | 276,5 |

[1]) Chem. Rev. 1902, **9**, 182.
[2]) Chem.-Ztg. 1907, **31**, 434.
[3]) Chem. Rev. 1902, **9**, 204.
[4]) Vgl. Shukoff und Schestakoff, J. pr. Chem. 1903, **67**, 414; J. Russ. Phys.-Chem. Ges. 1908, **40**, 830.
[5]) Chem. Rev. 1902, **9**, 182.
[6]) Chem.-Ztg. 1907, **31**, 434.

Dagegen erhielt J. Lewkowitsch[1]) für die Gesamtfettsäuren aus drei verschiedenen Leinölen:

| | | | | | |
|---|---|---|---|---|---|
| I. | S.-Z. 201,8, | daraus Mol.-Gew. 278,0; | Vers.-Z. 199,8, | daraus Mol.-Gew. | 280,9 |
| II. | „ 194,7, | „ „ 288,1; | „ 199,8, | „ „ | 280,7 |
| III. | „ 195,2, | „ „ 287,4; | „ 199,0, | „ „ | 281,9 |

Falls kein Druckfehler vorliegt, hätte somit Lewkowitsch in einem Falle die Säurezahl höher gefunden als die Verseifungszahl.

Mit einer Gewichtsveränderung scheint die Reaktion, welche zur Verminderung der Säurezahl führt, nicht verbunden zu sein. Dagegen findet beim Erhitzen der Leinölfettsäuren an der Luft noch eine weitere Reaktion statt, welche zuerst zu einer Gewichtsvermehrung und bei sehr langem Erhitzen wieder zu einer Gewichtsabnahme führt (s. Tatlock S. 57). Diese zweite Reaktion ist eine Autoxydation, infolge Sauerstoffaufnahme aus der Luft entsteht eine geringe Menge von Oxysäuren. Letztere sind die Ursache einer weiteren Fehlerquelle, sie erhöhen die Verseifungszahl, indem sie außer der Karboxylgruppe noch weitere, schwach saure Gruppen enthalten, welche zwar bei der Neutralisierung nicht in die Erscheinung treten, wohl aber bei der Verseifung. Verf. konnte zeigen[2]), daß die oben angeführte Verseifungszahl 202,5 zu hoch und das entsprechende mittlere Mol.-Gew. 276,5 zu niedrig war; das richtige Mol.-Gew. betrug 279,7.

Da zur Isolierung der Leinölfettsäuren auch das Leinöl selbst mit alkoholischer Kalilauge behandelt wird, und da das Glyzerin gegen jene Lauge indifferent ist, so liegt es nahe, die Verseifungszahl des Leinöls selbst zu bestimmen, d. h. die Anzahl von mg KOH, welche zur Neutralisation der gesamten, in 1 g Leinöl enthaltenen Fettsäuren erforderlich sind. Naturgemäß muß diese Zahl niedriger sein als die Verseifungszahl der Leinölfettsäuren, und zwar um 4—5 %, weil ja das Leinöl nur 95—96 % Fettsäuren enthält. In dem speziellen, oben erwähnten Falle war die Verseifungszahl des Leinöls zu 190,6, die Hehnerzahl zu 95,2 und aus diesen beiden

[1]) Chem. Technol. etc., Bd. I, S. 338.
[2]) Chem.-Ztg. 1907, **31**, 435.

Werten das richtige, mittlere Mol.-Gew. der Leinölfettsäuren zu 279,7 ermittelt worden, gemäß der allgemeinen Formel

$$\text{Mol.-Gew.} = \frac{56 \times \text{H.-Z.}}{\text{Vers.-Z.}}.$$

Die Verseifungszahl des Leinöls wird ganz ähnlich bestimmt wie diejenige der Leinölfettsäuren (s. oben), nur genügt in diesem Falle ein gelindes Erwärmen nicht. Man kocht etwa 3 g Öl mit 25 ccm der etwa normalen alkoholischen Kalilauge, bis völlige Lösung eingetreten ist, dann zur Vorsicht noch einige Minuten. Nach dem Erkalten wird dann wie oben der Alkaliüberschuß mit wässeriger Normal-HCl zurückgemessen. Wegen der Dissoziation der Seifen (s. S. 23) ist darauf zu achten, daß der Alkoholgehalt der Lösung nicht unter 50 % sinkt; wenn somit beim Kochen viel Alkohol verdunstete, ist der Verlust vor dem Titrieren wieder zu ersetzen.

Von den zahlreichen Literaturangaben über die Verseifungszahl des Leinöls seien folgende erwähnt:

| | Vers.-Zahl |
|---|---|
| F. Filsinger, Chem.-Ztg. 1894, **28**, 1006 | 187,8—192,3 |
| W. Thörner, Chem.-Ztg. 1894, **28**, 1154 | 190 —192 |
| H. Amsel, Zeitschr. f. angew. Chem. 1895, **8**, 75 | 188 —190 |
| R. Henriques, Zeitschr. f. angew. Chem. 1895, **8**, 722 | 193,5—195,3 |
| J. Lewkowitsch, Chem. Rev. 1898, 5, 29 | 192,9—194,3 |
| Tortelli und Pergami, Chem. Rev. 1902, **9**, 182 | 189,8 |
| J. van Itallie, Pharm. Weekblad 1903, **40**, 106 | 192,9—193,5 |
| Tolman u. Munson, J. Amer. Chem. Soc. 1903, **25**, 954 | 191,7 |
| C. Niegemann, Chem.-Ztg. 1904, **28**, 97 | 187 —196 |
| Thomson und Dunlop, Analyst 1906, **31**, 281 | 191,4—192,8 |
| Amerikan. Komitee (s. S. 9) | 190,4—192,2 |

Werte unter 187 sind in die obige Tabelle nicht aufgenommen, sie kommen aber vor, z. B. bringen Amsel und Niegemann außer den oben erwähnten auch solche bis herab zu 181 und 180. Von derartigen Ölen müßte aber unbedingt erst die Reinheit nachgewiesen werden. Auch Werte über 196 kommen vielfach vor; von derartigen Ölen darf man aber als sicher annehmen, daß sie schon teilweise oxydiert sind.

P. C. Mc Ilhiney[1]) verlangt als untere Grenze 187, J. Lewkowitsch[2]) gibt als Grenzwerte 192,2—195,2, D. Holde[3]) 190 bis 195, C. A. Mitchell[4]) 190—201, H. Wolff[5]) 189—197 und das amerikanische Komitee 189—192. Nach Ansicht des Verf. dürfte 189—195 der Wahrheit am nächsten kommen.

Man liest zuweilen noch von der Ätherzahl fetter Öle und versteht darunter die Differenz zwischen Säure- und Verseifungszahl. Sie mag hier nur erwähnt sein, weil sie zur Berechnung des Glyzeringehaltes dienen kann. Da 1 Mol. Glyzerin (Mol.-Gew. 92) 3 Mol. Fettsäure bindet, so gibt die Formel $\frac{\text{Ä.-Z.} \times 92}{3 \times 56}$ die Menge des Glyzerins in mg an, welche in 1 g Leinöl enthalten ist. Daraus läßt sich berechnen, daß der prozentische Glyzeringehalt des Leinöls 5,5 % der Ätherzahl beträgt. Nimmt man als mittlere Verseifungszahl 191, als mittlere Säurezahl 3, so ist die mittlere Ätherzahl 188 und der mittlere Glyzeringehalt 10,4 %.

# D. Physikalische Kennzahlen der Leinölfettsäuren.

Trotzdem die festen Fettsäuren nur einen geringen Prozentsatz der gesamten Leinölfettsäuren ausmachen, erstarren die letzteren beim Abkühlen in ihrer Gesamtheit, die Kristalle der festen Fettsäuren durchsetzen die ganze Masse, und die Schale kann umgedreht werden, ohne daß etwas herausläuft. Zur Bestimmung der Erstarrungspunktes hat man vereinbarte Methoden, die aber nur für diejenigen Fette in Betracht kommen, die auf Stearin verarbeitet weiden. Bei den Leinölfettsäuren genügt es, einige Kubikzentimeter in einem trockenen Probierröhrchen zu schmelzen, ein Thermometer so tief in die geschmolzene Masse zu tauchen, daß die Kugel vollständig bedeckt ist, das ganze in ein mit Wasser von derselben Temperatur gefülltes Becherglas

[1]) Chem. Rev. 1901, **8**, 247.
[2]) Chem. Technology etc., II, S. 450.
[3]) Unters. der Mineralöle und Fette, 2. Aufl., S. 330.
[4]) Allens Comm. Org. Anal., 4. Aufl., II, S. 70.
[5]) Farben-Ztg. 1910, **16**, 267.

zu hängen und beim Abkühlen die Temperatur genau zu beobachten.

Der Schmelzpunkt liegt bekanntlich einige Grade höher als der Erstarrungspunkt. Die Myristinsäure schmilzt bei 54, die Palmitinsäure bei 62, die Ölsäure bei 14°. Beim Erwärmen tritt zunächst eine Trennung der festen von den flüssigen Fettsäuren und dann eine allmähliche Lösung der ersteren, weit unter ihrem Schmelzp., ein. Infolgedessen ist die Schnelligkeit des Erhitzens von Einfluß, und man kann leicht zu hohe Werte finden, wenn man, wie üblich, das Fettsäuregemisch in einem unten geschlossenen Kapillarröhrchen mit Wasser als Medium bis zum völligen Klarwerden erhitzt. Sehr einfach und bequem ist folgende Methode. In ein beiderseits offenes und an einem Ende erhitztes Kapillarröhrchen saugt man eine etwa 1 ccm hohe Schicht der geschmolzenen Fettsäuren. Man läßt das Röhrchen möglichst langsam abkühlen und alsdann 24 Stunden liegen. Hierauf wird es, wie üblich, am Thermometer befestigt und in einem mit Wasser beschickten Becherglas sehr langsam erhitzt, bis das Fettsäulchen sich nach oben in Bewegung setzt. Dieser Moment bezeichnet allerdings erst den Anfang des Schmelzens, immerhin gibt die Methode vergleichbare Resultate.

In der Literatur finden sich folgende Angaben:

| | Erstarrungsp. | Schmelzp. |
|---|---|---|
| Allen[1] | 17,5° | 24° |
| von Hübl[1] | 13,3° | 17° |
| De Negri u. Fabris[1] | 16—17° | 20—21° |
| Thörner[2] | 13,5 | 17° |
| Livache[3] | 21° | 23° |
| Lewkowitsch[4] | 19—20,6° | — |
| Tolman u. Munson[5] | — | 19,2° |

Das spezifische Gewicht der Leinölfettsäuren ist nur wenig bestimmt worden; da ihr Schmelzp. über 15° liegt, wählt man zweckmäßig eine höhere Temperatur. Über den

[1]) Benedikt-Ulzer, 5. Aufl., S. 639.

[2]) Chem.-Ztg. 1894, 28, 1154.

[3]) Vernis et huiles siccatives, S. 157.

[4]) Chem. Technol. usw., Bd. II, S. 452.

[5]) J. Amer. Chem. Soc. 1903, 25, 954.

Ausdehnungskoeffizienten scheint nichts bekannt zu sein, natürlich gilt der für das Leinöl zulässige Korrektionsfaktor nicht für die Leinölfettsäuren. Ferner hat nur eine Untersuchung der ganz frischen Fettsäuren Zweck, denn sie werden durch den Luftsauerstoff noch viel rascher verändert als das Leinöl selbst. Es fanden:

| | | |
|---|---|---|
| Allen [1]) | $d^{15,5}_{15,5} = 0,9233$; | $d^{99}_{15,5} = 0,8612$ |
| Bearn [2]) | $d^{15}_{15} = 0,9158$ | |
| Archbutt [1]) | | $d^{100}_{100} = 0,8925$ |
| Thörner [3]) | | $d^{100}_{100} = 0,889$ |

Noch seltener wurden die Leinölfettsäuren auf ihre Refraktion geprüft. W. Thörner[3]) hat den Refraktionsindex bei 60° zu 1,4546 ermittelt. Olig und Brust[4]) finden bei 25° die Refraktionszahl 56,9.

## E. Die Jodzahl.

Behandelt man Fettsäuren oder ihre Glyzeride mit Halogen, so werden die gesättigten nicht angegriffen, die ungesättigten dagegen lagern das Halogen an die doppeltgebundenen Kohlenstoffatome an. Die Reaktion verläuft weder beim Chlor noch beim Jod quantitativ, sind dagegen beide gleichzeitig und in annähernd äquivalenten Verhältnissen vorhanden, so werden die Doppelbindungen durch Chlorjod vollkommen abgesättigt. Dies hat zuerst von Hübl[5]) erkannt; nach seiner Originalmethode wird die Halogenlösung folgendermaßen dargestellt. Man löst 25 g Jod und 30 g Sublimat in je 500 ccm 95 proz. Alkohols und mischt beide Lösungen zusammen. Es bildet sich Chlorjod nach folgender Gleichung: $4\,J + HgCl_2 = HgJ_2 + 2\,JCl$. Das letztere wird aber auf Jod umgerechnet: Die Jodaufnahme, in Prozenten des Öls oder der Fettsäure ausgedrückt, heißt die Jodzahl.

Die Hüblsche Lösung ist unbeständig, ihr Wirkungswert nimmt rasch ab. Fahrion[6]) hat daher vorgeschlagen, die Jod-

---

[1]) Benedikt-Ulzer, 5. Aufl., S. 639.
[2]) Allens Comm. Org. Anal., II, 350.
[3]) Chem.-Ztg. 1894, **18**, 1047.
[4]) Zeitschr. f. Unters. d. Nahr.- u. Genußm. 1909, **17**, 561.
[5]) Dingl. pol. J. 1884, **253**, 281.
[6]) Chem.-Ztg. 1891, **15**, 1791.

und Sublimatlösung getrennt aufzubewahren und erst beim Versuch selbst zu mischen. Später fand Waller [1]), daß die Hübl-Lösung wesentlich beständiger wird durch Zusatz von konzentrierter Salzsäure (25 ccm auf 1 L.). Zwar hat Ingle [2]) gezeigt, daß die Hübl-Wallersche Lösung unter Umständen anders reagiert als die salzsäurefreie Hüblsche, doch kommen derartige Umstände für unsere Zwecke nicht in Betracht. Auch die Hübl-Wallersche Lösung nimmt beim Stehen, wenn auch langsam, in ihrem Wirkungswert ab, es ist daher stets ein blinder Versuch auszuführen. Zur Messung des gesamten und des überschüssigen Jods dient eine etwa $^1/_{10}$ normale wässerige Lösung von Natriumthiosulfat (25 g des kristallisierten Salzes in 1 L. Wasser), welche sich unbegrenzt hält, so daß ihr Titer ein für allemal festgestellt wird. Dies geschieht (nach Volhard) mit Hilfe einer Lösung von genau 3,8666 g reinsten Kaliumbichromats in 1 L. Wasser. 20 ccm dieser ebenfalls unbegrenzt haltbaren Lösung lassen, mit 10 ccm 10 proz. wässeriger Jodkaliumlösung und 5 ccm 10 proz. Salzsäure versetzt, genau 0,200 g Jod entstehen. Zu dieser Jodlösung setzt man 100 ccm Wasser, läßt aus einer Bürette von der Thiosulfatlösung fließen, bis Gelbfärbung eintritt, setzt hierauf etwa 1 ccm Stärkelösung[3]) (1 g lösliche Stärke wird mit 100 ccm siedenden Wassers in Lösung gebracht) zu und titriert weiter bis zum Verschwinden der Blaufärbung. Aus dem Verbrauch läßt sich der Wirkungswert der Thiosulfatlösung, gewöhnlich 11—12 mg J pro 1 ccm, leicht berechnen.

Zur Bestimmung der Jodzahl benutzt man Standflaschen von 250 ccm Inhalt mit gut eingeschliffenem Stöpsel. Die Einwage an Öl ist so zu bemessen, daß nicht mehr als die Hälfte des disponiblen Halogens verschwindet. Da das Leinöl eine sehr hohe Jodzahl hat, so muß die Einwage gering sein, etwa 150 mg. Man löst das Öl in 15 ccm Chloroform, event. unter Zusatz von etwas Alkohol, fügt 25 ccm Jodlösung zu (mit einer konstanten Anzahl nachfließender Tropfen), schüttelt um und läßt 24 Stunden im Dunkeln stehen[4]). Hierauf wird der Jodüberschuß zurück-

[1]) Chem.-Ztg. 1895, **19**, 1786.

[2]) J. Soc. Chem. Ind. 1904, **23**, 422.

[3]) Unbedingt nötig ist die Stärke nicht, man kann den Farbenumschlag auch so erkennen; vgl. Fahrion, Chem.-Ztg. 1891, **15**, 1791.

[4]) Im direkten Sonnenlicht fallen die Resultate zu hoch aus; vgl. Fahrion, Chem.-Ztg. 1892, **16**, 1472.

gemessen, indem man 15 ccm 10 proz. Jodkaliumlösung und 100 ccm Wasser — es braucht kein destilliertes zu sein — zufügt und wie oben titriert.

Beispiel.

| | |
|---|---|
| Einwage . . . . . . . . . . . . | 155,5 mg Leinöl |
| Verbrauch beim blinden Versuch . | 47,20 ccm Thiosulfatlösung |
| Verbrauch beim eigentl. Versuch . | 23,85 ,, ,, |
| Somit entsprechen der Jodaufnahme | 23,35 ccm Thiosulfatlösung |

Jodüberschuß $\frac{23,35}{47,2} = 49,5\,\%$ der angewandten Menge,

Titer der Thiosulfatlösung 11,747 mg J pro 1 ccm,

Somit Jodzahl $\frac{2335 \times 11,747}{155,5} = 176,4.$

Außer der Hübl-Wallerschen Methode sind heute noch zwei andere im Gebrauch, nämlich diejenigen von Wijs und von Hanus.

Wijs[1]) verwendet anstatt der alkoholischen Jod-Sublimat-Lösung eine etwa $^1/_{10}$normale Lösung von Chlorjod in Eisessig. Zu ihrer Darstellung löst man zweckmäßig[2]) 9 g Jodtrichlorid und 10 g Jod in 1 L. Eisessig, der höchstens 1 % Wasser enthalten darf, andernfalls ist er durch Essigsäureanhydrid zu korrigieren. Das Öl wird anstatt in Chloroform in Tetrachlorkohlenstoff gelöst, im übrigen ist die Ausführung wie bei der Hübl-Wallerschen Methode. Die Einzelheiten werden aber sehr verschieden gehandhabt, die Versuchsdauer schwankt zwischen ¼ und 2 Stunden, der Jodüberschuß zwischen 35 und 70 %. Auch die Ansichten über den Wert der Wijs-Zahlen sind noch sehr geteilt. Während Wijs selbst angegeben hatte, daß jene Zahlen mit den nach Hübl gefundenen übereinstimmen und dem wahren Wert gegenüber höchstens zu niedrig, niemals zu hoch ausfallen können, weil keinerlei Substitution stattfinde, sind seither auch ganz andere Ansichten laut geworden. Sjollema[3]) fand auch für ein und dasselbe Öl trotz genau gleicher Versuchsanordnung starke Differenzen,

[1]) Berl. Ber. 1898, **31**, 750; Chem. Rev. 1899, **6**, 5; Zeitschr. f. Unters. d. Nahr.- und Genußm. 1902, **5**, 497.

[2]) Vgl. R. Henriques, Chem. Rev. 1898, **5**, 120.

[3]) Zeitschr. f. Unters. d. Nahr.- u. Genußm. 1903, **6**, 631.

auch war die Reinheit der Chemikalien von großem Einfluß. Marcusson[1]) erhielt mit der Methode Wijs regelmäßig wesentlich höhere Zahlen als nach Hübl, und Fokin[2]) meint, die Wijszahlen seien durchweg zu hoch.

Hanus[3]) verwendet anstatt der Chlorjod- eine Bromjodlösung, ebenfalls in Eisessig. Die Darstellung geschieht am einfachsten in der Weise[4]), daß man 6,6 g Jod und 1,5 ccm Brom in 500 ccm Eisessig löst. Das Öl soll wiederum in Chloroform gelöst werden, im übrigen ist die Ausführung dieselbe wie bei den beiden anderen Methoden. Hanus selbst läßt die Lösung nur ¼ Stunde einwirken, andere 1 Stunde und mehr.

Die beiden zuletzt genannten Methoden haben vor der Hüblschen zwei große Vorzüge, sie erfordern wesentlich weniger Zeit und der Wirkungswert der Lösung bleibt lange Zeit so gut wie konstant. Dementsprechend haben sie auch vielfach, besonders in England und Amerika, die Hüblsche Methode verdrängt, während in Deutschland die Methode Hübl bzw. Hübl-Waller noch mehr in Geltung ist. Jedenfalls wären Vereinbarungen über alle Einzelheiten der beiden Schnellmethoden wünschenswert.

| | Methode | | |
|---|---|---|---|
| | Hübl. bzw. Hübl-Waller | Wijs | Hanus |
| Thomson u. Ballantyne, J. Soc. Chem. Ind. 1891, **10**, 336. | 173,5—187,7 | | |
| F. Filsinger, Chem.-Ztg. 1894, **18**, 1005. | 178,4—185,3 | | |
| R. Williams, Analyst 1895, **20**, 276 | 183—188 | | |
| L. Lettenmayer, Techn. Mitt. f. Malerei 1895, **12**, Nr. 9. | 183,8—193,3 | | |
| D. Holde, Zeitschr. f. angew. Chem. 1896, **9**, 29. | 171—180 | | |

[1]) Chem.-Ztg. 1907, **31**, 419.
[2]) Zeitschr. f. angew. Chem. 1909, **22**, 1501.
[3]) Zeitschr. f. Unters. d. Nahr.- u. Genußm. 1901, **4**, 913.
[4]) Vgl. Hunt, J. Soc. Chem. Ind. 1902, **21**, 454.

| | Methode | | |
|---|---|---|---|
| | Hübl. bzw. Hübl-Waller | Wijs | Hanus |
| Derselbe, Unters. der Mineralöle usw. S. 330. | 171—190 | | |
| H. Mastbaum, Zeitschr. f. angew. Chem. 1896, **9**, 719. | 178—183 | | |
| van Ketel u. Antusch, Z. f. angew. Chem. 1897, **10**, 210. | 181—187 | | |
| Wijs, Berl. Ber. 1898, **31**, 751. | 180,9 | 182,2 | |
| Derselbe, Chem. Rev. 1899, **6**, 9. | 177,6 | 178,1 | |
| Derselbe, Chem.Rev. 1899, **6**, 30. | | 182,2—201,8 | |
| J. Lewkowitsch, Chem. Rev 1898, **5**, 212. | 170,5—177,3 | | |
| Derselbe, Chem. Technol. usw., Bd. II, S. 450. | | 173—193 | |
| Gill u. Lamb, J. Amer. Chem. Soc. 1899, **21**, 29. | 178—180 | | |
| A. A. Shukoff, Chem. Rev. 1901, **8**, 250. | 171—179 | | |
| F. W. Hunt, J. Soc. Chem. Ind. 1902, **21**, 454. | 174,8 | 177,3 | 174,5 |
| M. Kitt, Chem. Rev. 1903, **10**, 96. | 174,3—175,3 | | 171,9—177,1, |
| B. Sjollema, Zeitschr. f. Unters. d. Nahr.- u. Genußm. 1903, **6**, 631. | 164,0—185,0 | 177,6—198,1 | |
| W. Fahrion (Versuche teilweise unveröffentlicht). | 171—183 | | |
| C. Niegemann, Chem.-Ztg. 1904, **28**, 97. | 169,4—180,5 | | |
| Thomson u. Dunlop, Analyst 1906, **31**, 281. | | 185,5—205,4 | |
| H. J. F. de Vries, Chem. Weekblad 1908, **5**, 555. | | 183,6—204,6 | |
| J. Marcusson, Ubbelohde, Bd. I, S. 216. | 174,8 | 192,5 | |
| Amerik. Komitee, s. S. 9 | | | 183,9—186,4 |

Die Literaturangaben über die Jodzahl des Leinöls sind außerordentlich zahlreich, in die vorstehende Tabelle sind aber nur Autoren aufgenommen, welche die angewandte Methode angegeben und entweder eine größere Anzahl frischer Öle oder dasselbe Öl nach verschiedenen Methoden untersucht haben. Unter der Einwirkung des Luftsauerstoffs sinkt die Jodzahl des Leinöls rasch.

Wie man sieht, ist die niedrigste Hüblzahl obiger Tabelle 164,0, wobei aber zu berücksichtigen ist, daß Sjollema die Hübl-Lösung nur 6 Stunden einwirken ließ und bei 24 stündiger Einwirkuug höhere Resultate erhalten hätte. Es hatte somit eine gewisse Berechtigung, wenn man seit verschiedenen Jahren annahm, daß ein reines frisches Leinöl eine Jodzahl von mindestens 170° aufweisen müsse. Das amerikanische Komitee verlangt sogar die Grenzzahlen 178—190. Nun ist aber in jüngster Zeit eine Mitteilung von Meister[1]) erschienen, aus welcher hervorgeht, daß notorisch reine Leinöle Jodzahlen bis 160 herab zeigen können. Er untersuchte 3 derartige Öle, deren übrige Kennzahlen, wie aus nachfolgender Tabelle hervorgeht, vollständig normal sind.

| | I. | II. | III. |
|---|---|---|---|
| Provenienz | Kalkutta-Saat | La Plata-Saat | La Plata-Saat |
| Spez. Gew. | 0,931 | 0,932 | 0,932 |
| Säurezahl | 3,1 | 2,7 | 2,9 |
| Verseifungszahl | 194,5 | 193,2 | 190,4 |
| Jodzahl | 164,5 | 161,1 | 160,2 |
| Unverseifbares, %[2]) | 1,5 | 1,7 | 1,2 |
| Hexabromidzahl[2]) | 25,2 | 24,1 | 22,3 |
| Trockenzeit, Stund.[2]) | 80 | 85 | 83 |
| Sauerstoffzahl[2]) | 18,0 | 19,1 | 18,4 |

Meister meint, daß vielleicht die Witterung während der Reife und Ernte der Saat die Jodzahl beeinflusse, oder daß der Saat fremde Saat beigemischt sei, oder daß angesichts der abnorm hohen Leinölpreise zwecks Erhöhung der Ausbeute beim Vorwärmen der Saat auf höhere Temperaturen als früher gegangen wurde.

---

[1]) Farben-Ztg. 1910, **16**, 17.

[2]) S. später.

Nach Meister meldete sich auch H. Wolff[1]) mit ähnlichen Resultaten, in einem Falle sank die Jodzahl sogar unter 160, während die übrigen Kennzahlen auch hier durchweg normal blieben.

| | I. | II. | III. | IV. |
|---|---|---|---|---|
| Refraktion bei 20° . . | 88 | 87 | 87 | 86,5 |
| Spez. Gew. . . . . . | 0,9320 | 0,9305 | 0,9315 | 0,9310 |
| Säurezahl . . . . . . | 1,8 | 1,6 | 2,0 | 2,5 |
| Verseifungszahl . . . | 191,5 | 193,5 | 192,0 | 194,3 |
| Jodzahl . . . . . . . | 164 | 166 | 161 | 157 |
| Hexabromidzahl . . . | 25,8 | 33,9 | 27,3 | 32,0 |
| Trockenzeit bei 18°, Std. | 80 | 85 | 85 | 90 |
| ,, ,, 100°, ,, | 3,5 | 3,7 | 4,0 | 4,3 |
| Spez. Gew. d. Fettsäuren | 0,923 | 0,928 | 0,927 | 0,925 |
| Erstarrungsp. d. Fettsäur. | 13,5° | 13,5° | 13,5° | 13,8° |
| Schmelzp. d. Fettsäuren | 18,5—20° | 20—21° | 20—21° | 21—22,5° |

Die Leinöle I, III und IV zeigten allerdings insofern ein abnormes Verhalten, als die daraus hergestellten Firnisse beim Mischen mit Bleiweiß sich stark verdickten.

Auch C. A. Klein [2]) fand für ein sehr helles Leinöl von charakteristischem Geruch die auffallend niedrige Jodzahl 154,5. Die Ursache war, wie sich nachher ergab, eine vorausgegangene Bleichung mit Salzsäure und Natriumbichromat. Wenn dieser Prozeß aber vorsichtig ausgeführt wird, so ist die Erniedrigung der Jodzahl nicht so bedeutend. Klein fand bei einem diesbezüglichen Versuch vor der Bleichung 173,0, nach der Bleichung 166,4.

Man findet in der Literatur keine sicheren Anhaltspunkte dafür, daß die verschiedenen Leinöl-Provenienzen in der Jodzahl Unterschiede zeigen, etwa in dem Sinne, daß das baltische Öl die höchsten Durchschnittswerte aufweist. Dagegen konnte J. J. A. Wijs[3]) zeigen, daß in großen Zügen ein Parallelismus zwischen der Jodzahl und dem spezifischen Gewicht besteht, indem mit letzterem auch die erstere steigt. Dies zeigt die nachfolgende Zusammenstellung:

---

[1]) Farben-Ztg. 1910, **16**, 120.
[2]) Allens Comm. Org. Anal., 4. Aufl., Bd. II, S. 335.
[3]) Chem. Rev. 1899, **6**, 31.

| Jodzahl | Anzahl der Proben | $d_{15}^{15}$ (Durchschnitt) |
|---|---|---|
| > 200 | 1 | 0,9352 |
| 195,1—200 | 4 | 0,9339 |
| 190,1—195,0 | 4 | 0,9329 |
| 185,1—190 | 4 | 0,9322 |
| 180,1—185,0 | 6 | 0,9317 |
| < 180,1 | 5 | 0,9310 |

Ebenso steigt mit der Jodzahl auch die Refraktionszahl, wie die folgende Tabelle von Thomson und Dunlop[1]) ergibt:

| Provenienz | Jodzahl nach Wijs | Refraktion bei 25° |
|---|---|---|
| Riga . . . . . . . . | 205,4 | 85,5 |
| St. Petersburg. . . . | 200,0 | 84,2 |
| Nordamerika . . . . | 194,6 | 83,2 |
| Kalkutta . . . . . . | 188,6 | 81,7 |
| La Plata . . . . . . | 185,5 | 81,0 |

Weger[2]) hat darauf hingewiesen, daß dieser Parallelismus nur für frische, rohe Leinöle gilt.

### Jodzahl der Leinölfettsäuren.

Da das Leinöl 95—96 % Fettsäuren enthält, so sollte die Jodzahl der letzteren 4—5 % höher liegen als diejenige des Leinöls. Die derart berechneten Werte werden aber nie erreicht, weil zur Isolierung der Leinölfettsäuren Erwärmen derselben erforderlich ist, und weil bei diesem Erwärmen nicht nur die Säurezahl sinkt (s. S. 60), sondern auch die Jodzahl. Dies geht aus der nachstehenden Tabelle deutlich hervor.

| | Jodzahl des Leinöls | Jodzahl der Leinölfettsäuren | |
|---|---|---|---|
| | | berechnet | gefunden |
| W. Thörner[3]) | 177—178 | 184—187 | 155 |
| R. Williams[4]) | 183—188 | 190—198 | 178,5 |
| D. Holde[5]) | 171—190 | 178—200 | 179—182 |
| W. Fahrion[6]) | 181,3 | 190,4 | 181,4 |

[1]) Analyst 1906, **31**, 281.
[2]) Zeitschr. f. angew. Chem. 1899, **12**, 298.
[3]) Chem.-Ztg. 1894, **18**, 1154.
[4]) Analyst 1895, **20**, 276.
[5]) Unters. der Mineralöle usw., S. 330.
[6]) Chem.-Ztg. 1907, **31**, 435.

## Innere Jodzahl.

Da die gesättigten (festen) Fettsäuren kein Jod absorbieren, so muß die Jodzahl der flüssigen Fettsäuren, „innere Jodzahl“ genannt, entsprechend höher liegen als diejenige der Gesamtfettsäuren und des Öls. Die Trennung der festen und flüssigen Fettsäuren geschieht nach Varrentrapp (s. S. 25); im einzelnen verfährt man zweckmäßig folgendermaßen[1]):

In einem Erlenmeyerkolben von 300 ccm Inhalt erwärmt man 10 g Öl mit 40 ccm 2 n.-alkoholischer Kalilauge (s. S. 57) bis zur völligen Verseifung. Man fügt Phenolphtalein zu und neutralisiert mit starker Essigsäure. Hierauf setzt man zunächst so viel Wasser zu, daß seine Menge derjenigen des Alkohols annähernd gleich ist, alsdann eine Lösung von 10 g Bleiazetat in 100 ccm 50 proz. Alkohols. Man erwärmt auf dem Wasserbad, bis sich die Bleiseifen fest an die Kolbenwand angelegt haben, und läßt über Nacht stehen. Die Flüssigkeit läßt sich in der Regel unfiltriert abgießen, zur Sicherheit kann man sie aber auch durch ein Filter gießen und eine etwaige geringe Menge Bleiseifen später mit den anderen wieder vereinigen. Die im Kolben zurückgebliebenen Bleiseifen spült man mit Alkohol ab und stellt den Kolben zum Trocknen verkehrt an einen mäßig warmen Ort. Zu den trockenen Bleiseifen gießt man 100 ccm Äther und schüttelt so lange, bis sich die größeren Brocken vollkommen verteilt haben, und die unlöslichen Bleiseifen in Form eines flockigen Niederschlages in der Lösung schwimmen. Man läßt absitzen und gießt die ätherische Lösung durch ein trockenes Filter in einen Scheidetrichter. Auswaschen des Niederschlages ist unnötig, wenn es sich nur um die Bestimmung der inneren Jodzahl handelt. Die ätherische Lösung wird zur Zersetzung der Bleisalze mit überschüssiger Salzsäure geschüttelt. Wenn die nunmehrige ätherische Lösung sich vollständig geklärt hat, wird die saure, wässerige Flüssigkeit unten abgezogen und die ätherische Fettsäurelösung vom Chlorblei in einen zweiten Scheidetrichter abgegossen. Hier wird sie mit 100 ccm wässeriger Lauge, etwa 2 g NaOH oder KOH enthaltend, durchgeschüttelt.

---

[1]) Vgl. Fahrion, Chem.-Ztg. 1906, **30**, 268.

Wenn die Schichten sich schlecht trennen, setzt man 10—20 ccm Alkohol zu und schüttelt wiederholt. Die ungesättigten Fettsäuren gehen in die alkalische Lösung über, aus der sie durch Ansäuern mit Salzsäure und Ausschütteln mit ca. 100 ccm Petroläther wieder gewonnen werden. Es empfiehlt sich, für diesen Zweck einen Petroläther zu verwenden, der keinerlei über 60° siedende Bestandteile enthält und daher auf dem Wasserbad leicht abzudes'illieren ist. Durch die vorstehende Reinigungsmethode werden die ungesättigten Fettsäuren einerseits vom Unverseifbaren, andererseits von den „Oxysäuren“ (s. später) befreit. Da das Blei die Autoxydation katalytisch begünstigt, so kann die Entstehung der Oxysäuren niemals ganz verhindert, wohl aber kann sie stark eingeschränkt werden, wenn man sowohl die Extraktion der Bleiseifen als auch die Destillation im Wasserstoffstrom vornimmt[1]).

Es wurde schon früher erwähnt (s. S. 25), daß die Methode Varrentrapp ungenau ist, indem vor allen Dingen ein nicht unbeträchtlicher Anteil der ungesättigten Fettsäuren bei den ätherunlöslichen Bleisalzen zurückbleibt, so daß die aus jenen Bleisalzen abgeschiedenen festen Fettsäuren noch Jod abbieren. Verf.[2]) fand Jodzahlen von 10,6—14,3, Lewkowitsch[3]) 22,3 und nach nochmaliger Wiederholung der Methode 19,2. Nun ist allerdings zu vermuten, daß es vorwiegend Ölsäure ist, welche bei den gesättigten Bleisalzen zurückbleibt. Dies würde auf die innere Jodzahl erhöhend wirken. Andererseits bleibt eine, wenn auch sehr geringe Menge fester Fettsäuren in den flüssigen zurück, und durch die Autoxydation verschwindet ein Teil der Linolensäure. Beides wirkt erniedrigend auf die innere Jodzahl, so daß letztere wohl im allgemeinen etwas zu niedrig gefunden wird. Verf. erhielt in dem oben erwähnten Fall — Jodzahl des Leinöls 280,9 — für die innere Jodzahl die Werte 203,3, 204,6, 205,2, wobei allerdings anstatt der Blei- die Barytsalze mit Äther ausgezogen wurden.

Von weiteren Literaturangaben waren nur noch die folgenden zu finden:

---

[1]) Vgl. Wallenstein und Fink, Chem.-Ztg. 1894, **18**, 1190.
[2]) Zeitschr. f. angew. Chem. 1903, **16**, 1196.
[3]) Chem. Technol. usw., II, 456.

| | Äußere Jodzahl | Innere Jodzahl |
|---|---|---|
| Kalt gepreßtes Leinöl[1] . . | 179,4 | 201,4 |
| Italienisches Leinöl von 1898[1] | 173,4 | 190,1 |
| ,, ,, ,, 1899[1] | 176,8 | 193 |
| Indisches Leinöl[2] . . . . . | 184 | 208 |

Es wäre sehr zu wünschen, daß eine der Varrentrappschen überlegene Methode zur Trennung der gesättigten und ungesättigten Fettsäuren gefunden würde, und es sind auch tatsächlich verschiedene Vorschläge in dieser Richtung gemacht worden. K. Farnsteiner[3]) ersetzte den Äther durch Benzol. Beim Erwärmen lösen sich darin auch die Bleisalze der gesättigten Fettsäuren, beim Abkühlen auf 8—12° sollen sie sich aber wieder quantitativ abscheiden und nur die ungesättigten Bleisalze in Lösung bleiben. Verf.[4]) hat die Methode auf das oben erwähnte Leinöl angewendet, aber keinerlei Vorteil, abgesehen von der größeren Bequemlichkeit, gefunden. Die aus den unlöslichen Bleisalzen abgeschiedenen Fettsäuren waren gelb gefärbt und ergaben die Jodzahl 13,9.

Farnsteiner glaubte sogar eine Methode zur Trennung der Ölsäure von den stärker ungesättigten Fettsäuren gefunden zu haben. Er führt das Säuregemisch in die Barytsalze über und behandelt diese in der Wärme mit einem Gemisch von 95 % Benzol und 5 % absolutem Alkohol. Ölsaures Baryum löst sich dabei auf, beim nachherigen Abkühlen auf 0° soll es sich aber quantitativ abscheiden, während linolsaures und linolensaures Baryum in Lösung bleiben. Aber auch diese Methode ist nicht genau[5]). Ganz unzuverlässig ist eine von Partheil und Ferié[6]) angegebene Trennungsmethode, zu welcher auch die Lithiumsalze herangezogen wurden[7]).

---

[1]) Tortelli und Ruggeri, Annali del Lab. Chim. delle Gabelle, 1900.
[2]) Walker und Warburton, Analyst 1902, **27**, 237.
[3]) Zeitschr. f. Unters. d. Nahr.- u. Genußm. 1898, **1**, 390; **2**, 1.
[4]) Zeitschr. f. angew. Chem. 1904, **17**, 1488.
[5]) Vgl. Lewkowitsch, Zeitschr. f. Unters. d. Nahr.- u. Genußm. 1900, **3**, 357; 1901, **4**, 62; Repliken von Farnsteiner daselbst 1900, **3**, 357; 1901, **4**, 63; 1903, **6**, 161.
[6]) Arch. Pharm. 1903, **241**, 545.
[7]) Farnsteiner, Zeitschr. f. Unters. d. Nahr.- u. Genußm. 1904, **7**, 129. Fahrion, Zeitschr. f. angew. Chem. 1904, **17**, 1482.

## F. Bromierung des Leinöls.

Während Chlor und Jod für sich allein nicht fähig sind, die Doppelbindungen der ungesättigten Fettsäuren quantitativ abzusättigen, ist dies beim Brom der Fall. P. C. Mc Ilhiney[1]) hat hierauf seine Methode zur Bestimmung der Bromzahl begründet. Etwa 200 mg Leinöl werden in 10 ccm Tetrachlorkohlenstoff gelöst, dazu kommen 20 ccm einer etwa $^1/_3$ n.-Bromlösung, ebenfalls in $CCl_4$. Nach 15 Minuten ist die Reaktion beendigt, man fügt 25 ccm einer vollständig neutralen 10 proz. Jodkaliumlösung hinzu und titriert wie bei der Jodzahl. Man erfährt so die Gesamtbromzahl. Da aber ein beim Leinöl allerdings sehr geringer Teil des Broms durch Substitution verschwunden ist, so setzt man nunmehr 5 ccm einer neutralen 2 proz. Lösung von jodsaurem Kalium und noch etwas Stärkelösung zu und titriert das freigemachte Jod. So erfährt man die Bromsubstitutionszahl. Sie ist, entsprechend der Formel

$$C_nH_mO_2 + Br_2 = C_nH_{m-1}BrO_2 + HBr$$

zu verdoppeln und von der Gesamtbromzahl abzuziehen; die Differenz ergibt die Bromadditionszahl, alles in Prozent des Öls.

Mc Ilhiney fand für ein frisches Leinöl die Jodzahl 184,2 (nach Hübl) und die Gesamtbromzahl 116,1, welche mit dem aus der Jodzahl berechneten Wert 116,5 gut übereinstimmt. Die Bromsubstitutionszahl des Leinöls ist etwa 3.

Die Methode ist insofern etwas umständlich, als sie Eiskühlung verlangt, sie konnte sich daher, wenigstens bei uns in Deutschland, nicht einbürgern. Neuerdings hat W. Vaubel[2]) eine etwas handlichere Form der Methode angegeben; das Öl wird in Chloroform oder Tetrachlorkohlenstoff gelöst und mit einer wässerigen Lösung von $KBrO_3 + KBr$ geschüttelt. Anstatt Natriumthiosulfat dient Natriumsulfit zur Messung des Bromüberschusses. Wird die Bromatlösung nicht im Überschuß verwendet, sondern die Eisessiglösung des Fetts nach Zusatz von Bromkalium und Salzsäure direkt mit Bromatlösung titriert,

---

[1]) J. Amer. Chem. Soc. 1894, **16**, 275; 1899, **21**, 1084; 1902, **24**, 1109.

[2]) Zeitschr. f. angew. Chem. 1910, **23**, 2077, 2078.

so bleibt ein Teil der Doppelbindungen intakt. Leinöl ergab „primäre Bromzahlen" von 75,5—80,0 und die „sekundäre Bromzahl" 107,7, aus welch letzterer sich die Jodzahl 170,7 berechnet.

Gut eingeführt hat sich die Bestimmung der

### Hexabromidzahl des Leinöls.

Darunter versteht man die prozentische Ausbeute an unlöslichen Bromiden bei der direkten Bromierung des Leinöls. Die Methode wurde zuerst (s. a. S. 39) von Hehner und Mitchell[1]) vorgeschlagen, und zwar in folgender Ausführung:

1—2 g Öl werden in 40 ccm Äther gelöst, dem etwas Eisessig zugesetzt wurde. Die Lösung wird in verschlossener Flasche auf 5$^0$ abgekühlt und hierauf tropfenweise und unter Umschütteln Brom zugefügt, bis die Rotfärbung nicht mehr verschwindet. Nach dreistündigem Stehen wird durch Asbest filtriert, das unlösliche Bromprodukt nach einander mit je 5 ccm Eisessig, Alkohol und Äther ausgewaschen und im Wassertrockenschrank zum konstanten Gewicht gebracht. Die Hexabromidzahl frischen Leinöls schwankt in allgemeinen zwischen 20 und 26, sie kann aber ausnahmsweise auch wesentlich höher ausfallen. In der Literatur finden sich (vgl. a. S. 70 f.) folgende Angaben:

| | Jodzahl | Hexabromidzahl |
|---|---|---|
| Hehner und Mitchell | — | 23,86—25,8 |
| Walker und Warburton[2]) | 181 | 23,1 —23,52 |
| Lewkowitsch[3]) | 186,4 | 24,17 |
| | 190,4 | 37,72 |

Bei längerem Erhitzen des Leinöls sinkt die Hexabromidzahl ganz beträchtlich (s. später).

## G. Bestimmung der Oxysäuren.

Es wurde schon wiederholt erwähnt, daß das Leinöl und die Leinölfettsäuren aus der Luft Sauerstoff aufnehmen. Dabei entstehen aus der Linol- und Linolensäure amorphe Oxysäuren.

---

[1]) Analyst 1898, **23**, 310.
[2]) Analyst 1902, **27**, 237.
[3]) Chem. Technol. usw. I, 314.

auf welche Verf.[1]) zuerst aufmerksam gemacht hat. Sie zeichnen sich aus durch ihre Unlöslichkeit in Petroläther, ihre Glyzeride dagegen sind in Petroläther löslich, so daß ein Leinöl schon stark oxydiert, aber in Petroläther noch vollkommen löslich sein kann. Verseift man aber derartige Öle, so sind die abgeschiedenen Fettsäuren zwar in Äther noch vollkommen löslich, dagegen in Petroläther teilweise unlöslich.

Zur quantitativen Bestimmung der Oxysäuren[2]) verfährt man in derselben Weise wie bei Bestimmung der Hehnerzahl (s. S. 58). Die Oxysäuren zeigen sich in Form leichter Flocken und können entweder durch Filtration von der Petroläther-Lösung der Fettsäuren getrennt werden, oder sie legen sich, wenn in größerer Menge vorhanden, an die Wand des Scheidetrichters an, so daß die Petroläther-Lösung klar abgegossen werden kann. Man löst die Oxysäuren in warmem Alkohol, läßt diese Lösung erkalten und filtriert sie, wenn nötig, in eine Platinschale. Der Alkohol wird auf dem Wasserbad verdunstet, der Rückstand ebenda getrocknet, gewogen, verascht und wieder gewogen, die Differenz beider Wägungen ergibt die Oxysäuren.

Ganz frische Leinöle sollten natürlich vollkommen frei von Oxysäuren sein; in Wirklichkeit sind aber wenigstens Spuren immer vorhanden. Einmal kommt die Leinsaat nicht frisch in die Pressen, sondern hat in der Regel eine lange Seereise hinter sich, ferner kann auch der Prozeß des Vorwärmens der Saat eine geringe Autoxydation des Leinöls zur Folge haben.

Die nachstehende Tabelle verdanken wir Lewkowitsch[3]).

| | Alter der Leinöls | Jodzahl[4]) | Prozent Oxysäuren |
|---|---|---|---|
| I. | 2 Monate | 170,46 | 0,65 |
| II. | 3 Jahre | 174,03 | 0,70 |
| III. | 2 Monate | 177,25 | 0,88 |
| IV. | 7 Monate | 176,23 | 0,56 |
| V. | ? | 170,05[5]) | 0,73 |

[1]) Zeitschr. f. angew. Chem. 1891, **4**, 175; 1898, **11**, 781; Chem.-Ztg. 1893, **17**, 435.

[2]) Lewkowitsch (Chem. Rev. 1898, **5**, 212) zieht die Bezeichnung „oxydierte Säuren" vor.

[3]) Chem. Rev. 1898, **5**, 212.

[4]) Nach Hübl.

[5]) Aus unreiner baltischer Saat.

Da die Leinölfettsäuren noch viel oxydationsfähiger sind als das Leinöl selbst, so ist es nicht zu vermeiden, daß während der analytischen Arbeiten geringe Mengen von Oxysäuren neu gebildet werden. Erhitzt man z. B. die Gesamtfettsäuren des Leinöls in einer offenen Porzellanschale 2 Stunden im Trockenschrank auf 105—110°, so werden über 10 % in Petroläther unlöslich[1]). Derartige Oxysäuren sind es, welche Mulder, dem der Petroläther noch unbekannt war, so viel zu schaffen machten (s. S. 27).

## H. Bestimmung des Unverseifbaren.

Zur Trennung des Unverseifbaren (s. S. 47) von den Fettsäuren führt man die letzteren in Seifen über, denen man alsdann das Unverseifbare durch Ausziehen mit Äther oder Petroläther entzieht. Man kann entweder die festen Seifen oder ihre wässerige, oder ihre wässerig-alkoholische Lösung ausziehen. Im ersten Fall neutralisiert man die Fettsäuren zweckmäßig mit überschüssiger trockener Soda, zur besseren Verteilung kann man auch noch Sand beimischen. Das Lösungsmittel nimmt aber regelmäßig auch Seife auf, deren Beseitigung eine neue Komplikation mit sich bringt (s. u.). Es ist daher zweckmäßiger, die Seifenlösung zu extrahieren.

1. Eine Methode zur Extraktion der wässerigen Seifenlösung wurde von Allen und Thomson[2]) angegeben. 5 g Öl werden in einer Schale mit 25 ccm doppelt-normaler alkoholischer Natronlauge bis zum Festwerden erhitzt, die Seife in 50 ccm siedenden Wassers gelöst, die Lösung in einen Scheidetrichter gespült und nach dem Erkalten 3—4 mal mit je 30—50 ccm Äther ausgeschüttelt. Wenn beim ersten Ausschütteln keine scharfe Trennung der Schichten eintritt, so wird so viel Alkohol zugefügt, bis obige Trennung erreicht ist. Die vereinigten Ätherauszüge werden einmal mit Wasser gewaschen und dann eingedampft.

Schon Shukoff und Schestakoff[3]) haben gezeigt, daß diese Methode zu hohe Resultate liefert, indem das Unverseifbare saure Seifen enthält. Sie haben auch ein sehr einfaches Korrek-

---

[1]) Vgl. Fahrion, Chem.-Ztg. 1907, **31**, 435.
[2]) Chem. News 1881, **43**, 267.
[3]) Chem. Rev. 1898, **5**, 21.

tionsverfahren angegeben: Man setzt einige Tropfen Natronlauge bis zur alkalischen Reaktion zu und zieht dann mit Petroläther aus. In Unkenntnis dieser Korrektion benutzte C. Niegemann [1]) die Originalmethode für das Leinöl und erhielt daher zu hohe Resultate. Der Irrtum beträgt, wie Thoms und Fendler[2]) zeigten, etwa 25 %.

2. Die wässerig-alkoholische, stark alkalische Seifenlösung mit Petroläther auszuschütteln, haben hauptsächlich Hönig und Spitz[3]) empfohlen. Zur genauen Bestimmung des Unverseifbaren im Leinöl verfährt man zweckmäßig folgendermaßen[4]). Etwa 10 g Leinöl — genau abgewogen — werden mit 40 ccm doppelt-normaler alkoholischer Lauge verseift, die trockene Seife in 100 ccm 50 proz. Alkohols gelöst und die Lösung quantitativ in einen Scheidetrichter gespült. Nach dem Erkalten schüttelt man einmal mit 100, viermal mit je 50 ccm Petroläther tüchtig durch. Die Schichten trennen sich sehr rasch, doch empfiehlt es sich, nach jeder Ausschüttelung mindestens ½ Stunde zu warten und dann erst die wässerig-alkoholische Lösung unten abzuziehen. Die vereinigten Petrolätherlösungen werden in einem zweiten Scheidetrichter zur Entfernung etwa aufgenommener Seife mit 20 ccm 50 proz. Alkohols gewaschen, welcher wiederum nach ½ Stunde abgezogen wird. Der größte Teil des Petroläthers wird abdestilliert, der Rest unter Nachspülung mit Petroläther in eine Porzellanschale und auf dem Wasserbad in bekannter Weise zur Trockne gebracht.

Hönig und Spitz (loc. cit.) haben auch eine Schnellmethode angegeben, welche Resultate von technisch vollkommen genügender Genauigkeit liefert, weil der Petroläther gar keine oder nur minimale Mengen Seife aufnimmt. Hönig und Spitz verwenden einen besonderen Kolben, der aber überflüssig wird, wenn man folgendermaßen verfährt. Die trockene Seife von etwa 5 g Leinöl wird in 50 ccm 50 proz. Alkohols gelöst, die Lösung in einen Scheidetrichter gebracht und zweimal je 20 ccm Petroläther mittels derselben Pipette zugegeben. Nach tüchtigem Schütteln und halbstündigem Stehen zieht man die Seifenlösung

---

[1]) Chem.-Ztg. 1904, **28**, 97, 724.

[2]) Chem.-Ztg. 1904, **28**, 841.

[3]) Zeitschr. f. angew. Chem. 1891, **4**, 565.

[4]) Vgl. Fahrion, Chem.-Ztg. 1907, **31**, 435.

unten ab, aus dem Scheidetrichter entnimmt man mittels der gleichen Pipette 20 ccm der Petroläther-Lösung und bringt dieselben in bekannter Weise zur Trockne. Das Resultat ist natürlich mit 2 zu multiplizieren.

3. W. Fahrion[1]) hat besonders im Hinblick auf die Trennung von Mineral- und fettem Öl vorgeschlagen, nicht die alkalische, sondern die neutrale, wässerig- alkoholische Seifenlösung mit Petroläther auszuziehen, in der Annahme, daß bei 50 % Alkohol keinerlei Dissoziation der Seife eintrete. Diese Annahme trifft indessen, wie D. Holde[2]) nachgewiesen hat, nicht zu, vielmehr findet bei jeder erneuten Ausschüttelung mit Petroläther eine geringe Dissoziation der neutralen Seife statt, welche erst bei Anwendung 80 proz. Alkohols aufhört. Es ist in der Tat zuzugeben, daß die Fahrionsche Modifikation höhere Resultate liefert. Bei Handelsoleinen z. B. kann die Differenz 1 % und darüber betragen, beim Leinöl dagegen ist sie sehr gering, in einem Falle[3]) betrug sie nur 0,05 %.

4. Gegen das Ausschütteln mit Petroläther wurde schon eingewendet[4]), daß das Phytosterin in obigem Lösungsmittel schwer löslich ist. Viele ziehen daher den Äther vor. Eine zuerst von Bömer[5]) angegebene Methode wurde von G. Fendler[6]) in einigen Punkten abgeändert und folgendermaßen ausgeführt.

10 g Öl werden mit 20 ccm alkoholischer Kalilauge (200 g KOH in 1 L. Alkohol von 70° Tr.) im Kolben unter Rückfluß verseift, die Seifenlösung wird in einen Scheidetrichter gebracht und mit 40 ccm Wasser nachgespült, (so daß sie noch etwa 20 % Alkohol enthält. Der Verf.) Man schüttelt einmal mit 100, dann noch dreimal mit je 50 ccm Äther aus. Die vereinigten Ätherauszüge werden mit Wasser gewaschen, der Äther abdestilliert und der Rückstand mit 10 ccm der oben erwähnten Lauge nochmals verseift, die Lösung in einen kleinen Scheidetrichter gespült, mit 20 ccm Wasser nachgewaschen und nunmehr zuerst mit 100, dann mit 50 ccm Äther ausgeschüttelt. Die ver-

---

[1]) Zeitschr. f. angew. Chem. 1898, **11**, 267.
[2]) Zeitschr. f. Elektrochemie 1910, **16**, 436.
[3]) Chem.-Ztg. 1907, **31**, 435.
[4]) Vgl. z. B. Shukoff und Schestakoff, Chem. Rev. 1898, **5**, 21.
[5]) Zeitschr. f. Unters. d. Nahr.- u. Genußm. 1898, **1**, 21.
[6]) Ber. d. D. Pharm. Ges. 1904, **14**, 156; Chem.-Ztg. 1904, **28**, 842.

einigten Auszüge werden dreimal mit je 10 ccm Wasser gewaschen, dann abgedunstet und der Rückstand im Trockenschrank zum konstanten Gewicht gebracht.

Wie man sieht, ist die Methode reichlich umständlich. Die zweite Verseifung ist allerdings überflüssig, das erstmals gewonnene Unverseifbare enthält nicht, wie Fendler annahm, noch unverseiftes Neutralfett, sondern freie Fettsäuren bzw. saure Seifen, herrührend von der Dissoziation der vom Äther gelösten Seife durch das Waschen mit Wasser. Diese sauren Seifen können aber auf einfachere Weise entfernt werden (s. o.). Jedenfalls ist das mittels Äther isolierte Leinöl-Unverseifbare auch in Petroläther verhältnismäßig leicht löslich und die Ausbeute nur um ein Geringes höher als beim Ausschütteln mit Petroläther[1]).

Von den Literaturangaben über den Gehalt des Leinöls an Unverseifbarem seien folgende angeführt:

| Analytiker | Unverseifbares % | Jodzahl des Unverseifbaren | Bemerkungen |
|---|---|---|---|
| Thomson u. Ballantyne, J. Soc. Chem. Ind. 1891, **10**, 236. | 1,09—1,28 | | |
| R. Williams, Analyst 1895, **20**, 276. | 0,8—1,3 | | |
| O. Bach, Z. öff. Chem. 1898, **4**, 167. | 0,32—0,90 | | |
| J. Lewkowitsch, Chem. Rev. 1898, **5**, 212. | 0,6 —1,1 | | |
| C. Niegemann, Chem.-Ztg. 1904, **28**, 97, 724. | 0,74—2,15 | 59,2—91,2 | Methode 1, ohne Reinigung, daher Resultate um ca. 25% zu hoch. |
| Thoms u. Fendler, Chem.-Ztg. 1904, **28**, 841; 1906, **30**, 832. | 0,97—1,25 | 83,2—97,0 | Methode 4 |
| Thomson u. Dunlop, Analyst 1906, **31**, 281. | 0,88—1,25 | | |
| W. Fahrion, Chem.-Ztg. 1907, **31**, 435. | 0,92 | 83,5 | Methode 2 |
| | 0,97 | 90,0 | „ 3 |
| | 0,99 | 82,6 | „ 4 |

[1]) Vgl. Fahrion, Chem.-Ztg. 1907, **31**, 435.

Am eingehendsten haben sich Thoms und Fendler (s. o.) mit dem Leinöl-Unverseifbaren beschäftigt. Sie haben durch Versuche gezeigt, daß extrahiertes Leinöl nicht viel mehr Unverseifbares enthält als aus derselben Saat gepreßtes Leinöl, sowie daß beim Brechen des Leinöls und ebenso bei längerer Berührung desselben mit Leinölschleim der Gehalt an Unverseifbarem nicht steigt. Die betreffenden Daten zeigt die nachstehende Tabelle.

| | % Unverseifbares | Jodzahl des Unvers. |
|---|---|---|
| Leinöl, aus Archangelsaat gepreßt . . . . | 1,09 | — |
| ,, ,, ,, extrahiert . . . . | 1,24 | — |
| ,, ,, La Plata-Saat gepreßt . . . . . | 0,98 | — |
| ,, ,, ,, extrahiert . . . | 1,10 | — |
| ,, gepreßt . . . . . . . . . . . . . | 1,14 | 83,2 |
| ,, aus derselben Saat extrahiert . . . | 1,25 | 90,6 |
| Frisches Archangel-Öl . . . . . . . . . . | 1,08 | 95,2 |
| Dasselbe gebrochen[1]) . . . . . . . . . . | 1,05 | 86,6 |
| Frisches La Plata-Öl . . . . . . . . . . | 0,99 | 97,0 |
| Dasselbe gebrochen[1]) . . . . . . . . . . | 0,95 | 91,2 |
| Bassinschlamm[2]) von La Plata-Öl . . . . | 1,03 | 83,4 |
| Von obigem Schlamm abgesaugtes Öl . . . | 1,01 | 96,6 |
| Abgelagertes Leinöl aus Archangelsaat . . . | 1,09 | 88,1 |
| Dasselbe Öl, mit dem Schlamm behandelt[3]) | 1,09 | 87,9 |
| Frisches Leinöl aus Archangelsaat . . . . . | 1,08 | 95,2 |
| Dasselbe Öl, mit Schlamm behandelt . . . | 1,08 | 95,6 |
| Leinöl aus La Plata-Saat . . . . . . . . | 0,98 | 90,7 |
| Dasselbe Öl, mit Schlamm behandelt . . . | 0,97 | 91,3 |
| Leinöl aus Memel-Saat . . . . . . . . . | 1,09 | 92,3 |
| Dasselbe Öl, mit Schlamm behandelt . . . | 1,09 | 91,1 |

Als obere Grenze für den Gehalt eines reinen Leinöls an Unverseifbarem wird man mit Thoms und Fendler 2 % annehmen dürfen.

---

[1]) Über freier Flamme bis zum Eintreten der Trübung rasch erhitzt, dann filtriert.

[2]) Dickflüssig, grünlichbraun, 21,8% in Äther unlöslich.

[3]) 3 Teile Öl und 1 Teil Schlamm unter öfterem Umrühren 6 Wochen bei Zimmertemperatur gestanden, dann filtriert.

## J. Nachweis von Verunreinigungen und Verfälschungen.

Die erste Quelle von Verunreinigungen des Leinöls liegt natürlich in der Verunreinigung der Leinsaat durch andere Samen. Sind die letzteren ölfrei, so drücken sie, wie leicht einzusehen, nur die Ölausbeute herab, sind sie aber ölhaltig, so mischt sich ihr Öl dem Leinöl bei und beeinflußt dessen chemische Zusammensetzung.

Nach Wijs[1]) enthält die holländische Leinsaat nur wenig Fremdsamen, auch die La Plata-Saat hat meist weniger als 5 %, welche zudem fast ausschließlich ölfrei sind. Ebenso übersteigt bei der englisch-indischen Saat der Gehalt an Fremdsamen selten 6 %; die meisten sind ölfrei, zuweilen kommen bis zu 1 % Brassica-Samen vor. Dagegen kommt aus Kalkutta oft eine sehr schlechte Saat zur Verschiffung mit 30 % und noch mehr größtenteils ölhaltigen Fremdsamen. Die südrussische (Schwarzmeer-) Saat ist ziemlich rein, sie enthält höchstens etwas Brassica-Samen. Dagegen ist die nordrussische (Ostsee-) Saat nie rein, 5 % Fremdsamen sind wenig, 10—20 kommen oft vor, und auch höhere Zahlen werden gefunden, neben Brassica-Samen kommen solche des Leindotters vor. Nordamerikanische Saat ist immer ziemlich rein, und die fremden Saaten darin sind selten ölhaltig.

Faßbender und Kern[2]) fanden in der am Niederrhein mit Vorliebe verwendeten Asow-Saat bis zu 10 % fremde Ölsamen, hauptsächlich Kruziferensamen wie Raps (Brassica), Hederich (Raphenus), Senf (Sinapis). Nach den Bestimmungen der Incorporated Oil Seed Association in London darf eine gute Leinsaat nur 4 % Fremdsamen enthalten. Die Ermittelung der letzteren erfolgt auf mikroskopischem Wege.

In welcher Richtung die Öle der oben genannten Fremdsamen die Kennzahlen des Leinöls beeinflussen, zeigt die nachstehende Tabelle.

---

[1]) Chem. Rev. 1899, 6, 29.

[2]) Zeitschr. f. angew. Chem. 1897, 10, 331.

| | Leinöl | Leindotteröl | Rapsöl [1]) | Senföl | Hederichöl |
|---|---|---|---|---|---|
| $d_{15}^{15}$ | 0,930—0,936 | 0,923—0,927 | 0,913—0,917 | 0,916—0,920 | 0,9175 |
| Erstarrungstemp. | — 8 bis — 20° | —18 bis —19° | 0 bis — 6° | — 17,5° | unter — 8° |
| Refraktionszahl | 80—85 | — | 67,9—69,2 | 69 | — |
| Säurezahl | bis 6 | — | bis 4 | bis 3 | — |
| Verseifungszahl | 189—195 | 185—188 | 167—179 | 174—182 | 174 |
| Jodzahl | 170—200 | 135—153 | 94—106 | 103—122 | 105 |
| Unverseifbares | bis 2 % | — | 1,0—1,5 % | — | — |
| Schmelzpunkt d. Fettsäuren | 17—21° | 18—20° | 16—22° | 15—17° | — |
| Erst.-Punkt der Fettsäuren | 13—17° | 13—18° | 12—18° | 15,5 | — |

Wie man sieht, drücken alle vier Öle das spez. Gew., die Verseifungszahl und die Jodzahl herab. Für die letztere Kennzahl haben dies van Ketel und Antusch[2]) auch experimentell bewiesen, die untersuchten Öle wurden sämtlich mit Petroläther ausgezogen.

| | Jodzahl des Öls |
|---|---|
| Aus reiner Leinsaat . . . . . . . . . . . . . | 181—187 |
| „ „ Leindottersaat . . . . . . . . . | 146 |
| „ „ Kohlsaat . . . . . . . . . . . . . | 101 |
| „ 90 Lein + 10 Leindotter . . . . . . . . | 179 |
| „ 85 „ + 15 „ . . . . . . . . . | 172 |
| „ 80 „ + 20 „ . . . . . . . . . | 170 |
| „ 90 „ + 10 Kohlsaat . . . . . . . . | 173 |
| „ 85 „ + 4 Leindotter + 11 Kohlsaat . | 174 |
| „ 90 „ + 3 Leindotter + 7 Kohlsaat . | 176 |

Dieselben Autoren fanden in Ölen, die sie aus gepulverten Leinkuchen ausgezogen hatten, Jodzahlen bis herunter zu 106. Die mikroskopische Untersuchung ergab, daß die ursprüngliche Saat sicher weniger als 10 % Fremdsamen enthalten hatte. Ferner waren die ausgezogenen Öle nicht ranzig, eines war sogar fest und weißkörnig, und in verschiedenen Fällen wurde mit alkoholischer Silbernitratlösung eine starke Reaktion erhalten (charakteristisch für Baumwollsamenöl, s. später). Van Ketel

[1]) Bei uns zumeist Rüböl genannt.

[2]) Zeitschr. f. angew. Chem. 1896, **9**, 581; 1897, **10**, 210.

und Antusch kamen daher zu dem Schluß, daß die betreffenden Leinkuchen einen Zusatz von Fremdfetten erhalten hatten.

Diesen Schluß hielt H. Mastbaum[1]) nicht für gerechtfertigt, weil beim Pressen eine Trennung der verschiedenen Glyzeride in der Richtung eintreten kann, daß die leichter flüssigen zuerst abfließen, so daß der im Kuchen verbleibende Fettrest einen höheren Schmelzpunkt und eine niedrigere Jodzahl hat als das abgepreßte Öl. Daß sich dies tatsächlich so verhalten kann, haben Faßbender und Kern[2]) gezeigt. 5 kg Leinsaat mit 9 % Fremdsamen, darunter 5,3 % Kruziferensamen, wurden in 2 Teile geteilt; der eine Teil wurde gereinigt, der andere nicht. Hierauf wurden beide Teile zuerst kalt, dann warm gepreßt, dann mit Petroläther extrahiert und jeweils die Jodzahl des erhaltenen Öls festgestellt. Der ursprüngliche Fettgehalt betrug 37 %.

| | Gereinigt | Ungereinigt | Restlicher Fettgehalt |
|---|---|---|---|
| I. Kalt gepreßt | 180,3 | 180,5 | 25 % |
| II. Bei 70° gepreßt | 180,3 | 175,3 | 12 „ |
| III. Mit Petroläther extrahiert | 179,9 | 162,5 | 0 „ |

Außer durch Fremdsamen in der Leinsaat kann eine abweichende Zusammensetzung des Leinöls auch dadurch veranlaßt werden, daß ihm andere Öle in betrügerischer Absicht zugesetzt werden. Von den vier oben genannten Ölen wird das Hederichöl nicht fabrikmäßig dargestellt, das Senföl ist in der Regel teurer als Leinöl, und das Leindotteröl wird in Deutschland nur wenig gehandelt. In Belgien, Holland, den Balkanstaaten und Rußland wird die Pflanze dagegen in größerem Maßstab angebaut, und L. E. Andés[3]) behauptet, daß man dem Leinöl bis zur Hälfte Leindotteröl beimischen könne, ohne daß seine Trockenkraft leide. Fälschungen mit Rüböl kommen vor, bei hohen Leinölpreisen können auch Zusätze von weniger als 10 % noch rentabel sein. Solche Zusätze werden zwar die Kennzahlen des Leinöls beeinflussen, aber die letzteren können trotzdem noch innerhalb der normalen Grenzen liegen, einschließlich der Hexabromidzahl, die ja beim Leinöl innerhalb weiter Grenzen schwankt; beim Rüböl wurden Werte von 2,4—3,4 gefunden. Dagegen gelingt der Nach-

[1]) Zeitschr. f. angew. Chem. 1896, **9**, 719.
[2]) Zeitschr. f. angew. Chem. 1897, **10**, 331.
[3]) Chem. Rev. 1903, **10**, 199.

weis unter Umständen auf einem anderen Wege. Das Rüböl enthält eine für die Kruziferenöle charakteristische ungesättigte Fettsäure, die Erucasäure, $C_{22}H_{42}O_2$, deren höheres Molekulargewicht (318) die niedrige Verseifungszahl des Rüböls bedingt. Von der homologen Ölsäure unterscheidet sich die Erucasäure durch ihren höheren Schmelzpunkt von 34°, sowie durch die Schwerlöslichkeit ihres Bleisalzes in Äther.

Zum Nachweis von Rüböl im Leinöl verfährt man nach Holde und Marcusson[1]) folgendermaßen. Die Fettsäuren aus 20—25 g des zu untersuchenden Öls mischt man mit dem doppelten Volumen 96 proz. Alkohols und kühlt die Lösung in einem weiten Reagenzrohr unter Rühren mit einem Glasstab und mit Hilfe einer Eis-Viehsalz-Mischung auf — 20° ab. Es entsteht ein Niederschlag, welcher hauptsächlich die gesättigten Fettsäuren des Leinöls: Myristinsäure, Palmitinsäure usw. enthält. Er wird in einem Kältetrichter bei — 20° abgesaugt und mit gekühltem Alkohol etwas ausgewaschen. Das Filtrat wird eingedampft, der Rückstand im vierfachen Volumen 75 proz. Alkohols gelöst und diese Lösung wiederum auf — 20° abgekühlt. Ist Rüböl vorhanden, so tritt langsam, im Verlauf einer Stunde, eine vorwiegend aus Erucasäure bestehende kristallinische Fällung ein. Sie wird abgesaugt und mit gekühltem 75 proz. Alkohol ausgewaschen. Sie erscheint alsdann rein weiß, enthält aber trotzdem außer Erucasäure noch andere Fettsäuren, deren Entfernung indessen nicht nötig ist. Das Säuregemisch wird vielmehr in Äther oder Benzol gelöst, die filtrierte Lösung eingedampft und der Rückstand auf Schmelzpunkt und Säurezahl bzw. Mol.-Gew. geprüft. Ersterer liegt in der Regel etwas unter 30°, das Mol.-Gew. bei 310—320 und die Jodzahl bei ungefähr 60 (Erucasäure 75,1).

Von sonstigen pflanzlichen Ölen kommen als Fälschungsmittel des Leinöls hauptsächlich in Betracht das Baumwollsamenöl, das Maisöl und das Sojabohnenöl. Das Baumwollsamenöl stammt aus den Samen der Baumwollstaude und wird seit einigen Jahrzehnten, hauptsächlich in Nordamerika, in großen Massen gewonnen und nach geeigneter Raffinierung auf den Weltmarkt gebracht. Auch das Maisöl, aus den Samen der Maispflanze, kommt hauptsächlich von Amerika aus in den Handel, wo seine

[1]) Zeitschr. f. angew. Chem. 1910, **23**, 1260.

Fabrikation im letzten Jahrzehnt einen großen Aufschwung genommen hat. Die Sojabohne stammt von einer strauchartigen, bis jetzt fast ausschließlich in der Mandschurei angebauten Pflanze; auf dem Weltmarkt ist sie erst vor einigen Jahren erschienen, nach Deutschland gelangten die ersten Sendungen erst im Jahre 1910. Alle drei vorgenannten Öle sind von hell- bis tiefgelber Farbe und im raffinierten Zustand fast geruch- und geschmacklos. Über die Kennzahlen gibt die nachstehende Tabelle Aufschluß.

| | Leinöl | Baumwollsamenöl | Maisöl | Bohnenöl |
|---|---|---|---|---|
| Spez. Gew. bei 15° | 0,930—0,936 | 0,922—0,930 | 0,921—0,924 | 0,924—0,929 |
| Erstarrungstemp. | — 8 bis — 20° | —1 bis +4° | —10 bis —15° | —14 bis —15° |
| Refraktionszahl . . | 80—85 | 67—75 | 77,5 | — |
| Säurezahl . . . . . . . | bis 6 | 1 | — | bis 5 |
| Verseifungszahl . | 189—195 | 191—198 | 188—193 | 190—193 |
| Jodzahl . . . . . . . . . | 170—200 | 101—117 | 111—130 | 121—137 |
| Hexabromidzahl . | 22—37 | 0 | 0 | 1,2—2,9 |
| Unverseifbares . . | bis 2 % | 0,7—1,7% | 1,3—1,6% | 0,2% |
| Schmelzp. d. Fetts. | 17—21° | 34—43° | 16—23° | 26—29° |
| Erst.-Pkt. „ „ | 13—17° | 28—36° | 13—16° | 23—25° |

Beim Baumwollsamenöl fällt der hohe Schmelzpunkt der Fettsäuren auf, doch ist zu berücksichtigen, daß er stark schwankt. Es kommen im Handel auch „stearinfreie“ Baumwollsamenöle vor, welchen durch längeres Lagern in der Kälte ein großer Teil der festen Glyzeride entzogen ist.

Zum speziellen Nachweis des Baumwollsamenöls gibt es auch verschiedene Farbenreaktionen; ob sie aber im vorliegenden Falle einwandsfrei funktionieren, scheint noch nicht festgestellt zu sein, wenigstens ist in der Literatur nichts darüber zu finden.

Die Silbernitratprobe wird nach einer Vorschrift von Milliau[1]) in folgender Weise ausgeführt. 5 ccm der Gesamtfettsäuren werden in 15 ccm 90 proz. Alkohols gelöst, die Lösung bis zum beginnenden Sieden erhitzt und dann 2 ccm Silbernitratlösung (30 g in 100 ccm Wasser) zugefügt. Schon 2 % Baumwollsamenöl sollen eine charakteristische braune Färbung geben.

Bei der Halphen-Reaktion [2]) dient als Reagens eine 1 proz. Lösung von Schwefel in Schwefelkohlenstoff. Gleiche

[1]) Compt. rend. 1888, **106**, 550.

[2]) J. Pharm. Chim. 1890, **6**, 390.

Volumina Öl, Amylalkohol und der obigen Lösung werden in einem Probierglas geschüttelt und letzteres hierauf $\frac{1}{4}$—$\frac{1}{2}$ Stunde in siedende Kochlalzlösung gestellt. Der $CS_2$ verdunstet, und bei Gegenwart von Baumwollsamenöl — bis herab zu 5 % — tritt eine orangerote bis rote Färbung ein.

Auch für das Maisöl werden einige Farbenreaktionen angegeben, deren Brauchbarkeit für den Nachweis im Leinöl aber auch noch zu beweisen ist. Beim Versetzen mit konz. $H_2SO_4$ soll es eine charakteristische grüne, einige Minuten anhaltende Färbung geben, ferner soll seine Lösung in $CS_2$ auf Zusatz eines Tropfens konz. $H_2SO_4$ sich innerhalb 24 Stunden violett färben. Außerdem soll das Maisöl anstatt des gewöhnlichen Phytosterins Sitosterin vom Schmelzp. 137,5—138° enthalten und dieser Umstand zu seinem Nachweis verwertbar sein[1]).

Das Bohnenöl ist wegen seiner Neuheit noch wenig studiert, und da seine Kennzahlen teilweise denjenigen des Leinöls nahe kommen — s. Tabelle —, so ist im voraus anzunehmen, daß geringe Mengen im Leinöl nur schwer nachweisbar sein werden. Dies fand denn auch Meister[2]) bestätigt.

Von tierischen Ölen kommen ausschließlich einige Transorten zum Verschneiden des Leinöls in Betracht. Ihre zumeist hohe Jodzahl begünstigt die Fälschung. Verwendet werden hauptsächlich die technischen Sorten des Dorschlebertrans — Medizinaltran ist natürlich zu teuer —, der Sardinentran und, besonders in Amerika, der Menhadentran. Dorschlebertran wird hauptsächlich in Norwegen, neuerdings auch in Deutschland aus den Lebern der Dorsche gewonnen, teilweise durch freiwilliges Ausfließen, teilweise durch Pressen. Der Sardinentran wird vorwiegend an den spanischen Küsten aus den bekannten kleinen Fischen durch Pressen gewonnen. In den Lehrbüchern wird er meist mit dem Japantran zusammengeworfen, aber mit Unrecht, denn der spanische Sardinentran hat von allen Tranen die höchste Jodzahl, während die meisten Sorten Japantran verhältnismäßig sehr niedrige Jodzahlen aufweisen. Der Menhadentran wird an den Küsten Nordamerikas aus einem heringartigen Fisch gewonnen.

---

[1]) Gill und Tufts, J. Amer. Chem. Soc. 1903, **25**, 251.

[2]) Farben-Ztg. 1910, **16**, 17.

Die Kennzahlen der Trane schwanken sehr stark, zum Teil auch aus dem Grunde, weil sie, ehe sie in den Handel kommen, durch Abkühlen (Austranen) von einem Teil der festen Glyzeride (Fischtalg) befreit werden, und weil der Grad dieser Befreiung unter verschiedenen Umständen ein verschiedener ist. J. Hertkorn[1]) versuchte, den Prozeß durch sehr starke Abkühlung besonders weit zu treiben und die verbleibenden dünnen Öle direkt als Ersatz für Leinöl zu verwenden. Die Kennzahlen der drei oben genannten Trane sind aus der nachstehenden Tabelle ersichtlich.

| | Leinöl | Dorschtran | Sardinentr. | Menhadentr. |
|---|---|---|---|---|
| Spez. Gew. bei 15° | 0,930—0,936 | 0,920—0,930 | 0,928—0,934 | 0,925—0,933 |
| Erstarrungstemp. | —8 bis —20° | meist über 0° | meist über 0° | — |
| Refraktionszahl . | 80—85 | 80—85 | — | 80—83 |
| Säurezahl ....... | bis 6 | bis 25 | bis 20 | bis 15 |
| Verseifungszahl . | 189—195 | 182—187 | 188—194 | 188—193 |
| Jodzahl ......... | 170—200 | 150—170 | 170—200 | 145—175 |
| Hexabromidzahl . | 22—37 | 33—43 | — | — |
| Unverseifbares .. | bis 2% | bis 2% | bis 2% | bis 2,2% |

Zum Nachweis der Trane kann in erster Linie ihr charakteristischer Geruch dienen. Zwar kommen fast geruchlose Sorten im Handel vor, der Geruch erscheint aber wieder beim Erwärmen oder beim Verreiben auf der Handfläche. Bearn[2]) empfiehlt, durch ein verdächtiges Leinöl Wasserdampf zu leiten und das Destillat auf einen etwaigen Trangeruch zu prüfen; noch 2 % Tran sollen sich so zu erkennen geben.

Es gibt eine Reihe von Farbenreaktionen zum Nachweis von Tran, sie sind aber samt und sonders unzuverlässig. Dagegen kann ohne Zweifel das Unverseifbare zum Nachweis herangezogen werden, nur fehlt es bis jetzt an eingehenden Versuchen in dieser Richtung. W. Lippert[3]) rät, aus tranhaltigem Leinöl das Unverseifbare abzuscheiden und näher zu prüfen. Er erhielt ein dickes, unangenehm riechendes Öl, das in Eisessig — im Gegensatz zu Harzöl — leicht löslich war; die Lösung gab mit konz. $H_2SO_4$ eine prachtvolle Rotfärbung. Ferner konnte er aus dem Unver-

[1]) D. R. P. 129809, 137306.

[2]) Allens Comm. Org. Anal., Band II, S. 340.

[3]) Chem. Rev. 1905, **12**, 5.

seifbaren Cetylalkohol vom Schmelzp. 50° isolieren. Bis jetzt ist dieser Alkohol eigentlich nur im Walrat mit Sicherheit nachgewiesen. in den gewöhnlichen Tranen wird das Vorkommen von Cholesterin angenommen (s. S. 46). Es wurde schon früher (S. 47) erwähnt, daß das Leinöl-Unverseifbare nach dreimaligem Kristallisieren aus absolutem Alkohol Phytosterinkristalle vom Schmelzp. 137,5—138° liefert. Die Trane scheinen in dieser Richtung noch nicht untersucht zu sein, ebensowenig nach der sog. Phytosterinazetatprobe [1]). Nach dieser wird das Unverseifbare aus 100 g Öl mit 2—3 ccm Essigsäureanhydrid in einem kleinen, mit Uhrglas bedeckten Schälchen auf dem Drahtnetz etwa 1/4 Minute zum Sieden erhitzt und alsdann der Überschuß auf dem Wasserbad verdampft. Der so erhaltene Azetylester wird möglichst oft aus absolutem Alkohol kristallisiert und auf seinen Schmelzpunkt geprüft. Das Phytosterinazetat aus Leinöl schmilzt bei 128—129°, das Cholesterinazetat, z. B. aus Schweinefett, bei 113,6°.

H. Bull [2]) hat aus Tranen, allerdings auf einem sehr umständlichen Wege, sehr stark ungesättigte Fettsäuren abgeschieden, deren Natronsalze in absolutem, wenig Alkohol enthaltendem Äther löslich sind. Er glaubt, daß jene Fettsäuren auch zum Nachweis von Tran im Leinöl geeignet sind [3]). Andererseits hat M. Tsujimoto [4]) aus verschiedenen Tranen eine ungesättigte Fettsäure mit 4 Doppelbindungen, die Clupanodonsäure, $C_{18}H_{28}O_2$, isoliert, und zwar in Form ihres ätherunlöslichen Octrobromids, $C_{18}H_{28}Br_8O_2$. Dieses Octobromid unterscheidet sich von der Hexabromlinolensäure, Schmelzp. 175—180, dadurch, daß es sich bei 200° schwärzt, ohne zu schmelzen. Mit Hilfe dieses Umstandes lassen sich nach Lewkowitsch [5]) noch 10 % Tran im Leinöl nachweisen.

Wie die übrigen trocknenden Öle, z. B. Holzöl, im Leinöl nachzuweisen sind, wird später gezeigt werden.

---

[1]) Vgl. Bömer, Z. f. Unters. d. Nahr.- u. Genußm. 1898, **1**, 81; Bömer u. Winter, daselbst 1901, **4**, 865.

[2]) Chem.-Ztg. 1899, **23**, 996; 1900, **24**, 814.

[3]) Benedikt-Ulzer, S. 894.

[4]) J. of the Coll. of Engin., Tokyo 1906, **4**, Heft 1.

[5]) Chem. Technol. and Anal. etc., Bd. II, S. 462.

Von Nichtfetten kommen als Fälschungsmittel in Betracht Mineralöl, Harzöl und Harz (Kolophonium). Besonders das erstgenannte Öl steht so niedrig im Preise, daß auch Fälschungen in kleinerem Maßstab noch rentabel sind. Noch billiger war früher das Kolophonium, dessen Preis sich aber im Lauf der letzten 10 Jahre mehr als verdoppelt hat.

Wie die Kennzahlen des Leinöls durch die obigen drei Körper beeinflußt werden, zeigt die nachstehende Tabelle.

| | Leinöl | Mineralöl | Harzöl | Harz |
|---|---|---|---|---|
| Spez. Gew. bei 15° . . | 0,930—0,936 | 0,85—0,92 | 0,96—0,99 | ca. 1 |
| Refraktionsindex 15° | 1,484—1,488 | 1,439—1,508 | 1,536—1,550 | 1,548 |
| Säurezahl . . . . . . . . . | bis 6 | 0 | bis 50 | 140—180 |
| Verseifungszahl . . . | 189—195 | bis 3 | bis 65 | 160—190 |
| Jodzahl . . . . . . . . . . . | 170—200 | bis 14 | 45—48 | 140—180 |
| Unverseifbares . . . . | bis 2% | 97—100% | 70—90% | bis 15% |

Das Mineralöl, das zum Verschneiden des Leinöls benutzt wird, stellt bestimmte Fraktionen des Rohpetroleums dar und besteht daher ausschließlich aus unverseifbaren Kohlenwasserstoffen. Es hat somit die Säurezahl 0, doch können schlechte Sorten von der Raffination her Spuren von Schwefelsäure enthalten. Auch die Verseifungszahl sollte eigentlich 0 sein, doch gehen in der Regel bei Behandlung mit überschüssiger alkoholischer Lauge einige Prozent in Lösung. Die Verseifungs- und Jodzahl des Leinöls werden durch Mineralöl erniedrigt, der Gehalt an Unverseifbarem erhöht.

Qualitativ läßt sich das Mineralöl, wenn es dem Leinöl in nicht zu geringer Menge beigemischt ist, durch die sogenannte „Wasserreaktion" nachweisen. Man erhitzt in einem Probierröhrchen etwa 1 g des in Frage stehenden Öls unter Umschütteln über freier Flamme mit 5 ccm doppelt-normaler alkoholischer Lauge. Reines Leinöl gibt schon nach wenigen Minuten eine klare Seifenlösung, die auch bei starker Verdünnung mit Wasser klar bleibt. Stark mineralölhaltiges Leinöl ergibt auch nach längerem Kochen keine klare Lösung und auf Zusatz von Wasser eine starke Trübung. Bei längerem Stehen scheidet sich das ungelöste Mineralöl oben ab. Bei geringerem Gehalt an Mineralöl kann die alkoholische Seifenlösung klar sein, sich aber auf Zusatz von

Wasser trüben. Bei ganz geringen Gehalten, z. B. 1—3 %, kann aber auch die wässerige Seifenlösung klar bleiben. In solchen Fällen kommt man durch die quantitative Bestimmung des Unverseifbaren und eingehende Prüfung des letzteren zum Ziel. Thoms und Fendler[1]) haben gezeigt (s. S. 83), daß reines Leinöl stets weniger als 2 % Unverseifbares enthält, und daß letzteres eine homogene, wachsartige Masse darstellt, vollkommen löslich in warmem 90 proz. Alkohol und mit einer Jodzahl von 80—90. Bei Gegenwart von Mineralöl dagegen ist das Unverseifbare in seiner Hauptmenge flüssig, von Phytosterinkristallen durchsetzt, beim Erwärmen mit 90 proz. Alkohol bleiben kleine Öltröpfchen ungelöst, die Menge steigt über 2 %, und die Jodzahl sinkt beträchtlich unter 80. In einem speziellen Falle ergab ein Leinöl 2,86 % Unverseifbares mit der Jodzahl 38,2. Zum Vergleich wurde ein reines Leinöl mit 2 % Mineralöl vermischt und analysiert. Der Gehalt an Unverseifbarem war von 1,05 auf 2,82 % gestiegen und dessen Jodzahl von 83,9 auf 35,0 gesunken. Daraufhin wurde das fragliche Leinöl als mit ca. 2 % Mineralöl vermischt erklärt. Zu bemerken ist, daß ein derartiger geringer Gehalt nicht unbedingt auf eine absichtliche Fälschung schließen läßt, weil die hydraulischen Pressen in den Ölfabriken anstatt mit Wasser öfters mit Mineralöl gespeist werden, von welch letzterem geringe Mengen unabsichtlich in die abgepreßten Öle gelangen können. Schließlich ist in Beziehung auf die Analyse noch zu bemerken, daß die leichteren Mineralöle bei längerem Erhitzen auf 90—100° zumeist einige Prozent an Gewicht verlieren.

Das Harzöl wird durch trockene Destillation des Kolophoniums gewonnen; es besteht zwar in der Hauptsache aus Kohlenwasserstoffen, kann aber auch wechselnde Mengen Harzsäuren und Anhydroderivate derselben enthalten. Es erniedrigt daher die Verseifungs- und Jodzahl des Leinöls nicht so stark wie das Mineralöl. Andererseits erhöht es das spez. Gew. und die Refraktion, ganz besonders aber das optische Drehungsvermögen. Während letzteres beim Leinöl praktisch = 0 ist (s. S. 14), steigt es beim Harzöl bis + 50°. A. Aignan[2]) hat zuerst empfohlen, diesen Umstand zum Nachweis von Harzöl im Leinöl zu benützen.

---

[1]) Chem.-Ztg. 1904, **28**, 841; 1906, **30**, 832.

[2]) Compt. rend. 1890, **110**, 1273.

Vom Mineralöl unterscheidet sich das Harzöl außer durch seine höhere Jodzahl durch eine viel höhere Löslichkeit in Alkohol. Infolgedessen können viel größere Mengen bei der Wasserreaktion (s. o.) sich der Beobachtung entziehen. Ferner ist das Harzöl gegen Salpetersäure viel weniger widerstandsfähig als dasMineralöl. Kocht man ein Gemisch beider mit $HNO_3$ der D. 1,2, verdünnt mit Wasser und schüttelt mit Petroläther aus, so erhält man fast kein Harzöl zurück, dagegen fast alles Mineralöl[1]).

Eine empfindliche qualitative Reaktion, nicht nur auf das Harzöl, sondern auch auf seine Muttersubstanz, das Kolophonium, ist die Probe nach Storch - Morawski. Nach den Erfahrungen des Verf. führt man sie zweckmäßig in folgender Weise aus. 1—3 Tropfen des zu untersuchenden Öls werden in einem trockenen Probierröhrchen mit 2—3 ccm Essigsäureanhydrid zum Kochen erhitzt. Nach völliger Abkühlung läßt man an der inneren Wand des Gläschens einen Tropfen konz. $H_2SO_4$ vorsichtig hinabfließen. Es entsteht zunächst an der Berührungsstelle und bei gelindem Schütteln in der gesamten Flüssigkeit eine prachtvoll violette Färbung, welche aber nur kurze Zeit anhält.

Das Kolophonium hinterbleibt als Rückstand, wenn man vom Fichtenharz das Terpentinöl abdestilliert hat. Es besteht in der Hauptsache aus Abietinsäure, $C_{20}H_{30}O_2$, einer ungesättigten zyklischen Säure mit zwei Doppelbindungen, enthält aber auch wechselnde Mengen von Kohlenwasserstoffen. Es erhöht die Konsistenz, das spez. Gew. und die Säurezahl des Leinöls, dagegen werden die Verseifungs- und Jodzahl sowie der Gehalt an Unverseifbarem nicht merklich beeinflußt. Der Brechungskoeffizient wird, ähnlich wie beim Harzöl, erhöht; beispielsweise fand R. Schick[2]) die Refraktion eines Leinöls bei $40^0$ zu $71{,}5^0$, dasselbe Leinöl mit 20 % Kolophonium verschiedener Provenienz ergab Werte von 90,7—92,3. Bei der Wasserreaktion (s. o.) machen sich normale Kolophoniumsorten nicht bemerkbar. Zum Nachweis geringer Mengen empfiehlt es sich, das Leinöl wiederholt mit 80 proz. Alkohol auszuziehen, in dem Verdunstungsrückstand hat sich das Kolophonium beträchtlich angereichert.

Von den Fettsäuren unterscheidet sich die Abietinsäure dadurch, daß sie beim Einleiten gasförmiger Salzsäure in die alkoho-

---

[1]) Vgl. Mc Ilhiney, J. Amer. Chem. Soc. 1894, **16**, 385.

[2]) Zeitschr. f. angew. Chem. 1899, **12**, 29.

lische Lösung nicht verestert wird. Darauf hat Twitchell[1]) eine Methode zur quantitativen Bestimmung des Kolophoniums begründet. Dieser Methode hat ganz neuerdings H. Wolff[2]) eine handlichere Form gegeben. Demnach verfährt man zur Bestimmung des Kolophoniums in einem Harz-Fettsäure-Gemisch folgendermaßen.

100 ccm Alkohol (absolut oder auch 95 proz.) werden bei Zimmertemperatur mit 20—25 ccm konz. Schwefelsäure und 0,5 g pulverisierten Kaliumbisulfats gemischt. 5 g des zu untersuchenden Säuregemisches werden in 10—15 ccm absoluten Alkohols gelöst und diese Lösung mit 30 ccm der oben erwähnten alkoholischen Schwefelsäure 10—15 Minuten am Rückflußkühler erhitzt. Hierauf setzt man durch das Kühlrohr 400—500 ccm Wasser zu und schüttelt die Flüssigkeit mit Äther oder besser mit einem Gemisch von Äther und Petroläther aus. Der Auszug wird dreimal mit Wasser gewaschen, dann mit dem vierten Teil Alkohol gemischt und mit $\frac{1}{2}$ n.-Natronlauge neutralisiert. Der Verbrauch wird auf Abietinsäure umgerechnet, für welche das Mol.-Gew. 350 zugrunde zu legen ist. Das so erhaltene Resultat ist um das Unverseifbare des Leinöls zu hoch, das auf 1,5 % durchschnittlich angenommen wird. Zur Kontrolle empfiehlt es sich, die Harzsäuren auch noch gravimetrisch zu bestimmen und ebenso das Unverseifbare. Von den ersteren ist ein Abzug zu machen, indem durchschnittlich 0,5 % der Leinölfettsäuren unverestert bleiben. andererseits ist aber vom Unverseifbaren derjenige Anteil hinzuzuaddieren, der 1,5 % des Leinöls übersteigt. Derartig korrigiert, stimmen die durch Titration und durch Wägung erhaltenen Resultate unter sich und mit dem wirklichen Harzgehalt befriedigend überein.

[1]) J. Soc. Chem. Ind. 1891, **10**, 804.
[2]) Farben-Ztg. 1910, **16**, 323.

Fünftes Kapitel.

# Die quantitative Zusammensetzung des Leinöls.

Den Gehalt des Leinöls an C, H, O durch Verbrennung quantitativ zu bestimmen, hat im allgemeinen nicht viel Zweck, weil es sich in dieser Hinsicht von den übrigen Pflanzenölen nur wenig unterscheidet. Dies gilt allerdings nur für frische Öle, alte und teilweise oxydierte enthalten mehr O und dafür weniger C und H. Auch die Art und Weise der Gewinnung: kaltes Pressen, warmes Pressen, Extrahieren, kann auf die prozentische Zusammensetzung von Einfluß sein; ob auch die Provenienz der Saat, steht dahin. Jedenfalls zeigt die nachfolgende Tabelle Unterschiede von 2—3 % im Gehalt des Leinöls an C und O.

| Analytiker | % C | % H | % O | Bemerkungen |
|---|---|---|---|---|
| de Saussure, Ann. Chim. Phys. 1821, **13**, 351. | 76,0 | 11,4 | 12,6 | |
| Sacc, Ann. Chem. , **51**, 221. | 78,1 | 10,9 | 11,0 | Kalt gepreßt. |
| Lefort, J. Pharm. Chim. [3] **27**, 344. | 75,2 | 10,9 | 13,9 | Heiß gepreßt. |
| Cloez, Bull. soc. chim. 1865, 41. | 77,6 | 11,3 | 11,1 | |
| Mulder | 76,8 | 11,2 | 12,0 | Aus ½ Jahr alter Saat nach langsam. Erhitzen gepreßt. |
| Williams, Analyst 1898, **23**, 253 | 75,2 | 10,7 | 14,1 | Rohöl. |
| Bearn, s. Allen, Bd. II, S. 329. | 76,2 | 10,6 | 13,2 | Aus baltischer Saat durch Petroläther extrahiert. |

Daß der mittlere Glyzeringehalt des Leinöls zu 10,4 % anzunehmen ist, wurde schon früher dargelegt (s. S. 63). Daß dieser Gehalt zusammen mit dem durchschnittlichen Gehalt von 95,5 % Fettsäuren (Hehnerzahl, s. S. 59) über 100 % ergeben muß, ist natürlich, da ja Glyzerin und Fettsäure unter Wasserverlust zum Ester zusammentreten. Bei der Darstellung der

Analysenresultate ergibt dies aber eine gewisse Schwierigkeit, die man früher dadurch umging, daß man die gefundenen Fettsäuren auf Anhydride umrechnete. Da aber die ersteren durchweg komplizierte Gemische darstellen, deren mittleres Molekulargewicht man nicht genau kennt, so ist es einfacher und entspricht außerdem auch mehr unseren heutigen Auschauungen, wenn man die Fettsäuren als solche, bzw. als Hydrate, aufführt, das Glyzerin dagegen als Glyzerinrest, $C_3H_2$[1]). Mit anderen Worten, man schreibt z. B. die Formel des Trioleins nicht $C_3H_5(O . CO . C_{17}H_{33})_3$, sondern $C_3H_2(C_{18}H_{34}O_2)_3$, was zwar keinen chemischen, wohl aber einen rechnerischen Sinn hat. Wie leicht zu berechnen, entsprechen die obigen 10,4 % Glyzerin ($C_3H_8O_3$, Mol.-Gew. 92) 4,3 % Glyzerinrest ($C_3H_2$, Verbindungsgewicht 38), welche zur Ergänzung auf 100 % eine Hehnerzahl von 95,7 erfordern.

Das Maximum von 2 % Unverseifbarem wird wohl selten erreicht (s. S. 83), es verbleiben also von obigen 95,7 % rund 94 % Fettsäuren. Wie verteilen sich nun diese 94 % auf die einzelnen Fettsäuren? Wieviel davon sind gesättigte und wieviel ungesättigte Fettsäuren?

Zur Beantwortung dieser letzteren Frage hat Mulder eine Reihe von Versuchen angestellt. Er trennte zunächst die Bleisalze durch Äther, zersetzte die unlöslichen Bleisalze und kristallisierte die so erhaltenen festen Fettsäuren einmal aus Alkohol um. So fand er nur 6,3 % des Leinöls an festen Fettsäuren. Da ihm dieses Resultat zu niedrig erschien, so ließ er eine alkoholische Lösung der gesamten Leinölfettsäuren wiederholt und wochenlang in einer Kältemischung stehen, bis keinerlei Ausscheidung mehr erfolgte. Die gesamten Ausscheidungen wurden einmal aus möglichst wenig Alkohol umkristallisiert. So fand er 9,4 % feste Fettsäuren, die aber noch nicht rein weiß waren. Eine dritte Methode begründete Mulder auf die irrige Voraussetzung, daß die Magnesiumsalze der festen Fettsäuren in verdünntem Alkohol unlöslich, diejenigen der flüssigen dagegen löslich seien. Er löste daher die Gesamtfettsäuren in verdünntem Alkohol — die Konzentration wird nicht angegeben —, versetzte diese Lösung mit Ammoniak, fällte sie mit einer alkoholischen Lösung von Magnesiumazetat, filtrierte nach zweitägigem Stehen die unlöslichen

---

[1]) Vgl. Fahrion, Zeitschr. f. angew. Chem. 1903, **16**, 1201.

Magnesiumsalze ab und zersetzte sie mit Schwefelsäure. So erhielt er 10,3 % an, nur noch schwach gelb gefärbten, festen Fettsäuren. Dieses Resultat war aber durchaus unzuverlässig, Verf.[1]) hat den Versuch unter Anwendung von 70 proz. Alkohol wiederholt und zufällig ein ganz ähnliches Resultat erhalten, nämlich 10,4 %. Aber die Fettsäuren schmolzen schon bei 32° — Mulder gibt keinen Schmelzpunkt an — und ergaben die Jodzahl 114,1. Eine Trennung der gesättigten und ungesättigten Fettsäuren auf obigem Wege ist also durchaus unmöglich. Mulder dagegen sah in dem Resultat 10,4 % eine Bestätigung des vorherigen Resultats von 9,4 % und folgerte, daß das Leinöl etwa 10 % gesättigte Glyzeride enthalte; an gemischte Glyzeride dachte damals noch niemand. Da er ferner bei der fraktionierten Kristallisation der festen Fettsäuren aus Alkohol (s. S. 27) annähernd gleiche Mengen Palmitin- und Myristinsäure erhalten hatte, so folgerte er weiter, daß das Leinöl etwa 5 % Tripalmitin und etwa 5 % Trimyristin enthalte. Nun enthält es ja tatsächlich auch Arachin- und Stearinsäure (s. S. 27 f.), die Menge der ersteren ist aber sehr unbedeutend, und auch diejenige der Stearinsäure dürfte weniger als 1 % betragen, es wurde daher der Einfachheit wegen bis auf weiteres die Muldersche Annahme, daß die gesättigten Fettsäuren des Leinöls zur Hälfte aus Palmitin- und zur Hälfte aus Myristinsäure bestehen, beibehalten.

Verf.[2]) bestimmte die gesättigten Fettsäuren im Leinöl ebenfalls nach Varrentrapp und zur Kontrolle noch nach verschiedenen anderen Methoden: Fällung der neutralen, alkoholisch-ätherischen Seifenlösung mit alkoholischer Bleiazetatlösung, wiederholte Fällung der wässerig-alkoholischen Fettsäure- oder Seifenlösung mit alkoholischer Bleiazetatlösung, Behandlung der Bleisalze mit Salpetersäure (s. Bromeis und Sacc, S. 18) und Ausziehen des Reaktionsproduktes mit Petroläther, Oxydation der alkalischen Seifenlösung mit überschüssigem Permanganat und Ausziehen der Oxysäuren mit Petroläther, Abscheidung der festen Fettsäuren nach der Methode Farnsteiner (s. S. 75). Folgende Resultate wurden erhalten:

---

[1]) Zeitschr. f. angew. Chem. 1903, **16**, 1196.
[2]) Zeitschr. f. angew. Chem. 1903, **16**, 1195.

| Feste Fettsäuren, in % des Leinöls | Schmelzp. | Jodzahl |
|---|---|---|
| 8,1 | 53—54° | 10,6 |
| 8,2 | 53—54° | 11,2 |
| 8,0 | 53—54° | 14,3 |
| 7,9 | 52—53° | 31,6 |
| 8,4 | — | 21,3 |
| 9,5 | — | 14,8 |
| 10,2 | 52—53° | 22,8 |
| 8,6 | 52° | 14,1 |
| 9,7 | 52° | 1,4 |
| 7,9 | 53—54° | 13,9 |

Unter Berücksichtigung der verschiedenen Fehlerquellen wurde aus der Gesamtheit der obigen Resultate der Schluß gezogen, daß das Leinöl rund 8 % gesättigte Fettsäuren enthalte.

Zu einem ähnlichen Resultate gelangte Lewkowitsch[1]) mittels der Varrentrappschen Methode; er erhielt zunächst 8,9 % feste Fettsäuren mit der Jodzahl 22,3 und nach nochmaliger Trennung 7,5 % mit der Jodzahl 19,2.

Später benutzte Verf.[2]) noch eine andere Methode, welche an diejenige von Sacc (s. S. 26) erinnert. Anstatt der Natronseifen wurden aber die Leinölfettsäuren selbst oxydiert, ferner wurde die Oxydation durch ein Verteilungsmittel (Baumwolle) beschleunigt. und schließlich wurden die Oxysäuren nicht durch Aussalzen, sondern durch Petroläther beseitigt. Es verblieb bei der ersten Oxydation ein Rest von 36,6 % Fettsäuren, welche nach Varrentrapp getrennt wurden, nachdem vorher das Unverseifbare abgeschieden worden war. Es resultierten 8,5 % des Leinöls an festen Fettsäuren mit der Jodzahl 6,8 und dem Schmelzpunkt 53°. Die flüssigen Fettsäuren wurden nach Hazura oxydiert, der unveränderte Anteil durch Petroläther abgeschieden und nochmals nach Varrentrapp getrennt. Hierbei konnte erstmals derjenige Anteil der festen Fettsäuren isoliert werden, welcher bei der ersten Trennung in die ätherische Lösung übergeht. Seine Menge betrug 0,8 % des Leinöls, seine Jodzahl 11,5, der

[1]) Chem. Technol. usw., Bd. II, S. 456.
[2]) Zeitschr. f. angew. Chem. 1910, **23**, 1107

Schmelzp. lag bei 49,5°. Unter der Annahme, daß die beiden Jodzahlen ausschließlich durch Ölsäure verursacht werden, reduzieren sich die Zahlen 8,5 und 0,8 auf 7,9 und 0,7, und der Gesamtgehalt des Leinöls an festen Fettsäuren ergibt sich zu 8,6 %. Dieser Wert liegt zweifellos für das betreffende Leinöl der Wahrheit sehr nahe; ob die verschiedenen Leinölsorten in ihrem Gehalt an festen Fettsäuren nennenswerte Schwankungen zeigen, müssen weitere Untersuchungen lehren.

Erwähnt mag noch sein, daß sich der Gehalt des Leinöls an festen Fettsäuren auch aus der äußeren (a) und inneren Jodzahl (b) berechnen läßt, allerdings nicht genau, da ja die innere Jodzahl zu niedrig ausfällt (s. S. 74). Da das Glyzerin kein Jod absorbiert, so leuchtet ein, daß $\frac{100\,a}{b}$ den Prozentgehalt des Leinöls an ungesättigten Fettsäuren angibt, einschließlich des Unverseifbaren, welches ja auch Jod absorbiert. In dem vom Verf untersuchten Falle — Jodzahl des Leinöls 280,9, Hehnerzahl 95,7 — ergibt die Rechnung, wenn man den höchsten Wert 205,2 für die innere Jodzahl zugrunde legt, 87,7 % flüssige, also 95,7 — 87,7 = 8,0 % feste Fettsäuren, die Zahlen von Walker und Warburton ergeben 7,3 %, dagegen diejenigen von Tortelli und Ruggeri wesentlich niedrigere Zahlen.

Wie Mulder qualitativ die Ölsäure nachgewiesen zu haben glaubte, wurde schon früher angeführt (s. S. 31). Quantitativ ergaben die betreffenden Versuche wiederholt etwa 10 % des Leinöls bzw. der flüssigen Leinölsäure. Die letztere Zahl würde nur etwa 8 % des Leinöls entsprechen, Mulder macht aber diesen Unterschied nicht, sondern wählte einen mittleren Wert, indem er annahm, daß das Leinöl 10 % Triolein, d. h. etwa 9,5 % Ölsäure enthalte.

Hazura[1]) fand nur halb so viel. Er erhielt bei der alkalischen Oxydation aus 100 g Leinölsäure

1,2 g Dioxystearinsäure
6,5 g Sativinsäure
20,3 g Linusin- und Isolinusinsäure.

Aus diesen Zahlen schloß er rückwärts, daß die flüssige Leinölfettsäure bestehe aus

[1]) Zeitschr. f. angew. Chem. 1888, 1, 312.

5 % Ölsäure
15 % Linolsäure
80 % Linolen- und Isolinolensäure.

Dieser Rückschluß ist indessen, wie Verf.[1]) zeigen konnte, nicht zulässig, weil die Leinölsäure nicht quantitativ oxydiert, sondern zum Teil nicht angegriffen wird, und weil dieser unangegriffene Teil in der Hauptsache aus Ölsäure besteht. Ein sehr einfaches Mittel zur Trennung der unveränderten Fettsäuren von den Oxydationsprodukten fand Verf. im Petroläther, in welchem Dioxystearin-, Sativin-, Linusin-, Isolinusin- und Azelainsäure vollkommen unlöslich sind. Bei zwei Oxydationsversuchen genau nach Hazuras Vorschrift blieben 15,4 und 16,4 % der Leinölsäure unverändert, die Jodzahl betrug 85,3 und 78,2. Dabei war der Braunstein-Niederschlag nicht ausgewaschen worden, so daß die obigen Prozentzahlen noch zu niedrig sind. Daß der Oxydationsrückstand hauptsächlich aus Ölsäure besteht, folgte einerseits aus der Jodzahl (Ölsäure 90,0 Linolsäure 181,6, Linolensäure 273,6), andererseits aus dem Resultat einer zweiten Oxydation, welche ausschließlich Dioxystearinsäure lieferte, und zwar in einer Ausbeute von etwa 38 %. Da reine Ölsäure, in genau derselben Weise oxydiert, etwa 65 % noch nicht ganz reine Dioxystearinsäure lieferte, so wurde aus den obigen Zahlen geschlossen, daß die Leinölsäure nicht nur 5, sondern etwa 20 % Ölsäure enthalte, somit das Leinöl etwa 17,5 %.

Diese Zahl konnte durch den weiter oben erwähnten Oxydationsversuch ziemlich bestätigt werden. Bei der Trennung nach Varrentrapp wurden außer 8,5 % festen Fettsäuren (s. o.) 24,1 % flüssige Fettsäuren mit der Jodzahl 105,3 erhalten. Darin waren nur Spuren von Linolensäure, dagegen noch 0,8 % feste Fettsäuren (s. o.). Aus der Jodzahl berechnen sich etwas über 19 % Ölsäure, bei der Oxydation wurden 9,7 % (des Leinöls) an Dioxystearinsäure erhalten, woraus sich etwa 15 % Ölsäure berechnen, wenn man die Ausbeute zu 60 % der reinen Ölsäure annimmt. Als Mittel zwischen 19 und 15 ergeben sich somit etwa 17 % Ölsäure.

Es verbleiben somit rund 70 % des Leinöls für Linol- und Linolensäure. Nimmt man den Mittelwert 180 für die Jodzahl

---

[1]) Zeitschr. f. angew. Chem. 1903, **16,** 1194 ff.

des Leinöls an, so läßt sich berechnen, daß von den 70 % ungefähr 27 Linol- und 43 Linolensäure sind. Da aber das zu dem wiederholt erwähnten Oxydationsversuch verwendete Leinöl nur die Jodzahl 172,3 aufwies, so ergab jener Versuch auch ein etwas anderes Resultat. Nach der Oxydation waren 36,6 % des Leinöls an Gesamtfettsäuren mit der Jodzahl 86,7 zurückgeblieben. Die Hehnerzahl des ursprünglichen Leinöls betrug 95,6, es waren somit 59,0 % Linol- und Linolensäure verschwunden. Die Jodzahl des verschwundenen Fettsäuregemisches berechnete sich zu 238,3, und aus dieser Zahl ließ sich weiter berechnen, daß von den 59 % 36,4 % Linolen- und 22,6 % Linolsäure waren. Bei der ersten Trennung nach Varrentrapp war ein Verlust von 4,0 % eingetreten, von dem die kleinere Hälfte als Linolensäure angesprochen wurde, so daß sich insgesamt etwa 38 % Linolen- und etwa 30 % Linolsäure ergaben.

Angesichts der ziemlich beträchtlichen Schwankungen, welche die Kennzahlen reiner frischer Leinöle aufweisen, ist kaum daran zu zweifeln, daß auch die Gehalte an den einzelnen Fettsäuren schwanken. Was die Grenzen dieser Schwankungen betrifft, so glaubt Verf. auf Grund der oben beschriebenen Versuche und früherer Ausführungen die folgenden Zahlen als richtig annehmen zu dürfen:

| | | |
|---|---|---|
| Unverseifbares . . . . | 0,5—1,5 %, | Maximum 2,0% |
| Gesättigte Fettsäuren . | 8—9 % | |
| Ölsäure . . . . . . . . | 15—20 % | |
| Linolsäure . . . . . . | 25—35 % | |
| Linolensäure . . . . | 35—45 % | |
| Glyzerinrest, $C_3H_2$ . . | 4—5 % | |

Die Grenzen sind absichtlich weit gewählt, durch eingehendere Forschung werden sie sich ohne Zweifel noch verengern lassen. Trotzdem werden die obigen Zahlen keineswegs allgemein anerkannt.

Nach Hazura ist der obige Gehalt an Linolensäure zu niedrig, er fand in der Leinölsäure 80, somit im Leinöl etwa 70 %. Beim Bromieren der Leinölsäure erhielt er die kristallisierte Hexabromlinolensäure in einer maximalen Ausbeute von 40 %, woraus er auf 15 % echte Linolensäure in der Leinölsäure, d. h. auf 13 % im Leinöl schloß. Die Isolinolensäure müßte somit in einer Menge von etwa 57 % im Leinöl enthalten sein, Hazura nahm an, daß sie ein amorphes, in Äther lösliches Hexabromderivat liefere. Auf ihre Existenz schloß er lediglich aus derjenigen der Isolinusinsäure, nachdem aber die letztere auch aus der Linolensäure entsteht, wird man die Isolinolensäure ruhig streichen können.

A. Rollett[1]) berechnet für das Leinöl unter Zugrundelegung der Jodzahl 190 und eines Gehaltes von 15 % an Glyzeriden fester Fettsäuren einen Linolensäuregehalt von 50—60 %.

Alle anderen Autoren halten auch einen Gehalt von 35—45 % Linolensäure für zu hoch. S. Fokin[2]) erhielt beim Bromieren der gesamten Leinölfettsäuren unter verschiedenen Bedingungen 22—29 % kristallisierte Hexabromlinolensäure und schloß daraus auf 22—25 % Linolensäure. Es muß hier ein Druck- oder Rechenfehler vorliegen, denn die Hexabromlinolensäure, $C_{18}H_{30}Br_6O_2$, enthält 63.3 % Brom, so daß der obige Befund nur einem Linolensäuregehalt des Leinöls von 8—10 % entspricht Feste Fettsäuren fand Fokin nur 5 % und erklärte daher die Linolsäure als den Hauptbestandteil des Leinöls. Da er sie nicht in das kristallisierte Tetrabromid vom Schmelzp. 114° überführen konnte, so nahm er an, daß die Linolsäure des Leinöls von derjenigen des Mohnöls verschieden sei, während Hazura beide für identisch hielt, da beide bei der Oxydation Sativinsäure liefern.

J. Lewkowitsch[3]) erhielt im Maximum 42 % der gesamten Leinölfettsäuren an kristallisiertem Hexabromid und berechnet daraus etwa 15 % Linolensäure im Leinöl, er gibt aber zu, daß dieser Gehalt wahrscheinlich, weil mit der Jodzahl des Leinöls nicht zu vereinbaren, zu niedrig ist. Mit Fokin hält er die Linolsäure für den Hauptbestandteil des Leinöls.

F. Bedford[4]) erhielt beim Bromieren der gesamten Leinölfettsäuren das kristallisierte Hexabromid in einer Ausbeute von 41,6 % und berechnete daraus 15,27 % α-Linolensäure, d. h. etwa 14½ % im Leinöl. Die schon früher (S. 40) erwähnte Reduktionsmethode mit Nickel als Katalysator gestaltete er auch

---

[1]) Zeitschr. f. physiol. Chem. 1909, **62**, 429, 431.
[2]) J. Russ. Phys.-Chem. Ges. 1902, **34**, 501.
[3]) Chem. Technology usw., Bd. II, S. 455 f.
[4]) Dissertation, Halle 1906.

zu einer analytischen, mit deren Hilfe sich die Wasserstoffzahl eines Körpers bestimmen läßt, d. h. die zu seiner völligen Reduktion notwendige Menge H in Prozent. Für den Linolensäureäthylester (aus dem Ester der Hexabromlinolensäure durch Entbromung erhalten) fand er die Werte 1,9482 und 2,0480; Theorie 1,9737. Der Äthylester der nach Farnsteiner abgeschiedenen Leinölsäure ergab die Wasserstoffzahlen 1,4544; 1,4578; 1,4441. Da die theoretische Wasserstoffzahl des Linolsäureäthylesters 1,3072 beträgt, so berechnet sich aus den obigen Zahlen der Gehalt des untersuchten Esters an Linolensäureester im Mittel zu 21,7 %, und dies würde tatsächlich für das Leinöl wiederum einen Gehalt von etwa 15 % Linolensäure ergeben. Sogar mit der Jodzahl der flüssigen Leinölfettsäuren würde obiger Befund ziemlich im Einklang stehen, denn sie betrug, wie Erdmann und Bedford[1]) in einer Erwiderung auf die Rollettsche Arbeit angeben, 203,8, was einem Gehalt von 24,4 (anstatt 21,7) % Linolensäure entspricht. Ferner konnte die Ausbeute an Hexabromlinolensäure so gesteigert werden, daß sie einem Gehalt der Gesamtfettsäuren von 16,66 % Linolensäure entspricht. Für das Leinöl macht dies etwa 15,8 %, trotzdem geben Erdmann und Bedford einen Gehalt von 20—25% Säuren $C_{18}H_{30}O_2$ zu, welche hauptsächlich, wenn nicht ausschließlich, aus α-Linolensäure bestehen. Dagegen behaupten sie nach wie vor, daß beim Entbromen der Hexabromlinolensäure 2 verschiedene stereoisomere Linolensäuren entstehen.

Gegen ihre Beweisführung läßt sich aber nach Ansicht des Verf. Verschiedenes einwenden. Bedford hat für die freie Linolensäure anstatt 273,8 nur die Jodzahl 248,1 gefunden, es ist daher fast sicher, daß die Jodzahl 203,8 für die nach Farnsteiner gereinigten Säuren (s. o.) ebenfalls zu niedrig ist. Hat doch Lewkowitsch für die nur nach Varrentrapp gereinigten Säuren, welche die Ölsäure noch enthalten, Jodzahlen bis 209,8 gefunden. Die aus den Wasserstoffzahlen berechneten Werte können trotz ihrer guten Übereinstimmung nicht ganz genau sein, weil durch die Methode Farnsteiner weder die festen Fettsäuren noch die Ölsäure quantitativ entfernt werden. Dies konnte Verf.[2]) experimentell beweisen, nachdem ihm Bedford eine Probe seiner nach Farnsteiner

---

[1]) Zeitschr. f. physiol. Chem. 1910, **69**, 76.
[2]) Zeitschr. f. angew. Chem. 1908, **21**, 1227.

gereinigten und im hohen Vakuum destillierten Leinölsäure freundlichst zur Verfügung gestellt hatte. 4,5 g dieser Säure wurden mit 4,5 g $KMnO_4$ nach Hazuras Vorschrift oxydiert. Der beim Ansäuern des Filtrats herausgefallene Niederschlag wurde nach dem Trocknen zuerst mit Petroläther, dann mit viel kaltem Äther extrahiert. Der Verdunstungsrückstand der Petroläther-Lösung, den unoxydierten Anteil enthaltend, ergab beim Kristallisieren aus Alkohol eine geringe Menge fester Fettsäuren vom Schmelzp. 54°. Der Verdunstungsrückstand des ätherischen Auszugs dagegen lieferte nach einmaligem Umkristallisieren aus Alkohol das Oxydationsprodukt der Ölsäure, die Dioxystearinsäure, Schmelzp. 129°. Ferner erwähnt Bedford bei der Reduktion das Auftreten eines flüchtigen, nach Buttersäure riechenden Nebenproduktes in Mengen von einigen cg, das wohl auch nicht ganz ohne Einfluß auf die Wasserstoffzahl ist.

Es wurde schon früher (S. 60 u. 72) erwähnt, daß die Leinölfettsäuren beim Erwärmen, auch ohne Oxydation, einen Teil ihrer Säure- und Jodzahl einbüßen; ferner hat Lewkowitsch (s. später) gefunden, daß bei fortschreitendem Erhitzen des Leinöls die Hexabromidzahl andauernd sinkt. Sollte nicht auch die $\beta$-Linolensäure aus der $\alpha$-Säure lediglich durch Erhitzen entstehen, so daß sie nicht ein Isomeres, sondern ein Umwandlungsprodukt derselben wäre? Die Umwandlung hätte man sich in der Art zu denken, daß ein Teil der Doppelbindungen verschwindet (s. später). Hiermit würde das Verhalten der $\beta$-Linolensäure beim Bromieren im Einklang stehen, denn naturgemäß kann nur eine Linolensäure mit drei vollkommen intakten Doppelbindungen das kristallisierte Hexabromderivat liefern. Ferner würde mit obiger Annahme im Einklang stehen die stark schwankende Hexabromidzahl verschiedener Leinöle, sie wäre einfach durch entsprechende Schwankungen des Gehaltes an $\alpha$- und $\beta$-Linolensäure, welch letztere in allen Leinölen vorkommen dürfte, zu erklären. Es ist zu hoffen, daß weitere Forschungen Aufklärung in dieser Hinsicht bringen werden.

Sechstes Kapitel.

# Das Verhalten des Leinöls beim Lagern und beim Erhitzen ohne Luftzutritt.

Schon Mulder führt an, daß die Anstreicher viel auf altes Leinöl halten, daß sie aber eine Oxydation des Leinöls während des Lagerns nicht wünschen und daher ihre Ölfarben unter Wasser aufbewahren. Was die Veränderung des Leinöls beim Lagern betrifft, so glaubte Mulder, daß eine gewisse Menge Glyzerin abgespalten und der Zusammenhang des Restes „gelockert" werde. Abgelagertes Leinöl sei „teilweise versäuert und ranzig" geworden, aber nur infolge seines Ölsäuregehaltes, denn Leinölsäuretriglyzerid werde niemals ranzig. Als Ursache des Ranzigwerdens nahm Mulder einen „aktiven, in Bewegung befindlichen Stoff" an, z. B. eine ganz geringe Menge Eiweiß, das in den meisten Fetten vorkomme. Der eigentliche Prozeß bestehe aus einer Abspaltung von Glyzerin mit darauf folgender Oxydation der frei gewordenen Fettsäuren, speziell der Ölsäure zu flüchtigen Fettsäuren wie Buttersäure usw.

Dies entspricht so ziemlich auch unseren heutigen Anschauungen über den Ranzigkeitsprozeß. So definiert z. B. A. C. Geitel[1]) das Ranzigwerden der Fette als eine von Oxydationsprozessen begleitete, durch das Licht begünstigte, allmähliche Spaltung des Fettes durch Wasser, von dem minimale Mengen genügen. Lewkowitsch[2]) schreibt: Reine Fette halten sich bei völligem Abschluß von Luft und Licht sehr lange, in mehrere tausend Jahre alten Gräbern hat man Fette und darin unzersetzte Glyzeride gefunden. Wenn aber ein Fett in Berührung mit organischen Substanzen ist, wie Fruchtmark, Eiweißkörper usw., so setzt auch bei Abwesenheit von Luft und Licht eine hydrolytische Spaltung ein, und die Menge der freien Fettsäuren steigt. Die Ursache ist in diesem Falle eine kombinierte Einwirkung von Wasser und Enzymen. Die Frage, warum das Leinöl trotz seines Reichtums an ungesättigten Fettsäuren nur schwer

---

[1]) J. pr. Chem. 1897, **55**, 417.

[2]) Chem. Technol. usw., Bd. I, S. 23.

ranzig wird, beantwortet J. Klimont[1]) dahin, daß hier der Oxydationsprozeß so stark vorherrsche, daß die atmosphärische Feuchtigkeit nicht einwirken könne, frisch aufgestrichenes Leinöl rieche aber öfters nach Önanthaldehyd und Oktylalkohol. Auch etwas dem „gelockerten Zusammenhang" bei Mulder Ähnliches findet sich in der neueren Literatur: Tortelli und Pergami[2]) glauben, daß beim Lagern der Öle eine Art molekularer Umlagerung eintrete, an welcher hauptsächlich die flüssigen Fettsäuren beteiligt seien. Infolgedessen scheine in alten Ölen ein Teil der Glyzeride eine andere Konstitution zu haben als in frischen. Dies gehe daraus hervor, daß alte Öle, auch wenn man die freien Fettsäuren durch absoluten Alkohol vollständig entfernt, trotzdem in Alkohol leichter löslich sind als frische.

Rohes Leinöl scheidet beim Lagern regelmäßig einen stärkeren oder geringeren Satz ab, dessen Zusammensetzung eine verschiedene sein kann (s. S. 50). Dabei hat aber M. Weger[3]) darauf hingewiesen, daß der eigentliche „Leinölschleim" nicht immer vollständig ausgeschieden wird. Ein blankes Leinöl englischen Ursprungs zeigte auch noch nach fünfjährigem Stehen beim Erhitzen starke Schleimbildung. Daß aber auch dieser Schleim zu den oben erwähnten organischen Substanzen gehört, welche fettspaltend wirken können, ist kaum zu bezweifeln. In der Tat haben sich nun auch eine Reihe von Autoren dahin ausgesprochen, daß unter Luftabschluß aufbewahrte Öle höchstens ihre Säurezahl erhöhen, aber sonst keine chemische Veränderung erleiden.

Schon v. Hübl[4]) fand in einer 15 Jahre alten Leinölprobe noch die richtige Jodzahl, wogegen ihm Öle, welche unter der Einwirkung des Luftsauerstoffs dickflüssig und ranzig geworden waren, zu niedrige Werte ergaben.

Thomson und Ballantyne[5]) ließen Proben eines Leinöls mit der Jodzahl 173,5 sechs Monate lang, soweit angängig, im Sonnenlicht stehen, das eine Mal in verschlossener Flasche, das andere Mal unter Luftzutritt. Die Jodzahl fiel im ersten Falle auf 172,9, im zweiten auf 166,2.

---

[1]) Chem. Rev. 1905, **12**, 160.
[2]) Chem. Rev. 1902, **9**, 204.
[3]) Chem. Rev. 1898, **5**, 246.
[4]) Dingl. pol. J. 1884, **253**, 281.
[5]) J. Soc. Chem. Ind. 1891, **10**, 31.

Lettenmayer und Niederländer[1]) fanden in einem holländischen Leinöl, das 19 Jahre lang in einer vollkommen gefüllten und gut verschlossenen Flasche aufbewahrt worden war, noch die Jodzahl 180,2, dagegen in einem 30 Jahre alten holländischen Leinöl, von dem nur eine geringe Menge in einer großen Flasche enthalten war, die Jodzahl 156,2 und die Säurezahl 15,0.

J. Lewkowitsch[2]) fand in einem Leinöl aus Kalkuttasaat, das 3 Jahre luftdicht und vor Licht geschützt aufbewahrt worden war, die Jodzahl 174,0 und die Säurezahl 1,3, in einem aus baltischer Saat geschlagenen und 13 Jahre vor Luft und Licht geschützten Leinöl die Jodzahl 175,8 und die Säurezahl 7,2.

Auch Sherman und Falk[3]) konstatierten, daß das Leinöl bei monatelangem Aufbewahren in vollständig gefüllter Flasche und im Dunkeln seine Zusammensetzung nicht ändert.

Andererseits sprechen doch auch manche Literaturangaben dafür, daß beim Lagern des Leinöls nicht lediglich eine Glyzerinabspaltung stattfindet. So fand Lewkowitsch für das 13 Jahre alte Öl das spez. Gew. 0,941, das entschieden über Normal ist. M. Weger[4]) fand für das ebenfalls schon erwähnte 5 Jahre alte Leinöl die Refraktionszahl 85,1. Da ihm frische Öle nur Zahlen von 80—81,5 gaben (s. S. 13), so deutete die erhöhte Zahl zunächst auf eine stattgehabte Oxydation. Eine solche war aber durch die hohe Jodzahl 191,3 und Sauerstoffzahl 19,8 (s. später) ausgeschlossen, die Säurezahl war von ursprünglich 1,8 auf 2,7 gestiegen. (Dieses Ansteigen hätte nach Sjollema eher eine Verminderung der Refraktion bewirken müssen, s. S. 13). B. Sjollema[5]) bewahrte zwei Proben desselben Leinöls, von denen die eine durch Schwefelsäure gereinigt worden war, die andere nicht, in gut verschlossenen Flaschen und im Dunkeln auf. Im ersten Fall ergab sich so gut wie gar keine Abnahme der Jodzahl, im zweiten eine solche von etwa 10. Schließlich ist vor allen Dingen eine Angabe von Hehner und Mitchell[6]) zu erwähnen, laut welcher auch schon beim bloßen Altern des Leinöls seine Hexabromidzahl sinkt.

---

[1]) Protokoll des I. Kongresses der Deutschen Ges. zur Bef. rationeller Malverfahren, München 1893, S. 22 u. 24.

[2]) Chem. Rev. 1898, **5**, 212.

[3]) J. Amer. Chem. Soc. 1903, **25**, 711.

[4]) Zeitschr. f. angew. Chem. 1899, **12**, 298.

[5]) Zeitschr. f. Unters. d. Nahr.- u. Genußm. 1903, **6**, 631.

[6]) Analyst 1898, **23**, 310.

Auf Grund des Vorstehenden wird man die Frage, welche chemischen Veränderungen das Leinöl beim Lagern erleidet, zunächst noch offen lassen. Man wird aber mit der Annahme kaum fehlgehen, daß dieselben Veränderungen, nur in viel stärkerem Maße, eintreten, wenn das Leinöl unter Luftabschluß erhitzt wird.

Schon lange vor Mulder war bekannt, daß das Leinöl beim Erhitzen sich allmählich verdickt und schließlich in eine klebrige Masse übergeht, die u. a. auch als Vogelleim Verwendung fand. Jonas[1]) erhitzte diesen Vogelleim mit salpetersäurehaltigem Wasser, wobei er fester wurde und schließlich in eine Art Kautschuk überging, der in warmer Kalilauge löslich war, ebenso in viel Terpentinöl. Sacc[2]) erhitzte Leinöl in einer Retorte und konstatierte weiße Dämpfe, welche sich im Hals der Retorte zu einem hellen Öl verdichteten und einen Geruch nach frischem Brote zeigten. Später gingen braune Produkte über, bis das Öl sich in eine gallertige, kautschukartige Masse verwandelt hatte.

Mulder führte die trockene Destillation des Leinöls in der Weise aus, daß er es in einer Retorte im ganzen 36 Stunden lang so vorsichtig „bis ungefähr zur Kochhitze" erwärmte, daß keine Spur von Kohle entstand. In den ersten 6 Stunden gingen etwa 5 % des Öls unter Akrolein-Geruch über, zuerst tropfbar flüssig, dann butterartig. In den nächsten 6 Stunden gingen wieder etwa 5 % über, und zwar ausschließlich in Form der weißen, butterartigen Substanz. Von da an nahm die Menge des Überdestillierenden fortwährend ab, bis nach 36 Stunden fast nichts mehr überging. Der Destillationsrückstand gab an Äther nur wenig ab, es hinterblieb eine zähe, kautschukartige Masse, in dicker Schicht dunkel, in dünner nur strohgelb gefärbt. Mulder nannte sie „künstlichen Vogelleim", er unterzog verschiedene Proben der Verbrennung mit folgenden Resultaten.

| | C | H | O |
|---|---|---|---|
| Gefunden . . . . . . . . . . | 79,1—79,9 | 11,1—11,4 | 8,7—9,7 |
| Berechnet für Leinölsäureanhydrid, $C_{32}H_{54}O_3$ . . . . . . . . . . | 79,2 | 11,2 | 9,6 |
| Berechnet für Linolensäureanhydrid, $C_{36}H_{58}O_3$ . . . . . . . . . . | 80,3 | 10,8 | 8,9 |

[1]) Erdmanns J. **37**, 381.

[2]) Ann. Chem. **51**, 213.

Gemäß seinen Verbrennungen glaubte Mulder Leinölsäureanhydrid vor sich zu haben, und da man damals dem Kautschuk die Formel $C_4H_7$ beilegte, so hielt er das Leinölsäureanhydrid für ein Oxydationsprodukt des Kautschuks. Im Destillat fand er Palmitinsäure, Schmelzp. 62°, Myristinsäure, Schmelzp. 53°, Sebacinsäure, $C_{10}H_{18}O_4$, Schmelzp. 125°, Acrylsäure und verschiedene flüchtige Fettsäuren, wahrscheinlich Caprin- und Caprylsäure, endlich Kohlenwasserstoffe, die er nicht näher untersuchte. Er dachte sich den Destillationsvorgang derart, daß zunächst das ganze Glyzerin abgespalten und zu Acrolein oxydiert wird, daß die Palmitinsäure und Myristinsäure als solche übergehen, die Ölsäure zu Sebacinsäure, Acrylsäure usw. oxydiert wird, während die Leinölsäure Wasser abspaltet und in Form ihres Anhydrids zurückbleibt.

Wenn nun tatsächlich Leinölsäureanhydrid entstanden wäre, so hätte es beim Auflösen in Kalilauge und Wiederausfällen mit Säure Leinölsäure, also ein dünnflüssiges Öl, liefern müssen. Mulder erhielt aber bei dieser Behandlung eine klebrige Masse, welche bald zu einer elastischen Haut zusammenschrumpfte. In Äther war sie fast vollständig löslich, beim Verdunsten des Äthers hinterblieb eine harzartige, in absolutem Alkohol nur schwerlösliche Masse. Mulder erklärte dieses Verhalten durch die Annahme, daß die Leinölsäure sich zu einer Säure $C_{32}H_{56}O_4$ mit dem doppelten Mol.-Gew. polymerisiert habe. Heute kann es keinem Zweifel unterliegen, daß das Muldersche Leinölsäureanhydrid nicht einheitlich war und vermutlich auch noch Glyzerin enthielt.

Ein ganz anderes Resultat erhielt Mulder, als er das in der Retorte befindliche Leinöl sofort stark erhitzte. Es entwich zunächst eine geringe Menge brennbarer Gase, dann ging die ganze Masse bis auf 3,8 % in Form einer wasserhellen Flüssigkeit unter starkem Acroleingeruch über. Beim Stehen färbte sich das Destillat und setzte Kristalle ab. Das vermeintliche Leinölsäureanhydrid verhielt sich bei starkem Erhitzen ähnlich, es lieferte ebenfalls eine ansehnliche Menge wasserhelles, beim Stehen sich färbendes Destillat. Letzteres hat Mulder nicht näher untersucht, er hielt es in der Hauptsache für Kohlenwasserstoffe. Es mag kurz darauf hingewiesen werden, daß nach S. P. Sadtler[1])

[1]) Chem.-Ztg. 1896, **20**, 703.

bei der trockenen Destillation des Leinöls Kohlenwasserstoffe entstehen, welche auch im Erdöl vorkommen.

Das „Dickkochen“ des Leinöls, d. h. das Erhitzen ohne Zusätze in bedeckten Kesseln, also unter möglichstem Luftabschluß wurde schon lange vor Mulder ausgeübt, hauptsächlich zur Erzeugung von Buchdruckfirnis. Wie schon früher erwähnt (s. S. 52), enthält das rohe Leinöl in der Regel noch Spuren von Wasser, welches bei ungefähr 130° entweicht. Diese Temperatur nannte man und nennt man teilweise noch heute den „Siedepunkt des Leinöls“. Zum Dickkochen sind aber höhere Temperaturen nötig, zu deren Messung anstatt der Thermometer Federn verwendet wurden. Man tauchte sie in das heiße Öl, um zu sehen, ob die Fahnen versengt wurden oder noch nicht. Mulder gibt einmal 310—320° an, meint aber, daß die Temperatur beim schließlichen Dickkochen noch wesentlich höher steige. Auch Weger führt an, daß ein eigentliches „Kochen“ des Leinöls d. h. ein Aufwallen, Blasenwerfen usw. unter 330° nicht möglich sei. Dagegen nennt Livache 250—270° als richtige Temperatur zum Kochen von Lithographenfirnis. Am Schluß des Kochens wurden und werden manchmal noch heute die entweichenden Dämpfe angezündet und eine gewisse Zeit brennen gelassen. In England heißen derartige Produkte „burnt oil“. In Deutschland hat man für die durch bloßes Erhitzen verdickten Leinöle die Bezeichnung Standöl, Dicköl, Buchdruckfirnis, Lithographenfirnis.

Im Jahre 1892 untersuchte Verf.[1]) drei derartige Produkte, einer Druckfarbenfabrik entstammend und drei verschiedenen Phasen des Kochprozesses entsprechend, derart, daß A noch ziemlich dünnflüssig, B dick und klebrig, C sehr dick und zähe war. Die Analyse ergab

| | Säurezahl | Jodzahl | Prozent Oxysäuren |
|---|---|---|---|
| A . . . . . . . . . . | 13,4 | 101,3 | 0,5 |
| B . . . . . . . . . . | 24,9 | 77,3 | 4,1 |
| C . . . . . . . . . . | 32,6 | 73,7 | 7,6 |

[1]) Zeitschr. f. angew. Chem. 1892, **5**, 172. Irrtümlicherweise wurden die drei Proben als Leinölfirnisse angesprochen.

Somit wird zwar allerdings beim Kochen Glyzerin abgespalten, aber auch die Probe C dürfte den größten Teil des ursprünglichen Glyzerins noch enthalten haben. Zu bemerken ist, daß hier aus der Säure- und Verseifungszahl kein sicherer Schluß auf den Glyzeringehalt zu ziehen ist, denn es ist ja nicht ausgeschlossen, daß ein Teil der freiwerdenden Karboxylgruppen durch Esterbildung usw. wieder verschwindet. Aus dem steigenden Gehalt an Oxysäuren wurde geschlossen, daß der Luftabschluß kein vollständiger war. Jedenfalls war die Zunahme der Oxysäuren keineswegs proportional der Abnahme der Jodzahl, diese Abnahme mußte also einen anderen Grund haben als Oxydation. Es wurde als Grund Polymerisation angenommen, d. h. ein Aneinanderlagern verschiedener Moleküle an Stelle der Doppel bindungen:

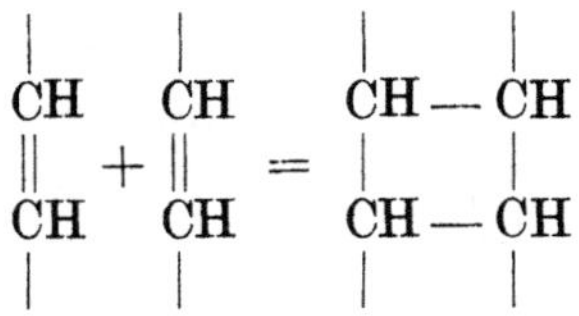

Eine Bestätigung dieser Hypothese wurde darin gefunden, daß die oben erwähnten Produkte B und C von einem lediglich durch Oxydation verdickten Leinöl verschieden waren. Allen gemeinsam war die sirupartige Konsistenz, während aber B und C klebrig waren und sich zu langen, dünnen Fäden ausziehen ließen, gingen diese Eigenschaften dem oxydierten Öl ab. Dafür hatte aber letzteres die Fähigkeit, sich mit Wasser zu einer bleibenden Emulsion zu mischen, welche Fähigkeit wiederum den polymerisierten Ölen abging.

Von jener Zeit ab erscheint der Ausdruck „polymerisierte Öle“ auch in den Lehrbüchern. Man kann aber Lewkowitsch nur zustimmen, wenn er schreibt[1]), daß die chemischen Veränderungen beim Dickkochen des Leinöls noch nicht völlig aufgeklärt seien und eben einstweilen unter dem Ausdruck „Polymerisation“ zusammengefaßt werden.

Einige Jahre später untersuchte auch Leeds[2]) eine Reihe von 5 polymerisierten Leinölen verschiedener Konsistenz (I—V).

---

[1]) Chem. Technol. usw., Bd. II, S. 963.

[2]) J. Soc. Chem. Ind. 1894, **13**, 203.

VI ist ein sog. „burnt thin varnish", in der Art erhalten, daß man das Leinöl rasch auf seinen Entzündungspunkt erhitzt und dann unter Umrühren brennen läßt, bis die gewünschte Konsistenz erreicht ist.

| | $d_{15,5}$ | Verseifungszahl | Jodzahl | Oxysäuren % | Unverseifbares % | Freie Fettsäuren % |
|---|---|---|---|---|---|---|
| Rohes Leinöl | 0,9321 | 194,8 | 169,0 | 0,3 | — | 0,85 |
| I | 0,9584 | 197,5 | 113,2 | 1,5 | — | 1,46 |
| II | 0,9661 | 196,9 | 100,0 | 2,5 | 0,62 | 1,76 |
| III | 0,9721 | 197,5 | 91,6 | 4,2 | 0,85 | 1,71 |
| IV | 0,9741 | 190,9 | 86,7 | 6,5 | 0,79 | 2,16 |
| V | 0,9780 | 188,9 | 83,5 | 7,5 | 0,91 | 2,51 |
| VI | 0,9675 | 195,5 | 92.7 | 0,85 | 1,35 | 6,93 |

Die Tabelle zeigt ein andauerndes Steigen des spez. Gew., der Oxysäuren und der freien Fettsäuren, ferner ein zuerst rasches, dann langsameres Abfallen der Jodzahl. Daß die Verseifungszahl zuerst etwas ansteigt, um später wieder zu fallen, dürfte auf flüchtige Säuren zurückzuführen sein, welche bei stärkerem Erhitzen entweichen. Das Unverseifbare nimmt nur ganz unbedeutend zu, am stärksten bei dem burnt oil; Kohlenwasserstoffe entstehen also, wenn überhaupt, nur in sehr geringer Menge.

Leeds hat auch die Fettsäuren der obigen Öle mit folgenden Resultaten untersucht:

| | $d_{15,5}$ | Erstarrungs-Punkt | Schmelzpunkt | Säurezahl | Mittleres Mol.-Gew. | Jodzahl |
|---|---|---|---|---|---|---|
| Rohes Leinöl | 0,923 | — | 24—26,5° | 195,8 | 286,5 | 145,5 |
| I | 0,941 | 15° | 20,5° | — | — | 118,3 |
| II | 0,949 | 18° | 22° | — | — | 108,8 |
| III | 0,950 | 22° | 24° | 205,8 | 272,5 | 97,7 |
| IV | 0,953 | 24° | 25,5° | 207,7 | 270,1 | 87,3 |
| V | 0,955 | 23° | 27° | 207,9 | 269,8 | 90,8 |
| VI | — | 19° | 23° | — | — | 99,3 |

Die spez. Gewichte und Jodzahlen gehen im allgemeinen denjenigen der Glyzeride parallel, die viel zu niedrige Jodzahl der Leinölfettsäuren ist wiederum durch die vorausgegangene Erwärmung zu erklären, das anscheinende Sinken des mittleren Mol.-Gew. vermutlich durch Spaltungsprodukte. Mit aller Sicherheit ist aus den obigen Zahlen zu schließen, daß die beim Kochen eintretenden Veränderungen nicht etwa durch die Verseifung wieder rückgängig gemacht werden.

H. Amsel[1]) konstatierte, daß die Dick- und Standöle in Alkohol weniger löslich sind als rohes Leinöl. Die Bestimmungen wurden in der Weise ausgeführt, daß 1 g Öl mit 20 ccm Alkohol bei Zimmertemperatur unter öfterem Umschütteln 24 Stunden stehen gelassen und dann 10 ccm abfiltriert wurden. Von reinem Leinöl gehen auf diese Weise etwa 25 % in Lösung. 4 Muster von Dicköl ergaben:

| | Verseifungszahl | Jodzahl | In Alkohol löslich |
|---|---|---|---|
| I. . . . . . . . . | 195 | 94,4 | 18,5 % |
| II. . . . . . . . . | 194 | 104 | 17,7 % |
| III. . . . . . . . . | 209 | — | 9,2 % |
| IV. . . . . . . . . | 192 | — | 6,0 % |

M. Weger[2]) fand für Stand- und Dicköle eine wesentlich höhere Refraktion als für rohes Leinöl (80—81,5 bei 25°).

| | Refraktionszahl (25°) |
|---|---|
| Standöl des Handels . . . | 99,3 |
| Dicköl „ „ . . . | 92,9 |

Daß die Erhöhung der Refraktion erst bei längerem Erhitzen bzw. bei höherer Temperatur eintritt, zeigte Weger durch folgende Versuche:

| | Refraktionszahl (25°) |
|---|---|
| Malerleinöl . . . . . . . . . . . . . . . . | 81,3 |
| Dasselbe, 6 Stunden auf 150° erwärmt . . . | 82,7 |
| „ im Literkolben bei 280° entschleimt . | 82,1 |
| „ „ „ „ 315° „ | 82,5 |
| „ 40 Stunden auf 180—190° erhitzt . | 90,9 |
| „ 5 Minuten auf 300° erhitzt . . . . | 102,3 |

---

[1]) Zeitschr. f. angew. Chem. 1895, **8**, 77.
[2]) Zeitschr. f. angew. Chem. 1899, **12**, 298.

Auch M. Kitt[1]) untersuchte polymerisiertes Leinöl in sieben verschiedenen Stufen der Verdickung; I war noch ziemlich dünnflüssig, VII kautschukartig fest. Alle Proben zeigten eine grüne Fluoreszenz, welche mit der Zähflüssigkeit zunahm. Die Analyse ergab:

| | Säurezahl | Verseifungszahl | Jodzahl |
|---|---|---|---|
| I. | 4,8 | 188,8 | 159,2 |
| II. | 5,2 | 189,1 | 100,7 |
| III. | 7,8 | 189,1 | 95,6 |
| IV. | 9,5 | 186,6 | 83,6 |
| V. | 9,1 | 187,2 | 79,1 |
| VI. | 11,7 | 187,2 | 76,2 |
| VII. | 18,8 | 192,3 | 71,1 |

Die Untersuchung der abgeschiedenen Fettsäuren ergab ähnliche Resultate, wie sie Leeds (s. S. 113) erhalten hatte.

J. Lewkowitsch[2]) konstatierte, daß beim Kochen des Leinöls vor allen Dingen die Hexabromidzahl rasch abnimmt. 7 dem Handel entnommene und nachstehend dem spez. Gew. nach gruppierte Dicköle ergaben bei der Analyse folgende Zahlen:

| | $d_{15,5}$ | Vers.-zahl | Jod-zahl | Hexa-bro-mid-zahl | Heh-ner-zahl | Oxy-säuren % | Un-verseif-bares % |
|---|---|---|---|---|---|---|---|
| Rohes Leinöl | 0,9308 | — | 186,4 | 24,17 | — | — | — |
| Dasselbe auf 320° erh. | 0,9354 | — | 176,3 | 8,44 | — | — | — |
| Polym. Leinöl I | 0,9676 | 189,5 | 107,7 | 0,17 | 94,8 | 4,17 | 1,76 |
| II | 0,9691 | 193,0 | 125,3 | 2,00 | 94,8 | 0,34 | 0,13 |
| III | 0,9693 | 194,4 | 121,9 | 0,95 | 93,8 | 1,48 | 0,57 |
| IV | 0,9703 | 190,5 | 126,5 | 0,0 | — | 1,53 | 1,80 |
| V | 0,9720 | 190,0 | 109,4 | 0,24 | 94,7 | 6,36 | 1,45 |
| VI | 0,9747 | 193,7 | 118,5 | 0,0 | 95,6 | 0,36 | 0,25 |
| Burut Varnish | 0,9912 | 178,6 | 102,7 | 0,0 | 93,5 | 9,12 | 1,14 |

Die Proben I und V wurden noch etwas näher untersucht, indem die Säurezahl und das Glyzerin bestimmt und ferner noch die abgeschiedenen Fettsäuren nach Varrentrapp getrennt wurden.

[1]) Chem. Rev. 1901, 8, 40.

[2]) Analyst 1904, 29, 2.

| | I. | V. |
|---|---|---|
| Säurezahl . . . . . . . . . . . | 6,09 | 5,12 |
| Prozent Glyzerin . . . . . . . | 9,71 | 9,17 |
| Jodzahl der Fettsäuren . . . . | 114,74 | 113,53 |
| Prozent flüssige Fettsäuren . . . | 39,33 | 32,31 |
| Jodzahl der flüssigen Fettsäuren | 131,29 | 130,4 |
| Jodzahl der festen Fettsäuren . | 106,2 | 106,43 |

Die starken Schwankungen im Gehalt an Oxysäuren führt auch Lewkowitsch auf den größeren oder geringeren Einfluß des Luftsauerstoffs zurück und meint, daß durch vollständigen Abschluß der Luft ihre Entstehung überhaupt verhindert werden könnte. Aus der Abnahme der Hexabromidzahl folgert er, daß die Linolensäure zuerst polymerisiert wird, und daß die verhältnismäßig hohen Jodzahlen der polymerisierten Öle der Linolsäure zuzuschreiben seien, deren Glyzeride zum größten Teil unverändert bleiben. Man kann obigen Umstand aber auch so erklären, daß bei der Polymerisation die Doppelbindungen der Linolen- und Linolsäure nur teilweise verschwinden, denn schon eine Linolensäure, bei der nur noch zwei Doppelbindungen intakt sind, wird nicht mehr fähig sein, kristallisierte Hexabromlinolensäure zu liefern. Schließlich folgt aus dem Verhalten bei der Varrentrappschen Trennung, daß die Bleisalze der polymerisierten Leinölfettsäuren in Äther teilweise löslich und teilweise unlöslich sind.

Auch Bearn[1]) hat eine Anzahl von Standölen analysiert, welche in der Weise hergestellt worden waren, daß das Leinöl kürzere oder längere Zeit auf 300⁰ erhitzt und angezündet wurde.

| | $d_{15^0}$ | FreieFettsäuren % | Unverseifbares % | Verseifungszahl | Jodzahl |
|---|---|---|---|---|---|
| Sehr dünnes Standöl | 0,9452 | 3,19 | 0,35 | 186,5 | 157 |
| Dünnes " | 0,9465 | 4,43 | 0,27 | 178,4 | 123,2 |
| Mittleres " | 0,9574 | 5,25 | 0,31 | 183,8 | 115,4 |
| Dickes " | 0,9589 | 6,90 | 0,38 | 182,0 | 75,1 |
| Sehr dickes " | 0,9676 | 10,20 | 0,43 | 190,3 | 59,0 |

In dieser Tabelle interessieren hauptsächlich die Zahlen über den Gehalt an Unverseifbarem. Sie sind auffallend niedrig und deuten darauf hin, daß durch das Kochen ein Teil des ur-

[1]) Allens Comm. Org. Anal., Bd. II, S. 357.

sprünglich vorhandenen Unverseifbaren zerstört wurde, daß aber dadurch jedenfalls keine unverseifbaren Substanzen neu gebildet werden.

Eine etwas abweichende Ansicht vertritt A. Tixier[1]). Nach ihm erleidet das Leinöl durch Erhitzen unter Luftabschluß, selbst bei 300°, keinerlei Gewichtsverlust, auch die Säure- und Verseifungszahl ändern sich nur wenig. Dagegen kann das spez. Gew. über 1 steigen und die Konsistenz bis zum Festwerden zunehmen. Tixier vergleicht den Prozeß einer Aldolkondensation; der Vergleich hinkt aber, denn die Karboxylgruppen bleiben ja in der Hauptsache an Glyzerin gebunden, und anderweitiger Sauerstoff ist nicht vorhanden, so daß Aldehydgruppen jedenfalls nicht entstehen. Auch eine Wanderung der Wasserstoffatome ist kaum anzunehmen, wohl aber, wie schon früher angeführt, eine gegenseitige Neutralisation von Doppelbindungen. Eine solche wäre schließlich auch innerhalb des Moleküls denkbar, also ohne Polymerisation; doch spricht die Zunahme der Dichte und der Konsistenz für eine Erhöhung des Molekulargewichts.

S. A. Fokin[2]) erhitzte Leinöl einerseits in indifferenten Gasen, wie $CO_2$, N, H, andererseits in zugeschmolzenen Röhren auf 250—300°. Die hierbei eintretende starke Verdickung führt auch er auf Polymerisation zurück. Die polymerisierten Glyzeride werden durch Lipase (s. S. 24) nicht mehr gespalten, und da die Linolensäure zuerst polymerisiert wird, so soll diese Spaltung zu ihrer Isolierung dienen können. Durch Ermittelung der Gefrierpunktserniedrigung in Benzol-Lösung wurden die Molekulargewichte derart polymerisierter Leinöle bestimmt und als höchstes die Zahl 2083 gefunden, das entsprechende Leinöl ergab 832, die Jodzahl des polymerisierten Öls lag bei 141. Bei einem anderen Versuch wurde das Leinöl im zugeschmolzenen Rohr 50 Stunden lang auf 240—270° erhitzt: Mol.-Gew. 1913, freie Fettsäuren 32,6 %, Jodzahl 97,5. Das Produkt wurde mit Lipase behandelt, alsdann in Petroläther gelöst und 3—4 Stunden mit Knochenkohle gekocht; der Verdunstungsrückstand ergab nur mehr das Mol.-Gew. 564. Daraus schließt Fokin auf eine Depolymerisation, verbunden mit der Bildung von Di- und Monoglyzeriden.

---

[1]) Monit. scientif. 1905, [4], **19**, II, 576.
[2]) J. Russ. Phys.-Ges. 1907, **39**, 310.

Ein drittes Polymerisationsprodukt hatte das spez. Gew. 0,981 und das Mol.-Gew. 1681 bei 12,5 % freien Fettsäuren. Durch Kochen der Petrolätherlösung mit Knochenkohle allein sank das Mol.-Gew. auf 1239, nach vorangegangener Behandlung mit Lipase auf 803,5. Bei einem vierten Versuch wurde das Leinöl unter dem hohen Druck von 90—118 Atm. 30 Stunden lang auf 250—270° erhitzt. Trotz starker Verdickung war das Mol.-Gew. nur auf 932,1 gestiegen, weshalb in diesem Falle die Verdickung physikalischen Prozessen zugeschrieben wurde (? Der Verf.). Die freien Leinölfettsäuren ergaben beim Erhitzen im Rohr im allgemeinen eine Verdoppelung des Mol.-Gew.

Man sieht, daß die chemischen Vorgänge beim „Dickkochen" des Leinöls noch keineswegs völlig geklärt sind. Was die technische Seite der Frage betrifft, so soll ein für Standöl bestimmtes Leinöl nicht mit Schwefelsäure gebleicht werden, weil schon geringe Spuren der letzteren genügen, dem Standöl eine dunkle Färbung zu erteilen. Der Buchdruckfirnis darf aus dem Grunde keine Sikkative (s. später) enthalten, weil er sonst so stark an den Lettern kleben würde, daß dieselben sogar mit heißer Lauge nicht gereinigt werden könnten. Auch bei der Herstellung der Dick- und Standöle ist man bestrebt, den Luftsauerstoff nach Kräften abzuhalten. Leppert, Rogoff und Rudling[1]) schlugen daher vor, das Erhitzen im Vakuum vorzunehmen, A. Genthe[2]) bedeckt das Öl mit einem beweglichen Schieber. Ferner ist man bestrebt, die flüchtigen Zersetzungsprodukte in geeigneter Weise zu beseitigen[3]).

Siebentes Kapitel.

# Das Verhalten des Leinöls beim Lagern und Erhitzen unter Luftzutritt.

Im vorigen Kapitel wurde gezeigt, daß das Leinöl, unter völligem Luftabschluß aufbewahrt, so gut wie gar keine chemischen Veränderungen erleidet, wenn man von einer geringen Erhöhung der Säurezahl absieht, daß es dagegen beim Erhitzen unter

---

[1]) D.R.P. 181 193.

[2]) D.R.P. 215 348.

[3]) J. Schmitz, D.R.P. 215 349; A. Genthe, D.R.P. 222 666.

Luftabschluß beträchtlich verändert wird, indem außer der Säurezahl auch das spez. Gew. und die Konsistenz stark zunehmen, während die Jodzahl entsprechend sinkt.

Angesichts der schon wiederholt betonten großen Oxydationsfähigkeit des Leinöls wird man im voraus sagen können, daß es beim Lagern unter Luftzutritt Sauerstoff aufnehmen, daß diese „Autoxydation" wegen der geringen Berührungsfläche zwischen Öl und Luft eine langsame und daß sie durch Temperaturerhöhung zu beschleunigen sein wird.

Die durch die Oxydation veranlaßten physikalischen Veränderungen sind größtenteils dieselben wie beim Kochen des Leinöls unter Luftabschluß. Zunächst steigt die Konsistenz bzw. das spez. Gew., es wurde schon im ersten Kapitel ausgeführt, daß alle Leinöle, deren spez. Gew. über 0,936 liegt, schon Sauerstoff aufgenommen haben. Ferner steigt die Refraktion und sinkt die Verbrennungswärme. Andererseits wurde aber im vorigen Kapitel darauf hingewiesen (s. S. 112), daß polymerisierte und oxydierte Leinöle in physikalischer Hinsicht auch einige Unterschiede zeigen, indem die ersteren sich zu langen Fäden ausziehen lassen, während die letzteren mit Wasser bleibende Emulsionen bilden.

Auch die durch die Oxydation des Leinöls bewirkten chemischen Veränderungen sind teilweise dieselben wie bei der Polymerisation: ein Ansteigen der Säurezahl und ein Sinken der Jodzahl. Dagegen geht parallel mit dem Rückgang der Jodzahl eine Zunahme des Gehaltes an Oxysäuren; die partiell oxydierten Leinöle sind zwar in Petroläther noch klar löslich, dagegen die durch Verseifung abgeschiedenen Säuren nur noch teilweise, und der Prozentsatz an petrolätherunlöslichen Oxysäuren wird im allgemeinen umso größer, je weiter die Oxydation fortschreitet[1]).

Schon vor dem Erscheinen des Mulderschen Buches hatte Cloez[2]) die Einwirkung des Luftsauerstoffs auf die fetten pflanzlichen Öle studiert. Er führte seine Versuche in der Weise aus, daß er 10 g Öl in einer eisernen Schale an der Luft stehen ließ und die Gewichtsvermehrung feststellte. Er fand eine solche bei allen Ölen und wollte daher einen prinzipiellen Unterschied

[1]) Vgl. Fahrion, Zeitschr. f. angew. Chem. 1891, **4**, 175.

[2]) Bull. soc. chim. 1865, 41.

zwischen trocknenden und nichttrocknenden Ölen überhaupt nicht gelten lassen. Die 10 g Leinöl hatten in 18 Monaten um 0,703 g zugenommen. Sowohl das ursprüngliche als das oxydierte Öl wurden der Verbrennung unterzogen, welche folgende Resultate ergab:

| | frisches Öl | oxydiertes Öl 100 Teile | oxydiertes Öl 107,3 Teile | Differenz |
|---|---|---|---|---|
| Prozent C | 77,6 | 67,5 | 72,3 | — 5,3 |
| „ H | 11,3 | 9,9 | 10,6 | — 0,7 |
| „ O | 11,1 | 22,6 | 24,1 | + 13,0 |

Es war also O aufgenommen, C und H abgespalten worden. $CO_2$ und $H_2O$ fand Cloez unter den flüchtigen Oxydationsprodukten nur wenig, er glaubte, daß hauptsächlich Acrolein weggegangen sei. Das Papier, mit welchem die Schale während des Versuchs bedeckt war, war gelb geworden, und Cloez vermutete daher, daß auch das Vergilben alter Schriftwerke durch Acrolein bewirkt werde, entstanden aus dem in der Druckerschwärze enthaltenen Leinöl.

Mulder hielt den Unterschied zwischen trocknenden und nichttrocknenden Ölen aufrecht, wenn auch nur in quantitativer Hinsicht: während die trocknenden Öle bei vollständiger Oxydation ihrer ganzen Menge nach in feste Körper übergehen, nehmen die nicht trocknenden viel weniger Sauerstoff auf und liefern feste Körper nur in geringer Menge. Mulder erkannte vollkommen richtig, daß bei der Cloezschen Versuchsanordnung die Oxydation des Leinöls immer nur eine partielle sein kann, weil sich an der Oberfläche eine Haut bildet, welche das darunter liegende Öl vor der weiteren Einwirkung des Luftsauerstoffs schützt. Er betont daher in seinem Buch wieder und wieder, daß die erste Vorbedingung einer vollständigen Oxydation die ist, das Leinöl nur in dünner Schicht der Luft darzubieten. Trotzdem schlug R. Kißling [1]) 25 Jahre später zur vergleichenden Ölprüfung wiederum eine der Cloezschen ähnliche Methode vor. Er brachte die 10 g Öl auf ein Uhrglas von 35 qcm Fläche und stellte nach verschiedenen Zeiten die Gewichtszunahme fest. Beim Leinöl betrug sie nach 25 Tagen 5,13 %, dabei begann sich

[1]) Zeitschr. f. angew. Chem. 1891, 4, 395.

eine Haut zu bilden, und nach 42 Tagen war das Maximum mit 5,7 % erreicht. Kißling mußte von M. Weger[1]) ähnliche Einwände hören, wie Cloez von Mulder. Die Reaktion kann niemals zu Ende kommen, weil die entstehende Haut die darunter liegenden Schichten abschließt. Man hat es daher zu tun mit vollständig umgeändertem, fest gewordenem Leinöl oben, mit weniger stark oxydiertem, aber von diffundierendem Sauerstoff immerhin noch angegriffenem Öl darunter und mit, vielleicht noch ganz unverändertem Öl am Boden des Uhrglases.

Im übrigen war es auf dem Gebiet der Leinöl-Oxydation nach Mulder jahrelang still, bis die Ausgestaltung der Fettanalyse und die Arbeiten Hazuras auch hier weitere Fortschritte brachten. Bauer und Hazura[2]) erwähnen zwei Leinöle, welche 4 und 5 Jahre in schlecht verschlossener Flasche gestanden hatten, und deren Säurezahl infolgedessen auf 8,9 und 12,1 gestiegen waren.

W. Fahrion[3]) empfahl die Bestimmung der Oxysäuren als eines Maßes für den Grad der Oxydation. In einem über 1 Jahr alten Leinöl, das niemals erwärmt, aber in einem Glase aufbewahrt worden war, das nur teilweise gefüllt und zwecks Entnahme von Proben öfters geöffnet worden war, fand er nur noch die Jodzahl 151,0, dagegen 6,5 % Oxysäuren. Als eine Probe dieses Öls in einem offenen Porzellanschälchen 4 Stunden auf 110$^0$ erhitzt wurde, sank die Jodzahl auf 136,1, während der Gehalt an Oxysäuren auf 11,0 $^0/_0$ stieg.

Thomson und Ballantyne[4]) ließen Leinöl in einem offenen Gefäß unter öfterem Umschütteln 6 Monate lang an der Luft stehen. Das spez. Gew. stieg von 0,9331 auf 0,9385, die Jodzahl sank von 173,5 auf 166,2.

Nach Sherman und Snell[5]) sinkt beim Lagern des Leinöls unter Luftzutritt auch die Verbrennungswärme. In demselben Maße steigt aber das spez. Gew., so daß das Produkt aus beiden konstant bleibt. Es beträgt bei fetten Ölen 8,8—8,6. Folgende Werte wurden gefunden:

---

1) Chem. Rev. 1897, **4**, 315; Zeitschr. f. angew. Chem. 1898, **11**, 490.
2) Zeitschr. f. angew. Chem. 1888, **1**, 455.
3) Zeitschr. f. angew. Chem. 1891, **4**, 540; 1892, **5**, 173.
4) J. Soc. Chem. Ind. 1891, **10**, 30.
5) J. Amer. Chem. Soc. 1901, **23**, 164.

| | Roh. Leinöl v. 1900 | Roh. Leinöl v. 1898 | Roh. Leinöl mehr. Jahre alt |
|---|---|---|---|
| $d_{15,5}$ . . . . . . . . | 0,934 | 0,938 | 0,947 |
| Jodzahl . . . . . . . | 182,4 | 175,9 | 156,7 |
| Prozent freie Fettsäuren | 4,3 | 1,2 | 5,3 |
| Verbr. Wärme bei konst. Vol. (Kal. pro g) . . | 9304 | 9379 | 9215 |
| Verbr. Wärme bei konst. Druck . . . . . . | 9379 | 9394 | 9230 |

Sherman und Falk[1]) ließen Leinöl in unverkorkten, vor Staub geschützten Flaschen unter gelegentlichem Umschütteln lange Zeit an der Luft stehen. Die eingetretenen Veränderungen sind aus nachstehender Tabelle ersichtlich:

| | frisch | nach 4 Mon. | nach 8 Mon. |
|---|---|---|---|
| $d_{15,5}$ . . . . . . . . | 0,934 | 0,942 | 0,966 |
| Jodzahl . . . . . . . | 178,0 | 165,8 | 139,4 |
| Prozent freie Fettsäuren | 1,3 | 2,2 | 4,4 |
| Hexabromidzahl . . . | 31,3 | — | 32,8 |
| Reichert-Meißl-Zahl[2]) . | 0,49 | 1,10 | 2,64 |

Hier muß die schwach gestiegene Hexabromidzahl auffallen; eigentlich sollte man eine Abnahme erwarten, da sich doch Sauerstoff an die Doppelbindungen der Linolensäure anlagert. Bei den nichttrocknenden Ölen wurde eine Gesetzmäßigkeit insofern gefunden, als einer Erhöhung des spez. Gew. um 0,001 eine ungefähre Abnahme der Jodzahl um 0,8 entsprach. Beim Leinöl war das Verhältnis ein anderes, wie Sherman und Falk vermuten, wegen Wasseraustritts.

Thoms und Fendler[3]) haben gezeigt, daß bei der Autoxydation des Leinöls der Gehalt an unverseifbaren Bestandteilen nicht zunimmt. 20 g Leinöl wurden in einer flachen Glasschale 40 Tage lang unbedeckt der Einwirkung des Lichtes und der Luft überlassen. Der Gehalt an Unverseifbarem betrug vorher 1,05, nachher 0,98 %, nach 48stündigem Erhitzen auf 100° in derselben Schale 0,86 %.

[1]) J. Amer. Chem. Soc. 1903, 25, 711.

[2]) Die Reichert-Meißl-Zahl gibt ein Maß für den Gehalt an flüchtigen Fettsäuren.

[3]) Chem.-Ztg. 1904, **28**, 846; 1906, **30**, 832.

Ein frisches Leinöl aus La Plata-Saat mit 0,98 % Unverseifbarem wurde in einem zu 3/4 gefüllten und mit Filtrierpapier bedeckten Becherglase 3 Monate im hellen Tageslicht stehen gelassen. Der Gehalt an Unverseifbarem war auf 0,95 %, seine Jodzahl von 97,1 auf 86,0 gesunken.

Leinöl aus Memelsaat wurde in dünner Schicht in lose bedeckter Glasschale im hellen Tageslicht 3 Monate lang stehen gelassen, wobei es vollständig eintrocknete. Gehalt an Unverseifbarem vorher 1,09, nachher 1,03 %, Jodzahl des Unverseifbaren vorher 92,3, nachher 55,8.

Durch den vorstehenden Versuch wird eine Angabe von Lidoff und Fokin[1]) zweifelhaft, laut welcher das Leinöl, bei niedriger Temperatur getrocknet, außer $CO_2$ und CO auch Kohlenwasserstoffe in wechselnden Mengen liefern soll.

Naturgemäß wird die Oxydation des Leinöls an der Luft bei gewöhnlicher Temperatur eine langsame sein, solange die „dünne Schicht" fehlt. In dieser Beziehung zeigt der „Leinöläthylester", d. h. ein Gemisch der Äthylester der gesamten Leinölfettsäuren, eine viel höhere Oxydationsfähigkeit, vermutlich wegen seines, gegenüber den Triglyzeriden wesentlich niedrigeren Mol.-Gew. R. Henriques[2]) konstatierte, daß obiger Ester (s. S. 22), ein hellgelbes dünnflüssiges Öl, auch in größerer Menge außerordentlich unbeständig ist. In frischem Zustande ist er in Petroläther leicht löslich, beim Stehen an der Luft verdickt er sich rasch und wird in Petroläther mehr und mehr unlöslich. Die analytische Kontrolle der Autoxydation ergab folgendes:

| Leinöläthylester | Säurezahl | Verseif.-zahl | Jodzahl | Azetyl-zahl [3]) |
|---|---|---|---|---|
| 2 Tage alt | 0 | 181,7 | 170,4 | 42,5 |
| 3 Wochen alt | 4,2 | 213,6 | — | 85,1 |
| 6 „ „ | — | 220,4 | 83,5 | 104,9 |
| 6 „ „ petrolätherunlöslicher Anteil | — | 271,9 | 36,1 | — |

[1]) Chem. Rev. 1901, 8, 233.

[2]) Zeitschr. f. angew. Chem. 1898, 11, 342.

[3]) Die Fettsäuren werden durch Kochen mit Essigsäureanhydrid azetyliert und dann verseift. Die Azetylzahl gibt an, wieviel mg KOH die aus 1 g Azetylprodukt abgespaltene Essigsäure zur Neutralisation erfordert.

Hier fällt vor allen Dingen die beträchtliche Erhöhung der Verseifungszahl auf, welche wir auch später bei hoch oxydierten Leinölen finden werden.

Nun läßt sich beim Leinöl die „dünne Schicht" auch dadurch erzielen, daß man es auf oder in Körper mit großer Oberfläche verteilt. Einen derartigen Körper stellt auch die abgepreßte Leinsaat dar, und in der Tat wird das Leinkuchenfett bei Luftzutritt rasch oxydiert. H. Nördlinger[1]) fand in technischen, gepreßten Leinölen 0,2—2,1, im Mittel 0,8 % freie Fettsäuren. In verschiedenen Leinkuchen fand er 6,8—10,8, im Mittel 8,8 % Fett und darin 4,0—15,5, im Mittel 9,75 % freie Fettsäuren. P. Bäßler[2]) beobachtete, daß man beim Extrahieren von Leinkuchen mit Äther viel zu niedrige Fettgehalte findet, wenn man erstere vorher bei 100° trocknet. 2 Ölkuchen ergaben lufttrocken 8,0 und 10,3, nach 6 stündigem Erwärmen auf 100° nur mehr 3,7 und 7,7 % Fett. Da der Fettverlust durch Verflüchtigung nur ein minimaler ist, so führte Bäßler die obige Tatsache ganz richtig auf eine Oxydation des Fettes zurück. Daß eine niedrige Jodzahl im Leinkuchenfett in erster Linie auf eine vorausgegangene Oxydation schließen läßt, hat H. Mastbaum[3]) gegenüber van Ketel und Antusch (s. S. 86) betont. Auch A. Mitarewski[4]) konstatierte eine Vermehrung der freien und der flüchtigen sowie eine Abnahme der ungesättigten Fettsäuren im Leinkuchenfett. Er meint aber daß bei der Abspaltung des Glyzerins auch Mikroorganismen beteiligt seien. Bei 70° war die Oxydation des Fettes eine viel intensivere als bei gewöhnlicher Temperatur.

Ähnlich wie Leinsaat können Farbstoffe wirken. C. Böttinger[5]) rührte 5 g Schuppenpanzerfarbe in 10 g Leinöl ein und ließ das Gemisch 6 Wochen lang an der Luft stehen. Das nunmehr mit Äther ausgezogene Öl war, wie die unten stehenden Kennzahlen zeigen, stark oxydiert.

---

[1]) Zeitschr. f. anal. Chem. 1889, **28**, 183; 1890, **29**, 6.
[2]) Landw. Vers.-St. 1889, **35**, 341.
[3]) Zeitschr. f. angew. Chem. 1896, **9**, 719.
[4]) Westnik gigieni 1906, **42**, 578.
[5]) Chem.-Ztg. 1898, **22**, 322.

| | Urspr. Öl | Extrah. Öl |
|---|---|---|
| $d_{15}$ | 0,934 | 0,995 |
| Säurezahl | 13,0 | 25,0 |
| Verseifungszahl | 191,1 | 196,4 |
| Jodzahl | 183,0 | 127 |

Davis und Klein[1]) konstatierten, daß sich einem Gemisch von Bleiweiß und Leinöl letzteres nach einiger Zeit durch Fettlösungsmittel nicht mehr vollständig entziehen läßt. Als Grund vermuten sie allerdings eine Bildung von Bleiseifen aus den freien Fettsäuren.

Bessere Verteilungsmittel als die obigen sind Körper, welche bei einer im Verhältnis zu ihrem Gewicht großen Oberfläche auch noch porös sind, wie z. B. Textilstoffe. Verf.[2]) benutzte mit Vorteil Stücke von Sämischleder, welche mit Leinöl getränkt und bei Zimmertemperatur einige Wochen an der Luft liegen gelassen wurden. Die Autoxydation tritt rasch ein, durch Temperaturerhöhung wird sie natürlich beschleunigt. Das oxydierte Leinöl wurde mit kaltem Äther ausgezogen und hinterblieb nach dessen Verdunstung als ein gelber, mehr oder weniger zäher und in Petroläther nur noch teilweise löslicher Sirup. In einem Falle ergab die Analyse:

| | Leinöl | Oxydiertes Leinöl |
|---|---|---|
| Jodzahl | 175,8 | 66,1 |
| Säurezahl | 2,9 | 18,5 |
| Prozent Fettsäuren | — | 48,2 |
| Prozent Oxysäuren | — | 31,1 |
| Jodzahl der Fettsäuren | — | 102,8 |
| Jodzahl der Oxysäuren | — | 47,5 |

Andererseits wurde eine Probe Leinöl auf einem flachen Porzellanteller über 1 Jahr der Luft ausgesetzt. Es war nach dieser Zeit vollkommen fest geworden und nur noch schwach klebrig, ferner nahezu unlöslich in Petroläther, Äther (s. o. Bäßler) und Alkohol. Dagegen war es noch vollkommen verseifbar und ergab bei der Analyse:

---

[1]) J. Soc. Chem. Ind. 1907, **26**, 848.

[2]) Chem.-Ztg. 1893, **17**, 1849.

| | |
|---|---|
| Fettsäuren, in Petroläther löslich . . | 42,2 % |
| Jodzahl derselben . . . . . . . . . . | 37,5 |
| Oxysäuren, in Äther löslich . . . . . | 11,4 % |
| Jodzahl derselben . . . . . . . . . . | 38,0 |
| Oxysäuren, in Alkohol löslich . . . . | 13,8 % |
| Jodzahl derselben . . . . . . . . . . | 39,8 |

Am Schlusse des damaligen Artikels sprach Verf. die Vermutung aus, daß die Oxydation von einer Polymerisation und Anhydridbildung begleitet sei.

Unter günstigen Bedingungen kann die Autoxydation des durch einen porösen Körper fein verteilten Leinöls so rasch vor sich gehen, daß Selbstentzündung eintritt. Schon Mulder schreibt hierüber: „Reiche, aber traurige Erfahrungen haben wir über die Sauerstoffaufnahme gesammelt durch die Brandfälle in Fabriken, welche Öle bei der Verarbeitung wollener Stoffe verwenden". Nach L. Haepke[1]) ist übrigens die Baumwolle noch gefährlicher als die Wolle, weil sie wegen ihrer strukturellen Beschaffenheit mehr Luft enthält und nach R. Kißling[2]) ist die Seide am allergefährlichsten. Die oben erwähnten Faserstoffe sorgen für die feine Verteilung des Öls, eine zweite günstige Bedingung ist der Schutz gegen äußere Abkühlung oder gar die Zufuhr weiterer Wärme. Wenn diese beiden Bedingungen erfüllt sind, dann kann die im Gefolge der Autoxydation auftretende Reaktionswärme sich bis zur Selbstentzündung des Faserstoffes steigern. Kißling tränkte 50 g Baumwolle mit 100 g Leinöl und preßte das Gemisch in ein Glasgefäß mit einem Thermometer in der Mitte. Dieses Glasgefäß wurde in ein zweites weiteres Glasgefäß gehängt und durch einen Holzdeckel vor Abkühlung geschützt. Die Temperatur stieg von $23\frac{1}{2}^0$ in 15 Stunden auf maximal $170^0$, eine Selbstentzündung trat aber im allgemeinen nur dann ein, wenn von außen noch künstliche Wärme zugeführt wurde.

Ein Anonymus[3]) erwärmte eine Handvoll Putzwolle (d. h. Baumwolle) mit Leinöl, drückte sie nach dem Erkalten gut aus und packte sie zusammen mit einer Handvoll trockener Putzwolle

[1]) Die Selbstentzündung, Bremen 1893.
[2]) Zeitschr. f. angew. Chem. 1895, 8, 44.
[3]) Vgl. Seifensieder-Ztg. 1906, **33**, 55.

in eine Blechbüchse. In die Mitte wurde ein Thermometer gesteckt und das Ganze in einem Trockenschrank auf 99° erwärmt. Nach 2 Stunden war die Temperatur auf 180° gestiegen, nach 4 Stunden trat ein starker Qualm auf, und wenn man die Putzwolle nunmehr herumschleuderte, geriet sie in Brand.

Schimanski und Mikoni[1]) machten Versuche mit reiner Watte, welche für sich allein bei 180° verkohlte. Mit 1,5 % Leinöl getränkt und 5 Stunden auf 90° erwärmt, erhitzte sie sich selbst auf 115° weiter, wogegen sie bei dreistündigem Erhitzen auf 97° völlig verkohlte. Höhere Ölgehalte und stärkere Luftzufuhr beschleunigten die Verkohlung. Kommen Wolleballen mit Öl in Berührung, so verbreitet sich letzteres nur auf der Oberfläche der Fasern. Innerhalb des Ballens ist Luft genug, um die Oxydation einzuleiten, aber nicht Sauerstoff genug, um die ganze Ölmenge zu oxydieren. Daher beginnt das Öl der Wolle chemisch gebundenes Wasser zu entziehen, d. h. sie zu verkohlen. Dabei steigt die Temperatur, und wenn der Ballen geöffnet wird, tritt Entflammung ein.

Erdmann und Stoltzenberg[2]) tränkten Putzwolle mit Leinöl und leiteten einen 2 proz. Ozonstrom darüber. Nach kurzer Zeit trat Entzündung ein.

Anstatt das Leinöl durch Faserstoffe usw. fein zu verteilen, kann man die Angriffsfläche für den Luftsauerstoff auch dadurch vergrößern, daß man Luft in das Öl einbläst. Bei gewöhnlicher Temperatur erreicht man dadurch allerdings nicht viel, bei höherer Temperatur dagegen tritt verhältnismäßig rasch Verdickung des Leinöls infolge von Sauerstoffaufnahme ein. Der Prozeß, welcher das „Blasen des Leinöls“ heißt, wurde schon vor Mulder ausgeübt. Im Jahre 1860 ließ sich der Engländer Walton[3]) ein Verfahren schützen, nach welchem Leinöl durch Blasen bei Temperaturen bis 100° oxydiert wurde. Dieses Verfahren bedeutete allerdings nur die Voroxydation, fertig oxydiert wurde das Leinöl wiederum nach dem Prinzip der dünnen Schicht, indem es durch Herabrieseln über Gewebe fein verteilt und dabei neuerdings mit warmer Luft behandelt wurde. So wurden kautschukartige Oxydationsprodukte des Leinöls erhalten, welche

---

[1]) Rigasche Industrieztg. 1909, **35**, 72.

[2]) Braunkohle 1908, **7**, 69.

[3]) Engl. Pat. 209 vom 27. 1. 1860.

in der Wärme mit Korkmehl, Gummi, Harz usw. gemischt wurden. Die Gemische wurden auf Gewebe aufgetragen und zwischen warmen Walzen eingepreßt[1]). Damit war das Linoleum erfunden. Eine Konkurrenz erhielt Walton später durch das Verfahren von Parnacott[2]), welcher anstatt gewöhnlicher Luft Druckluft, beladen mit staubförmigen Sikkativen, verwandte. Er verkaufte das Verfahren an Taylor, unter dessen Namen es noch heute neben demjenigen von Walton ausgeübt wird[3]). J. Hertkorn[4]) kombinierte das Prinzip der feinen Verteilung mit demjenigen der verstärkten Luftzufuhr, indem er das Leinöl direkt auf Kork- oder Holzmehl mit heißer Luft behandelte. Außerdem sind noch eine ganze Anzahl weiterer Verfahren zur Oxydation des Leinöls und anderer Öle in größerer Menge mit Luft vorgeschlagen worden[5]). Die durch Blasen verdickten Öle (blown oils) sind, im Gegensatz zum Rizinusöl, mit Mineralölen mischbar und werden daher auch zum Verdicken von Mineralschmierölen benutzt.

Nach J. Hertkorn[6]) ist auch beim Blasen des Leinöls die Oxydation von einer Polymerisation begleitet. Über den Verlauf des Prozesses macht er, ohne allerdings experimentelle Beweise beizubringen, folgende Angaben. Die Oxydation ist in erster Linie an ein sauer reagierendes Leinöl gebunden, durch Zusatz von Alkalien oder Erdalkalien wird sie verhindert, dagegen die Polymerisation begünstigt. Von Wichtigkeit ist die rasche Einleitung des Oxydationsprozesses. In den ersten Stadien bilden sich flüchtige, wahrscheinlich aldehydartige Körper, welche die Oxydation verlangsamen. In einer weiteren Phase treten saure Stoffe, bzw. Säureanhydride auf, welche die Polymerisation begünstigen. In den letzten Stadien bildet sich stets Ozon, welches

---

[1]) Engl. Pat. 1037 vom 25. 4. 1863 und 3216 vom 19. 12. 1863.

[2]) Engl. Pat. 2057 vom 4. 8. 1871.

[3]) Näheres über Geschichte, Eigenschaften und Fabrikation des Linoleums findet sich in einem Werkchen von Hugo Fischer, Leipzig 1888.

[4]) D.R.P. 99 710, 100 917, 109 583.

[5]) Z. B. D.R.P. 11 213 (Cattanach), 83 584 (Walton), 104 789 (Erhard), 108 633 (Rosenbaum, Rideal und Yarnold), 124 519 (Grumbacher), 195 663 (Genthe), 209 851 (van der Lande); vgl. ferner M. Lewyak, Chem. Rev. 1905, **12**, 250; F. Krajenski, Seifens.-Ztg. 1906, **33**, 1027.

[6]) Chem.-Ztg. 1903, **27**, 856; 1910, **34**, 462.

unter Umständen aus dem Luftstickstoff salpetrige Säure erzeugen kann. Ferner bilden sich im letzten Stadium des Prozesses Superoxyde, aber nur bei Abwesenheit von Seifen. Die im festen Leinöl enthaltenen Superoxyde können zu Selbstentzündungen Anlaß geben. Es ist vorteilhaft, das Leinöl vor dem Blasen längere Zeit auf 150—260° zu erhitzen; dabei scheiden sich, besonders aus unreinen Ölen, Polymerisationsprodukte in Form von Fladen und Ölhäuten aus, welche zweckmäßig beseitigt werden, weil sie Brände und Explosionen veranlassen können.

Zum erstenmal scheint ein geblasenes Leinöl von Fox[1]) untersucht worden zu sein. Das spez. Gew. war von 0,9354 auf 0,986, die freien Fettsäuren von 2,40 auf 2,73 % gestiegen, die Hehnerzahl von 95,7 auf 87,7 gefallen.

Leeds[2]) leitete in erwärmtes Leinöl anstatt Luft Sauerstoff und erhielt dadurch zwei Produkte von folgender Zusammensetzung:

| | I. | II. |
|---|---|---|
| $d_{15}$ | 1,03 | 1,05 |
| Prozent freie Fettsäuren | 18 bzw. 28,4 | 18,5 bzw. 28,9 |
| Verseifungszahl | 221 | 223,5 |
| Prozent Unverseifbares | 0,89 | 0,97 |
| Prozent Oxysäuren | 42,8 | 44,2 |
| Jodzahl | 58,8 | 53,5 |

Die freien Fettsäuren waren nicht genau zu bestimmen, die Rotfärbung verschwand immer wieder, bei den höheren Zahlen hielt sie 2—3 Minuten stand.

Leeds hat auch die Gesamtfettsäuren der obigen Oxydationsprodukte mit folgenden Resultaten untersucht:

| | I. | II. |
|---|---|---|
| Schmelzpunkt | 28° | 27° |
| Erstarrungspunkt | 26° | 25° |
| Mittleres Molekulargewicht | 241,4 | 242,5 |
| Verseifungszahl | 232,4 | 231,3 |
| Jodzahl | 63,2 | 60,6 |

Die Molekulargewichte sind aus den Verseifungszahlen berechnet und ohne Zweifel zu niedrig, weil die Erhöhung der

[1]) Oil and Colourm. Journ. 1887, 8, 549.

[2]) J. Soc. Chem. Ind. 1894, **13**, 203.

Verseifungszahl in der Hauptsache auf schwach saure Gruppen der Oxysäuren zurückzuführen ist.

R. Williams[1]) hat eine Anzahl bis zum Festwerden geblasener Leinöle sowie zum Vergleich zwei Rohöle mit folgenden Resultaten der Verbrennung unterzogen:

| | % C | % H | % O | C : H |
|---|---|---|---|---|
| Rohöl I | 75,03 | 10,78 | 14,19 | 7,0 : 1 |
| „ II | 75,40 | 10,64 | 13,96 | 7,1 : 1 |
| Festes Leinöl I | 74,32 | 10,04 | 15,64 | 7,4 : 1 |
| „ „ II | 69,74 | 9,57 | 20,69 | 7,3 : 1 |
| „ „ III | 69,52 | 9,49 | 20,99 | 7,3 : 1 |
| „ „ IV | 64,74 | 9,01 | 26,25 | 7,2 : 1 |
| „ „ V | 65,40 | 9,00 | 25,60 | 7,3 : 1 |
| „ „ VI | 68,64 | 9,24 | 22,12 | 7,4 : 1 |
| „ „ VII | 64,38 | 9,01 | 26,61 | 7,2 : 1 |

Verf. hat in allen Fällen das Verhältnis C : H berechnet: wie man sieht, verschiebt es sich bei der Oxydation, wenn auch nicht beträchtlich, zugunsten des Kohlenstoffs. Man wird daraus schließen, daß die primäre Reaktion lediglich in einer Anlagerung von Sauerstoff an die Doppelbindungen besteht, daß aber sekundär Wasser abgespalten wird, wie dies schon Mulder annahm.

M. Weger[2]) konstatierte, daß wie beim bloßen Erhitzen auch beim Blasen des Leinöls die Refraktion steigt, daß also ein Parallelgehen der Refraktions- mit der Jodzahl (s. S. 72) bei teilweise oxydierten Ölen nicht mehr stattfindet. Langes Stehen an der Luft hat denselben Effekt wie das Blasen.

| | Refraktionszahl bei 25° |
|---|---|
| Leinöl W | 82,2 |
| Dasselbe, im großen bei 100—140° geblasen, 3 Jahre nicht absolut verschlossen aufbewahrt | 84,2 |
| Leinöl, in der Kälte geblasen, 3 Jahre aufbewahrt | 83,4 |
| Malerleinöl A | 81,3 |
| Dasselbe, in der Kälte geblasen | 82,6 |
| „ „ „ Wärme „ | 83,2 |
| Leinöl aus indischer Saat | 80,2 |

[1]) Analyst 1898, **23**, 253.

[2]) Zeitschr. f. angew. Chem. 1899, **12**, 297.

| | Refraktionszahl bei 25° |
|---|---|
| Dasselbe, in der Kälte geblasen | 80,2 |
| „ 20 Stunden bei 150° geblasen | 92,6 |
| „ 25 „ „ 150° „ | 95,0 |

J. Lewkowitsch[1]) hat die allmähliche Veränderung der Kennzahlen des Leinöls beim Blasen (bei 120°) studiert.

| | Rohöl | 2 Std. | 4 Std. | 6 Std. | 10 Std. |
|---|---|---|---|---|---|
| $d_{15}$ | — | 0,9334 | 0,9403 | 0,9446 | 0,9460 |
| Verseifungszahl | — | 189,8 | 191,3 | 192,4 | 192,7 |
| Prozent Oxysäuren | — | 1,2 | 1,7 | 5,0 | 7,1 |
| Flüchtige Fettsäuren in mg KOH pro 1 g Öl | 0,8 | 1,7 | 3,0 | 8,3 | 0,9 |

Ferner wurden die oxydierten Öle azetyliert (s. S. 123) und die azetylierten Öle wiederum analysiert.

| | Rohöl | 2 Std. | 4 Std. | 6 Std. | 10 Std. |
|---|---|---|---|---|---|
| Verseifungszahl | 205,6 | 200,9 | 203,9 | 208,2 | 211,8 |
| Hehnerzahl | 96,2 | 94,4 | 94,6 | 93,2 | 92,1 |
| Azetylzahl | 11,7 | 17,2 | 19,5 | 17,2 | 31,7 |

Schließlich analysierte Lewkowitsch ein sog. Scrimöl, d. h. ein durch Blasen und nachherige Weiteroxydation in dünner Schicht vollkommen fest gewordenes Leinöl, das als Linoleum-Masse Verwendung findet und in allen Fettlösungsmitteln praktisch unlöslich ist. Es wurden nicht nur die Kennzahlen des festen Leinöls, sondern auch diejenigen der Gesamtfettsäuren, der Oxysäuren und der petrolätherlöslichen Säuren festgestellt.

| | Festes Öl | Gesamtfettsäuren | Oxysäuren | Petroläther. Säuren |
|---|---|---|---|---|
| Säurezahl | — | 209,6 | — | 180,0 |
| Verseifungszahl | 287,5 | 278,7 | — | 187,6 |
| Jodzahl | 52,2 | 60,3 | 46,5 | 61,3 |
| Prozent Unverseifbares | 1,33 | — | — | — |
| Prozent Oxysäuren | 53,0 | — | — | — |
| Hehnerzahl | 53,9 | 81,3 | — | — |

Die Verseifungszahl der Oxysäuren konnte wegen der dunklen Farbe der Lösung nicht bestimmt werden, sie muß aber sehr hoch sein, wie aus der Verseifungszahl der Gesamtfettsäuren zu schließen.

[1]) Analyst 1902, **27**, 140; Chem. Rev. 1902, **9**, 151.

Allerdings ist auch die Säurezahl der letzteren hoch, vermutlich infolge von niedrigmolekularen Spaltungsprodukten.

Thoms und Fendler[1]) haben nachgewiesen, daß auch beim Blasen des Leinöls sein Gehalt an Unverseifbarem nicht steigt.

150 g Leinöl wurden in einer tiefen Porzellanschale unter stetem Einblasen von Luft 8 Stunden lang auf 180—200° erhitzt. Der Gehalt an Unverseifbarem war durch diese Behandlung, die naturgemäß mit einer Gewichtsvermehrung verbunden ist, von 1,05 auf 0,85 % gesunken.

150 g eines anderen Leinöls mit 0,98 % Unverseifbarem wurden 6 Stunden lang wie oben behandelt. Das geblasene Leinöl enthielt 0,90 % Unverseifbares.

Procter und Holmes[2]) untersuchten die sukzessive Veränderung der Leinöl-Kennzahlen durch das Blasen in der Weise, daß sie das Öl in einem großen Reagenzglas im Wasserbad erwärmten und einen konstanten Luftstrom durchsaugten. Wie ihre Vorgänger konstatierten sie eine Erhöhung der Dichte und der Refraktion neben einer entsprechenden Erniedrigung der Jodzahl.

| Dauer der Oxydation | $d_{15}$ | Brechungs-index | Jodzahl[3]) |
|---|---|---|---|
| 0 Stunden | 0,932 | 1,4825 | 174,0 |
| 3 „ | 0,933 | 1,4826 | 171,0 |
| 6 „ | 0,935 | 1,4827 | 168,0 |
| 9 „ | 0,935 | 1,4827 | 162,0 |
| 12 „ | 0,936 | 1,4830 | 157,0 |
| 15 „ | 0,936 | 1,4831 | 156,0 |
| 18 „ | 0,936 | 1,4836 | 155,0 |
| 21 „ | 0,942 | 1,4840 | 151,0 |
| 24 „ | 0,944 | 1,4843 | 151,0 |

Ganz analog sank bei 24 stündigem Blasen eines zweiten Leinöls die Jodzahl von 164,5 auf 139,5, während das spez. Gew. von 0,930 auf 0,943, der Brechungsindex von 1,4817 auf 1,4840 stieg. Procter und Holmes stellten fest, daß die Änderung der obigen 3 Kennzahlen nicht genau proportional verläuft, und erklärten daher den Vorgang bei der Oxydation als einen sehr

[1]) Chem.-Ztg. 1904, **28**, 847.
[2]) J. Soc. Chem. Ind. 1905, **24**, 1287.
[3]) Nach Hanus.

komplizierten. Daß neben der Oxydation eine Polymerisation einhergeht, halten sie für wahrscheinlich.

Auch Verf.[1]) hat ein geblasenes Leinöl (ca. 35 Std. bei 155 bis 160°) analysiert und — in Ermangelung des betreffenden Rohöls — zum Vergleich ein frisches Handelsleinöl.

| | Leinöl | geblasenes Leinöl |
|---|---|---|
| Säurezahl | 2,9 | 4,7 |
| Verseifungszahl | 188,2 | 203,2 |
| Jodzahl | 181,0 | 115,5 |
| Prozent Fettsäuren (in P.Ä. lösl.) | 95,4 | 69,6 |
| Prozent Oxysäuren | 0,2 | 21,0 |
| Prozent Oxysäuren (aus der wässerigen Lösung) | — | 2,2 |

Über die **Bestimmung der Oxysäuren** ist folgendes nachzutragen. Die früher (s. S. 78) angegebene Methode genügt für rohe Leinöle, deren Gehalt an Oxysäuren durchweg ein geringer ist — er liegt zumeist unter 1 %. Bei oxydierten Leinölen dagegen mit viel Oxysäuren gibt die Methode zu niedrige Resultate, und zwar aus dem Grunde, weil die Oxysäuren in Wasser nicht unlöslich sind, vielmehr mit steigendem Sauerstoffgehalt des Öls auch die Wasserlöslichkeit der Oxysäuren steigt. Dies zeigen am besten die Analysen von Lewkowitsch, welcher, nach der Hehnerschen Methode (s. S. 131) arbeitend, in dem festen Leinöl nur 53,9 % unlösliche Fettsäuren fand. Ebenso hatte Verf. für die beiden hochoxydierten Leinöle (s. S. 125f.) als Summe der Fettsäuren und der Oxysäuren nur 79,3 bzw. 67,4 % gefunden. In Wirklichkeit müßten, entsprechend der mittleren Hehnerzahl 95,5 des rohen Leinöls, zum mindesten 90 % gefunden werden, denn einerseits wird ja durch die partielle Abspaltung des Glyzerins die Hehnerzahl erhöht, und andererseits ist die Menge der flüchtigen Säuren, welche als sekundäre Oxydationsprodukte entstehen, nur eine geringe.

Um denjenigen Anteil der Oxysäuren, welcher beim Ausschütteln der Seifenlösung mit Petroläther und Salzsäure in die saure wässerige Lösung überging, wenigstens in seiner Hauptmenge zu gewinnen, verfährt man zweckmäßig in der Weise[2]),

[1]) Post-Neumann, Chem.-techn. Analyse, Braunschweig 1908, Bd. I, S. 460.

[2]) Vgl. Fahrion, Zeitschr. f. angew. Chem. 1902, **15**, 1262.

daß man obige Lösung auf dem Wasserbad zur Trockne bringt, den Rückstand in wenig Wasser unter Zusatz von etwas Alkali oder Ammoniak löst, die Lösung in einen kleinen Scheidetrichter spült und erneut mit Petroläther und Salzsäure schüttelt. So wurden bei der Analyse des geblasenen Leinöls (S. 133) noch 2,2 % Oxysäuren gefunden, also eine Gesamt-Hehnerzahl von 92,8.

Die vorstehenden Ausführungen zeigen, daß es an analytischen Untersuchungen über die Leinöl-Oxydation nicht fehlt. Leider geben die Resultate dieser Untersuchungen keinerlei Anhaltspunkte darüber, wie nun diese Oxydation eigentlich vor sich geht, und zu welcher Art von Verbindungen sie führt. Immerhin sind auch hierüber eine Reihe von Tatsachen bekannt, welche aber erst im neunten Kapitel besprochen werden sollen.

Achtes Kapitel.

# Gewichtsveränderungen beim Trockenprozeß.

Es wurde schon im vorigen Kapitel eine Arbeit von Cloez erwähnt, welcher nach 18 Monate währender Einwirkung der Luft auf Leinöl eine Gewichtsvermehrung des letzteren von 7,03 % konstatiert hatte. Cloez hatte auch schon erkannt, daß obige Zahl eine Differenz zweier verschiedenen Größen darstellt, nämlich der wirklichen Gewichtszunahme infolge Sauerstoffabsorption und der Gewichtsabnahme infolge Entweichens flüchtiger Substanzen.

Mulder erkannte alsdann, daß bei dem Versuch von Cloez die Schichtendicke viel zu groß war, und daß das Maximum der Sauerstoffaufnahme nur mit dünnen Schichten von Leinöl zu erreichen ist. Mulder suchte auch über die Menge der flüchtigen Substanzen Aufschluß zu erhalten und stellte zu diesem Zwecke zunächst folgenden Versuch an: Frisch gepreßtes Leinöl wurde zur Beschleunigung der Oxydation mit 1 % borsaurem Manganoxydul (s. später) gemischt, in einen Kolben gebracht und 11 Tage lang, bei Tage tunlichst im hellen Sonnenlicht, ein Strom trockener und kohlensäurefreier Luft darüber geleitet. Die abziehende Luft wurde durch Barytwasser geführt, welches sich bald trübte. Nach der oben angegebenen Zeit mußte der Versuch abgebrochen werden, weil das Öl zu dick geworden war. Es hatte um nahezu 11 % an Gewicht zugenommen. Das Barytwasser enthielt 0,8 % des Öls an $CO_2$, außerdem konnten darin Ameisensäure und Essigsäure qualitativ nachgewiesen werden. Dem oxydierten Öl ließ sich durch Schütteln mit Wasser noch eine weitere Menge Ameisensäure und Essigsäure entziehen, ferner in geringer Menge eine Säure mit einem säulenförmig kristallisierenden Silbersalz, welche Mulder als Acrylsäure ansprach. Zu weiteren Versuchen diente ein sog. „gekochtes Leinöl", 2,6 % PbO enthaltend. Die abziehende Luft strich zunächst durch Chlorkalziumröhren, in welchen Wasser, Ameisen- und Essigsäure zurückgehalten wurden, dann durch Natronkalkröhren zur Absorption der $CO_2$. Nachdem 2 Tage Luft durch das Öl hindurchgeleitet worden war, ergab sich folgendes:

| | |
|---|---|
| Gewichtszunahme des Öls . . . . . . | 0,92 % |
| Gefunden $H_2O$, $CH_2O_2$, $C_2H_4O_2$ . . . | 1,06 „ |
| „ $CO_2$ . . . . . . . . . . . . | 0,18 „ |

Ein etwas anderes Resultat wurde gefunden, als die Luft 23 Tage über das Öl wegstrich:

| | |
|---|---|
| Gewichtszunahme des Öls . . . . . . | 2,03 % |
| Gefunden $H_2O$, $CH_2O_2$, $C_2H_4O_2$ . . . | 2,73 „ |
| „ $CO_2$ . . . . . . . . . . . . | 0,57 „ |

Das Verhältnis der Gewichtszunahme zum Gewichtsverlust ist 1 : 1,35 bzw. 1 : 1,63, das Verhältnis von ($H_2O + CH_2O_2 + C_2H_4O_2$) : $CO_2$ 5,9 : 1 bzw. 4,8 : 1. Schon aus diesen starken Schwankungen wird man den Schluß ziehen müssen, daß die Art und die Menge der flüchtigen Substanzen unter verschiedenen Versuchsbedingungen verschieden ist.

Einen ähnlichen Versuch hat später R. Kißling[1]) angestellt. Durch 100 g Leinöl wurde bei etwa 100° 6 Tage lang ein langsamer Strom trockener und kohlensäurefreier Luft geleitet, welche beim Abziehen zuerst ein Gefäß mit konz. $H_2SO_4$, dann

[1]) Zeitschr. f. angew. Chem. 1895, 8, 45.

ein solches mit Natronlauge passierte. Im Durchschnitt betrug die tägliche Gewichtszunahme

| | |
|---|---|
| des Öls . . . . . . | 0,41 g |
| der $H_2SO_4$ . . . . . | 0,39 ,, |
| des NaOH . . . . . | 0,07 ,, |

Die letzte Zahl wurde durch Titration bestimmt und auf $CO_2$ umgerechnet, sie dürfte also etwas zu niedrig sein, da ja auch Ameisen- und Essigsäure weggehen. Jedenfalls stimmen die Resultate Mulders und Kißlings darin überein, daß der Gewichtsverlust größer ist als die tatsächliche Gewichtszunahme.

Verf. hat seinerzeit[1]) vorgeschlagen, die tatsächliche Gewichtszunahme, ausgedrückt in Prozenten des Öls, als Sauerstoffzahl — analog der Jodzahl — zu bezeichnen. Es muß aber heute eingeräumt werden, daß man in obiger Gewichtszunahme nur eine „scheinbare Sauerstoffzahl" vor sich hat, während man korrekterweise unter der „wahren Sauerstoffzahl" die Gesamtmenge Sauerstoff, ausgedrückt in Prozenten des Öls, zu verstehen hat, welche bei der Autoxydation des letzteren in Reaktion tritt. Es ist von vornherein klar, daß die wahre Sauerstoffzahl nur auf gasometrischem Wege ermittelt werden kann.

Zur Bestimmung der scheinbaren Sauerstoffzahl verfuhr Mulder in der Weise, daß er das Leinöl auf Blechplatten von 220 qcm oder auf Glasplatten von 150 qcm Fläche aufstrich und diese der Luft aussetzte. Die Platten wurden dann von Zeit zu Zeit gewogen; die Gewichtsveränderungen gibt Mulder in absoluten Zahlen an. Am Schluß des Versuchs wurde die Summe der negativen von der Summe der positiven Zahlen abgezogen und die Differenz, auf Prozente des ursprünglichen Öls umgerechnet, als eigentliche Gewichtsvermehrung oder gemäß der eingangs gegebenen Definition als scheinbare Sauerstoffzahl betrachtet. Verf. hat der besseren Übersicht wegen alle Befunde Mulders auf Ölprozente umgerechuet.

Typisch für die Mulderschen Versuche ist der folgende:

---

[1]) Chem.-Ztg. 1893, **17**, 1453.

I. Dicke der Schicht 35 mg pro qcm.

| | | | |
|---|---|---|---|
| Sauerstoffzahl | nach | 3 Tagen | 0,05 |
| ,, | ,, | 4 ,, | 0,1 |
| ,, | ,, | 5 ,, | 0,1 |
| ,, | ,, | 10 ,, | 0,5 |
| ,, | ,, | 15 ,, | 2,9 |
| ,, | ,, | 21 ,, | 7,7 |
| ,, | ,, | 29 ,, | 10,5 |
| ,, | ,, | 36 ,, | 10,7 |
| ,, | ,, | 43 ,, | 10,3 |
| ,, | ,, | 50 | 10,2 |
| ,, | ,, | 88 ,, | 10,6 |
| ,, | ,, | 112 ,, | 10,6 |

Trotz der langen Versuchsdauer (3—4 Monate), welche mit den Verhältnissen der Praxis in keiner Weise übereinstimmt, hielt Mulder die Endzahl 10,6 für richtig, weil er bei verschiedenen ähnlichen Versuchen Zahlen von ähnlicher Höhe fand, z. B. bei folgendem:

II. Dicke der Schicht 3 mg pro qcm.

| | | | |
|---|---|---|---|
| Sauerstoffzahl | nach | 1 Tag | 1,2 |
| ,, | ,, | 2 Tagen | 4,3 |
| ,, | ,, | 3 ,, | 7,3 |
| ,, | ,, | 4 ,, | 11,1 |
| ,, | ,, | 6 ,, | 16,6 |
| ,, | ,, | 7 ,, | 16,9 |
| ,, | ,, | 8 ,, | **17,1** |
| ,, | ,, | 13 ,, | 16,4 |
| ,, | ,, | 18 ,, | 14,1 |
| ,, | ,, | 24 ,, | 12,4 |
| ,, | ,, | 32 ,, | 13,2 |
| ,, | ,, | 39 ,, | 13,6 |
| ,, | ,, | 46 ,, | 11,2 |
| ,, | ,, | 53 ,, | 11,2 |
| ,, | ,, | 91 ,, | 10,8 |
| ,, | ,, | 115 ,, | 10,0 |

Mulder übersah keineswegs, daß bei den beiden Versuchen die Schichtendicke eine ganz verschiedene ist; da aber seiner

Ansicht nach die Endresultate — 10,6 und 10,0 — übereinstimmten, so schloß er, daß innerhalb gewisser Grenzen die Schichtendicke ohne Einfluß ist. Dies ist auch richtig, nur liegen die Grenzen weit unterhalb der von Mulder angewendeten Schichtendicken. In Wahrheit waren die beiden Versuche ganz verschieden verlaufen. Bei I mit der dickeren Schicht war erst nach 88 Tagen das Maximum der Gewichtszunahme mit 10,6 % erreicht worden, bei II mit der dünneren Schicht schon nach 8 Tagen mit 17,1 %. Diesem Maximum schenkte aber Mulder gar keine Beachtung, auch nicht bei einem dritten Versuch, welcher ihm viel Kopfzerbrechen verursachte. Er wurde mit einem zuvor mit konz. $H_2SO_4$ behandelten Leinöl ausgeführt.

III. Dicke der Schicht 3 mg pro qcm.

| | | | | |
|---|---|---|---|---|
| Sauerstoffzahl | nach | 3 | Tagen | 0,2 |
| ,, | ,, | 8 | ,, | 4,9 |
| ,, | ,, | 14 | ,, | 17,0 |
| ,, | ,, | 18 | ,, | 17,7 |
| ,, | ,, | 22 | ,, | **18,1** |
| ,, | ,, | 26 | ,, | 18,1 |
| ,, | ,, | 36 | ,, | 17,7 |
| ,, | ,, | 43 | ,, | 16,3 |
| ,, | ,, | 50 | ,, | 15,3 |
| ,, | ,, | 64 | ,, | 15,3 |
| ,, | ,, | 71 | ,, | 15,3 |
| ,, | ,, | 109 | ,, | 15,8 |
| ,, | ,, | 255 | ,, | 14,7 |

Man sieht, wie Mulder den Versuch in die Länge zog, um die Sauerstoffzahl herabzudrücken. Er dachte an eine verseifende Wirkung der Schwefelsäure und prüfte das betreffende Leinöl auf freie Fettsäuren, indem er es mit Alkohol auszog und die Lösung mit Bleiessig versetzte; er erhielt aber nur einen sehr geringen Niederschlag. Auch sonst fand er keinen Unterschied, als daß das getrocknete Leinöl etwas dunkler war (s. S. 118). Er konnte sich das Rätsel schließlich nur durch die Annahme erklären, daß die Ölsäure normaliter in flüchtige, hier aber ausnahmsweise in feste Oxydationsprodukte übergegangen sei. Er glaubte daher nach wie vor, daß beim Trocknen des Leinöls die Gewichtszunahme infolge Sauerstoffabsorption, vermindert um die Gewichtsabnahme infolge Entweichens flüchtiger Substanzen, d. h. die scheinbare Sauerstoffzahl, etwa 11 % des Öls ausmache.

Mulder hat auch einige analoge Versuche mit seiner „Leinölsäure“ angestellt. Bei einer Schichtendicke von 24 mg pro qcm erzielte er in 28 Tagen eine Sauerstoffzahl von 17,9, bei 29 mg in 23 Tagen eine solche von 20,0. Dabei war aber die Leinölsäure keineswegs fest geworden, sondern noch dickflüssig und klebrig.

Nach Mulder war es lange still, bis im Jahre 1883 A. Livache[1]) mit einer neuen Methode auf den Plan trat. Schon Chevreul hatte beobachtet, daß das Leinöl, auf einer Bleiplatte ausgebreitet, rascher trocknet als auf Porzellan, Glas, Gips, während Platten von Kupfer, Zink, Messing, Eisen keinerlei Beschleunigung ergaben. Livache ersetzte die Bleiplatte durch Bleipulver, seine Vorschrift ist folgende:

Man fällt eine Bleisalzlösung mit Zink, wäscht den Niederschlag rasch mit Wasser, Alkohol und zuletzt mit Äther und trocknet ihn im Vakuum. Von dem so erhaltenen Bleipulver breitet man etwa 1 g auf einem größeren Uhrglas aus und läßt dann 0,6—0,7 g Öl aus einer Pipette so auftropfen, daß die einzelnen Tropfen sich nicht berühren. Das Ganze läßt man bei mittlerer Temperatur in einem sehr hellen Raume stehen. Die Gewichtszunahme soll bei trocknenden Ölen zumeist nach 18 Stunden beginnen und spätestens in 8 Tagen beendigt sein. Für das Leinöl fand Livache Sauerstoffzahlen von 14—16, für die Leinölfettsäuren eine solche von 11. Auch die nichttrocknenden Öle geben beträchtliche Sauerstoffzahlen und gehen bei höherer Temperatur auch in feste Körper über.

Die Methode Livache ging in alle Lehrbücher über und wurde, wie mannigfache Literaturangaben beweisen, vielfach angewendet. Trotzdem kann heute kaum mehr ein Zweifel darüber bestehen, daß sie keine zuverlässigen, vielmehr je nach den Umständen stark schwankende Resultate liefert. Dies hat A. Chenevrier[1]) schon im Jahre 1888 ausgesprochen, worauf Livache[2]) zugab, daß die Methode nur zu vergleichenden Bestimmungen geeignet sei und nur bei strenger Einhaltung der Vorschrift übereinstimmende Zahlen gebe.

---

[1]) Monit. scientif. 1883, **13**, 263, 299; Compt. rend. 1883, **96**, 260.
[2]) Monit. scientif. 1888, [4], **2**, 1180, 1185.

W. Lippert[1]) fand für das Leinöl nach der Methode Livache höhere Sauerstoffzahlen, als sie Livache selbst angegeben hatte, nämlich für frische Öle 17—18, in einigen Fällen sogar 19, für alte Öle 15—16.

Eingehend hat M. Weger[2]) die Methode Livache geprüft und sie für mangelhaft erfunden. Das Bleipulver nimmt schon für sich allein an Gewicht zu, doch kann dieser Fehler vernachlässigt werden. Dagegen ist die von Livache vorgeschriebene Bleimenge viel zu gering, man muß mindestens die 10fache Menge, d. h. auf 0,2 g Öl 2 g Pb anwenden. Auch dann ist die Methode noch sehr von den Atmosphärilien abhängig und das Gewicht nach Wochen noch nicht konstant. Wahrscheinlich hat Livache die Versuche beendigt, wenn das Gewicht ein- oder zweimal annähernd konstant blieb. Zwischen dem zweiten und zehnten Tage beträgt die Gewichtszunahme zumeist weniger als 1 %, dann steigt aber das Gewicht fortwährend, wenn auch langsam weiter. Die nachstehende Tabelle enthält die von Weger gefundenen Sauerstoffzahlen.

| Gewichtszunahme nach | Engl. Leinöl | Malerleinöl | Indisches Leinöl | Lackleinöl |
|---|---|---|---|---|
| 1 Tag | 13,7 | 11,6 | 11,4 | 12,3 |
| 2 Tagen | 14,1 | 11,9 | 12,2 | 13,0 |
| 10 „ | 15,0 | 12,8 | 13,8 | 14,0 |
| 53 „ | 18,9 | 17,3 | 18,1 | 18,3 |
| 85 „ | 21,3 | 20,2 | 20,4 | 20,7 |

Weger versuchte auch, das Bleipulver durch andere Substanzen zu ersetzen, z. B. durch Bleiglätte und Bleimennige (einige Tage an der Luft gestanden). Die beiden Versuche ergaben die nachstehenden Resultate:

| Sauerstoffzahl | 10,4 g PbO + 0,4910 g Leinöl | 6,6 g $Pb_3O_4$ + 0,3188 g Leinöl |
|---|---|---|
| nach 1 Tag | 2,0 | 2,10 |
| „ 2 Tagen | 11,3 | 11,30 |
| „ 3 „ | 13,64 | 14,14 |
| „ 4 „ | 14,32 | 14,65 |
| „ 5 „ | 14,27 | 14,59 |
| „ 7 „ | 14,21 | 14,05 |

[1]) Zeitschr. f. angew. Chem. 1897, **10**, 435.

[2]) Chem. Rev. 1898, **5**, 246.

Noch niedrigere Zahlen wurden mit der lediglich als Verteilungsmittel dienenden Pflanzenkohle erhalten, woraus hervorgeht, daß dem Bleipulver eine ganz spezifische, wie wir später sehen werden, katalytische Wirkung zukommt.

v. Hübl hatte vorgeschlagen, an Stelle des Bleipulvers Kupferpulver zu verwenden, weil die damit erhaltenen Werte besser mit den aus der Jodzahl berechneten übereinstimmen. Mit Recht wendet hiergegen Weger ein, daß eine derartige Übereinstimmung für die scheinbare Sauerstoffzahl überhaupt nicht zu verlangen ist. Immerhin scheint das Kupferpulver zum mindesten ebenso brauchbar zu sein wie das Bleipulver, wenigstens sprechen die Versuche von W. Lippert [1]) dafür. Er verfuhr in der Weise, daß er auf Glasschalen von 10—12 cm Durchmesser 8—10 g Kupferpulver (dem Handel entnommen, teilweise mit einer schwachen Oxydulschicht überzogen) ausbreitete und darauf ohne gegenseitige Berührung 60 Tropfen (= 0,6—0,7 g) Leinöl brachte. Wurde mehr oder weniger genommen, so wurden auch andere Zahlen gefunden, dagegen stimmten unter den obigen Bedingungen zwei gleichzeitige Bestimmungen genügend überein. Das Maximum der Gewichtsvermehrung wurde entweder am zweiten, dritten oder vierten Tage erreicht, dann trat Gewichtsabnahme ein. Nachfolgend die Resultate von fünf Versuchen:

| Sauerstoffzahl | Flandrisches Lackleinöl | Dasselbe, schnell auf 305° erhitzt | Indisches Leinöl, alt | Holländisches Lackleinöl | Deutsches Leinöl, frisch |
|---|---|---|---|---|---|
| nach 1 Tag | 5,4 | — | 14,3 | 9,1 | 1,2 |
| „ 2 Tagen | 16,5 | 11,4 | 16,6 | 17,6 | 12,5 |
| „ 3 „ | 17,8 | 17,4 | 15,7 | 17,4 | — |
| „ 4 „ | 17,4 | 17,9 | — | — | 19,3 |

Auch Lippert versuchte, wie die nachstehende Tabelle lehrt, ohne Erfolg, das Kupferpulver durch andere Körper zu ersetzen; die sauerstoffübertragende Wirkung des ersteren ist somit notwendig.

[1]) Chem. Rev. 1899, **6**, 65.

| Sauerstoffzahl | Malerleinöl allein | Malerleinöl auf Kupfer | Malerleinöl auf Braunstein | Malerleinöl auf Seesand | Flandrisches Leinöl auf Seesand |
|---|---|---|---|---|---|
| nach 1 Tag | 0,9 | 9,8 | 9,4 | 2,3 | 1,7 |
| „ 2 Tagen | 1,3 | 18,0 | 11,8 | 1,9 | 1,4 |
| „ 3 „ | 0,7 | 18,3 | 11,1 | 0,2 | 0,3 |
| „ 4 „ | — | 17,4 | — | — | — |

Nach Lippert hat sich noch G. Borries[1]) mit der Methode Livache beschäftigt. Er verwendete gemäß der Originalvorschrift 1 g Bleipulver, aber nur 0,2—0,4 g Leinöl. Er erzielte nach 24 Stunden Sauerstoffzahlen bis 13,9, nach 51 Stunden solche bis 15,5. Er versuchte eine große Zahl von Ersatzmitteln. Zinkstaub, Kreide, Borax, Bleichromat, Bleisuperoxyd, Eisenoxyd, Holzkohlenpulver, Steinkohlenpulver ergaben entweder gar keine oder eine ganz geringe Gewichtsvermehrung des Leinöls. Kupferoxyd: nach 1 Tag 2,2, nach 5 Tagen 13,5. Kaliumpermanganat: nach 1 Tag 10,4, nach 2 Tagen 11,7, nach 5 Tagen 12,1. Bei längerem Stehen veränderte auch das $KMnO_4$ selbst sein Gewicht. Bariumsuperoxyd: nach 24, 48, 56, 72 Stunden 4,4; 14,2; 14,7; 14,6. Borsaures Manganoxydul (bis zum konstanten Gewicht an der Luft gestanden): nach 1, 2, 4, 7, Tagen 10,5; 11,5; 11,6; 12,3. Platinmohr: nach 1, 2, 4, 6, 7 Tagen 6,3; 11,2; 13,5; 14,3; 15,0. Braunstein: nach 1 Tag 15,2, nach 2 Tagen 14,4.

Bleipulver in einer Sauerstoffatmosphäre gab keine höheren Werte als in der Luft: nach 56 Stunden 16,9, wovon aber 1,6 für einen blinden Versuch abzuziehen sind. Bleipulver und Leinöl in einer Kohlensäure-Atmosphäre ergaben, wie zu erwarten, keinerlei Gewichtsveränderung. Ozonisierte Luft ergab eine wesentliche Beschleunigung, einmal schon nach $1/4$ Stunde 15,45, wobei allerdings auch das Blei selbst sein Gewicht vermehrt.

Nachdem man einmal erkannt hatte, daß bei der Methode Livache dem Blei eine besondere, sauerstoffübertragende Wirkung zukommt, war eigentlich vorauszusehen, daß es sich bei obiger Methode durch andere Körper, welchen jene Eigenschaft nicht zukommt, sondern welche lediglich verteilend wirken, nicht

[1]) Dissertation, Leipzig 1902.

ersetzen läßt, weil der Zutritt des Luftsauerstoffs bei der Versuchsanordnung Livaches nur ein sehr beschränkter ist. Einen besseren Erfolg konnten Versuche versprechen, bei denen die Luft nicht nur von oben, sondern unbeschränkt von allen Seiten zutreten kann. Das Prinzip scheint zuerst von A. Vogel[1]) benutzt worden zu sein; er ließ Olivenöl in Baumwolle einziehen, hängte diese an der Luft auf und konstatierte nach 3 Monaten eine Sauerstoffzahl von 4.7. W. Fahrion[2]) verwendete Stücke von Sämischleder (s. S. 125), die mit etwa derselben Gewichtsmenge Öl durchtränkt und alsdann an der Luft aufgehängt wurden. Ein Moment der Ungenauigkeit wird hier durch die große Hygroskopizität des Sämischleders bedingt, welches seinen Wassergehalt parallel demjenigen der Luft ständig wechselt. Durch einen blinden Versuch ist der Fehler naturgemäß nur teilweise auszuschalten. Das Gewichtsmaximum wurde beim Leinöl erst nach 6 Wochen mit 11,8 % erreicht, also eine Sauerstoffzahl in ähnlicher Höhe wie die Mulderschen. Wahrscheinlich lag aber auch wie bei Mulder der Fehler einer zu großen Schichtendicke vor, und die Versuche sollen daher gelegentlich mit geringeren Ölmengen wiederholt werden. Übrigens konnte auf ähnlichem Wege, trotz noch größerer Schichtendicke, für die freie Leinölsäure eine etwas höhere Sauerstoffzahl erzielt werden[3]). In einer samt Glasstab tarierten Porzellanschale wurden 3 g Baumwollgarn mit 9 g Leinölsäure getränkt und unter zeitweiligem Umwenden an der Luft stehen gelassen. Das Maximum der Gewichtszunahme wurde nach 8 Tagen mit 13.3 % erreicht.

Steenberg[4]) verwendet Filtrierpapier als Verteilungskörper. Auf ein 13 cm langes und 11 cm breites Stück werden etwa 0,9 g Öl (bzw. Firnis) verteilt, somit Schichtendicke 6—7 mg pro qcm, dann wird das Papier zusammengerollt und in ein Reagenzglas mit Fuß, letzteres zum Schutz vor Staub unter ein großes, auf Korkstopfen ruhendes Becherglas gebracht. Jeden Tag wird die Gewichtszunahme festgestellt. Versuche mit reinem Leinöl hat Steenberg nicht angestellt; aus seinen Versuchen mit Firnissen läßt sich aber der Schluß ziehen, daß ersteres mehrere

[1]) Polyt. Zentralbl. 1860, 1007.
[2]) Chem.-Ztg. 1893, **17**, 1453.
[3]) Zeitschr. f. angew. Chem. 1910, **23**, 724.
[4]) Farben-Ztg. 1907, **12**, 669.

Wochen Zeit erfordert, dann aber Sauerstoffzahlen über 18 ergeben hätte. Dagegen ergab ein Versuch mit Leinölsäure, aus Schmierseife abgeschieden, also vermutlich teilweise oxydiert, nach 1 Tag 0, nach 3 Tagen 13,2 und nach 5 Tagen 15,7 % Gewichtsvermehrung.

Es ist nicht zu leugnen, daß derartige Methoden den Verhältnissen der Praxis nicht ganz entsprechen. Hier wird das Leinöl bzw. der mit Farbkörpern gemischte Firnis in dünner Schicht auf eine Fläche aufgetragen, um dann unter dem Einfluß des Luftsauerstoffs, welcher nur von einer (der oberen) Seite Zutritt hat, zu erhärten. Diesen Verhältnissen wird allein die Muldersche Methode, das „Tafelverfahren", gerecht, und nachdem der Hauptfehler Mulders, die immer noch zu große Schichtendicke, erkannt worden war, konnte es sich nur darum handeln, die Muldersche Arbeitsweise mit dünneren Schichten wieder aufzunehmen. Versuche in dieser Richtung hat M. Weger[1]) im Jahre 1897 begonnen, er wurde aber dann durch eine Publikation von W. Lippert[2]) überholt. Dieser verwendete zunächst wie Mulder Blechtafeln, Länge 18 cm, Breite 10 cm, Gewicht ca. 56 g. Etwa 1 cm vom Längsrand wurde freigelassen, die übrige Fläche möglichst dünn bestrichen und die Tafel mit dem ölfreien Rand nach oben in einem Winkel von 30° etwa 10 Minuten aufgestellt. Das überschüssige Öl sammelt sich am Fuße an und wird mit Fließpapier entfernt und auch die Ränder damit gereinigt. Dann wird das Blech mit dem ölfreien Rand auf die Wage gestellt und rasch gewogen. Das Öl, welches sich vorher nach der anderen Seite gezogen hatte, kann während des Wägens wieder zurückfließen; absolut gleichmäßig wird dabei allerdings die Ölschicht nicht immer. Selbstredend müssen die Bleche vor dem Versuche aufs sorgfältigste gereinigt werden; denn sonst kann, abgesehen von dem Mitverstreichen etwaigen Schmutzes, auch das sog. „Faltenziehen" und „Krauchen" des Aufstrichs eintreten. Zum Aufbewahren der Blechtafeln empfiehlt sich ein Zimmer mit möglichst gleichmäßiger Temperatur, zum Schutz gegen Staub ein Glaskasten mit Ventilationslöchern. Mißlich ist das verhältnismäßig große Gewicht der Tafeln, so daß sehr sorgfältig gewogen werden muß. Aus diesem Grunde verwendete Lippert

---

[1]) Chem. Rev. 1897, **4**, 315.

[2]) Zeitschr. f. angew. Chem. 1898, **11**, 412.

später[1]) vorübergehend Tafeln aus Aluminiumblech. Sie hatten den Vorteil eines geringen Gewichtes (3,5—5 g), litten aber sehr durch die Reinigung mit Lauge. Schließlich empfahl Lippert Glastafeln von nur 2 mm Dicke und 2,5—3,5 g Gewicht bei ca. 75 qcm Fläche. Er betonte, daß die Sauerstoffzahlen durch Temperatur- und andere Verhältnisse beeinflußt werden, und daß die Methode daher nur zu vergleicheden Versuchen geeignet ist. Eine Hauptschwierigkeit ist ferner, den Moment der größten Gewichtszunahme richtig zu erfassen. Dieser Moment ist im allgemeinen auch derjenige des „Trockenseins".

Die weitaus meisten Versuche hat Lippert mit Leinölfirnissen angestellt und dabei Sauerstoffzahlen bis zu 19 erhalten. Von diesen Versuchen interessiert uns aber hier nur die Feststellung, daß die Resultate durch Änderungen der Schichtendicke innerhalb gewisser Grenzen nicht beeinflußt werden. Aber diese Grenzen liegen viel niedriger, als Mulder (s. S. 138) annahm, nämlich zwischen 0.7 und 1,2 mg pro qcm.

Erst in seiner letzten Arbeit[2]) teilt Lippert auch einen Versuch mit reinem, frischem Leinöl mit, welcher folgende Sauerstoffzahlen ergab[3]):

| | | | | |
|---|---|---|---|---|
| nach | 1 | Tag | 0 | |
| „ | 2 | Tagen | 0,5 | |
| „ | 3 | „ | 1,3 | |
| „ | 4 | „ | 1,6 | |
| „ | 5 | „ | 12,6 | (trocken) |
| „ | 6 | „ | 14,4 | |
| „ | 7 | „ | 15,4 | |
| „ | 8 | „ | 15,4 | |

Vom achten Tage nahm das Gewicht wieder ab. Bei diesem Versuch trat somit das Trockensein lange vor dem Gewichtsmaximum ein.

Am eingehendsten hat sich M. Weger mit dem Tafelverfahren beschäftigt. Er teilte zunächst[4]) einen mehr orientierenden

[1]) Zeitschr. f. angew. Chem. 1899, **12**, 540.

[2]) Zeitschr. f. angew. Chem. 1905, **18**, 95.

[3]) Wo nichts besonderes über die Schichtendicke bemerkt ist, beträgt sie immer weniger als 1 mg pro qcm.

[4]) Zeitschr. f. angew. Chem. 1898, **11**, 490.

Versuch mit, der gleich die höchste Sauerstoffzahl ergab, welche Weger überhaupt je gefunden hat. Ein Malerleinöl zeigte beim Trocknen auf einer Glastafel folgende Gewichtszunahmen:

| | | | |
|---|---|---|---|
| nach | 42 Stunden | 7,0 % | |
| ,, | 3 Tagen | 14,9 ,, | |
| ,, | 5 ,, | 19,0 ,, | (trocken) |
| ,, | 7 ,, | 20,6 ,, | |
| ,, | 9 ,, | 20,6 ,, | |

Aus Wegers Hauptarbeit[1]) ist hier folgendes zu erwähnen. Er versuchte zunächst, die Glastafeln durch ein leichteres Material zu ersetzen. Gelatinepapier, Zelluloid und Hartgummi erwiesen sich als ganz unbrauchbar. Dünne Metalltafeln geben leicht Falten, wodurch die Schichtendicke ungleich und daher das Resultat ungenau wird. Glimmertafeln bewährten sich gut, sie sind aber zu leicht Beschädigungen ausgesetzt. Weger kehrte daher wieder zu den Glastafeln zurück. Ihr Gewicht betrug ca. 25 g, der Inhalt der bestrichenen Fläche zumeist etwa 80 qcm, die Einwage 25—70 mg, also 0,3—0,9, in der Regel 0,4—0,6 mg pro qcm. Da 0,1 mg Zu- oder Abnahme schon 0,4—0,14 % des angewandten Öls entsprechen, so ist vor allen Dingen eine sehr gute Wage nötig. Jede Spur von Staub ist sorfältig zu vermeiden, und die Tafeln sind aufs peinlichste zu reinigen. Wenn sie beim Wägen nicht lange genug im Wagekasten bleiben, so können Wägefehler eintreten, ebenso, wenn man sie vor dem Wägen mit einem Tuch abreibt. Letzteres bedingt eine vorübergehende, beträchtliche Gewichtszunahme, welche Miller[2]) auf eine elektrische Ladung zurückführt. Der Ölaufstrich ist mittelst des Fingers oder eines Pinsels so gleichmäßig als möglich zu bewerkstelligen; gar zu dünne Aufstriche, also unter 0,3 mg pro qcm sind ebenso zu vermeiden wie zu starke, weil bei ersteren auffallenderweise die Gewichtszunahme und das Trocknen langsamer von statten gehen.

Temperatur, Beleuchtung usw. sind von Einfluß auf die Geschwindigkeit und die Menge der Sauerstoffaufnahme. Dasselbe Öl nimmt bei trübem, kühlem Wetter eine andere Menge Sauerstoff auf als bei hellem, warmem. Je höher die Temperatur, desto

---

[1]) Chem. Rev. 1898, **5**, 213.

[2]) J. Soc. Chem. Ind. 1898, **17**, 428.

geringer ist die Gewichtszunahme, weil jedenfalls desto mehr weggeht. Je länger ein Öl zum Trocknen braucht, desto schlechter wird natürlich bei Wiederholungen die Übereinstimmung. Eine Hauptschwierigkeit liegt darin, das faktische Gewichtsmaximum genau zu treffen. Zuweilen bleibt nach erreichtem Maximum das Gewicht einige Zeit, 12 Stunden bis mehrere Tage, konstant, in anderen Fällen tritt aber sehr rasch Gewichtsabnahme ein. Chemische Ruhe, wie sie Mulder nach Erreichung seiner Endzahlen annahm, ist überhaupt nie vorhanden, auch dann nicht, wenn Gewichtsveränderungen nicht mehr wahrzunehmen sind. Das Harttrocknen des Aufstrichs, d. h. der Moment, in welchem er einen starken Druck des Fingers aushält, fällt stets mit dem Gewichtsmaximum zusammen, dagegen tritt das „Antrocknen", bei welchem das Häutchen am Finger auf leichten Druck nicht mehr haftet, ½—1 Tag früher ein. Nach dem Harttrocknen konnte Weger niemals eine außerhalb der atmosphärischen Einflüsse liegende Gewichtszunahme beobachten. Er schließt daraus aber noch nicht, daß eine solche nicht stattfindet, sondern nur, daß, wenn sie stattfindet, die gleichzeitige Abgabe flüchtiger Substanzen höher ist.

Auch Weger hat, wie dies in der Natur der Sache liegt, seine meisten Versuche mit Firnissen ausgeführt. Von diesen Versuchen wird später die Rede sein. Zunächst interessieren uns nur die Sauerstoffzahlen reiner, frischer Leinöle. Die untenstehende Tabelle enthält einige diesbezügliche Versuche Wegers. Die Versuche a, b, c wurden zu verschiedenen Zeiten, die beiden b- und c-Versuche je gleichzeitig ausgeführt.

| Sauerstoffzahl | Indisches Leinöl | | | Malerleinöl | | |
|---|---|---|---|---|---|---|
| | a | b | c | a | b | c |
| nach 1½ Tagen | 3,0 | 1,9 | 0,3 | — | 1,3 | 1,8 |
| „ 2 „ | — | — | — | 0,3 | — | — |
| „ 2½ „ | 8,8 | — | 1,7 | — | — | 2,1 |
| „ 3 „ | — | 11,1 | — | — | 8,5 | — |
| „ 3½ „ | 15,9 | 15,7 | 6,2 | — | 14,3 | 2,7 |
| „ 4 „ | — | — | — | 3,8 | — | — |
| „ 4½ „ | — | **17,2** | 12,3 | — | **18,3** | 5,6 |
| „ 5 „ | 16,9 | — | — | 7,5 | — | — |
| „ 5½ „ | — | 16,0 | — | — | 17,0 | 11,6 |

| Sauerstoffzahl | Indisches Leinöl | | | Malerleinöl | | |
|---|---|---|---|---|---|---|
| | a | b | c | a | b | c |
| nach 6 Tagen | **17,3** | — | **16,8** | 13,8 | — | — |
| „ 6½ „ | 16,3 | 16,0 | 15,7 | — | 16,7 | 15,4 |
| „ 7 „ | — | — | — | 15,7 | — | — |
| „ 8 „ | — | — | — | **17,0** | — | **18,7** |
| „ 9 „ | 14,2 | — | — | 16,4 | — | — |
| „ 11 „ | — | — | — | 14,8 | — | 17,2 |
| „ 13 „ | — | — | — | 13,8 | — | — |
| „ 14 „ | — | — | — | 13,5 | — | 16,0 |
| „ 18 „ | 12,9 | — | — | — | — | — |
| „ 27 „ | — | — | — | 13,2 | — | — |
| „ 30 „ | — | — | — | — | — | 13,9 |
| „ 31 „ | — | — | 12,0 | — | — | — |
| „ 44 „ | 10,0 | — | — | — | — | — |
| „ 53 „ | — | — | 11.6 | — | — | — |

Auf Grund der obigen und zahlreicher weiterer Versuche kam Weger zu dem Schluß, daß die mittlere Sauerstoffzahl des Leinöls 18 beträgt, und diese Zahl verdient umsomehr Vertrauen, als ja auch Mulder bei zwei früher erwähnten Versuchen die Werte 17,1 und 18,1 erhalten hatte.

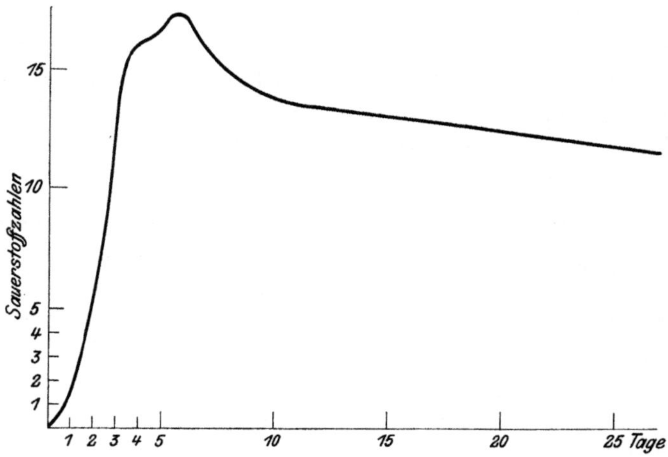


Fig. 1.

Den Verlauf des Trockenprozesses hat Weger auch graphisch dargestellt, indem die Zeiten als Abszissen, die Gewichtszunahmen als Ordinaten aufgetragen wurden. Für den a-Versuch mit indischem Leinöl ergibt sich vorstehende Kurve.

Allen derartigen Kurven gemeinsam ist zunächst ein langsames, dann ein rasches Ansteigen, hierauf ein langsamer Übergang zum Maximum, ein längeres oder kürzeres Verweilen auf dieser Höhe, ein ziemlich schroffer Abfall und zum Schluß ein langsames Abfallen.

Weger hat auch die freien Leinölfettsäuren geprüft und nachstehende Resultate erhalten:

| Sauerstoffzahl | Leinölsäure des Handels | Dieselbe Leinölsäure bei 18° von den festen Bestandteilen abfiltriert |
|---|---|---|
| nach 1 Tag | 9,6 | 14,4 |
| „ 1½ Tagen | 10,9 | — |
| „ 2 „ | — | 15,2 |
| „ 2½ „ | 11,5 | — |
| „ 4 „ | — | 14,4 |
| „ 4½ „ | 11,9 | — |
| „ 5½ „ | 13,0 | — |
| „ 6 „ | — | 15,6 |
| „ 6½ „ | 14,0 | — |
| „ 7½ „ | 14,4 | — |
| „ 8 „ | — | 14,4 |
| „ 15 „ | 13,4 | — |
| „ 21 „ | 13,4 | — |
| „ 25 „ | — | 15,6 |
| „ 29 „ | — | 15,6 |
| „ 48 „ | 13,6 | — |
| „ 60 „ | — | 12,8 |

Weger war einigermaßen erstaunt, niedrigere Zahlen zu finden als Mulder (s. S. 139), doch ist zu berücksichtigen, daß die bei 18° filtrierte Leinölsäure noch mehr feste Fettsäuren enthielt als die Muldersche, welche entweder nach Varrentrapp oder durch sehr lange Abkühlung der alkoholischen Lösung von den festen Fettsäuren befreit worden war. Ferner gibt Weger selbst an, daß die technische Leinölsäure ohne besondere Vorsichtsmaßregeln gegen Sauerstoffaufnahme hergestellt wird, so daß eine vorausgegangene partielle Autoxydation nicht ausgeschlossen ist. Mulder hatte angenommen, daß bei der Autoxydation der freien Leinölsäure überhaupt keine flüchtigen Produkte gebildet werden; doch dürfte diese Annahme kaum zutreffen.

Auch der Leinöl-Äthylester, d. h. das Gemisch der Äthylester aller im Leinöl enthaltenen Fettsäuren, dargestellt durch partielle Verseifung des Leinöls (s. S. 22), wurde von R. Henriques[1]), gleichzeitig mit dem betreffenden Leinöl selbst, auf seine scheinbare Sauerstoffzahl geprüft, und zwar unter Anwendung von Aluminiumtafeln. Folgende Zahlen wurden gefunden:

| Sauerstoffzahl | Leinöl | Leinöl-Äthylester |
|---|---|---|
| nach 1 Tag | 0,8 | 2,0 |
| „ 2 Tagen | 2,7 | 3,7 |
| „ 3 „ | 7,6 | 6,2 |
| „ 4 „ | 13,5 | 9,0 |
| „ 5 „ | 16,3 | 10,8 |
| „ 6 „ | 16,55 | 12,4 |
| „ 7 „ | Abnahme | 13,6 |
| „ 8 „ | | 13,6 |
| „ 9 „ | | Abnahme |

Der Ester wurde bei Wasserbadtemperatur mit Luft geblasen und der unoxydierte Anteil durch Petroläther entfernt. Der oxydierte Ester, ein dickes Öl, gab die Sauerstoffzahl 0.

Ganz neuerdings fand Kühl[2]) für ein, selbst hergestelltes frisches Leinöl nach dem Glastafelverfahren die Sauerstoffzahl 17,5.

Im übrigen hat sich das Glastafelverfahren bis jetzt nicht recht einbürgern können, was angesichts der früher betonten Schwierigkeiten einigermaßen begreiflich ist. Es aber überhaupt zu verwerfen, wie dies das wiederholt erwähnte amerikanische Komitee tut, geht doch wohl zu weit.

L. H. Sabin[3]) bestimmte die Gewichtszunahme des Leinöls beim Trocknen in etwas abweichender Weise. Er überzog sechs Kolben auf der Innenseite mit einer dünnen Ölschicht, schaltete sie hintereinander und leitete 2 Monate lang gereinigte, trockene Luft durch. Die Gewichtsvermehrung der einzelnen Kolben

[1]) Zeitschr. f. angew. Chem. 1898, **11**, 699.

[2]) Pharm. Zentralh. 1910, **51**, 187.

[3]) J. Soc. Chem. Ind. 1906, **25**, 578.

schwankte zwischen 10,1 und 25,5 %. Vielleicht ist diese hohe Zahl dadurch zu erklären, daß unter den obigen Versuchsbe dingungen weniger flüchtige Substanzen weggehen. In der Tat konnte Sabin in der abziehenden Luft weder $CO_2$ noch $H_2O$ nachweisen. Der Umstand, daß der Inhalt des zweiten Kolbens erst zu trocknen anfing, nachdem derjenige des ersten vollkommen getrocknet war, brachte Sabin auf die Vermutung, daß das in der Luft enthaltene Ozon das eigentliche wirksame Agens beim Trockenprozeß sei.

Die wahre Sauerstoffzahl des Leinöls hat M. Weger[1]) in folgender Weise berechnet Aus den Versuchen Mulders zur quantitativen Bestimmung der sekundären flüchtigen Oxydationsprodukte (S. 135) schloß er, daß einer mittleren Gewichtszunahme von 18 % ein mittlerer Gewichtsverlust von 25,7 % entspreche, und somit die gesamte Sauerstoffmenge, welche beim Trockenprozeß in Reaktion tritt (oder mit anderen Worten die wahre Sauerstoffzahl), 18 + 25,7 = 43,7 % des Leinöls betrage. Man wird gegen diese Rechnung einwenden können, daß die Mulderschen Zahlen unter anderen Bedingungen ermittelt wurden, als sie beim Trockenprozeß selbst herrschen, und daß die Menge der flüchtigen Substanzen kaum in allen Stadien des Trockenprozesses dieselbe sein wird. In der Tat wurden Werte in ähnlicher Höhe bis heute von niemand erhalten.

Als erster scheint Fox[2]) die wahre Sauerstoffzahl des Leinöls bestimmt zu haben. Er erhitzte 1 g Öl und 0,5 g frisch gefälltes Blei in einem mit O beschickten und dann zugeschmolzenen Glasrohr auf 104° und maß den nicht aufgenommenen O. Er fand, daß 1 g baltisches Leinöl 191 ccm, verschiedene andere Leinöle 126—186 ccm O absorbierten. Dies entspricht, da 1 ccm O 1,4292 mg wiegt, Sauerstoffzahlen von 18,0—26,6. Dabei müssen aber diese Werte zu niedrig sein, weil auf die flüchtigen Produkte, besonders $CO_2$, keine Rücksicht genommen wurde.

G. Borries[3]) verfuhr zunächst in der Weise, daß er eine gewogene Menge Leinöl zusammen mit Bleipulver auf den Boden eines mit O gefüllten Kolbens brachte, der mit einer Hempelschen Bürette in Verbindung stand, so daß das Volumen des absorbierten

[1]) Chem. Rev. 1898, **5**, 250.
[2]) Z. f. anal. Chem. 1884, **23**, 434.
[3]) Dissertation, Leipzig 1902.

O am Eudiometer abgelesen werden kannte. Daraus wurde dann das Gewicht berechnet. Bezüglich der Einzelheiten der Versuche, welche durchweg bei erhöhter Temperatur ausgeführt wurden, muß auf das Original verwiesen werden. Bei 8—9-stündiger Versuchsdauer und Temperaturen von 40—80$^0$ wurden nur Sauerstoffzahlen von 11,6—15,0 gefunden. Als das Bleipulver durch Braunsteinpulver ersetzt wurde, resultierte nach 9 Stunden bei 60$^0$ eine Sauerstoffzahl von 16,17, bei 65$^0$ eine solche von 25,86. Borsaures Manganoxydul als Katalysator ergab nach 9 Stunden bei 50$^0$ 24,42, bei 60$^0$ 26,96. Zu weiteren Versuchen wurde $MnO_2$ als Katalysator in Filtrierpapier erzeugt, indem dasselbe mit einer konz. Lösung von $KMnO_4$ getränkt, nach 12 Stunden mit Wasser abgespült und getrocknet wurde. Derartiges Papier, mit ungefähr der gleichen Menge Leinöl getränkt, ergab in feuchtem Sauerstoff nach 8 Stunden bei 65$^0$ eine Sauerstoffzahl von 19,58, bei 70$^0$ eine solche von 20,58. Dabei wurde aber das Papier entfärbt, ein Beweis dafür, daß das Öl auch aus dem Braunstein O aufgenommen hatte. Bei Verwendung von trockenem O wurde das Papier nicht entfärbt und in 7 Stunden bei 60$^0$ eine Sauerstoffzahl von 20,30 erzielt. Ein weiterer Versuch wurde bei 80$^0$ ausgeführt, er ergab nach 9 Stunden eine Sauerstoffzahl von 27,0. Er wurde am nächsten Tag nochmals 9 Stunden fortgesetzt, wobei die Sauerstoffzahl auf 32,9 stieg. Auch hiermit war das Maximum noch nicht erreicht, die Sauerstoffaufnahme stieg am dritten Tag noch weiter. Da aber in allen Fällen die Hauptmenge des Sauerstoffs schon in den ersten drei Stunden aufgenommen wurde, so kam Borries zu der Ansicht, daß von da ab nur noch das Glyzerin oxydiert werde, für das er in der Tat ebenfalls Sauerstoffzahlen (2,78 und 2,48) fand.

Zu bemerken ist, daß fast alle Zahlen Borries' aus dem Grunde zu niedrig sein müssen, weil auf die sekundär entstehende Kohlensäure keine Rücksicht genommen wurde. Erst bei den beiden zuletzt erwähnten Versuchen wurde außer Chlorkalzium (zum Trocknen des Sauerstoffs) auch festes Ätzkali in den Kolben gebracht. Borries kam zu dem Resultat, daß das Leinöl bei höherer Temperatur mindestens 20 % O aufnehme, und verglich diesen Wert direkt mit der von anderen gefundenen durchschnittlichen Sauerstoffzahl 15, ohne den Unterschied zwischen scheinbarer und wahrer Sauerstoffzahl zu berücksichtigen.

Im Anschluß an die Arbeit von Borries hat später A. Genthe[1]) eine größere Anzahl von Versuchen zur Bestimmung der wahren Sauerstoffzahl ausgeführt. Gegen das Tafelverfahren wendet Genthe ein, daß immer noch eine gewisse Schichtendicke vorhanden sei und daß daher in die Messung der Reaktionsgeschwindigkeit die Diffusionsgeschwindigkeit mit eingehe, sowie des weiteren, daß die durch Wägung ermittelten Zahlen Differenzen darstellen. Trotz dieser letzteren Erkenntnis hat aber auch Genthe die scheinbare und die wahre Sauerstoffzahl nicht immer auseinandergehalten. Seine Versuche führte er in folgender Weise aus: Ein Stück Filtrierpapier, 10 cm hoch, 30 cm breit, wurde plisseeartig zusammengefaltet und mittels Durchlöcherungen und Glasringen rund gebogen. Der so erhaltene Verteiler wurde durchweg mit 0,300 g Leinöl beschickt — also etwa 1 mg pro qcm — und in einer Flasche von 1200 ccm Inhalt mittels Aluminiumdrahts an einem Haken des eingeschliffenen Stopfens aufgehängt. Zur Absorption der flüchtigen Zersetzungsprodukte diente festes KOH oder eine durch Asbest verteilte Kalilauge. In dem konzentrisch durchbohrten Stopfen war noch ein Manometer angebracht, als Sperrflüssigkeit diente Paraffinöl. In einer zweiten, der „Korrektionsflasche“, wurde stets ein blinder Versuch ohne Öl ausgeführt. Der Reaktionsverlauf wurde graphisch dargestellt, indem die Zeiten als Abszissen, die Druckverminderung — in cm Paraffinöl — als Ordinaten aufgetragen wurden. Die Kurven wiesen stets die S-Form auf. Nach anscheinend beendigter Reaktion fand immer noch eine langsame, aber gleichförmige Sauerstoffaufnahme statt, bis die Kurve schließlich in eine Gerade überging. Bei Beginn dieser Geraden wurden die Versuche in der Regel abgebrochen. Wurde bei gewöhnlicher Temperatur anstatt Luft reiner O verwendet, so wurde dadurch die Reaktion nur in geringem Maße beschleunigt, was Genthe durch eine langsame Verbrennung der organischen Substanz erklärte.

Bei völligem Lichtabschluß — durch Umhüllen der Flaschen mit Schwarzpapier — setzte die Reaktion erst nach 18—20 Tagen ein und war erst nach etwa 50 Tagen beendigt. Der Reaktionsverlauf wird durch die folgende Kurve veranschaulicht:

---

[1]) Zeitschr. f. angew. Chem. **1906**, **19**, 2087.

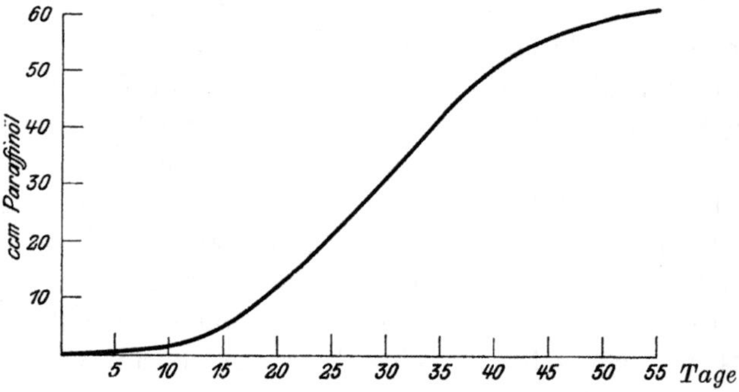


Fig. 2.

Derselbe Versuch wurde auch ohne KOH angestellt und ergab ein ganz ähnliches Resultat, nur waren die Ordinaten um etwa 10 % kleiner. Daraus darf natürlich nicht geschlossen werden, daß die wahre O-Zahl nur um 10 % höher sei als die scheinbare, weil von den flüchtigen Substanzen bei gewöhnlicher Temperatur nur die $CO_2$ die Gentheschen Versuchsresultate beeinflussen wird, und weil diese bei den Mulderschen Versuchen nur $^1/_6$—$^1/_5$ der gesamten flüchtigen Substanzen ausmacht.

Im zerstreuten Tageslicht setzte die Reaktion schon am zweiten Tage ein und erforderte 8—10 Tage, also immerhin mehr als unter den Verhältnissen der Praxis (3—7 Tage). Es wurde in der Regel morgens und abends abgelesen; die geringere Sauerstoffaufnahme während der Nacht ist aus Fig. 3 deutlich zu ersehen.

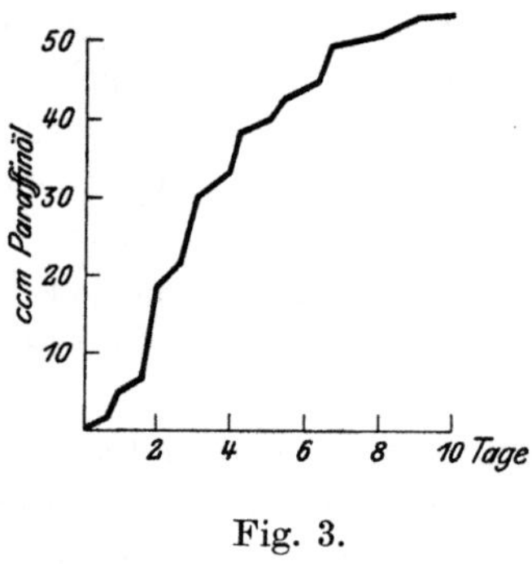


Fig. 3.

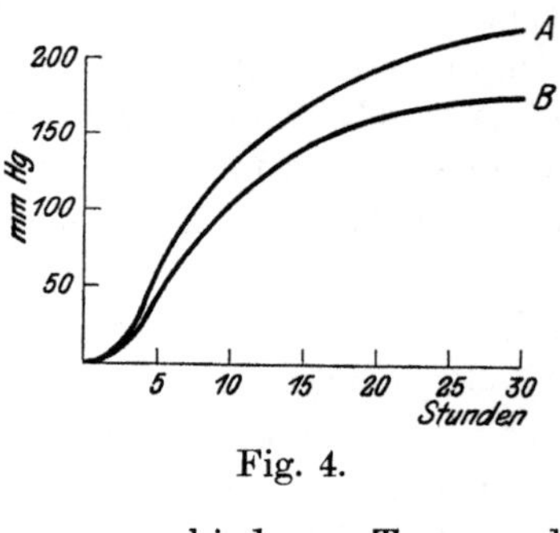


Fig. 4.

Eine verschiedene Belichtung an verschiedenen Tagen gab auch verschiedene Resultate. Genthe sah sich daher nach einer konstant zu haltenden künstlichen Lichtquelle um und wählte als solche das sog. „Uviollicht“ der Quecksilberdampflampe, welches hauptsächlich aus blauen, violetten und ultravioletten Strahlen besteht. Es bewirkte eine ganz bedeutende Beschleunigung der Reaktion. Wegen der Versuchsanordnung muß auf die Originalarbeit verwiesen werden; die beiden vorstehenden Kurven A und B (Fig. 4) beziehen sich auf zwei Versuche mit je 0,3 g Leinöl und 250 ccm O, bei A mit, bei B ohne KOH.

Der Trockenprozeß war somit hier schon in 24 Stunden beendigt und das Weglassen des KOH aus den früher angegebenen Gründen nicht von bedeutendem Einfluß. Daß dies bei höheren Temperaturen anders werden wird, war vorauszusehen und geht aus dem nebenstehenden Kurvenbild hervor. Dieses gibt die Resultate von drei bei 95° im Uviollicht ausgeführten Versuchen, A in Sauerstoff mit KOH, B in Luft mit KOH und C in Luft ohne KOH. Allgemein wurde gefunden, daß die Reaktion durch Erhöhung der Temperatur stark beschleunigt und daß die Sauerstoffaufnahme in reinem O beträchtlich höher ist als in der Luft.

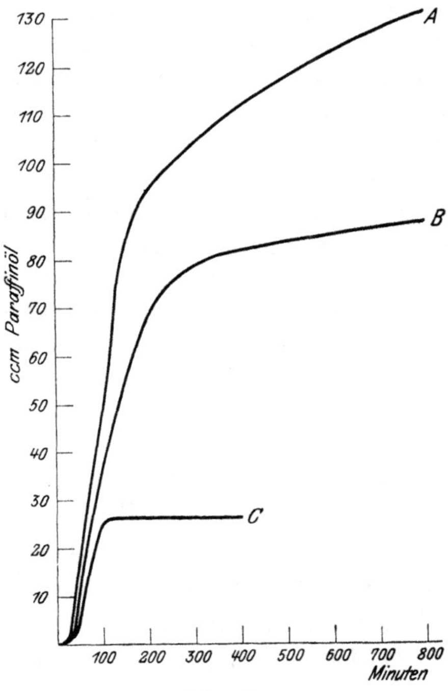


Fig. 5.

Während die drei Kurven in den ersten 80 Minuten nahezu gleich verlaufen, geht C von da ab in eine horizontale Gerade über, indem der Druck konstant bleibt. Dies beweist, daß von da ab ebensoviel flüchtige Substanzen weggehen, als O aufgenommen wird, und es deutet ferner darauf hin, daß in dem obengenannten Anfangsstadium überhaupt keine flüchtigen Substanzen gebildet werden.

Da die Kurven einen direkten Vergleich mit den (scheinbaren) Sauerstoffzahlen früherer Autoren nicht zulassen, so hat Genthe aus dem Volumen des aufgenommenen O auch dessen Gewicht berechnet. Er findet als Durchschnittswert für die wahre Sauerstoffzahl

| | | | |
|---|---|---|---|
| im zerstreuten Tageslicht | | | 22,6 |
| im Uviollicht bei gewöhnlicher Temperatur | | | 25,8 |
| „ | „ | „ 95° (Luft) | 26,5 |
| „ | „ | „ 95° (O) | 34,7 |

Man sieht, daß der von Weger berechnete Wert 43,7 in keinem Falle erreicht wird, und daß der im gewöhnlichen Tageslicht gefundene Wert die scheinbare Sauerstoffzahl Wegers — 18 — nur um etwa 25 % übersteigt. Genthe selbst schließt aus den starken Differenzen, daß die Sauerstoffzahlen des Leinöls recht relative Dinge sind, es kommt ganz darauf an, wie man den Oxydationsprozeß leitet, und wo man den Übergang der S-Kurve zur geraden Verbrennungskurve annimmt.

Im übrigen kommen die Resultate einiger Uviolversuche Genthes den Zahlen Wegers wesentlich näher. Bei diesen drei Versuchen wurde auch die Gewichtszunahme des Filterkörpers und des Ätzkalis (angewendet als Lösung auf Asbest in kleinen Schälchen) ermittelt.

| | I | II | II |
|---|---|---|---|
| Gewichtszunahme des Leinöls, g | 0,053 | 0,051 | 0,055 |
| „ „ KOH, g | 0,048 | 0,038 | 0,042 |
| Summe | 0,101 | 0,089 | 0,097 |
| Gewicht des verschwundenen O, aus dem Volumen berechnet | 0,099 | 0,090 | 0,093 |

Die Übereinstimmung ist, besonders bei den zwei ersten Versuchen, eine sehr gute und beweist das richtige Funktionieren der Gentheschen Versuchsanordnung. Da sich nun die obigen Versuche stets auf 0,300 g Leinöl beziehen, so lassen sich in sehr einfacher Weise aus den Zahlen der ersten Reihe die scheinbaren und aus denjenigen der dritten die wahren Sauerstoffzahlen berechnen. Man findet

| | I | II | II |
|---|---|---|---|
| Scheinbare Sauerstoffzahl | 17,7 | 17,0 | 18,3 |
| Wahre „ | 33,7 | 29,7 | 32,3 |

Die Übereinstimmung der scheinbaren Sauerstoffzahlen mit dem Wegerschen Mittelwert 18 ist eine vollkommen genügende, und die wahren Sauerstoffzahlen machen es wiederum wahrscheinlich, daß der von Weger berechnete Wert 43,7 zu hoch ist. Übrigens mag zum Schluß immerhin darauf hingewiesen werden, daß die Versuchsanordnung Genthes mit den Verhältnissen der Praxis insofern nicht ganz im Einklang steht, als im letzteren Fall der gesamte Prozeß unter dem Atmosphärendruck verläuft, während bei Genthe der Druck ständig abnimmt.

Im Anschluß an die Sauerstoffzahl mag auch noch kurz von der Ozonzahl des Leinöls die Rede sein. Es wurde früher von manchen (vgl. z. B. Sabin, S. 151) angenommen, daß vorwiegend das in der Luft enthaltene Ozon das Trocknen dünner Leinölschichten bewirke. Dagegen konnte Genthe bei seinen Versuchen niemals das Vorhandensein von Ozon beobachten.

Borries[1]) leitete ozonisierte Luft durch eine Glasröhre über ein Schiffchen mit Leinöl und Bleipulver, konnte aber im höchsten Falle eine Gewichtszunahme von 14,0 % erzielen. Dagegen konstatierten Molinari und Soncini[2]) eine Gewichtsvermehrung von 30 %, als sie ozonisierte Luft direkt in Leinöl leiteten. Unter der Vorraussetzung, daß alle Doppelbindungen durch Ozonmoleküle abgesättigt werden, berechnet sich aus der Jodzahl 171 des betreffenden Leinöls die „Ozonzahl" 32,3.

G. Fenaroli[3]) bestimmte die Ozonzahl des Leinöls in der Weise, daß er es in Petroläther löste, die Lösung in einen Liebigschen Absorpcionsapparat brachte und dann einen Strom ozonisierter Luft oder ozonisierten Sauerstoffs mit einer Geschwindigkeit von etwa 180 Gasblasen pro Minute bei einer 40° nicht übersteigenden Temperatur bis zur Sättigung durchleitete. Er fand sogar die Ozonzahl 34. Hierzu ist zu bemerken, daß nach Harries öfters $O_4$ ansatt $O_3$ an eine Doppelbindung angelagert wird (s. S. 41), andererseits ist angesichts der energischen Oxydationswirkung des Ozons kaum anzunehmen, daß bei der obigen Reaktion gar keine flüchtigen Produkte gebildet werden, und schließlich wäre auch noch zu beweisen, ob nicht neben dem

---

1) Dissertation, Leipzig 1902.
2) Berl. Ber. 1906, **39**, 2735.
3) Chem.-Ztg. 1906, **30**, 450, 756.

Ozon auch gewöhnlicher O absorbiert wird. Über den letzteren Punkt könnte eine analytische Prüfung des Ozonids, besonders auf Oxysäuren, Aufschluß geben.

Neuntes Kapitel.

# Chemismus des Trockenprozesses.

Über dieses Thema war vor Mulder so gut wie nichts bekannt. Man wußte, daß eingetrocknetes Leinöl beim Erhitzen nicht schmilzt, sondern verkohlt, daß es in Äther nur noch zu einem geringen Teil löslich ist — Schubarth fand 15 % —, daß es dagegen beim Erwärmen mit Kalilauge in Lösung geht.

Mulder verfuhr in der Weise, daß er Leinöl in dünner Schicht auf Blech- oder Glasplatten strich und diese 3—4 Monate (s. S. 137) der Luft aussetzte. Dann wurden die getrockneten Häute mit Äther befeuchtet, wodurch sie sich leicht von der Unterlage ablösen ließen. Sie wurden hierauf mit Äther, Alkohol und Wasser ausgezogen und der Rückstand, den Mulder Linoxyn nannte, über $H_2SO_4$ getrocknet. Mulder erhielt dasselbe in Form einer fast weißen, amorphen Masse, mehr oder weniger elastisch, wie Leder oder Guttapercha, schwerer als Wasser, unlöslich in Wasser, Alkohol, Äther. Auch in Chloroform und Schwefelkohlenstoff ist es unlöslich, schwillt aber damit stark auf. Beim Digerieren mit einem Gemisch von Alkohol und Chloroform schwillt es zuerst auf und geht dann in Lösung. Durch Terpentinöl wird es gallertartig, aber nicht gelöst. In Kalilauge ist es mit roter Farbe löslich, Salzsäure fällt aus dieser Lösung gelbe Flocken, welche mit Leinöl garnichts mehr zu tun haben, aber in Alkohol und Äther löslich sind. In Ammoniak löst es sich erst nach langem Kochen. Beim Erhitzen färbt es sich rot, beim Verbrennen entwickelt es einen starken, prickelnden, an Acrolein erinnernden Geruch, der aber beim Verbrennen der freien Leinölsäure ebenfalls auftritt und somit nicht von Glyzerin herzurühren braucht.

Die Verbrennung des Linoxyns ergab 62,5 und 62,5 % C sowie 8,9 und 8,8 % H. Daraus schloß Mulder auf die Formel $C_{32}H_{54}O_{11}$, und da er bei der trockenen Destillation des Leinöls vermeintlich Leinölsäureanhydrid, $C_{32}H_{54}O_3$, erhalten hatte

(s. S. 109), so betrachtete er das Linoxyn als ein Oxydationsprodukt des Leinölsäureanhydrids. Er nahm an, daß das Leinöl beim Trocknen zunächst das gesamte Glyzerin abspalte, daß die festen Fettsäuren und die Ölsäure unverändert bleiben und beim Behandeln des getrockneten Leinöls mit Äther beseitigt werden — in der Tat gingen regelmäßig ca. 20 % desselben in Lösung —, und daß schließlich die Leinölsäure zunächst Wasser abspaltet und dann Sauerstoff aufnimmt.

Weitere Beweise für diese Ansicht — nach unserer heutigen Auffassung allerdings keine schlüssigen — erhielt Mulder durch die nachfolgend beschriebenen Versuche. Eine ätherische Lösung von leinölsaurem Blei wurde auf Glasplatten gebracht. Nach freiwilliger Verdunstung des Äthers wurden die Schichten weiß, binnen wenigen Stunden durchscheinend und im Verlauf von einigen Tagen trocken und hart. Mit dem Messer ließen sich alsdann weiße Blättchen vom Glas ablösen, welche über $H_2SO_4$ getrocknet wurden. Die Analyse führte zu der Formel $(C_{16}H_{25}O_5)_2Pb$, die freie Säure, die „Linoxysäure", war somit $C_{16}H_{26}O_5$ oder $C_{32}H_{52}O_{10}$, d. h. sie unterschied sich vom Linoxyn nur durch einen Mindergehalt von 1 Mol. Wasser.

Bei einem weiteren Versuch wurde das linoxysaure Blei zunächst mit Äther ausgezogen; etwa 10 % gingen in Lösung, nach Mulders Ansicht ölsaures Blei. Die Verbrennung des ätherunlöslichen Bleisalzes führte für die betreffende Säure zu der Formel $C_{32}H_{50}O_9$, und Mulder sprach sie daher als „Anhydrid der Linoxysäure" an.

Die freie Linoxysäure wurde aus dem obigen Bleisalz durch Zersetzen der alkoholischen Suspension mit $H_2S$, Filtrieren und Fällen des Filtrats mit Wasser als ein rein weißer Niederschlag erhalten, der sich zu einer farblosen, harzartigen Masse vereinigte. Die Säure ist unter keinen Umständen zum Kristallisieren zu bringen, beim Erhitzen färbt sie sich allmählich blutrot. Bei Berührung mit Kali- oder Natronlauge tritt die Rotfärbung schon in der Kälte ein. Auch in Ammoniak ist die „weiße Linoxysäure" löslich und diese Lösung wird beim Kochen nur wenig gefärbt. Das Kalksalz ist in Wasser unlöslich, löst sich aber in heißem Alkohol, es schmilzt unter $100^0$. Das Magnesiumsalz ist schon in kaltem Alkohol löslich. Das rote Umwandlungsprodukt der weißen nannte Mulder rote Linoxysäure.

Eine weitere Linoxysäure erhielt er durch Autoxydation der freien Leinölsäure, die er, auf Glas gestrichen, so lange der Luft aussetzte, bis das Gewicht nicht mehr zunahm. Das Oxydationsprodukt war farblos, durchscheinend, klebrig, harzartig. Die Sauerstoffzahl betrug 17,5 bzw. 19,7 (s. S. 139), die Verbrennung stimmte für die Formel $C_{16}H_{28}O_6 = C_{32}H_{56}O_{12}$; Mulder glaubte daher, ein Hydrat der weißen Linoxysäure vor sich zu haben. Für die obige Formel berechnete er die Sauerstoffzahl 25,4, davon zog er $^1/_9$ für die Ölsäure ab, und was den gefundenen Zahlen (s. o.) noch zu 22,6 fehlte, erklärte er durch eine vorausgegangene geringe Oxydation. Mit seiner Ansicht stand im Einklang, daß die obige Säure auf dem Wasserbad 6,7 % an Gewicht verlor und dabei blutrot wurde, sowie daß die Verbrennung der so gewonnenen „roten Linoxysäure" wiederum für $C_{32}H_{52}O_{10}$ stimmte. Beim Erhitzen auf 110° gab diese Säure kein Wasser ab, dagegen entstand beim Kochen von linoxysaurem Blei mit verdünnter Salzsäure eine wasserärmere rote Linoxysäure der Formel $C_{32}H_{50}O_9$, bei gewöhnlicher Temperatur fest, aber weich, leicht schmelzbar, in Wasser unlöslich, in Alkohol und Äther mit roter Farbe und saurer Reaktion löslich.

Mulder suchte die rote Linoxysäure in die weiße zurückzuverwandeln und glaubte dies in folgender Weise erreicht zu haben. Sie wurde in dünner Schicht auf Glas gestrichen und unter öfterem Befeuchten mit Äther 19 Tage lang der Luft ausgesetzt. Sie war nahezu farblos geworden und hatte um 6 % an Gewicht zugenommen, also ungefähr ebensoviel, als die weiße Linoxysäure auf dem Wasserbad verlor.

Endlich erhielt Mulder, und das war eine Hauptstütze seiner Theorie, rote Linoxysäure auch aus Linoxyn. Er löste letzteres in Kalilauge, fällte die Lösung mit HCl, löste den Niederschlag in Alkohol und trocknete den Verdunstungsrückstand bei 100°. Die Verbrennung stimmte auf $C_{32}H_{52}O_{10}$. Mulder glaubte daher, daß das Linoxyn unter der Einwirkung des KOH Wasser abgespalten habe und ohne Nebenprodukte in rote Linoxysäure übergegangen sei. Zum Beweis dafür zersetzte er die Lösung des Linoxyns in Kalilauge durch verdünnte $H_2SO_4$ und destillierte das Filtrat aus einer Retorte. Das Destillat enthielt nur Spuren von Säuren, der Retorteninhalt schied infolge der Konzentration noch einige Flocken roter Linoxysäure aus, hinterließ aber beim nachherigen Eindampfen nur $K_2SO_4$. Hier hat Mulder das Glyzerin übersehen, welches im Linoxyn noch in beträchtlicher Menge enthalten ist, bei obigem Versuch allerdings auch teilweise ins Destillat ging. Ferner können wir heute unmöglich anerkennen, daß ein anhydridartiger Körper wie das Linoxyn bei der Behandlung mit Kalilauge Wasser abspalten soll; das Gegenteil ist wahrscheinlicher.

Den Schlußstein der Mulderschen Theorie bildete die vermeintliche Möglichkeit, die weiße Linoxysäure in Linoxyn überzuführen. Wie schon oben bemerkt, ist die erstere zunächst klebrig und terpentinartig, wenn sie aber auf der Glastafel noch Monate lang weiter der Luft ausgesetzt wird, wird sie allmählich trocken, indem sie nach Mulders Ansicht, die er allerdings nicht analytisch stützte, durch Wasserabspaltung in Linoxyn übergeht.

Zusammengefaßt, glaubte Mulder folgende chemischen Individuen in Händen gehabt zu haben:

| | | | |
|---|---|---|---|
| Leinölsäure . . . . . . | $C_{16}H_{28}O_2$ | = | $C_{32}H_{56}O_4$ |
| Leinölsäureanhydrid . . | | | $C_{32}H_{54}O_3$ |
| Rote Linoxysäure I. . . | | | $C_{32}H_{50}O_9$ |
| ,, ,, II. . . | $C_{16}H_{26}O_5$ | = | $C_{32}H_{52}O_{10}$ |
| Weiße Linoxysäure . . . | $C_{16}H_{28}O_6$ | = | $C_{32}H_{56}O_{12}$ |
| Linoxyn . . . . . . . . | | | $C_{32}H_{54}O_{11}$ |

Er nahm an, daß die weiße und die rote Linoxysäure dieselbe Zusammensetzung, aber eine verschiedene Konstitution haben. Zur Erklärung der verschiedenen Wassergehalte führte er an, daß derartiges z. B. auch bei den Harzsäuren öfters vorkomme; uns will es allerdings heute nicht einleuchten, daß eine amorphe Säure Wasser in verschiedenen stöchiometrischen Verhältnissen enthalten soll. In Wirklichkeit war ja schon Mulders Leinölsäureformel nicht richtig, und die obigen Substanzen waren samt und sonders Gemische.

Daß die erste Phase des Trockenprozesses in der Abspaltung des gesamten Glyzerins bestehe, schloß Mulder auch aus folgendem Versuch. Getrocknetes Leinöl wurde mit Äther ausgezogen, 21,1 % gingen in Lösung. Davon waren 0,5 % in Wasser löslich; die betreffende Substanz war amorph, sauer, nicht flüchtig. Sie gab ein wasserlösliches Pb- und Ba-Salz und reduzierte Fehlingsche Lösung in der Wärme. Mulder hielt sie für Glyzerinsäure, $CH_2OH$ . CHOH . COOH, gibt aber zu, daß ihre Menge für eine eingehende Untersuchung zu gering war. Der wasserunlösliche Rückstand war rein weiß, bei gewöhnlicher Temperatur halbflüssig, in kaltem Alkohol teilweise, in kochendem vollständig löslich, ebenso in Sodalösung. Beim Abkühlen der alkoholischen Lösung kristallisierten feste Fettsäuren heraus. An der Luft wurde obiger Rückstand nicht trocken, mit Kalilauge nicht rot, woraus auf die Abwesenheit der Leinölsäure geschlossen wurde. Die Bleisalze waren in Äther teilweise löslich: Ölsäure, die Zersetzung der unlöslichen ergab rein weiße, aus Alkohol kristallisierende Fettsäuren.

Aus dem nachfolgenden Versuch schloß Mulder, daß die Glyzerinabspaltung bei der Leinölsäure beginnt, während die Ölsäure und die festen Fettsäuren erst später frei werden. Leinöl wurde auf Blechplatten nur so lange mit Luft in Berührung gelassen, bis die Oberfläche sich mit einer Haut zu bedecken begann. Das partiell oxydierte Leinöl wurde mit Äther ausgezogen, der Verdunstungsrückstand war in Sodalösung vollkommen unlöslich, somit die Ölsäure und die festen Fettsäuren noch an Glyzerin gebunden. Durch warmes Wasser ließ sich dem obigen Rückstand eine mit Wasserdämpfen flüchtige und Fehlingsche Lösung reduzierende Säure entziehen, welche Mulder als Acrylsäure, $CH_2$ : CH . COOH, ansprach. Im Destillierkolben ließ sich eine geringe Menge einer nichtflüchtigen und nicht kristallisierbaren Säure, vermutlich Glyzerinsäure, nachweisen.

Auf Grund seiner Versuche kam Mulder zu folgender Ansicht über den Verlauf des Trockenprozesses. Zunächst wird alles Glyzerin abgespalten und zuerst zu Glyzerinsäure und Acrylsäure, weiterhin zu Essigsäure, Ameisensäure und Kohlensäure oxydiert. Die freie Ölsäure wird auch in geringem Grade oxydiert, während die Palmitin- und Myristinsäure vollkommen unverändert bleiben und den Vorteil bringen, das Linoxyn weicher und geschmeidiger zu machen. Letzteres entsteht aus der freien Leinölsäure durch Wasserabspaltung und Sauerstoffaufnahme.

Diese Theorie stimmte auch annähernd mit der durchschnittlichen Mulderschen Sauerstoffzahl 11 (s. S. 139). Den Gehalt des Leinöls an Glyzerin (= $C_3H_5O_3$) nahm er zu 8,2 %, denjenigen an Leinölsäuretriglyzerid zu 80 % an, die Leinölsäure würde somit 76 % des Leinöls ausmachen. Nun berechnet sich für den Übergang des Leinölsäureanhydrids, $C_{32}H_{54}O_3$, in Linoxyn, $C_{32}H_{54}O_{11}$, eine wahre Sauerstoffzahl von 26,3, somit für 76 % 20,0. Zieht man hiervon den Glyzerinverlust mit 8,2 % ab, so kommt man zu einer scheinbaren Sauerstoffzahl von 11,8. Nach unserer heutigen Auffassung enthält die Rechnung zwei Irrtümer, die sich aber annähernd aufheben: einmal darf nur der Glyzerinrest $C_3H_2$ mit 4,3 %, dafür muß aber andererseits das Hydratwasser mit etwa 3,6 % abgezogen werden.

Nach Ablauf des oben geschilderten Oxydationsprozesses tritt nach Mulders Ansicht eine Periode chemischer Ruhe ein, worauf der Oxydationsprozeß in sein zweites Stadium tritt. Dieses zweite Stadium hat Mulder zwar nicht studiert, er nahm aber an, daß es sich in folgender Weise abspiele. Zunächst werden auch Ölsäure, Palmitin- und Myristinsäure zu flüchtigen Substanzen oxydiert und dadurch die zurückbleibenden Anstriche bröckelig. Zuletzt wird auch noch das Linoxyn infolge weitgehender Oxydation verflüchtigt, und der Anstrich verschwindet vollständig.

Über 20 Jahre blieben die Ansichten Mulders unwidersprochen, bis sie von Bauer und Hazura[1]) auf Grund ihrer Arbeiten über die Leinölfettsäuren und mit Hilfe der unterdessen ausgearbeiteten fettanalytischen Methoden revidiert wurden. Zunächst gaben sie folgende allgemeine Überlegung. Da das Trocknen der Öle in der Aufnahme von Sauerstoff unter Bildung fester Oxydationsprodukte besteht, und da alle Öle, die von flüssigen Fettsäuren nur die Ölsäure, $C_{18}H_{34}O_2$, enthalten, zu den nichttrocknenden gehören, so kann man annehmen, daß ein trocknendes Öl desto schlechter trocknet, je mehr Ölsäure es enthält. Ferner ist es wohl zweifellos, daß die Linolen- und Isolinolensäure, $C_{18}H_{30}O_2$, welche 6 freie Valenzen enthalten, mehr Sauerstoff aufnehmen können als die Linolsäure mit nur 4 freien Valenzen. Ein Öl wird daher umso besser trocknen, je mehr die Säuren $C_{18}H_{30}O_2$ vorwiegen. Ferner wird ein Öl natürlich um so schlechter trocknen, je mehr es gesättigte Fettsäuren enthält.

[1]) Monatsh. Chem. 1888, **9**, 459; Zeitschr. f. angew. Chem. 1888, **1**, 316, 455.

In der Tat entspricht es denn auch den Erfahrungen der Praxis, daß ein Öl umso besser trocknet, je höher seine Jodzahl ist.

Die experimentelle Nachprüfung der Mulderschen Versuche ergab folgendes. Die nach Mulders Angabe aus linoxysaurem Blei dargestellte „rote Linoxysäure“ zeigte noch die Jodzahl 61,4, war also keineswegs das Endprodukt der Autoxydation. Durch freie Leinölsäure (nach Varrentrapp abgeschieden) wurde 12 Tage lang ein mäßig starker Luftstrom geleitet. Sie war sehr dickflüssig geworden, zeigte aber immer noch die Jodzahl 38,5. Die oxydierte Leinölsäure wurde azetyliert, sie ergab die Azetylzahl (s. S. 123) 184,6. Die oxydierte Leinölsäure wurde ferner in dünner Lage bei $40^0$ 3 Wochen lang der Luft ausgesetzt. Sie war immer noch klebrig, weshalb der Versuch bei $80^0$ noch einige Wochen fortgesetzt wurde. Die Leinölsäure war nunmehr ganz fest geworden und in Äther nicht mehr löslich. Dagegen löste sie sich leicht in Kalilauge, und die Lösung gab mit verd. $H_2SO_4$ einen gelben Niederschlag, der in Äther wieder leicht löslich war. Aus diesen Versuchen wurden folgende Schlüsse gezogen:

Die Oxydation der trocknenden Ölsäuren besteht nicht nur in der Sättigung der freien Valenzen durch Sauerstoff, sondern es schiebt sich noch O zwischen C und H ein, und es entstehen Oxydationsprodukte, welche alkoholische OH-Gruppen enthalten. Da Mulder in seiner weißen Linoxysäure minimal 61 % C gefunden hat, so ist anzunehmen, daß die Oxydation der Linolensäure in der Art vor sich geht, daß zunächst 3 O-Atome die drei Doppelbindungen absättigen, und daß außerdem noch 2 O-Atome anderweitig aufgenommen werden, denn für eine Pentaoxylinolensäure, $C_{18}H_{30}O_7$, berechnen sich 60,4 % C.

Zwischen der Oxydation der trocknenden Ölsäuren und ihrer Salze besteht kein Unterschied.

Das oben geschilderte Verhalten der Leinölsäure beim Trocknen kann nur durch eine Anhydridbildnug erklärt werden; welcher Art diese Anhydridbildung ist, kann vorläufig nicht entschieden werden.

Da die Ölsäure bei Einwirkung des Luftsauerstoffs keine festen Oxydationsprodukte liefert, so ist anzunehmen, daß sich an dem Trockenprozeß nur die Linolsäure, $C_{18}H_{32}O_2$, und die Linolensäuren, $C_{18}H_{30}O_2$, beteiligen.

Des weiteren glauben Bauer und Hazura nicht, daß es eine rote Linoxysäure gibt, welche durch molekulare Umlagerung der weißen entsteht, sondern daß bei Einwirkung von Alkalien oder höherer Temperatur geringe Mengen der sog. „weißen Linoxysäure" zersetzt werden, und daß die Zersetzungsprodukte die Rotfärbung bedingen.

Das nach Mulders Angaben hergestellte Linoxyn wurde in Kalilauge gelöst und die Lösung mit $H_2SO_4$ erwärmt. Die ausgeschiedenen Säuren waren zäh, sirupartig, aber in Äther und Alkohol löslich und zeigten noch die Jodzahl 29,1. Das Filtrat wurde mit Äther ausgeschüttelt, mit Kalilauge neutralisiert und auf dem Wasserbad eingedampft. Es hinterblieb ein Sirup, durchsetzt mit Kristallen von $K_2SO_4$. Er wurde mit absolutem Alkohol ausgezogen, welcher einen dicken, braunen, süß schmekkenden Sirup hinterließ, unlöslich in Äther, leicht löslich in Wasser. Er konnte noch durch weitere Reaktionen mit Sicherheit als Glyzerin erkannt werden; seine Menge betrug nicht weniger als 5 % des Linoxyns. Somit ist letzteres nicht, wie Mulder annahm, ein Säureanhydrid, sondern ein Glyzerid, dessen Oxydation noch nicht beendigt ist. Das Glyzerin wird wohl teilweise abgespalten und oxydiert, vermutlich aber nur solches, das an Ölsäure oder feste Fettsäure gebunden ist, während die Leinölsäure in Form ihres Glyzerids O aufnimmt. Anstatt Linoxyn schlugen Bauer und Hazura den Namen Oxylinolein vor, er konnte sich aber nicht einbürgern. Experimentelle Versuche über die Natur der Autoxydationsprodukte der Leinölsäure haben Hazura und Bauer nicht angestellt.

Dagegen trat W. Fahrion[1]) dieser Frage näher, nachdem er im Petroläther ein Mittel gefunden hatte, die „Oxysäuren" von dem unoxydierten Anteil der Fettsäuren zu trennen (s. S. 78). Ein mit Hilfe eines Verteilungsmittels oxydiertes Leinöl, das zum Vergleich mit polymerisierten Leinölen (s. S. 112) dargestellt, aber nicht analysiert worden war, wurde verseift und das abgeschiedene Säuregemisch erschöpfend mit Petroläther behandelt.

---

[1]) Chem.-Ztg. 1893, **17**, 1848.

Die „Oxysäuren“ hinterblieben in Form eines noch ziemlich dünnflüssigen roten Öls, von welchem lediglich eine Verbrennung ausgeführt wurde.

| | C | H | O | C : H |
|---|---|---|---|---|
| Gefunden . . . . . . . . . . | 69,74 | 9,84 | 20,42 | 18 : 3,05 |
| Berechnet für $C_{18}H_{30}O_4$ . . | 69,68 | 9,68 | 20,64 | 18 : 30,0 |

Da die Oxydation noch nicht sehr weit gegangen war, so darf man annehmen, daß die Linolsäure sich daran noch nicht beteiligte, sondern daß das rote Öl ein ausschließliches Derivat der Linolensäure war. Wie man sieht, stimmen die Verbrennungszahlen auffallend gut mit einer Dioxylinolensäure, $C_{18}H_{30}O_4$. Wenn auch das rote Öl kaum einheitlich war, so wird man daraus doch den Schluß ziehen dürfen, daß eine partielle Absättigung der Doppelbindungen durch Sauerstoff möglich ist.

Zu einem weiteren Versuch wurden die Oxysäuren aus einem oxydierten Leinöl abgeschieden, dessen Analyse schon früher (S. 125) angegeben wurde. Sie stellten diesmal ein dickes, dunkelrotes, in Alkohol und Äther vollkommen lösliches Öl vor. Die ammoniakalische Lösung wurde durch $BaCl_2$ nur teilweise gefällt, und als die unlöslichen Ba-Salze durch HCl zersetzt wurden, war die abgeschiedene Säure (I) in Äther nur noch teilweise löslich (löslicher Anteil Ia, unlöslicher Ib). Auch die Säure aus den löslichen Ba-Salzen war in Äther nur noch teilweise löslich (IIa), der unlösliche Anteil IIb war aber nur gering. Ia und IIa waren dicke, dunkelrote Öle, Ib ein zäher Sirup und IIb ein amorphes braunes Pulver. Die Analyse ergab folgendes (die Verbrennungszahlen sind Mittel aus 2 Bestimmungen):

| | C | H | O | C : H | Jodzahl |
|---|---|---|---|---|---|
| Ia . . . . . . . . . . . . | 67,44 | 9,13 | 23,43 | 18 : 29,2 | 38,3 |
| Ib . . . . . . . . . . . . | 65,84 | 8,85 | 25,31 | 18 : 29,0 | 32,3 |
| IIa . . . . . . . . . . . . | 64,19 | 8,85 | 26,96 | 18 : 29,8 | 30,2 |
| Berechnet für $C_{18}H_{30}O_4$ . . | 69,68 | 9,68 | 20,64 | 18 : 30 | 163,2 |
| Berechnet für $C_{18}H_{30}O_6$ . . | 63,16 | 8,77 | 28,07 | 18 : 30 | 74,0 |

Die Zahlen für C und H liegen sämtlich zwischen den für Di- und Tetraoxylinolensäure berechneten. Aus dem Verhältnis C : H folgt, daß außer einer Aufnahme von O auch durchweg schon eine Abspaltung von $H_2O$ stattgefunden hat. Angesichts der vorhandenen OH-Gruppen (s. o. Bauer und Hazura) ist eine solche sehr leicht möglich, zum Teil scheint sie erst bei den Barytsalzen stattgefunden zu haben, das teilweise Unlöslichwerden in Äther ist kaum anders zu erklären. Die Jodzahlen liegen weit unter den berechneten Werten, was durch Polymerisation erklärt wurde.

Um, wenn möglich, eine höhere Oxydationsstufe der Linolensäure zu erhalten, wurden aus dem ohne Verteilungsmittel oxydierten Leinöl, dessen Analyse ebenfalls schon früher (s. S. 126) mitgeteilt wurde, die Oxysäuren abgeschieden. Sie waren von Hause aus nur teilweise in Äther löslich, der lösliche Anteil bildete ein sehr dickes, dunkelrotes Öl, der unlösliche eine amorphe braune Masse, welche bei der Analyse die untenstehenden Zahlen ergab. Zum Vergleich ist die Muldersche Verbrennung mit dem niedrigsten C-Gehalt (weiße Linoxysäure) beigefügt

| | C | H | O | C : H | Jodzahl |
|---|---|---|---|---|---|
| Ätherunlösliche Oxysäure . | 60,59 | 7,64 | 31,77 | 18 : 27,2 | 39,8 |
| Mulders weiße Linoxysäure | 61,0 | 9,3 | 29,7 | 18 : 33,0 | — |
| Berechnet für $C_{18}H_{28}O_7$ . . | 60,67 | 7,87 | 31,46 | 18 : 28 | 0 |

Bei den Mulderschen Zahlen spricht das Verhältnis C : H dafür, daß die Säure tatsächlich, wie Mulder annahm, hygroskopisch gebundenes Wasser enthielt, bei den vom Verf. gefundenen Zahlen deutet es umgekehrt auf eine vorhergegangene Wasserabspaltung hin. Da die Zahlen einigermaßen für ein Anhydroderivat der Hexaoxylinolensäure, $C_{18}H_{30}O_8$—$H_2O$ = $C_{18}H_{28}O_7$, stimmen, so wurde geschlossen, die Vermutung von Hazura und Bauer, die Pentaoxylinolensäure, $C_{18}H_{30}O_7$, sei das Endprodukt der Autoxydation, treffe nicht zu, vielmehr gehe die letztere mindestens bis zur Hexaoxylinolensäure, und da die untersuchte Oxysäure kaum einheitlich war und noch Jod absorbierte, so wurde weiter vermutet, daß sogar noch höhere Oxydationsstufen möglich seien.

Da kaum zu bezweifeln ist, daß auch die Linolsäure am Trockenprozeß teilnimmt, so wurde versucht, auch über deren Autoxydationsprodukte etwas in Erfahrung zu bringen. Dies war möglich mit Hilfe des Baumwollsamenöls, welches nach den Untersuchungen von Hazura und Grüßner[1]) keine Linolen, säure, dagegen Linol- und Ölsäure enthält. Naturgemäß ist es

[1]) Monatsh. Chem. 1888, 9, 198.

viel schwerer zu oxydieren als das Leinöl, es erfordert entweder eine lange Zeit oder eine erhöhte Temperatur. Nach denselben Methoden wie beim Leinöl wurden aus oxydierten Baumwollsamenölen vier verschiedene Oxylinolsäuren abgeschieden, sämtlich in Form von mehr oder weniger dicken, dunkelroten, in Äther vollkommen löslichen Ölen. Die Analyse ergab folgendes:

| | C | H | O | C : H | Jodzahl |
|---|---|---|---|---|---|
| I. . . . . . . . . . . . | 70,69 | 9,91 | 19,40 | 18 : 30,3 | 41,9 |
| II. . . . . . . . . . . . | 67,06 | 10,00 | 22,94 | 18 : 32,2 | 35,3 |
| III. . . . . . . . . . . . | 64,39 | 9,54 | 26,07 | 18 : 32,0 | 32,6 |
| IV. . . . . . . . . . . . | 65,85 | 9,65 | 24,50 | 18 : 31,6 | 22,1 |
| Berechnet für $C_{18}H_{32}O_4$ . | 69,23 | 10,26 | 20,51 | 18 : 32 | 81,1 |
| ,, ,, $C_{18}H_{32}O_6$ . | 62,79 | 9,30 | 27,91 | 18 : 32 | 0 |

Das Verhältnis C : H lehrt, daß die Oxysäure I schon Wasser abgespalten hat, vermutlich infolge höherer Temperatur bei der Autoxydation des Öls. Ergänzt man die Zahlen auf des Verhältnis C : H = 18 : 32, so werden sie den für die Oxysäure II gefundenen nahezu gleich; es liegen somit die Resultate aller Verbrennungen zwischen den für die Di- und Tetraoxylinolsäure berechneten Werten.

Es ist naturgemäß sehr schwer, aus den Verbrennungs- und Jodzahlen der Oxylinol- und Oxylinolensäuren sichere Schlüsse zu ziehen. Die Annahme, daß sie zur Polymerisation und zur Wasserabspaltung geneigt sind, hat sich später bestätigt. Der Umstand, daß sie durchweg noch Jod aufnehmen, führte, zusammen mit den Verbrennungsresultaten, zu der weiteren Annahme, daß die Absättigung der einzelnen Doppelbindungen durch Sauerstoff sukzessive erfolgt, und daß je eine Doppelbindung [1]) der Linolen- und Linolsäure gegen den Luftsauerstoff indifferent und nur der Polymerisation zugänglich sei. Der endgültige Beweis für diese Annahme steht allerdings noch aus.

Nachdem im Mohnöl verschiedene Mikroorganismen gefunden wurden, konnte man vermuten, daß derartige Kleinwesen auch beim Trockenprozeß des Leinöls eine Rolle spielen. Indessen

[1]) In erster Linie hat man hier an die 9,10-Doppelbindung zu denken, welche die Linolen- und Linolsäure mit der Ölsäure gemein haben.

konnte R. Kißling[1]) zeigen, daß letzteres auch nach dem Erhitzen auf 120° und nach dem Zusatz von Phenol Sauerstoff aufnimmt.

Für das zweite Stadium des Trockenprozesses (s. Mulder, S. 163) ist eine Mitteilung von W. F. Reid[2]) von Interesse. Er setzte dünne Schichten Leinöl nicht nur bis zum Trocknen, sondern insgesamt 2—5 Jahre der Luft aus. Dabei ging das Linoxyn allmählich in eine dicke Flüssigkeit über, welche Reid „überoxydiertes Leinöl" nannte. Es ist ziemlich dunkel gefärbt, schwerer als Wasser, fast vollständig löslich in Alkohol, beträchtlich löslich in Wasser, stark sauer; mit den meisten basischen Farbkörpern bildet es feste Salze. Besonders die Wasserlöslichkeit wird bei der Zerstörung von Außenanstrichen eine Rolle spielen.

M. Weger[3]) hat die, schon früher ausgeführte Rechnung (S. 151) in folgender Weise fortgeführt. Die 25,7 % (des Leinöls) an flüchtigen Substanzen, welche beim Trockenprozeß entweichen, bestehen im groben Durchschnitt aus 70 % C und 30 % C + H ($CO_2$ 72, $H_2O$ 89, $CH_2O_2$ 70, $C_2H_4O_2$ 53 % O), d. h. auf das Leinöl berechnet aus 18,0 % O und 7,7 % C + H. Somit entstehen 118 Teile oxydierten Leinöls in Wirklichkeit aus 92,3 Teilen unoxydierten Öls und die tatsächliche Sauerstoffaufnahme des nichtflüchtigen Anteils beträgt somit 25,7 %. Ferner berechnete Weger aus den Angaben Hazuras über die Zusammensetzung der flüssigen Leinölsäure und unter der Annahme, daß das Leinöl 15 % gesättigte Glyzeride enthalte, dessen theoretische Jodzahl zu 204. Rechnet man diese Zahl gemäß dem Verhältnis $J_2 : O$ auf Sauerstoff um, so ergibt sich eine Sauerstoffzahl von 12,8 und dies ist genau die Hälfte der oben berechneten Zahl 25,7. Daraus folgt, daß beim Trockenprozeß für jede Doppelbindung zwei Sauerstoffatome aufgenommen werden. Weger gibt selbst zu, daß der obigen Rechnung nur ein beschränkter Wert beizumessen ist, und in der Tat läßt sich Verschiedenes dagegen einwenden. Der Gehalt von 15 % gesättigten Glyzeriden ist zu hoch, die von Hazura angegebene Zusammensetzung der flüssigen Leinölsäure ist nicht richtig (s. im fünften Kapitel), und der

---

[1]) Zeitschr. f. angew. Chem. 1891, **4**, 396.
[2]) J. Soc. Chem. Ind. 1894, **13**, 1020.
[3]) Chem. Rev. 1898, **5**, 249 f.

Trockenprozeß führt niemals zur Jodzahl 0. Aber die Irrtümer kompensieren sich gegenseitig, und der obige Schluß Wegers hat sich später als richtig erwiesen.

Es wurden schon früher (s. S. 123) einige Versuche von R. Henriques[1]) mit dem leicht oxydablen Leinöläthylester angeführt. Das starke Ansteigen der Verseifungszahl bei der Autoxydation erklärte Henriques durch eine Spaltung des Moleküls unter Entstehung niedrigmolekularer Fettsäuren. Daß diese Spaltung schon während der Autoxydation selbst erfolgt, hielt er angesichts der geringen Erhöhung der Säurezahl nicht für wahrscheinlich, er schrieb sie daher der Verseifung zu, hauptsächlich auch aus dem Grunde, weil er früher[2]) bei der Behandlung aromatischer Alkohole, besonders des Zimtalkohols, $C_6H_5 . CH : CH . CH_2OH$, mit alkoholischer Lauge Verseifungszahlen erhalten hatte. Die dabei aus dem Zimtalkohol entstandenen Säuren ließen sich in Gestalt einer gelben, amorphen, harzartigen Masse isolieren, welche in geringer Menge Benzoesäure enthielt, in der Hauptsache aber aldehyd- bzw. ketonartig war. Henriques behandelte ferner sowohl den frischen als den oxydierten Leinöläthylester in der Wärme mit Phenylhydrazin, verdünnte mit säurehaltigem Wasser und schüttelte die Lösung mit Äther aus. Der Verdunstungsrückstand mar im ersten Falle N-frei, im zweiten stark N-haltig. Henriques schloß hieraus, daß bei der Autoxydation des Esters zuerst OH-Gruppen an die Doppelbindungen angelagert werden, die dann sich entweder in Ketogruppen verwandeln oder zur Abspaltung von Aldehyden Veranlassung geben.

Zu einem anderen Resultat kam Henriques[3]), als er die Autoxydationsprodukte der Abietinsäure untersuchte. Diese Säure bildet bekanntlich den Hauptbestandteil des Kolophoniums, ihre Formel $C_{20}H_{30}O_2$ ist heute durchaus sichergestellt[4]), ebenso, daß sie zwei Doppelbindungen enthält. Sie ist somit ein aromatisches Analogon der Linolsäure. In der Tat verhält sie sich auch bei der Oxydation analog und wird dabei in Petroläther

---

[1]) Zeitschr. f. angew. Chem. 1898, **11**, 342.

[2]) Zeitschr. f. angew. Chem. 1897, **10**, 398.

[3]) Chem. Rev. 1899, **6**, 106.

[4]) Vgl. P. Levy, Zeitschr. f. angew. Chem. 1905, **18**, 1739; Berl. Ber. 1908, **41**, 4305.

teilweise unlöslich[1]). Derartige petrolätherunlösliche Oxyabietinsäuren kommen in wechselnden Mengen auch schon im Kolophonium selbst vor[1]), und Henriques hat sie als Erster etwas näher untersucht. Er fand wiederum eine stark erhöhte Verseifungszahl, die er aber in diesem Falle nicht einer Spaltung des Moleküls zuschrieb, weil die aus der Verseifungslauge wieder abgeschiedene Oxysäure keine erhöhte Säurezahl zeigte, vielmehr sprach er die Oxyabietinsäuren als Lactonsäuren an. Nun hat aber Henriques selbst gezeigt, daß fette ungesättigte Alkohole wie Geraniol und Linalool gegen alkoholische Lauge viel beständiger sind als aromatische, wie Zimtalkohol. Es dürfte daher der Analogieschluß gerechtfertigt sein, daß auch die fetten Oxylinolen- und Oxylinolsäuren gegen alkoholische Lauge zum mindesten ebenso beständig sind wie die aromatische Oxyabietinsäure, d. h. daß die erhöhte Verseifungszahl durch schwach saure Gruppen des ungespaltenen Moleküls bedingt wird.

Im Jahre 1900 stellte dann C. Engler[2]) seine bekannte Autoxydationstheorie auf, welche er später gemeinsam mit J. Weißberg[3]) ausführlich begründete. Demnach lagern sich bei der Einwirkung des Luftsauerstoffs an ungesättigte Verbindungen nicht O-Atome, sondern O-Moleküle an die doppeltgebundenen C-Atome an. Es entstehen primär Peroxyde, welche die Eigesnchaft haben, die Hälfte des aufgenommenen O leicht an andere oxydable Körper (Akzeptoren) wieder abzugeben[4]). Unter Umständen kann der ungesättigte Körper (Autoxydator) selbst als Akzeptor fungieren, d. h. er nimmt zunächst molekularen, später aus dem primär gebildeten Peroxyd atomaren O auf. Wenn kein Akzeptor vorhanden ist, so können die Peroxyde ihren aktiven O zur „eigenen inneren Oxydation“ verwenden, d. h. sie erleiden eine molekulare Umlagerung. Anstatt oder neben einer solchen Umlagerung kann auch eine Polymerisation eintreten. „Es rührt dies daher, daß sowohl die Autoxydation als die Polymerisation

[1]) Vgl. Fahrion, Zeitschr. f. angew. Chem. 1898, **11**, 784; 1901, **14**, 1197; 1907, **20**, 356.

[2]) Berl. Ber. 1900, **33**, 1097.

[3]) Kritische Studien über die Vorgänge der Autoxydation, Braunschweig 1904.

[4]) Diese leicht beweglichen O-Atome heißen daher „aktiv“.

auf dieselbe Ursache zurückzuführen sind, nämlich auf das Vorhandensein bzw. die fortwährende Absättigung freier Valenzen, im ersteren Falle durch molekularen O, im letzteren durch die freien Valenzen der eigenen Moleküle. In beiden Fällen liegt die ungesättigte Natur des Körpers zugrunde."

Was speziell die ungesättigten Fettsäuren und ihre Ester betrifft, so führen Engler und Weißberg die früher (S. 169) erwähnte Rechnung Wegers als Beleg an und reihen dieses Beispiel in das Kapitel der „direkten Autoxydation" ein. Sie nehmen also an, daß das Leinöl bei der Autoyxdation nicht als Selbstakzeptor fungiert, sondern *ausschließlich molekularen O aufnimmt*. Da andererseits bis dahin keine einheitliche, stark ungesättigte Fettsäure experimentell auf ihr Verhalten gegen den Luftsauerstoff geprüft wurde, so mögen hier als Beispiel die Resultate angeführt sein, welche Engler und Frankenstein[1]) bei der Autoxydation des ungesättigten Kohlenwasserstoffs *Dimethylfulven*, $\underline{CH : CH . CH : CH . C} : C(CH_3)_2$, erhielten, der wie die Linolensäure drei Doppelbindungen aufweist. Er wurde in Benzol-Lösung mit Luft oder O 4—6 Tage lang geschüttelt, wobei sich ein weißer, amorpher Niederschlag ausscheidet. Durch das Licht und durch Erhöhung der Temperatur wird die Abscheidung wesentlich beschleunigt. Die Analyse stimmt für ein *Diperoxyd*, $C_8H_{10}O_4$. Der Körper hat explosive Eigenschaften, außer in Benzol ist er auch in Petroläther, Äther und Alkohol unlöslich. In Nitrobenzol und Eisessig löst er sich beim Erwärmen auf, jedoch unter chemischer Umlagerung. In wässerigen Alkalien löst er sich schon in der Kälte, aber ebenfalls unter Umsetzung. Das Diperoxyd ist sehr unbeständig, schon unter dem Einfluß des Lichtes und noch rascher beim Erhitzen verliert es seine explosiven Eigenschaften, es schmilzt allmählich zwischen 120 und 130$^0$, wird löslich in Alkohol, kaltem Eisessig usw. Behandelt man eine kochende Benzol-Lösung des Dimethylfulvens mit O, so entsteht das obige Peroxyd überhaupt nicht, sondern nur sekundäre, lösliche und nicht explosive Produkte. Schüttelt man die Benzollösung mit Sauerstoff in Gegenwart einer Lösung von indigschwefelsaurem Natron von bekanntem Gehalt, so entspricht die zur Entfärbung der letzteren verbrauchte Menge

[1]) Berl. Ber. 1901, **34**, 2933.

O 50 % derjenigen Menge, welche von dem Dimethylfulven aufgenommen wurde. Das Diperoxyd $C_8H_{10}O_4$ wird also hierbei im status nascens zu einem Körper $C_8H_{10}O_2$ reduziert. Über die Konstitution dieses Körpers machen Engler und Frankenstein keine Angaben, dem Diperoxyd kommt nach ihrer Ansicht wahrscheinlich die folgende Formel zu:

$$\overset{O_2}{\overbrace{CH\,.\,CH}}\,:\,CH\,.\,CH\,.\,\overset{O_2}{\overbrace{C\,.\,C}}(CH_3)_2.$$

*Es ist somit bei der Autoxydation eine der drei Doppelbindungen erhalten geblieben.*

J. Lewkowitsch[1]) schloß aus der steigenden Verseifungszahl (s. seine Analysen S. 131) bei der Leinöloxydation auf die Entstehung von *Lactonen*. Er suchte diese darzustellen, indem er die Oxysäuren mit wässeriger Lauge neutralisierte und die Lösung mit Äther ausschüttelte. Dieser hinterließ eine viskose, in Alkohol unlösliche Flüssigkeit mit der Verseifungszahl 35,5; als aber die Verseifungslauge mit Säure zersetzt wurde, resultierte ein Körper mit der Säurezahl 57,4. Ferner gaben die Oxysäuren auch nach Entfernung der Lactone eine wesentlich höhere Verseifungs- als Säurezahl. Lewkowitsch schloß hieraus auf die Neubildung von Lactonen; dem Verf. scheint der Schluß Henriques' auf Lactonsäuren näher zu liegen. Lewkowitsch stellte ferner fest, daß die Oxysäuren in Wasser in beträchtlichem Grade löslich sind, in geringem Grade auch die petrolätherlöslichen Säuren. Die letzteren ergaben auch eine geringe Ester- und Azetylzahl, woraus auf die Gegenwart geringer Mengen von Lactonen und hydroxylhaltigen Säuren geschlossen wurde. Auf der anderen Seite wird allerdings auch die Möglichkeit angedeutet, daß die Fettsäuren trotz Gegenwart von Petroläther eine gewisse Menge Oxysäuren lösen.

G. Borries[2]) oxydierte Leinöl mit Hilfe von Bleipulver nach der Methode Livache (s. S. 142). Das vollständig erhärtete Produkt wurde mit Äther ausgezogen, die filtrierte Lösung hinterließ nach dem Eindampfen im Vakuum ein durchsichtiges, nahezu festes Harz. dessen Jodzahl zu 28,5 (Leinöl 184) und Säurezahl

[1]) Chem. Rev. 1902, **9**, 151.
[2]) Dissertation, Leipzig 1902.

zu 27,1 (Leinöl 0,5) ermittelt wurden. Das Mol.-Gew., in Benzol-Lösung nach der Gefriermethode bestimmt, lag im Mittel mehrerer Versuche bei 1384, während für das Leinöl der Mittelwert 675 gefunden worden war (s. S. 45). Borries schloß daraus, daß in dem Harz zwei Moleküle Leinöl zusammengetreten seien.

In einem 1904 erschienenen Artikel[1]) untersuchte Verf., ob das über den Trockenprozeß des Leinöls Bekannte mit der Englerschen Autoxydationstheorie in Einklang zu bringen sei. Daß das Leinöl tatsächlich als primäre Autoxydationsprodukte Peroxyde liefert, konnte qualitativ festgestellt werden. Es wurde mit Wasser unter öfterem Schütteln 8 Tage an der Luft stehen gelassen, dann wurden einige Tropfen verd. $H_2SO_4$ zugefügt, filtriert und das Filtrat mit Jodkaliumlösung und Stärke versetzt. Es entstand sofort eine deutliche Blaufärbung, während ein blinder Versuch farblos blieb. Wenn obiger Versuch auf einige Wochen ausgedehnt oder anstatt mit gewöhnlichem mit geblasenem oder eingetrocknetem Leinöl ausgeführt wurde, so trat auch die etwas empfindlichere Reaktion: Gelbfärbung mit Titanschwefelsäure, ein. Zu berücksichtigen ist hierbei natürlich, daß die Autoxydationsprodukte in kaltem Wasser nur sehr schwer löslich sind.

Es wurde ferner gezeigt, daß die Zahlen, welche Mulder bei der Verbrennung des Linoxyns erhalten hatte, für ein Gemisch von Hexaoxylinolensäure- und Tetraoxylinolsäuretriglyzerid stimmen.

| | C | H | O |
|---|---|---|---|
| Berechnet für $C_3H_2(C_{18}H_{30}O_8)_3$ . . | 51,0 | 7,9 | 33,1 |
| ,, ,, $C_3H_2(C_{18}H_{32}O_6)_3$ . . | 63,9 | 9,2 | 26,9 |
| Mulder gefunden[2]) . . . . . . . . | 62,5 | 8,9 | 28,6 |

Es ist indessen nicht zu bestreiten, daß sich gegen die Annahme, das Linoxyn sei ein Gemisch der obigen Glyzeride, verschiedenes einwenden läßt. Einmal hat bei seiner Bildung sicher auch Wasserabspaltung stattgefunden, und ferner gibt es bei der Verseifung auch noch petrolätherlösliche Säuren, und diese wie auch die petrolätherunlöslichen Oxysäuren zeigen noch beträchtliche Jod-

[1]) Chem.-Ztg. 1904, 28, 1196.

[2]) Mittel aus 3 Bestimmungen.

zahlen, während die Hexaoxylinolen- und die Tetraoxylinolsäure kein Jod mehr absorbieren. Außerdem ist zu berücksichtigen, daß, wenn das Leinöl vorwiegend aus gemischten Glyzeriden besteht, auch die Ölsäure und die festen Fettsäuren in den Trockenprozeß mit hereingezogen werden und daher im Linoxyn noch enthalten sein können.

Da Peroxyde eine Behandlung mit überschüssigem Alkali sicher nicht ohne chemische Veränderung aushalten, so wurden die „Oxysäuren" nunmehr als Produkte einer molekularen Umlagerung der primär entstandenen Peroxyde angesehen. Die starken Schwankungen ihres Sauerstoffgehaltes wurden teilweise durch sukzessive Autoxydation, teilweise durch Wasserabspaltung erklärt. Unter diesem Gesichtspunkte sprechen die Verbrennungsresultate des Verf. insofern nicht gegen die Englersche Theorie, als auch die niedrigsten Oxydationsstufen niemals weniger als ein Molekül O aufgenommen hatten. Eine Polymerisation der primär entstandenen Peroxyde wurde auch aus dem Grunde für sehr wahrscheinlich erachtet, weil eine solche z. B. für das Azetonperoxyd von zwei Seiten[1]) nachgewiesen ist. Andererseits wurde darauf hingewiesen, daß im speziellen Falle des Leinöls eine gegenseitige Neutralisierung von Doppelbindungen oder eine Verkettung von Sauerstoffatomen auch ohne Erhöhung des Molekulargewichts möglich ist. Dies wird leicht verständlich, wenn man sich z. B. die Formel des Triglyzerids der Hexaoxylinolensäure vor Augen hält:

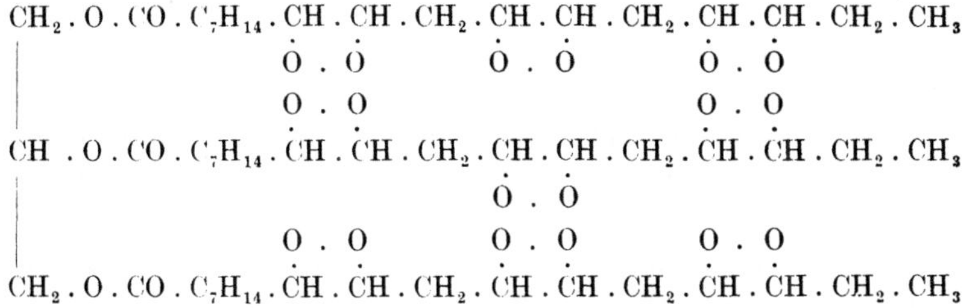

Aus dem schon früher (S. 133) erwähnten geblasenen Leinöl wurden die freien Säuren in Form eines gelben, in Petroläther löslichen Sirups abgeschieden. Bei der Verseifung wurden sie etwa zur Hälfte in Petroläther unlöslich, woraus vorübergehend

[1]) Wolffenstein, Berl. Ber. 1895, **28**, 2264; Baeyer und Villiger, Berl. Ber. 1899, **32**, 3632; 1900, **33**, 125, 858, 2485.

geschlossen wurde, daß die primär entstehenden Peroxyde der Linolen- und Linolsäure in Petroläther löslich und erst ihre Umlagerungsprodukte darin unlöslich seien.

A. Genthe[1]) nahm ebenfalls an, daß beim Trockenprozeß des Leinöls primär Peroxyde entstehen; Versuche zu ihrer Isolierung hat er indessen nicht ausgeführt. Dagegen hat er einwandsfrei bewiesen, daß die Autoxydation mit einer Erhöhung des Mol.-Gew. Hand in Hand geht. Er erhitzte Leinöl in einem kleinen Becherglase, das von einem Mantel aus Aluminiumblech umgeben war, und über welchem ein Glaszylinder für ständige Luftzufuhr sorgte, 300 Stunden lang auf 135°. Täglich wurden Proben genommen und nach der Siedemethode, mit Äther als Lösungsmittel, das Mol.-Gew. ermittelt. Es stieg im Laufe der obigen Zeit sukzessive von ca. 800 auf ca. 1400. Das oxydierte Öl war eine rotbraune, vollkommen durchsichtige, kautschukartige Masse. Streng genommen ist eine Polymerisation durch obigen Versuch noch nicht bewiesen, das Mol.-Gew. hat sich noch nicht einmal verdoppelt, und der Grund hierfür kann schließlich auch eine Kondensation sein. Ferner nimmt Genthe noch an, daß sich über den eigentlichen Trockenprozeß eine zweite Reaktion lagert, im wesentlichen aus einer langsamen Verbrennung der organischen Substanz bestehend.

Ganz kurz mögen hier die Resultate gestreift sein, welche Verf.[2]) bei der Autoxydation des Kolophoniums erhielt (vgl. Henriques S. 171). Die Autoxydationsprodukte gaben Peroxydreaktion und waren in Petroläther unlöslich, ihrer Zusammensetzung nach waren sie Gemische von Di- und Tetraoxyabietinsäure, $C_{20}H_{30}O_4$ und $C_{20}H_{30}O_6$. Beim Erhitzen über 100° und bei Behandlung mit alkoholischer Schwefelsäure, welche bekanntlich hier die COOH-Gruppe nicht verestert, gaben sie petrolätherlösliche Anhydroderivate mit nur wenig verminderter, beim Ausschütteln der Sodalösung mit Äther solche mit stark verminderter Säurezahl.

In einer letzten Arbeit hat dann Verf.[3]) die primäre Entstehung von Peroxyden bei der Leinöl-Autoxydation endgültig bewiesen. Die Versuche wurden hauptsächlich mit freier

[1]) Zeitschr. f. angew. Chem. 1906, **19**, 2098.
[2]) Zeitschr. f. angew. Chem. 1907, **20**, 356.
[3]) Zeitschr. f. angew. Chem. 1910, **23**, 722

Leinölsäure ausgeführt, als Verteilungsmittel diente Baumwollgarn. Das Produkt wurde zuerst mit Petroläther ausgezogen, um den unoxydierten Anteil zu beseitigen; dann nahm Äther das eigentliche Autoxydationsprodukt auf, nach seiner Verdunstung hinterblieb es als dicker gelber Sirup. Es enthält eine beträchtliche Menge aktiven O, den es aber an KJ in Eisessiglösung nur langsam abgibt. Im übrigen zeigt das Produkt alle Eigenschaften, welche Mulder seiner „weißen Linoxysäure" zuschreibt (s. S. 159). Vor allen Dingen geht es beim Erhitzen und bei der Einwirkung von Alkalien in die rote Linoxysäure über, gleichzeitig verschwindet der Gehalt an aktivem O, wahrscheinlich infolge Umlagerung der Peroxy- zur Ketoxygruppe.

$$\begin{array}{lcl} | & & | \\ \mathrm{CH-O} & & \mathrm{CHOH} \\ |\quad\;\; | & \longrightarrow & | \\ \mathrm{CH-O} & & \mathrm{CO} \\ | & & | \end{array}$$

Diese Umänderung kann auch ohne Farbenänderung erfolgen, z. B. durch längeres Erhitzen der „weißen Linoxysäure" mit verdünnter HCl, ferner tritt sie beim Lagern, wenn auch langsam, von selber ein. Somit unterscheiden sich die rote und die weiße Linoxysäure dadurch, daß die erstere ausschließlich aus Ketoxysäuren besteht, während die letztere außerdem auch „Peroxysäuren" bzw. aktiven O enthält. Mulder hatte also recht, wenn er die weiße und rote Linoxysäure als chemisch verschieden ansah, aber auch Bauer und Hazura hatten recht, wenn sie die rote Farbe einem unwesentlichen Zersetzungsprodukte zuschrieben. Für die Umlagerung der Peroxy- in die Ketoxygruppe spricht auch das Verhalten des leinölsauren Kalis bei der Oxydation in neutraler Lösung; es entstehen ähnliche Produkte wie bei der Umlagerung der weißen Linoxysäure. Analog haben Holde und Marcusson[1]) aus Ölsäure, $C_{18}H_{30}O_2$, Ketoxystearinsäure, $C_{17}H_{32}O(OH)(COOH)$, erhalten. Auch der petrolätherlösliche Anteil des Autoxydationsproduktes enthielt aktiven O, ferner wurde er bei der Verseifung in Petroläther teilweise unlöslich. Umgekehrt wurde die „weiße Linoxysäure" bei der Verseifung teilweise in Petroläther löslich. Dieses Verhalten wurde durch eine

[1]) Berl. Ber. 1903, 36, 2657.

gegenseitige Veresterung von Fettsäuren und Oxysäuren erklärt. Wurde die Linoxysäure in Sodalösung gelöst und diese Lösung mit Äther ausgeschüttelt, so hinterließ letzterer einen gelben Sirup mit dem ungefähren Mol.-Gew. 600. Seine Bildung wurde durch Zusammentritt zweier Moleküle unter Wasserabspaltung erklärt, gemäß der allgemeinen Gleichung[1]: 2 R(OH)(COOH) = $H_2O$ + R(OH) . CO . O . R . COOH. Daß auch vollkommen neutrale Anhydroderivate entstehen können, zeigte das Verhalten der Linoxysäure beim Erhitzen über 100$^0$, sie wurde dabei in Ammoniak und Sodalösung teilweise unlöslich, durch Verseifung wurde aber der unlöslich gewordene Anteil in obigen Lösungsmitteln wieder löslich. Es wurde darauf hingewiesen, daß zwar die Mulderschen Linoxyn-Analysen mit einer Absättigung aller Doppelbindungen durch O im Einklang stehen, andererseits aber eine Reihe Mulderscher und Fahrionscher Linoxysäure-Analysen mit der anderen Annahme, daß bei der Linolen- und Linolsäure je eine Doppelbindung intakt bleibt wie beim Dimethylfulven, s. S. 173.

Ein Autoxydationsversuch mit Leinöl verlief ungleich langsamer als derjenige mit Leinölsäure. Er lieferte als Hauptprodukt einen in Äther und Eisessig noch löslichen gelben Sirup mit beträchtlichem Gehalt an aktivem O. Ferner gab der in allen Lösungsmitteln unlösliche Anteil des Autoxydationsproduktes — Linoxyn — bei der Verseifung auch eine gewisse Menge fester Fettsäuren, ein Beweis dafür, daß sie, wenigstens teilweise, in Form gemischter Glyzeride im Leinöl enthalten sind und daher am Trockenprozeß teilnehmen.

Als letzte ist schließlich noch eine Arbeit von E. Orloff[2] zu registrieren. Er fand für ein vollkommen eingetrocknetes Leinöl noch die Jodzahl 14,1. Aus einer angesäuerten Jodkaliumlösung machte es kein Jod frei, dagegen ließ sich der aktive O durch eine alkalische Kaliumquecksilberjodidlösung bestimmen, aus welcher eine äquivalente Menge Hg freigemacht wurde. In Äther war das trockene Leinöl noch teilweise löslich; dem löslichen Anteil schreibt Orloff auf Grund seiner Analysen die folgende Formel zu

---

[1]) Vgl. Ad. Grün, Berl. Ber. 1909, **42**, 3759.
[2]) J. Russ. Phys.-Chem. Ges. 1910, **42**, 658.

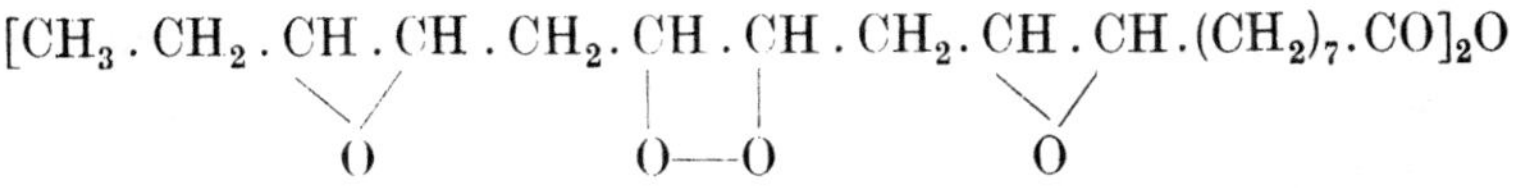

Dagegen soll dem ätherunlöslichen Anteil, also dem eigentlichen Linoxyn, die nachstehende Formel zukommen:

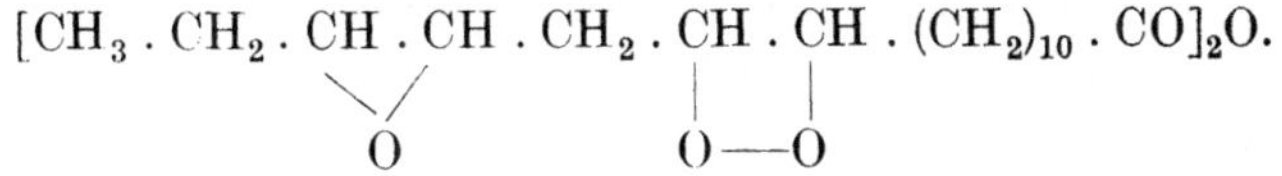

Gegen diese Formeln läßt sich eine Reihe von Einwänden erheben. Zunächst wäre der ätherlösliche Anteil stärker oxydiert als der ätherunlösliche, bzw. ersterer wäre ein Derivat der Linolen-, letzterer der Linolsäure, deren Formel aber eine andere ist (s. S. 40). Ferner wäre außer molekularem auch atomarer O aufgenommen worden, und schließlich ist das in eingetrocknetem Leinöl zweifellos noch enthaltene Glyzerin vernachlässigt. Andererseits treten aber alle diese Einwände zurück gegenüber dem einen, daß das Linoxyn zweifellos ein Gemisch verschiedener Körper und daß daher die Aufstellung irgendwelcher Formel ganz unzulässig ist.

Der Chemismus der Autoxydation beim Blasen des Leinöls dürfte im wesentlichen derselbe sein wie beim Trocknen, nur ist anzunehmen, daß die primär entstehenden Peroxyde sich bei der höheren Temperatur sofort umlagern, und daß die Wasserabspaltung eine stärkere ist. Verf.[1]) hat zwar in einem bei 150° geblasenen Leinöl 0,4 % aktiven O gefunden, doch hatte das Muster über 6 Jahre gestanden, und wurde daher die Peroxydbildung auf eine nachträgliche Oxydation zurückgeführt. Infolge der intensiveren Reaktion scheinen ferner unter den beim Blasen entweichenden, flüchtigen Substanzen eine Reihe von Körpern zu sein, welche beim Trocknen nicht entstehen. H. Nördlinger[2]) konnte daraus isolieren: Säuren vom Siedep. 190° und darüber, Alkohole, Aldehyde und Ester vom Siedep. 150° und höher.

Auf Grund der seitherigen Ausführungen wird man zugeben müssen, daß der Prozeß der Leinöl-Autoxydation nach seiner chemischen Seite hin keineswegs völlig geklärt ist. Im einzelnen wäre vielleicht folgendes zu bemerken.

[1]) Zeitschr. f. angew. Chem. 1910, **23**, 725.

[2]) D.R.P. 167 137.

1. Es ist sicher, daß primär Peroxyde entstehen, und ziemlich sicher (s. später) daß ausschließlich molekularer O aufgenommen wird, daß also die primären Peroxyde nicht etwa ihren aktiven O an das Leinöl als Selbstakzeptor abgeben. Es ist kaum zu bezweifeln, daß zuerst die Linolensäure, dann die Linolsäure O aufnehmen, sowie daß die gesättigten Fettsäuren unverändert bleiben. Was die Ölsäure betrifft, so ist sie zwar gegen den Luftsauerstoff auch nicht beständig, ihre Veränderung dürfte aber, wie schon Mulder vermutete, mehr in der Richtung derjenigen Prozesse liegen, welche das Ranzigwerden von Fetten mit niedriger Jodzahl veranlassen. Jedenfalls liefert die Ölsäure bei gewöhnlicher Temperatur keine petrolätherunlöslichen Oxysäuren, und man kann daher als ziemlich sicher annehmen, daß sie am eigentlichen Trockenprozeß nicht beteiligt ist. Trotzdem kann sie, wie auch die gesättigten Fettsäuren, in dem ätherunlöslichen Linoxyn insoweit enthalten sein, als sie im Leinöl in Form gemischter Glyzeride vorkommen, welche gleichzeitig Linolen- oder Linolsäure enthalten. Ebenso kann die Ölsäure ihre Jodzahl infolge sekundärer Prozesse erniedrigen, welche mit dem eigentlichen Trockenprozeß nichts zu tun haben. Nimmt man an, das Leinöl enthalte etwa 18 % Ölsäure, und diese werde beim Trockenprozeß gar nicht verändert, so berechnet sich für getrocknetes Leinöl die ungefähre Jodzahl 14, also der von Orloff (s. o.) gefundene Wert. Andererseits kann aber die Jodzahl getrockneten Leinöls nicht ausschließlich von Ölsäure herrühren, denn die daraus durch Verseifung abgeschiedenen Oxysäuren, welche Ölsäure höchstens in Spuren enthalten, absorbieren auch noch Jod. Dieser Umstand wäre durch die Annahme, daß je eine Doppelbindung der Linolen- und Linolsäure bei der Autoxydation intakt bleibt, sehr einfach zu erklären; gegen diese Annahme spricht aber der zu hohe Sauerstoffgehalt verschiedener Oxylinol- und Oxylinolensäuren.

2. Es ist sicher, daß bei der Autoxydation des Leinöls ein Teil des Glyzerins abgespalten wird. Sowohl Mulder als auch Bauer und Hazura nehmen an, daß diese Glyzerinabspaltung der Sauerstoffaufnahme vorausgeht; strikte bewiesen ist dies aber nicht. Mulder hat gezeigt, daß unter den freigewordenen Fettsäuren gesättigte und wahrscheinlich Ölsäure sind. Dasselbe nehmen Bauer und Hazura an: sie gehen sogar weiter und glauben, daß nur feste Fettsäuren und Ölsäure frei werden, von Linol- und

Linolensäure dagegen keine Spur. Auch für die letztere Annahme steht der Beweis noch aus, es spricht vielmehr einiges dagegen. Für die spontane Fettspaltung gilt der Satz, daß sie gemäß dem Massenwirkungsgesetz erfolgt, d. h. daß in einem partiell gespaltenen Fett die freigewordenen Fettsäuren dieselbe Zusammensetzung haben wie die noch an Glyzerin gebundenen. Es ist also nicht zu bezweifeln, daß unter den freien Fettsäuren, welche das Leinöl von vornherein enthält, auch Linolen- und Linolsäure sind. Andererseits ist es möglich, aber noch nicht bewiesen, daß obiger Satz bei der Autoxydation seine Gültigkeit verliert.

3. Es ist nicht zu bezweifeln, daß diejenigen Prozesse, welche beim Erhitzen des Leinöls unter Luftabschluß dessen Verdickung herbeiführen, in geringerem oder höherem Grade sich auch bei der Autoxydation abspielen. Daß es sich dabei lediglich um Polymerisation handelt, ist wenig wahrscheinlich; verschiedene Gründe sprechen für Kondensationsprozesse. Da bei der Umlagerung der primären Peroxyde OH-Gruppen entstehen, so sind freie COOH-Gruppen, welche ja übrigens auch entstehen, für derartige Kondensationsprozesse nicht unbedingt nötig. Aus diesem Grunde beweist eine Erhöhung des Mol.-Gew. von 800 auf 1400, wie sie Genthe konstatierte, eigentlich noch keine Polymerisation, sie kann auch durch Kondensation veranlaßt sein. Andererseits ist allerdings zu berücksichtigen, daß Kondensationsprozesse die Jodzahl nicht erniedrigen, sondern erhöhen, während unter Luftabschluß dick gekochtes Leinöl eine gegenüber dem ursprünglichen Öl stark erniedrigte Jodzahl aufweist, und auch die beim Trocknen stattfindende, starke Erniedrigung ohne Zweifel zu einem Teil nicht der Autoxydation zuzuschreiben ist.

## Zehntes Kapitel.

# Sikkative.

Mulder nahm an, daß der Trockenprozeß reinen Leinöls bis zur endgültigen Bildung des Linoxyns mehrere Monate beanspruche. Diese irrige Ansicht kam daher, daß er, obwohl er selbst immer wieder die Notwendigkeit der dünnen Schicht betonte, bei seinen eigenen Versuchen immer noch das Öl zu dick aufstrich. Nimmt man, entsprechend den Verhältnissen der Praxis, die Schichtendicke nicht über 1 mg pro qcm, so beträgt die durchschnittliche Trockenzeit reinen Leinöls 3—7 Tage. Dies ist aber für die Praxis zu viel. Nur selten genügt ein einziger Anstrich, um das Optimum an schützender oder schmückender Wirkung hervorzubringen, meist wird zwei- oder dreimal, zuweilen noch öfter gestrichen. Naturgemäß muß aber der erste Aufstrich vollkommen trocken sein, ehe man den zweiten folgen läßt. Ein möglichst rasches Trocknen ist daher erwünscht. Einmal ist Zeit Geld, und in zweiter Linie wären die Anstriche während einer langen Trockenzeit leicht Beschädigungen durch Berührung, durch Staub, Regen usw. ausgesetzt. Glücklicherweise gibt es nun Substanzen, welche, dem Leinöl einverleibt, seine Trockenzeit ganz wesentlich herabsetzen, derart, daß sie anstatt 3—7 Tage nur 1 Tag, in günstigen Fällen sogar nur 8 oder gar nur 6 Stunden beträgt. Derartige Substanzen heißen Trockenstoffe oder Sikkative, ein sikkativhaltiges Leinöl heißt Leinölfirnis.

Schon Mulder kannte den Ausdruck Sikkative und verstand darunter „Substanzen, welche die trocknenden Eigenschaften der trocknenden Öle vermehren". Ähnlich lautet die Definition Wegers[1]): „Sikkative sind Substanzen, welche einem trocknenden Öle die Fähigkeit erteilen können, rascher zu trocknen, als es das an und für sich zu tun vermag."

Allen Sikkativen oder wenigstens den heute gebräuchlichen ist gemeinsam ein Gehalt an Blei oder Mangan oder Blei und Mangan. Sie werden zweckmäßig eingeteilt in unlösliche und lösliche Sikkative.

Die unlöslichen Sikkative sind Oxyde des Bleis und Mangans oder Salze dieser Metalle mit anorganischen oder niedrigmolekularen organischen Säuren. In Äther, Chloroform, Terpentinöl sind sie unlöslich, im Leinöl lösen sie sich erst nach längerem Erhitzen auf 120—270°.

Die löslichen Sikkative sind Mangan- und Bleisalze von hochmolekularen Säuren der Tier- und Pflanzenfette und der

---

[1]) Chem. Rev. 1897, **4**, 285.

Harze. Von diesen Säuren kommen fast ausschließlich in Betracht die Leinölsäure und die Abietinsäure. Die löslichen Sikkative lösen sich teilweise in Äther, teilweise in Chloroform, alle in Terpentinöl. Im Leinöl lösen sie sich entweder schon in der Kälte oder bei kurzem Erwärmen auf mäßige Temperaturen.

## A. Unlösliche Sikkative.

Bis vor etwa 25 Jahren kannte man ausschließlich unlösliche Sikkative. Die ältesten sind die Bleiglätte, PbO, und die Bleimennige, $Pb_3O_4$; sie wurden schon im Mittelalter verwendet. Da aber zu ihrer Auflösung im Leinöl längeres Erhitzen notwendig ist, so sah man dieses als den Hauptfaktor an und legte den Zusätzen nur wenig Wert bei. Man nannte bleihaltiges Leinöl auch nicht „Leinölfirnis", sondern „gekochtes Leinöl".

Vergleichende Versuche, welche Mulder mit Glätte und Mennige anstellte, fielen zugunsten der letzteren aus, die Mulder demnach für das beste Sikkativ hielt. In der Anwendung von Bleiazetat konnte er keinerlei Vorteil sehen, weil beim Erhitzen desselben mit Leinöl die Essigsäure entweicht.

Von manganhaltigen Sikkativen waren zu Mulders Zeiten im Gebrauch: Manganoxyd, Manganoxydhydrat, Manganoxydulhydrat, Mangansuperoxyd (z. B. empfahl Geiß[1]), Leinöl mit 10 % natürlichen Braunsteins in erbsengroßen Stücken zu erhitzen, aber nicht bis zum „Kochen" und so, daß die Dämpfe ungehindert entweichen können), essigsaures Mangan [2]), borsaures Mangan [3]). Man hatte erkannt, daß die manganhaltigen Firnisse vor den bleihaltigen den Vorzug haben, daß die betreffenden weißen Farben durch Schwefelwasserstoff nicht verändert werden.

Mulder fand die gute Wirkung des Manganborats bestätigt, außerdem prüfte er das Superoxyd und das Azetat, fand aber beide als den Bleioxyden sehr nachstehend.

Da man damals die Wirkungsweise der Sikkative noch nicht erkannt hatte, so wurde eine Anzahl ganz wirkungsloser Körper

[1]) Chem. Zentralbl. 1864, 336.

[2]) Binks, Polyt. Zentralbl. 1860, 1071.

[3]) Barreul und Jean, Compt. rend. **36**, 577; Schubert, Polyt. Zentralblatt 1855, 571.

als Sikkative vorgeschlagen. Zur Prüfung dieser Vorschläge, welche in den meisten Fällen zur Ablehnung führte, stellte Mulder eine große Anzahl von Trockenversuchen an, wobei dem Leinöl die folgenden Körper zugesetzt wurden: Zinkoxyd, Eisenoxyd, Magnesia, Tonerde, Quecksilberoxyd, Antimonoxyd, Antimonsäure, Zinnsäure, Gips, Zinkvitriol, Grünspan, Smalte, Borax, Kieselfluorkalium, Flußspat, Kieselsäure, Magnesiumsilikat, Ton, Glaspulver. Nur in wenigen Fällen ergab sich eine geringe, aber ungenügende Beschleunigung des Trocknens, so daß Mulder immer wieder auf die Mennige als bestes Sikkativ zurückkam und nicht begreifen konnte, wie jemand mit einem richtig hergestellten Mennigefirnis unzufrieden sein könne. Auch von den Mangansikkativen scheint er im großen Ganzen nicht viel gehalten zu haben, wenigstens behauptete er, ein gut trocknender und dabei bleifreier Firnis sei noch nicht gefunden. Diese Ansicht ist längst außer Kraft, dagegen enthalten allerdings heute die größere Hälfte aller Firnisse Blei und Mangan.

Nach Mulder war es wiederum über 20 Jahre in der Literatur über die Sikkative sehr ruhig. Dann trat J. Castelaz[1]) warm für das Manganoxalat ein, das am besten dargestellt wird durch Behandeln von feuchtem $MnCO_3$, frei von Fe und CaO, mit einer Oxalsäurelösung. Mit Leinöl auf 150° erhitzt, zersetzt es sich, 2—5 % liefern einen guttrocknenden Firnis.

A. Livache[2]) versuchte, seine im achten Kapitel beschriebene Prüfungsmethode auch in die Praxis zu übertragen, und empfahl, das Leinöl zur Erhöhung seiner Trockenkraft mit Bleipulver zu schütteln.

Macalpine[3]) will ein wirksames Mangansikkativ in der Weise darstellen, daß die Lösung eines Alkalis oder die Suspension eines Erdalkalis mit Azetylen gesättigt und dann unter fortwährendem Einleiten von Azetylen eine Kaliumpermanganatlösung zugefügt wird.

Nach A. P. Lidoff[4]) ist salpetersaures Ammonium ein gutes Sikkativ. Es wird in kleinen Portionen in 270—280° warmes

---

[1]) Bull. soc. chim. 1889, **50**, 645.

[2]) Vernis et huiles siccatives, S. 178.

[3]) D.R.P. 152 018.

[4]) Seifens.-Ztg. 1906, **33**, 885.

| Bezeichnung des Sikkativs | Formel | Mol.-Gew. | Theoretischer Gehalt an Pb bzw. Mn % | Durchschn. Gehalt der Handelsware % | Farbe | Temperatur, bei welcher die Produkte einen gut trocknenden Firnis bilden. Dauer der Einw. 2 Stunden |
|---|---|---|---|---|---|---|
| Bleiglätte | $PbO$ | 224 | 92,8 | bis 93 | | |
| Bleimennige | $Pb_3O_4$ | 688 | 91,2 | bis 91 | rot | |
| Bleizucker | $(C_2H_3O_2)_3Pb + 3\,H_2O$ | 370 | 56,2 | 56,2 | weiß | |
| Braunstein | $MnO_2$ | 87 | 63,22 | (30—60) 55 | schwarz | ca. 250° |
| Manganoxydhydrat | $Mn_2O_3 \,.\, H_2O$ | 176 | 62,50 | | | 170—200°, |
| Mangansuperoxydhydrat | $MnO_2 \,.\, H_2O$ | 105 | 52,38 | 35—55 | | sicherer |
| Manganoxydulhydrat | $MnO \,.\, H_2O$ | 89 | 61,80 | | | 200—220° |
| Chlormangan | $MnCl_2 \,.\, 4\,H_2O$ | 198 | 27,78 | ca. 27 | rosa | ca. 250° |
| Schwefelsaures Mangan | $MnSO_4 \,.\, H_2O$ | 169 | 32,51 | 27—31,5 | weiß | über 250° |
| Salpetersaures Mangan | $MnN_2O_6 \,.\, 6\,H_2O$ | 287 | 19,16 | 19—20 | rosa | 150—170° |
| Chromsaures Mangan | $MnO \,.\, MnCrO_4 \,.\, H_2O$ | 260 | 42,30 | 38—45 | schwarz | 200° |
| Borsaures Mangan | ? | ? | ? | (5—22) 15 | weiß | |
| Kohlensaures Mangan | $MnCO_3 \,.\, H_2O$ | 133 | 41,35 | 41—42 | hellbraun | ca. 280° |
| Oxalsaures Mangan | $MnC_2O_4 \,.\, 2\,H_2O$ | 179 | 30,37 | ca. 30 | weiß | über 280° |
| Bernsteinsaures Mangan | $MnC_4H_4O_4 \,.\, 4\,H_2O$ | 243 | 22,63 | 22,5 | hell lachsfarb. | ca. 270° |
| Zitronensaures Mangan | $Mn_3(C_6H_5O_7)_2 \,.\, 9\,H_2O$ | 705 | 23,40 | 22,0 | weiß | ca. 270° |
| Weinsaures Mangan | $MnC_4H_4O_6 \,.\, 2\,H_2O$ | 239 | 23,01 | 23,0 | hell lachsfarbig | über 270° |
| Benzoesaures Mangan | $Mn(C_7H_5O_2)_2 \,.\, 4\,H_2O$ | 309 | 14,90 | 14,8 | ,, | ca. 200° |
| Ameisensaures Mangan | $Mn(CHO_2)_2 \,.\, 2\,H_2O$ | 181 | 30,38 | 29,7 | hell violett | ca. 270° |
| Essigsaures Mangan | $Mn(C_2H_3O_2)_2 \,.\, 4\,H_2O$ | 245 | 22,45 | 22 | rosa | 120° |

Leinöl eingetragen, über 300⁰ soll die Temperatur nicht steigen. Infolge Zersetzung des Salzes entsteht Stickoxydul, das Öl färbt sich dunkel und nimmt einen eigentümlichen Geruch an. Nach dem Erkalten zeigt es große Trockenkraft.

In allerjüngster Zeit erhielt J. Meurant[1]) ein Patent auf die Verwendung von borsaurem Blei, das er durch Zusammenschmelzen von Glätte und Borsäure darstellt, als Sikkativ.

## Analyse und Bewertung der unlöslichen Sikkative.

Die Bestimmung von Pb und Mn erfolgt nach bekannten Methoden. Die vorstehende Tabelle verdanken wir M. Weger[2]).

Im einzelnen bemerkt Weger noch folgendes. Bei den Bleisikkativen schadet ein geringer Gehalt an metallischem Blei nichts. Die Manganoxydhydrate sind nach keiner bestimmten Formel zusammengesetzt, sondern Gemische der verschiedenen Oxydationsstufen mit starken Schwankungen im spez. Gew., in der Farbe, Feinheit und Wirkung. Die künstlichen Hydrate sind wertvoller als die Naturprodukte, da sie sich leichter und bei niedrigerer Temperatur lösen. Zur Unterscheidung beider dient das Mikroskop, das Volumgewicht, der Wassergehalt sowie ein eventueller geringer Gehalt an Chloriden und Sulfaten. In den Oxydhydraten sollen größere Mengen von $MnO_2$ nicht zugegen sein, da es wertlos ist und auf schlechtes Auswaschen hindeutet. Ein Kalkgehalt von einigen Prozent ist nicht zu beanstanden, größere Mengen sind zwecklos. Außer dem Gehalt an Mn wird zumeist auch noch derjenige an disponiblem O bestimmt. Weger fand in einigen Handelsprodukten in Prozent:

| | | Mn | Disponibl. O | $MnO_2$ | $Mn_2O_3$ | MnO | Mangansauerstoffverbind. |
|---|---|---|---|---|---|---|---|
| Mangansuperoxydhydrat | A | 38,11 | 10,14 | 49,37 | 10,43 | — | 59,80 |
| „ | B | 53,67 | 10,87 | 33,33 | 46,82 | — | 80,15 |
| Manganoxydhydrat | C | 44,05 | 11,05 | 50,51 | 17,41 | — | 67,92 |
| „ | D | 51,31 | 8,59 | 12,23 | 62,60 | — | 74,83 |
| „ | E | 52,63 | 5,55 | — | 54,83 | 18,66 | 73,49 |
| Manganoxydulhydrat | F | 51,70 | 5,32 | — | 52,54 | 19,52 | 72,06 |

[1]) D.R.P. 223 754.

[2]) Zeitschr. f. angew. Chem. 1897, 10, 403.

Von den Mangansalzen mit anorganischen Säuren wird das Borat am meisten verwendet. Dargestellt wird es meist aus dem Mineral Pyrolusit, indem letzterer feingepulvert und mit konz. HCl erwärmt wird, bis kein Cl mehr entweicht. Dann wird so viel Sodalösung zugefügt, bis der Niederschlag rein weiß wird, d. h. alles Eisen ausgefällt ist. Das Filtrat wird mit Borax gefällt, der Niederschlag mit heißem Wasser gewaschen und getrocknet. Nach Weger zeigen die Handelsprodukte einen stark schwankenden Mangangehalt, 22 % Mn dürfte der höchste Gehalt sein, der für ein weißes Produkt erzielt werden kann. Die weiße Farbe ist von Wichtigkeit, weil das Manganborat besonders für helle Firnisse und Ölfarben verwendet wird. Die Zusammensetzung ist nicht $MnB_4O_7$, sondern beispielsweise $2\,MnO \,.\, 3\,B_2O_3 \,.\, 3\,H_2O$, außerdem enthält es in der Regel 10—20 % NaCl oder $Na_2SO_4$. Dieser Gehalt ist nicht als Verfälschung anzusehen, man kann bei der Darstellung (s. o.) den Niederschlag nicht vollständig auswaschen, weil sonst auch Borsäure in Lösung geht und stärker basische Borate zurückbleiben, die sich beim Trocknen an der Luft dunkel färben. Die meisten Präparate enthalten auch Kalk, entweder als Borat oder Sulfat. Einige Prozent schaden nichts; bei höherem Gehalt ist das Produkt für Firnisse nicht zu empfehlen, dagegen für Sikkativpulver noch verwendbar, weil dieses direkt den Farben beigemischt wird, wobei eine Volumvermehrung durch indifferente Stoffe nicht schädlich ist.

Auch Endemann und Paisley [1]) fanden, daß das käufliche Manganborat keine einheitliche Zusammensetzung hat, daß es durch Wasser zersetzt und der Rückstand an der Luft gefärbt wird. Die Analyse von 4 Handelsproben ergab

| | I | II | III | IV |
|---|---|---|---|---|
| $B_2O_3$ . . . . | 39,36 | 40,81 | 37,38 | 11,09 |
| MnO . . . . | 12,00 | 16,19 | 31,06 | 6,43 |

Ferner wurde gefunden, daß ein Salz von der Zusammensetzung $MnB_4O_7 + 5\,H_2O$ an der Luft beständig ist und unoxydiert getrocknet werden kann. Es ist amorph und verliert bei 120° $2\,H_2O$, den Rest aber erst bei Rotglut, wobei auch Borsäure fortgeht. Das teilweise entwässerte Salz nimmt leicht wieder $2\,H_2O$ auf, beide Salze sind gute Sikkative. Die Verbindung $MnB_4O_7$ +

[1]) J. Amer. Chem. Soc. 1903, **29**, 68.

5 $H_2O$ kann nicht direkt durch Fällung erhalten werden; am besten wird sie so dargestellt, daß man mittels $MnCl_2$ aus einer NaOH enthaltenden Boraxlösung einen Niederschlag von der annähernden Zusammensetzung $MnB_2O_4$ fällt, filtriert und schnell mit luftfreiem Wasser wäscht. Im Filtrat bestimmt man Mn und $B_2O_3$ und berechnet daraus, wieviel Borsäure dem Niederschlag noch zuzusetzen ist, damit ein Salz von der gewünschten Zusammensetzung entsteht.

H. Rütgers[1]) hat gefunden, daß borsaures Mangan in Glyzerin löslich ist und daß man mit viel weniger Sikkativ auskommt, wenn man eine solche Lösung dem Leinöl beimischt.

Von den übrigen Mangansalzen mit anorganischen Säuren wirkt nach Weger das Nitrat am günstigsten; es zersetzt sich beim Erwärmen mit Leinöl unter Abscheidung eines Oxyds, das, weil denkbar feinst verteilt, schon bei 150—170° firnisbildend wirkt.

Über die Mangansalze mit organischen Säuren bemerkt Weger, daß nur das Azetat für die Praxis in Betracht kommt; die übrigen bieten keinerlei Vorteile bezüglich der Aufnahmstemperatur, welche den sehr hohen Preis kompensieren würden.

## B. Die löslichen Sikkative.

Das Prinzip der löslichen Sikkative wurde eigentlich schon von Chevreul angegeben, als er vorschlug, Leinöl mit Bleiglätte und Braunstein zu erhitzen und eine gewisse Menge des erhaltenen Produktes rohem Leinöl zur Erhöhung der Trockenkraft zuzusetzen. Später empfahl auch Binks, Leinöl mit einem Überschuß von Bleiglätte zu kochen und von der so erhaltenen Bleiseife dem Leinöl 0,2—0,5 % beizumischen. Mulder meinte hierzu, das Leinöl sei in der Bleiseife schon „in Bewegung", und diese Bewegung werde durch den Zusatz auf das ganze Leinöl übertragen.

In der Lackfabrikation wurden Blei- und Manganseifen der Leinölsäure (d. h. der Gesamtfettsäuren des Leinöls) und der Abietinsäure (Kolophonium) schon vor längerer Zeit verwendet, indem man sie, in Terpentinöl gelöst, den Lacken

[1]) D.R.P. 88 616.

zusetzte. Als Sikkative für die Firnisbereitung kamen sie dagegen erst Mitte der 80er Jahre des vorigen Jahrhunderts in den Handel und fanden rasch Anklang. Außer den Linolaten und Resinaten kamen auch Oleate — ölsaures Blei wurde zuerst von Bouis empfohlen — und Palmitate in den Handel, allerdings nur selten. K. W. Charitschkoff [1]) bemühte sich, die bei der Raffination des Erdöls abfallenden Naphthensäuren als Grundlage für lösliche Sikkative einzuführen, aber ohne Erfolg. Interessant ist ferner noch der Vorschlag von Ch. van Zoul[2]), die Leinölfettsäuren in alkalischer Lösung nach Hazura mit $KMnO_4$ zu behandeln und das Gemisch der hydroxylierten Fettsäuren in das Mangansalz überzuführen, das ein ganz hervorragendes Sikkativ sein soll.

Je nach der Darstellungsweise unterscheidet man geschmolzene und gefällte Sikkative. Die ersteren werden durch einfaches Zusammenschmelzen der Säuren und Basen, die letzteren in der Weise gewonnen, daß eine wässerige Lösung von leinölsaurem oder abietinsaurem Natrium mit einem wasserlöslichen Blei- oder Mangansalz gefällt wird[3]). Die geschmolzenen Sikkative kommen in mehr oder weniger gefärbten Stücken oder auch gemahlen in den Handel, die gefällten ausschließlich in Form leichter, entweder rein weißer oder nur schwach gefärbter Pulver. Die letzteren sind wirksamer und wesentlich teurer. Die Anwendung der löslichen Sikkative ist eine sehr einfache; man erwärmt das Leinöl auf 120—150° und rührt 1—3 % Sikkativ ein, das sich ohne jeden Rückstand auflösen soll. Oder man löst bei 120° 1 Teil Sikkativ in 2 Teilen Leinöl und vermischt entsprechende Mengen dieses Extrakts mit unbehandeltem Leinöl. Schließlich sind die löslichen Sikkative auch in Terpentinöl löslich, und derartige Lösungen kommen im Verhältnis 1 : 2 oder 2 : 3 als „flüssige Sikkative“ im Handel vor. Mit ihrer Hilfe lassen sich Firnisse ganz auf kaltem Wege herstellen.

Die löslichen Sikkative bürgerten sich rasch ein und hatten schon in den 90er Jahren des vorigen Jahrhunderts die alten Sikkative zum großen Teil verdrängt. Immerhin hatten sie, wie alles Neue, auch Vorurteile zu überwinden, und es ist das Ver-

---

[1]) Westn. shirow. weschtsch. 1901, 2, 165.

[2]) Oil, Paint and Drug Reporter 1903, 26.

[3]) Über die Fabrikation der geschmolzenen und gefällten Resinate belehrt ausführlich ein Artikel von J. Pardeller, Seifens.-Ztg. 1909, **36**, 1256.

dienst M. Wegers[1]), ihre Überlegenheit auch wissenschaftlich dargetan zu haben. Nach ihm sind an ein gutes Sikkativ folgende Anforderungen zu stellen:

1. Das Leinöl soll durch das Sikkativ nicht oder nicht wesentlich dunkler gefärbt werden.

2. Das Sikkativ soll weder Trübungen noch Satz im Öl erzeugen.

3. Das sikkativhaltige Leinöl soll schnell trocknen, zum allermindesten in 12 Stunden, meist aber schon in 8 Stunden oder noch weniger.

4. Das Sikkativ soll billig sein.

Ein ideales Sikkativ, das allen vier Bedingungen in vollem Umfang gerecht wird, gibt es nicht. Daß in bezug auf Punkt 1 und 2 die löslichen Sikkative den unlöslichen überlegen sind, liegt nahe und wurde durch die Praxis bestätigt. Daß die löslichen Sikkative bezüglich des Punktes 3 den unlöslichen zum mindesten ebenbürtig sind, wurde durch eine Reihe von Versuchen erwiesen, von denen später noch die Rede sein wird. Bei Punkt 4 ist zu berücksichtigen, daß das eigentliche „Kochen" des Leinöls wegfällt, wodurch Heizmaterial, Zeit und Arbeit gespart wird.

## Analyse und Bewertung der löslichen Sikkative.

Lösliche Sikkative, welche nur Blei enthalten, kommen kaum in den Handel, gefälltes leinölsaures Mangan ebenfalls nicht. Die hauptsächlichsten der am Markt befindlichen Typen sind nach M. Weger[2]) folgende:

| | Theoretischer Metallgehalt | Tatsächlicher Gehalt an löslichem Metall |
|---|---|---|
| Harzsaures Manganoxydul, gefällt | 7,7 % Mn | 6,7 % Mn |
| „ „ geschmolzen | 5,3 % „ | 2,5—4,5 % Mn |
| Harzsaures Bleimangan | — | 8,9 % Pb; 1,5—2 % Mn |
| Leinölsaures Mangan | 8,9 % Mn | 9—9,5 % Mn |
| „ Bleimangan | — | sehr verschieden |

Etwas abweichende Zahlen gibt Meister[3]) an. Geschmolzenes Manganresinat enthält in der Regel 2,5—3,0% Mn

[1]) Zeitschr. f. angew. Chem. 1896, **9**, 531; 1897, **10**, 401, 542.
[2]) Chem. Rev. 1898, **5**, 4; Benedikt-Ulzer, S. 508.
[3]) Farben-Ztg. 1907, **12**, 1614.

= 45—55 % abietinsaures Mangan. Geschmolzenes harzsaures Bleimangan hat meist 1,5 % Mn und 9—10 % Pb, d. h. etwa 27 % abietinsaures Mangan und 40 % abietinsaures Blei. Gefälltes Manganresinat enthält 5,7—6,5 % Mn, d. h. etwa 80 % abietinsaures Mangan, gefälltes Bleiresinat 20—23 % Pb, d. h. ebenfalls etwa 80 % abietinsaures Blei. Es kommen aber auch ganz geringe Sorten von Harzsikkativen im Handel vor, welche kaum 10 % eigentliches Resinat enthalten.

Bei der Untersuchung der Sikkative überzeugt man sich (nach Weger) zunächst durch Prüfung von Glanz, Geruch, Härte usw., ob man es mit einem Resinat oder Linolat zu tun hat. Gepulverte geschmolzene Sikkative lassen sich von gepulverten gefällten in der Regel durch das Mikroskop unterscheiden, welches bei den ersteren durchsichtige Harzpartikelchen erkennen läßt. Ferner sind die geschmolzenen Sikkative wasserfrei, während die gefällten eine gewisse Menge Wasser, höchstens 6 %, enthalten, das sich beim technischen Trocknen nicht entfernen läßt. Zur qualitativen Prüfung auf die Art der Metalle verascht man eine Portion Sikkativ, löst die Asche in HCl und prüft die filtrierte Lösung nach bekannten Methoden. Außer Pb und Mn können vorhanden sein Ca, Ba, Zn, Cu. Die Resinate von Ba und Ca werden den Sikkativen häufig zugesetzt, sie dienen zur Härtung der Anstriche. Auch Zinkresinat findet sich häufig, es verhindert das Dunkelwerden der Firnisse beim Erwärmen, während das Kupferresinat für Rostschutzzwecke dient. Einige Prozent Harzkalk schaden nichts; doch kommt bei den Linolaten zuweilen eine Verfälschung mit demselben vor, weshalb sich auch eine qualitative Prüfung der Säure empfiehlt. Man kocht eine Portion Sikkativ mit HCl und schüttelt nach dem Erkalten mit Petroläther aus. Der Verdunstungsrückstand wird mittels der Reaktion Storch-Morawski auf Harz geprüft, eventuell werden die physikalischen und chemischen Kennzahlen ermittelt und die Abietinsäure nach Twitchell quantitativ bestimmt. Ölsäure und Palmitinsäure werden, wie schon früher erwähnt, zur Herstellung löslicher Sikkative nur selten verwendet, dagegen ist unter Umständen noch auf Harzester (s. später) zu prüfen.

Zur quantitativen Bestimmung der Metalle wird eine weitere Portion Sikkativ verascht. Aus der Menge der Asche ist nicht allzuviel zu schließen, weil oft Sand als Verunreinigung vorhanden ist, und weil das Blei teilweise als Oxyd, teilweise als Metall zurückbleibt. In betrügerischer Absicht werden den Sikkativen oft Schwerspat, kohlensaurer Kalk usw. beigemischt[1]). In der Regel ist aber in der Asche nur Mn, oder Mn und Pb, häufig neben Ca (aus Harzkalk) zugegen. Man entfernt zuerst das Pb durch $H_2S$ oder $H_2SO_4$. Ist viel Ca vorhanden, so bestimmt man Mn + Ca als Karbonate in neutraler Lösung maßanalytisch, titriert alsdann das Mn und berechnet den Kalk aus der Differenz. Beispielsweise fand F. Ulzer[2]) in einem Harzsikkativ 14,03 % Asche, bestehend aus 67,9 % PbO, 20,2 % MnO, 8,6 % CaO.

Hierauf wird eine weitere Portion Sikkativ, wenn nur Mn vorhanden ist, mit wasserfreiem Äther, wenn auch Pb vorhanden ist, mit Chloroform[3]), jeweils in der Kälte, behandelt. Statt kalten Chloroforms kann man auch warmes Terpentinöl verwenden. Die Löslichkeit in kaltem Äther oder Chloroform bzw. in warmem Terpentinöl geht derjenigen in warmen Leinöl parallel, es ist daher für die Beschleunigung des Trockenprozesses nur derjenige Anteil des Gesamtmetalls von Wert, welcher an Leinölsäure oder Abietinsäure gebunden ist und daher bei obiger Behandlung in Lösung geht. Der ungelöste Anteil ist nicht nur wertlos, sondern direkt schädlich, weil er den Firnis trübt. Er kann enthalten PbO, $Mn_2O_3$, $MnO_2$, $MnCO_3$, CaO, $CaCO_3$ usw. In der Asche werden Pb und Mn in derselben Weise bestimmt wie in der Gesamtasche, der Gehalt an löslichem Pb und Mn ergibt sich aus der Differenz. Zur Kontrolle kann man das lösliche Mn auch direkt bestimmen, indem man einen aliquoten Teil der ätherischen Lösung verdunstet, den Rückstand verascht usw. Eine direkte Bestimmung des löslichen Pb ist dagegen nicht möglich, weil das Chloroform aus der Harzlösung nicht vollständig abgedunstet werden kann, sondern erst in der Glühhitze ganz weggeht, dabei aber den größten Teil des Bleis als Chlorid mitreißt. Je höher bei Abwesenheit von unlöslichem Pb und Mn der Gehalt an löslichem Metall ist,

---

[1]) Vgl. Coste und Andrews, Analyst 1910, **35**, 154.
[2]) Chem. Rev. 1903, **10**, 278.
[3]) Auch Petroläther wurde als Lösungsmittel vorgeschlagen, nach Vulté und Gibson (J. Amer. Chem. Soc. 1902, **24**, 215) ist er aber nicht geeignet.

desto besser ist das Sikkativ, weil man desto weniger von ihm dem Leinöl zuzusetzen braucht, um es in Firnis zu verwandeln.

Aus dem Gehalt an löslichem Mn und Pb denjenigen an Mangan- bzw. Bleilinolat oder -resinat zu berechnen, ist eine schwierige Aufgabe. Zunächst schwankt die Verseifungszahl des Leinöls, sowie die Säurezahl der Leinölsäure und besonders diejenige der Abietinsäure innerhalb ziemlich weiter Grenzen. Man muß deshalb für die Rechnung Durchschnittszahlen annehmen. Als solche schlug Weger vor:

| | |
|---|---|
| Verseifungszahl des Leinöls . . . . . . . . . | 190 |
| Säurezahl der Leinölsäure . . . . . . . . . . | 198 |
| ,, des Kolophoniums . . . . . . . . . | 170 |

Auf Grund dieser Zahlen berechnen sich für

| | | | |
|---|---|---|---|
| leinölsaures Manganoxydul . . . . . | ca. | 8,9 % | Mn |
| ,, Manganoxyd . . . . . . . | ,, | 6,1 ,, | ,, |
| harzsaures Manganoxydul . . . . . | ,, | 7,7 ,, | ,, |
| ,, Manganoxyd . . . . . . . | ,, | 5,3 ,, | ,, |
| leinölsaures Blei . . . . . . . . . . | ,, | 26,9 ,, | Pb |
| harzsaures Blei . . . . . . . . . . . | ,, | 24,0 ,, | ,, |

Beispielsweise fand Weger in einem geschmolzenen harzsauren Bleimangan 9,90 % lösliches Pb, kein unlösliches Pb, 1,43 % lösliches Mn, 0,10 % unlösliches Mn. Hieraus berechnen sich etwa 41 % harzsaures Blei und 27 % harzsaures Manganoxyd, also 30—35 % freies Harz. Letzteres kann nicht als Verfälschung aufgefaßt werden, denn da dem Leinöl nur 2—3 % Sikkativ zugesetzt werden, so ist die Menge freier Harzsäure im fertigen Firnis nur eine geringe. Außerdem wirkt das freie Harz insofern vorteilhaft, als es die Löslichkeit des Sikkativs im Leinöl erhöht bzw. die Lösungstemperatur erniedrigt. Wenn dagegen einem Linolatsikkativ zur Verbilligung Kolophonium zugesetzt wird, so ist ein derartiger Zusatz natürlich als Verfälschung aufzufassen.

Aber abgesehen von den Schwankungen der Verseifungs- und Säurezahl bringt die Fabrikation der löslichen Sikkative noch weitere Komplikationen mit sich. Bei den geschmolzenen Linolaten geht die Spaltung des Esters (bei direktem Erhitzen des Leinöls mit dem Oxyd) und die Verbindung zwischen Leinölsäure und Metalloxyd nicht glatt von statten. Die Reaktion kann vielmehr bei einer gewissen Grenze aufhören, außerdem treten bei der hohen Temperatur Zersetzungen und bei Verwendung von Manganoxydulpräparaten unter Umständen Oxydation ein, so daß man nicht immer weiß, ob das Mn als Oxydul oder Oxyd vorhanden ist. Bei den gefällten Sikkativen fällt dieser Übelstand weg, dafür ist aber hier und unter Umständen auch bei den geschmolzenen Sikkativen die Bildung basischer Salze möglich. Beispielsweise fand Weger in einem geschmolzenen leinölsauren Manganoxydul 11 % lösl. Mn, in einem geschmolzenen leinölsauren Blei über 30 % lösl. Pb. Er erklärt es im letzteren Fall nicht für unmöglich, daß der Glyzerinrest das überschüssige Pb gebunden hat; beim Mn hält er dies für unwahrscheinlich, weil das Glyzerin auch bei sehr hohen Temperaturen nur Spuren von MnO und $Mn_2O_3$ löst, andererseits auch glyzerinfreie Leinölsäure mehr als die berechnete Menge Mn zu binden vermag.

Unter allen Umständen empfiehlt sich neben der analytischen auch eine praktische Prüfung der löslichen Sikkative. Zu diesem Zwecke wird Leinöl mit dem entsprechenden Prozentsatz Sikkativ kurze Zeit auf 120—150° erhitzt und der so erhaltene Firnis auf Farbe, Klarheit, Trockenvermögen usw. geprüft. Oder man löst das Sikkativ in möglichst wenig warmem Terpentinöl und setzt von dem so gewonnenen flüssigen Sikkativ dem Leinöl in der Kälte 5—10 % zu.

Die flüssigen Sikkative des Handels, welche hauptsächlich von Malern und Lackfabrikanten verwendet werden, sind zunächst auf die Natur des Lösungsmittels: Terpentinöl, Kienöl, Benzin, Benzol (s. später) zu prüfen, der nicht flüchtige Anteil wird dann wie ein festes Sikkativ untersucht. Zumeist sind die flüssigen Sikkative sehr metallreiche Lösungen von leinölsaurem Bleimangan, bis 4 : 5, aber auch leinölsaures Mangan, leinölsaures Blei und Resinate werden verwendet. Die letzteren dürfen im Gegensatz zu den Firnispräparaten keine beträchtlichen Mengen freien Harzes enthalten, weil sie sonst die Ölfarben, besonders Bleiweiß, verdicken. Man prüft sie in der Art, daß man 18 g chemisch reines Bleiweiß mit 5 g Leinöl verreibt, dann 5 g flüssiges Sikkativ, 2 g Terpentinöl und einige Tropfen Wasser zugibt. Eine käsige Verdickung darf auch bei mehrstündigem Stehen nicht eintreten.

Ch. A. Fawsitt [1]) hat in einer Anzahl flüssiger Sikkative 20—46 % nichtflüchtige Stoffe gefunden. B. Blackler [2]) konstatierte, daß sie oft beträchtliche Mengen harzsauren Kalk enthalten, der nach seiner Ansicht für den Trockenprozeß fast wertlos ist.

## C. Die Wirkungsweise der Sikkative.

Vor Mulder hatte man über dieses Thema ganz verkehrte Anschauungen, welche zu den merkwürdigsten Firnisrezepten führten. Daß auch Chevreul die Wirkungsweise der Sikkative nicht richtig erkannt hatte, folgt schon daraus, daß er Bleiweiß und Zinkweiß für Sikkative hielt und ferner behauptete, daß das Leinöl durch bloßes Erhitzen auf 79° rascher trocknend werde.

Liebig [3]) war der Ansicht, daß durch die Sikkative in erster Linie der für den Trockenprozeß hinderliche Leinölschleim beseitigt werde. Er behauptete ferner, daß das Leinöl, bei gewöhnlicher Temperatur mit basisch essigsaurem Blei behandelt, 4—5 % PbO aufnehme und alsdann in 24 Stunden trockne. Den besten Leinölfirnis erhalte man in der Weise, daß man Leinöl auf 100° erwärme, mit Bleioxyd mische und 1 Stunde lang Wasserdampf durchleite. Durch Kochen des Leinöls mit Bleioxyd und Wasser sei ein ähnlich guter Firnis nicht zu erzielen. Alle diese Behauptungen bestritt Mulder, der mit Liebig auf dem Kriegsfuß stand, mit großer Schärfe. Sie bedeuteten seiner Meinung nach „wieder einige der zahlreichen Irrtümer, in welche Liebig verfällt, wenn er sich auf das Gebiet der angewandten Wissenschaft begibt. Er sucht, um zu glänzen, überall nach Paradoxen und verfällt dabei in Torheiten, von denen aber die vorliegende noch nicht die schlimmste ist."

Mulder fand für „gekochtes Leinöl" (mit 2,6 % PbO) zwar kürzere Trockenzeiten, aber niedrigere Sauerstoffzahlen als für unverändertes, z. B. nach 117 Tagen 9,3 gegen 12,4. Wenn auch den Zahlen wegen zu großer Schichtendicke keine Beweiskraft zukommt, so war doch sein Schluß, daß das Leinöl in Gegenwart

[1]) J. Soc. Chem. Ind. 1903, **22**, 538.
[2]) Farben-Ztg. 1910, **15**, 1598.
[3]) Ann. Chem. 1839, **33**, 110.

von Sikkativen nicht mehr O aufnimmt als ohne jene, richtig und ebenso sein weiterer Schluß, daß die Sikkative den Trockenprozeß nicht ändern, sondern nur beschleunigen. Daß die Mennige als Sikkativ der Bleiglätte überlegen war (s. S. 183), erklärte er folgendermaßen. Die Mennige ist als ein Gemisch von Bleioxyd und Bleisuperoxyd ($2\,PbO + PbO_2$) aufzufassen, sie enthält daher disponiblen O, den sie an das Leinöl unter Bildung von Linoxysäure bzw. linoxysaurem Blei abgibt und den daher das Öl nicht mehr aus der Luft aufzunehmen braucht. Die Bleiglätte dagegen kann keinen O abgeben, vielmehr muß in diesem Falle das Leinöl den gesamten O aus der Luft aufnehmen, falls es nicht mit der Glätte unter Luftzutritt gekocht wurde. Von einer Sauerstoffübertragung spricht Mulder bei den Bleioxyden nicht, wohl aber beim borsauren Manganoxydul. Er hatte beobachtet, daß, wenn eine Boraxlösung durch $MnSO_4$ gefällt und der Niederschlag mit Wasser ausgewaschen wird, er sich an der Oberfläche infolge Sauerstoffaufnahme aus der Luft braun färbt (s. S. 187). Er schloß daraus, daß das Manganborat auch als Sikkativ ähnlich wirkt, indem es O aus der Luft aufnimmt und an das Leinöl wieder abgibt. Den Ausdruck „Katalysator" benutzte Mulder nicht, trotzdem er schon vorlag. Bekanntlich stammt der Ausdruck „Katalyse" von Berzelius, welcher darunter alle Vorgänge verstand, bei welchen der Verlauf einer Reaktion durch die Anwesenheit irgend eines dritten, indifferenten Körpers ermöglicht oder die Reaktionsgeschwindigkeit beschleunigt wird. Mitscherlich brauchte für dieselbe Erscheinung den Ausdruck „Kontaktwirkung". Ostwald unterschied später schärfer und nannte positive Katalysatoren nur solche Substanzen, welche einen an sich langsam verlaufenden chemischen Prozeß durch ihre Gegenwart beschleunigen. Bredig vergleicht ihre Wirkung mit derjenigen des Schmieröls beim Gange einer Dampfmaschine.

Auch Weger[1]) hat Versuche mit borsaurem Manganoxydul angestellt und gefunden, daß es sich vor anderen unlöslichen Sikkativen dadurch auszeichnet, daß es auch schon bei gewöhnlicher Temperatur wirksam ist, wenn man es mit dem Leinöl innig mischt. Nach 1stündigem Anreiben in der Reibschale mit 5 %

---

[1]) Zeitschr. f. angew. Chem. 1897, **10**, 404.

Manganborat betrug die Trockenzeit 6—24, nach 2stündigem 5—12 Stunden, die filtrierten Firnisse enthielten 0,05 bzw. 0,10 % Mn. Ob das Salz auch in völlig säurefreiem Leinöl löslich ist, läßt Weger dahingestellt. Jedenfalls zeigte $MnSO_4$, das sich auch in der Wärme nur schwer zersetzt, beim Anreiben mit Leinöl nur eine geringe Wirkung, und ebenso auffallenderweise auch $Mn(OH)_3$. Daß die Sikkative tatsächlich Katalysatoren sind, konnte Weger dadurch beweisen (s. später), daß die Trockenkraft der Leinölfirnisse nicht proportional der Sikkativmenge steigt, sondern daß bei einem gewissen Gehalt ein Optimum erreicht wird. Dagegen bestritt Weger die Richtigkeit einer Angabe von Chevreul[1]), laut welcher ein Gemisch rohen und manganhaltigen Leinöls mehr O aufnehmen soll als beide Komponenten für sich. Mit Recht bemerkt Weger, daß die letzte Konsequenz aus einem derartigen Verhalten die wäre, daß ein Öl umsomehr O aufnimmt, je weniger Mn es enthält, und dies fand Weger bei seinen zahlreichen Versuchen nicht bestätigt. Als ziemlich merkwürdig erachtete er die Tatsache, daß lediglich die Oxyde und Salze des Pb und Mn als Sikkative geeignet sind, weil doch diese beiden Metalle sonst wenig Ähnlichkeit zeigen. Weger versuchte auch, Körper, welche leicht O aufnehmen und wieder abgeben oder umgekehrt, z. B. Hydrochinon und Chinon, als Sikkative zu verwenden, aber nur mit geringem Erfolg.

Ch. van Zoul[2]) hat sich speziell mit dem Mangansuperoxyd als Sikkativ beschäftigt. Er konstatierte, daß es jedenfalls an und für sich nicht katalytisch wirken kann, weil es beim Erhitzen mit Leinöl reduziert wird. Er glaubte, daß durch den abgespaltenen O die Leinölsäure in derselben Weise oxydiert wird wie bei der Hazura-Oxydation und daß die so entstehenden hydroxylierten Säuren in Form ihrer Mangansalze die Sauerstoffübertragung bewirken. Er wurde in dieser Anschauung dadurch bestärkt, daß tatsächlich die Mangansalze der Säuren, die er durch Oxydation einer alkalischen Lösung der Leinölsäure mit $KMnO_4$ erhielt, gute Sikkative waren (s. S. 189). Es läßt sich aber gegen obige Anschauung vor allen Dingen einwenden, daß ja auch das Manganoxydul ein Sikkativ ist.

---

[1]) Vgl. Livache, S. 185.

[2]) Oil, Paint and Drug Reporter 1903, 26.

Engler und Weißberg[1]) bezeichnen die katalytischen Erscheinungen, welche sich bei der Autoxydation abspielen, als „*Autoxykatalyse*", den sauerstoffübertragenden Körper als „*Autoxykatalysator*". Dabei unterscheiden sie die *atomistische* oder *hemimolekulare* und die *molekulare Autoxykatalyse*. Bei der ersteren nimmt der *Katalysator* — also in unserem Falle das Sikkativ — molekularen O aus der Luft auf, um ihn in atomarer Form an einen *Akzeptor* — in unserem Falle das Leinöl — weiterzugeben. Die molekulare Autoxykatalyse erklären Engler und Weißberg für identisch mit der *indirekten Autoxydation*, bei welcher der mit molekularem O reagierende Körper (*indirekter Autoxydator*) erst durch eine Vorreaktion eines dritten Körpers gebildet wird. Die Sikkative wären in diesem Falle nur *Pseudokatalysatoren*. Darunter sind nach Engler und Weißberg Körper zu verstehen, welche entweder durch Einwirkung auf andere Körper unter Verbrauch negativer Ionen oder durch Entladung positiver Ionen die Bildung reaktionsfähiger Atome veranlassen, die dann ihrerseits die Autoxydation herbeiführen. Obige Atome sind zumeist H-Atome, welche als indirekte Autoxydatoren O-Moleküle aufnehmen und $H_2O_2$ liefern. Als Beispiel liegt uns am nächsten die katalytische Wirkung des *Manganoxydulhydrats* beim Weldonprozeß, welche Engler und Weißberg folgendermaßen formulieren:

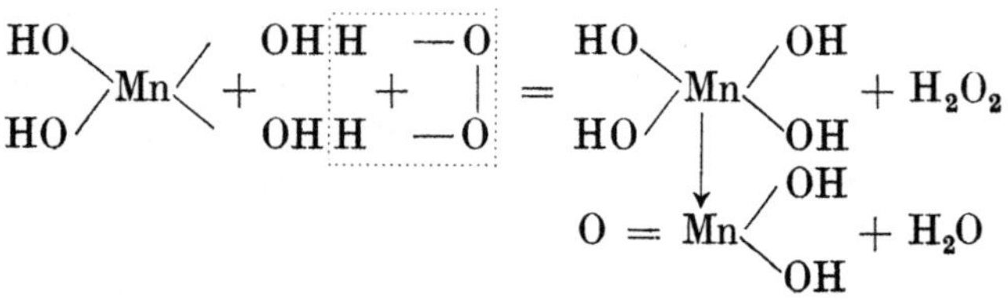

Bei diesem Prozeß ist also die Mitwirkung von *Wasser* unerläßlich, das beim Trockenprozeß nicht vorhanden zu sein braucht, sondern erst sekundär entsteht. Wenn trotzdem intermediär *Wasserstoffsuperoxyd* entstehen sollte, so könnte auch dieses nur atomaren O an das Leinöl abgeben.

Verf.[2]) hat in einem schon früher erwähnten Artikel darauf hingewiesen, daß *Blei und Mangan die gemeinsame Eigen-*

[1]) Kritische Studien usw. S. 146.

[2]) Chem.-Ztg. 1904, 28, 1199.

schaft haben, leicht Superoxyde zu bilden. Die Frage, ob der Trockenprozeß eine hemimolekulare oder eine molekulare Autoxykatalyse sei, wurde damals offen gelassen, dagegen wurde aus den hohen Sauerstoffzahlen der Firnisse (s. später) der Schluß gezogen, daß dieselben jedenfalls nicht ausschließlich atomaren O aufnehmen.

W. Ostwald[1]) schloß aus Versuchen mit ähnlicher Anordnung, wie sie schon bei Genthe (s. S. 153) beschrieben wurde, daß der Leinöltrockenprozeß — auch ohne Sikkative — eine Autokatalyse darstelle. Der Katalysator entstehe auch beim Erhitzen des Leinöls an der Luft, denn es gehe dabei in einen rasch trocknenden Firnis über. Durch das Licht wird der Prozeß beschleunigt; mit einer weißen Farbe angerieben, trocknet das Öl viel rascher als mit einer schwarzen.

Sehr eingehend beschäftigte sich dann A. Genthe[2]) mit dem Gegenstand; seine Resultate sind teilweise schon im achten Kapitel erwähnt. Abgesehen von der S-Form der Kurven stimmten auch die einzelnen Resultate mit den nach der Ostwaldschen Formel für Autokatalysen $\frac{dx}{dt} = k\,(m + x)\,(a - x)$ berechneten gut überein. Es wurde eine Reihe von Versuchen angestellt, um über die Natur des Autokatalysators Aufschluß zu erhalten. Dem Leinöl wurde je 1 % Ameisen-, Essig-, Propion-, Butter-, Valerian-, Croton-, Zimt-, Ölsäure zugesetzt; doch brachte der Säurezusatz nur eine geringe Beschleunigung des Trockenprozesses, eine lebhaftere Sauerstoffaufnahme trat erst nach 8—10 Tagen ein, und die Kurven wiesen immer noch S-Form auf. Ähnliche Resultate gaben Zusätze von Glyzerin, Benzaldehyd, Mesityloxyd, Formaldehyd, Acrolein. Um zu untersuchen, ob der Katalysator unter den flüchtigen Reaktionsprodukten ist, wurden letztere in größerer Menge auf folgende Weise dargestellt. Ein Rohr aus Uviolglas wurde mit Bimssteinstücken, die im luftverdünnten Raum mit Leinöl getränkt waren, angefüllt. Parallel zu diesem Rohr in ca. 3 ccm Entfernung befand sich eine Uviollampe. Über die Bimssteinstücke wurde ein lebhafter Strom trockenen Sauerstoffs geleitet und die abziehenden Gase in einem Dewarschen Gefäß

[1]) Z. f. Elektroch. 1906, **11**, 944.
[2]) Zeitschr. f. angew. Chem. 1906, **19**, 2087.

auf — $20^0$ abgekühlt. Nach 48 Stunden hatten sich einige Gramm einer stark sauer reagierenden Flüssigkeit kondensiert. Aber ein Leinöl mit 1 % dieser Flüssigkeit zeigte keine Erhöhung der Trockenkraft. Dagegen wurde eine solche erreicht, als 50 g Leinöl in einem großen Uhrglase 40 Stunden lang dem Uviollicht ausgesetzt wurden. Ebenso trocknete ein Leinöl, das 1½ Jahre in einer schlecht verschlossenen Flasche gestanden hatte, sowie ein solches, das 2 Stunden unter Luftzutritt auf ca. $130^0$ erhitzt wurde, wesentlich rascher. Daraus wurde geschlossen, daß eine Anoxydierung des Leinöls ihm Firnischarakter verleiht, und daß daher wahrscheinlich der Autokatalysator peroxydartiger Natur ist. In der Tat ergab 1 % Benzoylsuperoxyd eine starke Beschleunigung, dagegen Äthylperoxyd nur eine schwache und Wasserstoffsuperoxyd gar keine. 5 % frisches Terpentinöl ergaben keine, dagegen 5 % altes eine sehr starke Beschleunigung. Als auf den Verteilungskörper zuerst Leinöl aufgetragen wurde, das schon O aufgenommen hatte, und dann gewöhnliches Leinöl, begann die Sauerstoffaufnahme (im Dunkeln) viel früher, und die Kurve näherte sich einer Geraden. Der Grund kann nur eine größere Konzentration des Katalysators sein. Für die Annahme, daß letzterer ein Peroxyd ist, spricht auch der Umstand, daß innerhalb der untersuchten Grenzen die Reaktion praktisch unabhängig von der O-Konzentration ist: bei Versuchen im Dunkeln resultiert dieselbe Kurve in Luft und O, sowie schließlich der enorme Einfluß des Lichtes.

Als Sikkative benützte Genthe ölsaures Blei und Mangan, ferner harzsaures Mangan, geschmolzen und gefällt, leinölsaures Blei, geschmolzen, leinölsaures Mangan, geschmolzen, harzsaures Bleimangan, geschmolzen und gefällt, leinölsaures Bleimangan, geschmolzen, harzsaures Kupfer, geschmolzen. Sie wurden in einer Menge von 1 % im Leinöl unter gelindem Erwärmen gelöst, nach einiger Zeit fielen sie in Form eines gallertigen Niederschlages wieder aus, welcher durch Schütteln fein verteilt und samt dem Öl aufgetragen wurde. Der Trockenprozeß dauerte im Dunkeln anstatt ca. 50 ca. 14, im zerstreuten Tageslicht anstatt 10 ca. 8 Tage, die Beschleunigung ist somit keine so bedeutende, als allgemein angenommen wird[1]). Dabei blieb die S-Form der Kurve

[1]) Hiergegen läßt sich einwenden, daß die Menge des Sikkativs sehr gering und letzteres nicht vollkommen gelöst war. D. Verf.

durchweg gewahrt, der *Autokatalysator* entsteht also auch neben dem Sikkativ, und letzteres ist nur als *Pseudokatalysator* aufzufassen. *Im Uviollicht waren die Sikkative vollkommen wirkungslos.* Auf Grund des letzteren Befundes ließ sich Genthe ein Verfahren[1]) schützen, dessen Anspruch folgendermaßen lautet: Verfahren zur Herstellung von Leinölprodukten, dadurch gekennzeichnet, daß bestimmte, für den Leinöltrockenprozeß eigentümliche Peroxyde vorgebildet werden, entweder dadurch, daß Leinöl unter Oberflächenentwickelung dem Luftsauerstoff und kurzwelligem Licht ausgesetzt wird, oder dadurch, daß Leinöl im Anodenraum unter Verhältnisesn oxydiert wird, die Peroxydbildung gestatten, z. B. in schwach alkalischer Glaubersalzlösung mit Bleielektroden. Die gebildeten peroxydartigen Verbindungen sind die eigentlichen, den Trockenprozeß beschleunigenden Katalysatoren, während alle anderen Trockenmittel nur Pseudokatalysatoren sind, die ihrerseits die Bildung der ersteren beschleunigen. Die erhaltenen Leinölprodukte sind besonders wertvoll, weil die Aufstriche schnell und gleichmäßig durch die ganze Schichtendicke hindurch ohne Haut- und Rißbildung erstarren und ein glänzendes, emailartiges Aussehen haben. Die aufgetrocknete Schicht ist nicht klebrig, sondern hart und gummiartig.

S. A. Fokin[2]) konnte durch Zusatz von Katalysatoren die Trockenzeit des Leinöls von 4—5 Tagen auf 2—3 Stunden herabdrücken. 15 untersuchte Metalle ordneten sich ihrer Wirkung nach folgendermaßen:

1. Co, Mn, Cr, Ni (Fe, Pt, Pd)
2. Pb, Ca, Ba
3. Bi, Hg, U, Cu, Zn.

Diese Reihe, in welcher Pb hinter Fe rangiert, steht jedenfalls mit den Resultaten der Praxis im Widerspruch. Die Wirkung der Sikkative erklärte Fokin derart, daß die Metalle in ihre höheren Oxydationsstufen übergehen, um dann atomaren O an das Leinöl abzugeben, gemäß der allgemeinen Formel:

$$MO_2 + R_1CH : CHR_2 = MO + \underbrace{R_1CH\,.\,CHR_2}_{O}$$

---

[1]) D.R.P. 195 663.

[2]) J. Russ. Phys.-Chem. Ges. 1907, **39**, 307; 1908, **40**, 276.

Gleichzeitig ist aber auch eine direkte Autoxydation unter Aufnahme molekularen Sauerstoffs möglich, besonders wenn nur wenig oder nur ein schwaches Sikkativ zugegen ist. Die Schnelligkeit der Reaktion wächst proportional der Kubikwurzel aus der Konzentration des Katalysators. Die Sauerstoffabsorption ist bei $^1/_5$—20 Atm. proportional dem Druck. Bei Erhöhung der Temperatur nimmt die Schnelligkeit der Reaktion nach der Regel von Spring zu. Neben der Oxydation geht eine Polymerisation.

In einer späteren Abhandlung wendet sich Fokin[1]) gegen Genthe. Zunächst werden einige Versuche angeführt, bei welchen kobalthaltiges Leinöl (0,36 % Co) in einer Hempelbürette mit gasförmigem O behandelt wurde. Die Resultate stimmten für die Aufnahme von 1 Atom O pro Doppelbindung, sie können aber kaum als einwandfrei anerkannt werden. Einmal war der O nur in sehr geringem Überschuß vorhanden, ferner war der Firnis nicht in genügend dünner Schicht zugegen, und wahrscheinlich wurde auch der Umstand nicht berücksichtigt, daß die Jodzahl nicht 0 wird. Auch der aus obigen Versuchen gezogene Schluß, daß beim Trockenprozeß höchstens 1 % des Leinöls an flüchtigen Substanzen entstehen, dürfte kaum gerechtfertigt sein. Fokin hat dann weiter eine große Anzahl von Firnissen nach dem Tafelverfahren geprüft, wobei aber die Schichtendicke bis zu 5 mg pro qcm betrug. Er glaubte zwar nachgewiesen zu haben, daß mit Schichtendicken von 0,5—5 mg dieselben Sauerstoffzahlen erhalten werden; aber die betreffenden Versuche erstreckten sich nur auf 2 Stunden, und in den ermittelten Gewichten fungieren Hundertel- und in zwei Fällen sogar Tausendstel-Milligramme! Man wird daher doch in der großen Schichtendicke ein Moment der Unsicherheit sehen und lieber mit Weger annehmen, daß über 1 mg pro qcm nicht hinausgegangen werden darf. Fokin erhielt für Kobaltfirnisse mit wechselndem Co-Gehalt in 2—10 Stunden Sauerstoffzahlen von 9,1—15,4, einmal aber ausnahmsweise mit einem Manganfirnis in 41 Stunden eine Sauerstoffzahl 18,1. Die einzelnen Werte stimmten nicht für die Ostwaldsche Autokatalysengleichung, wohl aber für eine von Fokin anderweitig abgeleitete Formel. Daß die Reaktionsgeschwindigkeit sich nicht proportional der Katalysator-Konzentration änderte,

[1]) Zeitschr. f. angew. Chem. 1909, 22, 1451.

wurde durch Mitwirkung der Diffusion erklärt. Von einigen Resultaten Genthes wurde gezeigt, daß sie besser der einfacheren Gleichung $\frac{dr}{dt} = k(a - x)$ für monomolekulare Reaktionen entsprechen. Daraus wurde geschlossen, daß Genthe nicht berechtigt war, eine indirekte Autoxydation anzunehmen, und daß auch die Bildung eines Autokatalysators zweifelhaft sei. Der Trockenprozeß der Leinölfirnisse sei vielmehr eine hemimolekulare Autoxykatalyse, die Sikkative nehmen mit Hilfe von Nebenvalenzen ständig O auf, den sie in atomistischer Form sofort wieder an das Leinöl abgeben. Es ist nicht zu bezweifeln, daß die Überlegungen Fokins insofern fehlerhaft sein müssen, als bei seinen Versuchen nach dem Tafelverfahren sicher beträchtliche Mengen flüchtiger Substanzen weggingen.

Die Angabe Wegers, daß von allen Metallen nur Mangan und Blei zu Sikkativen geeignet sind, wurde von Meister[1]) dahin erweitert, daß allen Metallen diese Eigenschaft zukommt, nur den beiden ersteren im höchsten Maße. Er ist der weiteren Ansicht, daß mit einem bestimmten Metallgehalt des Firnisses ein Optimum an Trockenkraft verbunden ist, und daß diese Optima bei verschiedenen Metallen dem Mol.-Gew. proportional sind. Er prüfte daher 17 Metalle in der Weise, daß er deren Resinate durch Fällung darstellte und je 2 % des getrockneten Präparats in einem $^1/_4$ Jahre alten La Plata-Leinöl bei 150° auflöste. Von den so erhaltenen Firnissen wurde mit Hilfe des Tafelverfahrens die Trockenzeit und die Gewichtszunahme nach 12 Stunden ermittelt. Die Resultate ergaben die folgende Gruppierung:

| | Trockenzeit Stunden | Gewichtszunahme % |
|---|---|---|
| Mn . . . . . . . | 12 | 17,4 |
| Pb . . . . . . . | 26 | 9,4 |
| Zn . . . . . . . | 30 | 6,5 |
| Ca . . . . . . . | 32 | 6,0 |
| Co . . . . . . . | 36 | 5,9 |
| Cu . . . . . . . | 46 | 4,9 |
| Fe . . . . . . . | 60 | 4,1 |
| Sr. . . . . . . . | 75 | 2,9 |

[1]) Farben-Ztg. 1908, **14**, 153.

| | Trockenzeit Stunden | Gewichtszunahme % |
|---|---|---|
| Cd . . . . . . | 76 | 4,7 |
| Ni . . . . . . | 77 | 3,1 |
| Al. . . . . . . | 85 | 2,8 |
| Mg . . . . . . | 85 | 2,8 |
| Ba . . . . . . | 86 | 2,4 |
| Sn . . . . . . | 87 | 2,6 |
| Cr. . . . . . . | 95 | 2,0 |
| Hg . . . . . . | 115 | 1,7 |
| Bi. . . . . . . | 117 | 1,8 |
| Rohes Leinöl. . | 121 | 0,93 |

Die Resultate mit Hg und Bi sind deshalb nicht ganz zuverlässig, weil beim Lösen des Quecksilberresinats ein Teil des Hg verflüchtigt wurde, und weil das Wismuthresinat nicht völlig in Lösung zu bringen war. Von den übrigen Resultaten sind hauptsächlich diejenigen mit harzsaurem Zink und Kalk von Interesse, weil diesen beiden Körpern schon von Chevreul, später auch von Mulder und Weger, jeder Wert für den Trockenprozeß abgesprochen wurde.

Im letzten Jahre konnte dann Verf.[1]) noch einen weiteren Beitrag zu der vorliegenden Frage liefern. Es wurden zwei Parallelversuche angestellt, einer mit Leinölsäure, der andere mit bleihaltiger Leinölsäure, d. h. mit Leinölsäure, in welcher so viel leinölsaures Blei aufgelöst war, daß sie insgesamt etwa 1 % Pb enthielt. In zwei Porzellanschalen, je samt einem Glasstab tariert, wurden 3 g Baumwollgarn mit etwa 9 g Leinölsäure getränkt und unter zeitweiligem Umwenden bei Zimmertemperatur stehen gelassen. Die Schalen wurden Tag für Tag um dieselbe Zeit gewogen, folgende Resultate wurden erhalten:

| | ohne Sikkativ | | mit Sikkativ | |
|---|---|---|---|---|
| | g | % | g | % |
| Gewicht der Leinölsäure. . . . . . | 8,877 | — | 9,278 | — |
| Gewichtszunahme nach 1 Tag . . | 0,012 | 0,1 | 0,119 | 1,3 |
| ,, ,, 2 Tagen . | 0,048 | 0,5 | 0,519 | 5,1 |
| ,, ,, 3 ,, . . | 0,282 | 3,2 | 0,956 | 10,3 |
| ,, ,, 4 ,, . . | 0,694 | 7,8 | 1,233 | 13,3 |

[1]) Zeitschr. f. angew. Chem. 1910, **23**, 724.

| | ohne Sikkativ | | mit Sikkativ | |
|---|---|---|---|---|
| | g | % | g | % |
| Gewichtszunahme nach 5 Tagen . | 0,879 | 9,9 | 1,356 | 14,6 |
| ,, ,, 6 ,, . . | 1,006 | 12,0 | 1,416 | 15,3 |
| ,, ,, 7 ,, . . | 1,160 | 13,1 | 1,416 | 15,3 |
| ,, ,, 8 ,, . . | 1,181 | 13,3 | — | — |
| ,, ,, 9 ,, . . | 1,161 | 13,1 | — | — |

Aus diesen Zahlen geht hervor, daß das Blei nicht nur eine Beschleunigung der Sauerstoffaufnahme, sondern auch eine Erhöhung derselben um 2,0 % bewirkt hat. Am neunten und siebenten Tage wurde die Baumwolle erschöpfend mit Alkohol ausgezogen, beim zweiten Versuch blieb dabei in geringer Menge ein unlösliches Bleisalz auf dem Filter zurück. Die alkoholischen Auszüge wurden auf 100 ccm gebracht und in aliquoten Teilen die Jodzahl der entstandenen Linoxysäure sowie deren Gehalt an aktivem O bestimmt. Erstere wurde zu 65,7 bzw. 60,3, letzterer in beiden Fällen zu 0,9 % ermittelt. Aus diesen Zahlen darf endgültig geschlossen werden, daß die Sikkative den Chemismus der Leinöl-Autoxydation nicht ändern, sondern lediglich beschleunigen und abkürzen. Daß in beiden Fällen ausschließlich molekularer O aufgenommen wurde, zeigt folgende Rechnung.

Die gefundenen Jodzahlen 65,7 und 60,3 gelten für die Linoxysäuren; auf die Leinölsäure zurückgerechnet, werden sie zu 74,3 und 69,5. Deren ursprüngliche Jodzahl war 187,4, die Abnahme beträgt somit 113,1 und 117,9. Nun muß sich die Jodzahlabnahme zur Gewichtszunahme verhalten bei der Anlagerung von Sauerstoffatomen wie $J_2 : O = 253,8 : 16 = 15,86 : 1$, bei der Anlagerung von Sauerstoffmolekülen wie $253,8 : 32 = 7,93 : 1$. Demgemäß berechnet sich aus der Jodzahlabnahme im ersten Fall eine Sauerstoffaufnahme von 7,1 und 7,4, im zweiten von 14,3 und 14,9 %. Dabei ist die letzte Zahl etwas zu niedrig, weil das unlösliche Bleisalz (s. o.) nicht berücksichtigt wurde. Gefunden wurden 13,3 und 15,3 %. Aus diesen Zahlen darf wohl zunächst geschlossen werden, daß bei der Autoxydation der freien Leinölsäure unter den obigen Versuchsbedingungen flüchtige Substanzen nur in sehr geringer Menge entstehen, denn ihre Entstehung würde ja die gefundenen Sauerstoffzahlen nicht etwa erniedrigen, sondern erhöhen. Da ferner der Leinöltrockenprozeß zweifellos in derselben Weise verläuft wie die Autoxydation der Leinölsäure, so darf aus obigen Zahlen weiter geschlossen werden, daß auch bei jenem Prozeß primär ausschließlich Peroxyde gebildet werden. Demnach trifft die Behauptung Fokins, die Sikkative übertragen atomaren O, nicht zu. Zwar gab Manchot[1]) an, daß auch atomarer O Peroxydbildung veranlassen könne, Engler und Weißberg bestreiten dies aber. Andererseits führen sie kein Beispiel an, bei welchem der Autoxydator den aufgenommenen molekularen O als solchen, d. h. undissoziiert, an den Akzeptor weiter gibt, gemäß den Formeln

$$A + O_2 \rightarrow AO_2$$
$$AO_2 + B \rightarrow A + BO_2.$$

Wohl geben die zwei Beispiele, bei denen der Autoxydator den gesamten aufgenommenen O wieder abgibt, nämlich die Autoxydation von Cerosalzen in alkalischer Lösung in Gegenwart von Glukose und die Oxydation der Kohle durch $Na_2O_2$ bei 300—400°, aber beide Fälle zählen zur hemimolekularen Autoxykatalyse:

$$A + O_2 \rightarrow AO_2$$
$$AO_2 + 2\,B \rightarrow A + 2\,BO$$

Bei allen Beispielen für die molekulare Autoxykatalyse wirkt $H_2O$ bzw. $H_2O_2$ mit, während der Trockenprozeß auch bei Abwesenheit von Wasser vor sich geht und (nach Genthe) durch $H_2O_2$ nicht beschleunigt wird. Da endlich Engler und Weißberg (S. 94) einräumen, daß die Metalle und Metalloxyde auch in trockenem Zustand den Luftsauerstoff zu Peroxyden binden können, so betrachtet Verf. bis auf weiteres den Trockenprozeß des Leinöls als eine direkte Autoxydation, denjenigen der Leinölfirnisse als eine molekulare Autoxykatalyse, bei welcher die Sikkative als echte Katalysatoren undissoziierten molekularen O übertragen.

---

[1]) Ann. Chem. 1902, **325**, 93.

Elftes Kapitel.

# Leinölfirnis.

Bei Mulder ist zu lesen, Firnis sei „allgemein alles, was einem Gegenstand nach dem Trocknen Glanz verleiht, im besonderen eine Auflösung eines festen Körpers in einer Flüssigkeit, welch letztere nach dem Aufstreichen verdunstet und den festen Körper als eine zusammenhängende, glänzende, elastische Schicht zurückläßt". Hier liegt sehr wahrscheinlich eine falsche Übersetzung vor, es sollte anstatt Firnis „Lack" heißen. Es wurde schon im vorigen Kapitel erwähnt, daß man früher allgemein anstatt Leinölfirnis den Ausdruck „gekochtes Leinöl" brauchte. In Deutschland verschwindet dieser falsche Ausdruck allmählich, nachdem M. Weger[1]) mit Recht betonte, daß darunter eigentlich ein auf höhere Temperatur erhitztes reines Leinöl zu verstehen sei und auch W. Lippert[2]) entschieden dafür eintrat, ein blei- oder manganhaltiges Leinöl als Leinölfirnis zu bezeichnen. In Frankreich und England hat man die Ausdrücke „huile cuite" und „boiled oil" bis heute beibehalten und versteht unter „vernis" bzw. „varnish" das, was wir „Lack" nennen. Sehr häufig werden aber aus französischen und englischen Abhandlungen die obigen Worte mit „Firnis" übersetzt, was in der Literatur der letzten 20 Jahre eine Reihe von Irrtümern veranlaßt hat.

Im vorigen Kapitel wurde angegeben, daß sikkativhaltiges Leinöl Leinölfirnis heiße. Diese Definition genügt aber nicht völlig, die von M. Weger[3]) gegebene lautet folgendermaßen: „Leinölfirnis ist ein mit Sauerstoff oder mit sauerstoffübertragenden Mitteln präpariertes Leinöl, welches an der Luft in dünner Schicht in weniger als 24 Stunden trocknet." Auf den Vordersatz dieser Definition wird später zurückzukommen sein; hier mag nur noch erwähnt sein, daß man die mit Hilfe von Sikkativen hergestellten Firnisse nach einem Vorschlag von W. Lippert[4]) zweckmäßig einteilt in Oxydfirnisse, Linolatfirnisse und Resinatfirnisse.

---

[1]) Chem. Rev. 1897, **4**, 315.

[2]) Zeitschr. f. angew. Chem. 1897, **10**, 435.

[3]) Chem. Rev. 1897, **4**, 286.

[4]) Chem.-Ztg. 1897, **21**, 775.

Zur Darstellung von Firnissen sind die verschiedenen Leinölsorten auch verschieden geeignet. Nach H. Ingle[1]) ist das Öl aus baltischer Saat allen anderen vorzuziehen, sehr gute Firnisse geben auch die Öle aus niederländischer und marokkanischer Saat. Dann folgen die indische, die südrussische, die nordamerikanische und schließlich die argentinische Saat. Das Klima kann für diese Unterschiede nicht ausschlaggebend sein, vielmehr muß die Bodenbeschaffenheit eine wichtige Rolle spielen.

Einen großen Wert legte man und legt man teilweise noch heute darauf, daß das zur Firnisbereitung bestimmte Öl möglichst lange gelagert hat. Livache[2]) schreibt, man sollte kein Leinöl verwenden, das nicht mindestens 1—2 Jahre alt ist. Weger[3]) steht dieser Ansicht einigermaßen skeptisch gegenüber und meint, wenn abgelagertes Öl rascher trockne als frisches, so sei dies jedenfalls nicht der Abwesenheit von Schleim zuzuschreiben (s. S. 195, sondern höchstens einer stattgehabten Sauerstoffaufnahme. Noch weiter geht Lippert[4]), welcher lieber frisches Leinöl verwendet, weil dadurch die Satzbildung, besonders in den flüssigen Sikkativen, eher vermieden wird.

Mulder gab folgende Vorschrift zur Herstellung eines guten Firnisses. Man kocht gewöhnliches Leinöl mit 3 % Mennige in Berührung mit der Luft gelinde 2 Stunden lang — Temperaturangabe fehlt —, läßt absitzen und filtriert. Als vorteilhaft für den so erhaltenen Firnis empfahl Mulder dann noch eine Sonnenbleiche in bleiernen Gefäßen.

Was die chemische Seite der Firnisbildung betrifft, so wies Mulder nach, daß das Leinöl beim Erhitzen mit Bleioxyden schon bei Wasserbadtemperatur eine gewisse Menge Glyzerin abspaltet, und daß die entsprechende Menge Blei als leinölsaures Salz in Lösung geht. Auch C. H. Hall[5]) ist der Ansicht, daß es sich bei Einwirkung der Bleioxyde auf Leinöl lediglich um eine partielle Verseifung handeln kann. Mischt man Mennige oder Glätte mit Leinöl zu einem Brei, so wird dieser auch bei Luftabschluß mit der Zeit dicker und läßt sich zwischen den Fingern

---

[1]) Seifens.-Ztg. 1905, **32**, 96.
[2]) Vernis et huiles siccatives, S. 175.
[3]) Chem. Rev. 1898, **5**, 246.
[4]) Zeitschr. f. angew. Chem. 1903, **16**, 366.
[5]) Chem. Rev. 1903, **10**, 288.

zerreiben. Der Grund kann nur eine Bildung von leinölsaurem Blei sein, das in kaltem Leinöl schwer löslich ist und sich daher abscheidet. Zu einer anderen Auffassung kam J. B. Hannay[1]). Er fand, daß beim Erhitzen von Leinöl mit Bleiglätte auf 170° weder Wasser noch Glyzerin frei wird. Er vermutet daher, daß sich das PbO zwischen das Glyzerin und die Fettsäure einschiebt, so daß z. B. ein Linolensäurebleiglyzerid von folgender Formel entsteht:

$$\begin{array}{l} CH_2 . O . Pb . O . CO . C_{17}H_{29} \\ \cdot \\ CH \;\, . O . Pb . O . CO . C_{17}H_{29} \\ \cdot \\ CH_2 . O . Pb . O . CO . C_{17}H_{29} \end{array}$$

und ferner, daß derartige Bleiglyzeride beim Trocknen bleihaltiger Firnisse eine wichtige Rolle spielen. Nach Weger ist die Aufgabe der Firnisfabrikation einfach die, eine gewisse Menge Pb oder Mn in irgendeiner Form im Leinöl zu lösen.

Daß man früher dem Kochen des Leinöls den Hauptwert bei der Firnisbereitung beimaß, wurde schon im vorigen Kapitel erwähnt. Chevreul hatte angegeben, daß schon ein 8 stündiges Erwärmen auf 79° genüge, um die Trockenkraft des Leinöls wesentlich zu erhöhen. Dies bestritt Mulder. Er erhitzte Leinöl in einer Retorte 10 Stunden lang auf 100°, ohne dadurch eine Beschleunigung des Trocknens zu erzielen, ebensowenig, als er ein Leinöl 3/4 Stunden lang „erhitzte" und dann noch 1/2 Stunde „kochte". Trotzdem hielt er das Kochen des Leinöls bei der Firnisbereitung für nützlich, weil seiner Meinung nach dabei Leinölsäureanhydrid entstand, das nicht mehr zu trocknen brauche und infolge seiner kautschukartigen Beschaffenheit die Anstriche verbessere. Es schließe Luft und Feuchtigkeit vollkommen ab; andererseits habe es allerdings auch den Nachteil, daß es weich sei und nicht gut decke, d. h. die Farben nicht gut annehme.

Später hat M. Weger[2]) einwandfrei bewiesen, daß tatsächlich die Temperatur der Firnisbereitung ohne jeden Einfluß auf die Trockenzeit ist. Um nur ein Beispiel anzuführen, das an die Muldersche Vorschrift erinnert, so erhitzte Weger ein Leinöl mit 3 % Mennige 3 Stunden lang auf 200°. Der Firnis

[1]) Proc. Chem. Soc. 1904, **20**, 58.

[2]) Zeitschr. f. angew. Chem' 1897, **10**, 547; Chem. Rev. 1898, **5**, 220,

brauchte zum Trocknen 3 Tage (O-Zahl 14,0), während Firnisse, welche mit löslichen Sikkativen vollständig in der Kälte bereitet waren, Trockenzeiten bis zu 4 Stunden herab aufwiesen. Trotzdem gab Weger zu, daß ein kalt bereiteter Firnis unter Umständen einem „gekochten“ in bezug auf Konsistenz, Geruch und schließlich auch Widerstandsfähigkeit nachstehen kann; er ließ also auch das Kochen, in erster Linie als konsistenzfördernd, gelten.

Auch E. Täuber[1]) fand bestätigt, das starkes Kochen bei Herstellung der Firnisse eher nachteilig wirkt, indem es besonders bei Bleifirnissen die Farbe und auch die Härte ungünstig beeinflußt. Andererseits erhitzte er ein Leinöl ohne Sikkativ 120 Stunden lang auf 150° und fand, daß es zwar sehr langsam trocknete, aber sehr widerstandsfähige und glänzende, wenn auch etwas dunkle Anstriche lieferte.

Bei derartigen dick gekochten Ölen wird es natürlich schwierig, gleichmäßige und dünne Schichten aufzustreichen. So strich Verf.[2]) drei, schon früher (S. 111) erwähnte, teilweise polymerisierte Leinöle auf Blechplatten, ließ letztere 10 Tage an der Luft liegen und bestimmte in den Autoxydationsprodukten die Oxysäuren. Folgende Resultate wurden erhalten:

| | A | B | C |
|---|---|---|---|
| Prozent Oxysäuren vorher ..... | 0,5 | 4,4 | 7,6 |
| „ „ nachher .... | 30,6 | 20,8 | 16,4 |

Aus diesen Resultaten wurde der Schluß gezogen, daß ein Firnis um so besser trockne, je weniger er Oxysäuren enthalte. Dieser Schluß ist aber nicht einwandsfrei, weil ohne Zweifel bei B und C die Schichtendicke größer und daher der Prozeß nach 10 Tagen noch nicht zu Ende war.

Lippert[3]) erhielt für ein Standöl bei stetigem Ansteigen innerhalb 24 Tagen die Sauerstoffzahl 9,6. Er war über die Höhe dieser Zahl einigermaßen verwundert und vermutete, daß beim Trocknen eine Depolymerisation eintrete.

Weger[4]) erhielt in noch kürzerer Zeit, allerdings auch bei geringerer Schichtendicke, noch höhere Zahlen, nämlich nach

[1]) Chem.-Ztg. 1906, **30**, 1251.
[2]) Zeitschr. f. angew. Chem. 1892, **5**, 172.
[3]) Zeitschr. f. angew. Chem. 1898, **11**, 415.
[4]) Chem. Rev. 1898, **5**, 218.

18 Tagen für ein Standöl 11,1, für ein Dicköl 10,7. Das Gewichtsmaximum tritt erst geraume Zeit nach dem Antrocknen ein, der Trockenpunkt ist nicht scharf und schwer zu erkennen.

Einer Behauptung Genthes, daß auf 350° erhitztes Leinöl überhaupt nicht mehr trockne, wurde von anderer Seite[1]) widersprochen; die Praxis kennt keine „totgekochten" Firnisse.

Weger[2]) hat gezeigt, daß der Leinölschleim bei der Firnisbildung keineswegs die große Rolle spielt, die ihm Liebig (siehe S. 195) zuschrieb. Vergleichende Versuche mit schleimhaltigem und schleimfreiem Leinöl ergaben im großen Ganzen keinen Unterschied in den Trockenzeiten; letzteres trocknete manchmal etwas besser, manchmal auch etwas schlechter. Weger sammelte den koagulierten Schleim aus größeren Ölmengen auf einem Filter und suchte ihn auf Tontellern möglichst vom Öl zu befreien, was aber nur unvollkommen gelang. Er stellte alsdann eine geleeartige, durchscheinende Masse von gelblicher Farbe dar, die sich noch sehr gut auf Glasplatten verstreichen ließ und in $3\frac{1}{2}$ bzw. $4\frac{1}{2}$ Tagen eine O-Zahl von 14,7 bzw. 12,8 ergab.

Eine vorherige Entschleimung des Leinöls ist daher nicht unbedingt nötig, immerhin wird rohes Öl nur selten zu Firnissen verwendet, sondern zumeist mit Fullererde oder Schwefelsäure gereinigt.

Nun folgt aus der Wegerschen Definition für Leinölfirnis (S. 207), daß es auch Firnisse gibt, welche keine eigentlichen Sikkative enthalten, sondern lediglich mit Sauerstoff behandelt wurden, also eine Voroxydation durchgemacht haben. In der Tat erscheint es ja ganz plausibel, daß ein Leinöl, das schon, z. B. durch Blasen, eine gewisse Menge O aufgenommen hat, rascher in Linoxyn übergehen wird als ein rohes. Vor Mulder waren über die Voroxydation verschiedene Meinungen laut geworden. Webster[3]) erklärte die Einwirkung des Luftsauerstoffs beim Firniskochen für direkt schädlich und empfahl die Verwendung überhitzten Dampfes bei Luftabschluß. Dagegen schlug Binks[4]) vor, zur Gewinnung eines guten Firnisses das Leinöl mit 0,2 % $MnSO_4$ und 0,6 % PbO $\frac{1}{2}$ Stunde auf 60° zu erwärmen

[1]) Farben-Ztg. 1907, **12**, 1155.

[2]) Chem. Rev. 1898, **5**, 245.

[3]) Polyt. Zentralbl. 1855, 251.

[4]) Polyt. Zentralbl. 1860, 1071.

und dann bei 35—40° einen Luftstrom durchzuleiten, welcher das Öl verdicke und die Metalloxyde wieder entferne! Auch Mulder hielt eine partielle Oxydation des Leinöls beim Firniskochen für vorteilhaft und bei Verwendung von Bleiglätte sogar für notwendig. Bei der Mennige dagegen finde eine teilweise Oxydation bzw. Bildung von linoyxsaurem Blei auch bei Luftabschluß statt. Dem linoxysauren Blei schrieb Mulder eine härtende Wirkung auf die Anstriche zu; daß es sich auch beim Kochen von Leinöl mit Glätte unter Luftzutritt bilde, schloß er daraus, daß derart gekochtes Öl beim Verseifen ebenfalls eine rote Lösung liefert. Man könnte von unserem heutigen Standpunkte aus einwenden, daß beim Erhitzen von Leinöl mit Glätte unter Luftabschluß leinölsaures Blei entsteht, das beim Trocknen ebenfalls linoxysaures Blei liefert. Letzteres glaubte aber Mulder nicht; er war vielmehr der Ansicht, daß die Leinölsäure vor dem Trocknen das PbO wieder fahren lasse, um ihrerseits in Linoxyn überzugehen. Zu dieser Ansicht kam er durch folgenden Versuch: „Gekochtes Leinöl" (mit 2,6 % PbO) wurde mit 25 % Bleiweiß gemischt und das Gemisch auf Blechplatten der Luft ausgesetzt. Der getrocknete Aufstrich wurde in Alkohol suspendiert und mit $H_2S$ behandelt, also alles Pb abgeschieden. Von der so erhaltenen Fettsubstanz waren etwa 20 % in Äther und Alkohol löslich. Dieser lösliche Anteil hätte nach Mulders Meinung etwaige Linoxysäure enthalten müssen, er wurde aber bei der Verseifung nicht rot. Trotzdem wird man ruhig annehmen dürfen, daß die COOH-Gruppen, die bei der Firnisbildung durch PbO neutralisiert werden, dies auch im Linoxyn noch sind.

In den 80er Jahren des vorigen Jahrhunderts kamen dann, zuerst von England aus, geblasene Leinöle in den Handel, und man glaubte eine Zeitlang, sie direkt als Firnisse verwerten zu können. Daß dies nicht der Fall ist, hat Weger[1]) gezeigt. Er fand, daß kaltes Blasen, auch bei einer Dauer von 25 Stunden, keine sichtbare Veränderung hervorruft, das Öl wird nicht dicker und trocknet nicht schneller, es scheint wenig oder gar kein O aufgenommen zu werden. Bei warm geblasenen und nicht zu stark verdickten Ölen beginnt die Gewichtszunahme in dünner Schicht früher und ist meist auch früher zu Ende als bei den rohen

[1]) Chem. Rev. 1898, 5, 236.

Ölen, die O-Zahl ist immer niedriger. Manchmal tritt aber eine Verkürzung der Gesamttrockenzeit überhaupt nicht ein, z. B. trocknete ein Leinöl in 3 Tagen mit der O-Zahl 15,1, ein durch Blasen dieses Öls bei 130—140$^0$ im großen dargestelltes Firnisleinöl trocknete ebenfalls in 3 Tagen mit der O-Zahl 14,0. Beide Proben waren 3 Jahre alt und nicht absolut verschlossen aufbewahrt worden. Ein indisches Leinöl trocknete in 6 Tagen mit der O-Zahl 16,8, dasselbe Öl, 25 Stunden bei 250$^0$ geblasen und dadurch stark verdickt, trocknete in 6½ Tagen mit der O-Zahl 9,3.

Steenberg[1]) kam durch Versuche mit geblasenen Leinölen zu dem Resultat, daß sie sich für Anstrichfirnisse nicht eignen, weil sie zu langsam trocknen und zu dickflüssig sind.

Nach Einführung der löslichen Sikkative kam das Blasen der Firnisse sehr in Übung, heute ist man zum Teil wieder davon abgekommen. Es wurde entweder vor oder nach dem Zusatz des Sikkativs einige Stunden bei 120—150$^0$ geblasen. Nach einem von Weger[2]) angeführten Beispiel würde das vorherige Blasen wenig nützen. Ein Leinöl wurde mit 2 % harzsaurem Bleimangan in der Kälte versetzt, es trocknete in 8½ Stunden mit der O-Zahl 17,5. Dasselbe Leinöl, einige Stunden bei 115$^0$ geblasen und dann mit derselben Sikkativmenge in der Kälte versetzt, trocknete in 1½ Tagen mit derselben O-Zahl. Andererseits haben Dunlop und Shenk[3]) gezeigt, daß sich die Jodzah eines Bleimanganfirnisses durch andauerndes Blasen bis auf 24,9 herabdrücken läßt.

Eine stark firnisbildende Wirkung wurde und wird teilweise heute noch dem Ozon zugeschrieben. W. J. Engledue[4]) behauptet, daß das Leinöl durch 2—3 stündige Behandlung mit ozonisierter Luft ohne wesentliche Erhöhungen der Konsistenz vollständig die Eigenschaften eines Firnisses annehme. Nach Schrader und Dumcke[5]) genügt eine kurze Ozonisierung; wenn man nachher das Leinöl in flachen Schalen der Luft aussetzt, so geht die Reaktion, besonders im direkten Sonnenlicht, von

---

[1]) Farben-Ztg. 1907, **12**, 674.
[2]) Chem. Rev. 1898, **5**, 219.
[3]) J. Amer. Chem. Soc. 1903, **25**, 826.
[4]) J. Soc. Chem. Ind. 1898, **17**, 1101.
[5]) Vgl. Livache, S. 192.

selbst weiter, das Öl wird heller, dicker und rascher trocknend. E. A. Sperry[1]) will sogar nichttrocknende Öle bei höherer Temperatur durch Ozon und Platinmohr als Katalysator in Firnisse überführen. Der „Elektrofirnis“ von H. Pfanne[2]) wird in der Weise dargestellt, daß ein Gemisch von Leinöl und verdünnter $H_2SO_4$ in einem Intensivrührwerk in ständiger Emulsion erhalten und gleichzeitig ein elektrischer Strom durchgeleitet wird. Durch Zersetzung des Wassers bildet sich Ozon, welches das Leinöl unter Temperaturerhöhung derart verändern soll, daß es umso rascher trocknet, je länger die obige Behandlung gedauert hat. Weger[3]) erwähnt einen derartigen Firnis mit einer Trockenzeit von 1½ bzw. 2 Tagen und einer O-Zahl von 16,7 bzw. 15,1. Dagegen fand er in „ozonisierten Firnissen“, die hauptsächlich von England aus in den Handel kommen, meist auch Mn oder Pb. Andererseits hat Genthe eine Reihe von Versuchen mit einem „technischen, geblasenen Firnis, blei- und manganfrei“ angestellt mit dem Resultat, daß er durchweg rascher trocknete als diejenigen Firnisse, die er sich mit Hilfe löslicher Sikkative, allerdings in nicht ganz einwandfreier Weise (s. S. 200), selbst hergestellt hatte.

Bei der Beurteilung der Leinölfirnisse ist natürlich das Wichtigste die Trockenzeit. Daß 24 Stunden bei einem guten Firnis das Maximum darstellen, spricht schon die Wegersche Definition aus, in den meisten Fällen ist dies aber noch zu viel. Andererseits ist der Satz: Ein Firnis ist umso besser, je rascher er trocknet, auch nicht richtig. Schon Mulder hat es ausgesprochen, und Weger hat es bestätigt, daß Raschtrocknen und Guttrocknen zwei verschiedene Dinge sind. Zur Bestimmung der Trockenzeit dient die Trockenprobe. Man streicht den Firnis auf Blech oder Glas und verfolgt das allmähliche Erhärten durch Auflegen des Fingers. Die Bestimmung der Sauerstoffzahl läßt der Praktiker natürlich weg, sie ist ja letzten Endes nur eine Verfeinerung der Trockenprobe.

Über die Anstellung der letzteren äußert sich Weger[4]) folgendermaßen. Man streicht mittels eines trockenen, reinen Pinsels

---

[1]) D.R.P. 125 139.

[2]) D.R.P. 71 493.

[3]) Chem. Rev. 1898, 5, 220.

[4]) Chem. Rev. 1898, 5, 214.

oder mittels des Fingers einige Tropfen Firnis in gleichmäßiger Schicht — nicht mehr als 1 mg pro qcm, aber auch nicht allzu wenig — auf eine gut gereinigte und vollkommen trockene Glastafel. Diese wird alsdann, vor Staub und vor dem direkten Sonnenlicht geschützt, bei etwa 15° sich selbst überlassen. Den Aufstrich prüft man von Stunde zu Stunde, später in kürzeren Zwischenräumen, durch Betupfen mit den Fingerspitzen, bis er nicht mehr klebt und vollkommen trocken ist. Man hat hierbei zu unterscheiden zwischen „Antrocknen", bei welchem die Firnishaut nur einen leichten, und „Durchtrocknen", bei welchem sie einen starken Druck des Fingers aushalten muß. Auf ein rasches Antrocknen wird hauptsächlich bei Anstrichen im Freien Gewicht gelegt, weil andernfalls der Staub sich auf dem Anstrich ablagert und ihn durch sein Miteintrocknen mißfarbig macht. Man beobachtet außer der Trockenzeit auch die Art und Weise des Trocknens bzw. die Beschaffenheit der Firnishaut. Ein guter Firnis soll eine glänzende, durchsichtige und feste, aber gleichzeitig elastische und gegen die Atmosphäre möglichst widerstandsfähige Haut liefern. Leinöl aus russischer Saat trocknet besser und „klebfreier" als solches aus indischer und La Plata-Saat. Nach Lippert[1]) ist bei den Bleifirnissen die Haut mehr lederartig, bei den Manganfirnissen mehr spröde und hart, ferner können die Bleifirnisse nach einiger Zeit ein starkes Nachkleben der Firnishaut zeigen. Geblasene Firnisse trocknen zumeist nicht sehr hart. Ein größerer Gehalt an freiem Harz macht den Anstrich klebend, ein Gehalt an harzsaurem Kalk sehr hart.

In der Prüfung durch Auflegen des Fingers liegt natürlich ein persönliches Moment, so daß auch unter genau denselben Umständen verschiedene Beobachter auch verschiedene Trockenzeiten finden können. Man hat versucht, dieses persönliche Moment auszuschalten. E. Bandow[2]) empfahl, anstatt des Fingers kleine Papierstreifen in Zeiträumen von $\frac{1}{2}$ Stunde aufzulegen. Wenn sie sich abheben lassen, ohne daß Teilchen des Anstrichs daran haften bleiben, ist letzterer trocken. Zur Prüfung des Anstrichs auf Elastizität sollen Streifen von Zeichenpapier 2—3 mal damit bestrichen und gut getrocknet werden.

---

1) Zeitschr. f. angew. Chem. 1899, **12**, 514; 1903, **16**, 365.
2) Chem.-Ztg. 1905, **29**, 990.

Dann knifft man die Streifen je zweimal rückwärts und vorwärts, bedeckt sie mit einer Glasplatte und beschwert diese 24 Stunden lang mit einem Zweikilogewicht. Die Kniffstellen dürfen alsdann keine Risse zeigen. Steensdrup[1]) schlug vor, Streifen von Filtrierpapier in die Firnisse zu hängen; je rascher sie trocknen, desto höher sollen sie in den Streifen empor steigen. Das ist sehr fraglich, denn die Trockenkraft hängt doch nicht lediglich von der Konsistenz bzw. dem spez. Gew. ab. Wie zu erwarten, konnten sich obige Methoden nicht einbürgern; trotz ihrer Mängel wird die Probe mit dem Finger immer die einfachste und zweckmäßigste bleiben.

Ein weiterer derartiger Mangel liegt in den äußeren Umständen. Weger betont ausdrücklich, daß die Ausdrucksweise: Ein Firnis trocknet in so und so viel Stunden, oder: Ein Firnis trocknet schneller als ein anderer, ganz nichtssagend ist; denn ein Firnis, der heute in 10 Stunden trocknet, kann morgen 12 Stunden brauchen und übermorgen schon in 8 Stunden trocken sein: ein Firnis, der am Orte A 7 Stunden zum Trocknen braucht, kann an demselben Tage am Orte B 9 Stunden nötig haben. Richtige Zahlen erhält man daher nur auf Grund sehr vieler an verschiedenen Tagen angestellten Versuche, und wenn man eine Angabe über die Trockenzeit eines Firnisses machen will oder muß, sollte man stets einen großen Spielraum lassen. Zwei verschiedene Firnisse kann man nur dann genau vergleichen, wenn man sie zu gleicher Zeit nebeneinander aufstreicht. Weger[2]) hat schließlich auch die Frage eines für vergleichende Untersuchungen geeigneten Normalfirnisses erörtert. Einen derartigen Normalfirnis müßte man entweder auf eine möglichst einfache, unzweideutige Weise mit einem bestimmten Sikkativ jedesmal von neuem bereiten, oder man müßte einen Firnis wählen, von dem man sicher ist, daß er keine Ausscheidungen mehr bildet und nicht im Trocknen nachläßt. Als Sikkativ wäre am besten harzsaures Mangan geeignet, das bei 150° in der doppelten bis vierfachen Menge reinen Leinöls zu lösen wäre. Diese Lösung wäre eventuell zu filtrieren und dann auf einen bestimmten Gehalt, z. B. 1,0 % Mn. einzustellen und

[1]) Chem. Rev. 1906, **13**, 143, 226.
[2]) Zeitschr. f. angew. Chem. 1897, **10**, **561**.

von dieser Normallösung wäre dann jedesmal eine bestimmte Menge, z. B. 10 %, reinem Leinöl zuzusetzen. Aber auch dieses Leinöl müßte immer dieselbe normale Qualität sein, und diese Aufgabe hält Weger für noch schwieriger.

Aus der nachfolgenden Tabelle Wegers[1]) geht hervor, wie die Trockenzeiten desselben Firnisses zu verschiedenen Zeiten schwanken. Sie zeigt gleichzeitig, daß die Temperatur der Firnisbildung ohne Einfluß ist, und daß mit löslichen Sikkativen dasselbe zu erreichen ist als mit unlöslichen. Alle 3 Firnisse enthalten 0,18 % Pb und 0,03 % Mn. A wurde mittels harzsauren Bleimangans in der Kälte bereitet, B wurde mit demselben Sikkativ 2 Stunden auf 260° und C mit Bleiglätte und Manganoxydhydrat 2 Stunden auf 220° erhitzt. Die Zahlen bedeuten die Trockenzeit in Stunden, die 3 Zahlen der Horizontalreihen beziehen sich auf gleichzeitig ausgeführte Versuche.

| | A | B | C |
|---|---|---|---|
| a) . . . | 3¾ | 4 | 4 |
| b) . . . . | 4¾ | 4¾ | 4¾ |
| c) . . . . | 5½ | 4½ | 4½ |
| d) . . . . | 5½ | 7 | 4 |
| e) . . . . | 5½ | 4¼ | 4¼ |
| f) . . . . | 7 | 6¾ | 5¼ |
| g) . . . . | 7 | 7½ | 7¼ |
| h) . . . . | 8 | 7 | über 8 |
| i) . . . . | 7 | 5½ | 5½ |

Nachdem die Sikkative den Trockenprozeß nur beschleunigen, war im voraus zu erwarten, daß die Sauerstoffzahl der Firnisse etwas niedriger liegen wird als diejenige des Leinöls, weil erstere ja weniger als 100 % Leinöl enthalten. Dies ist nun in der Tat der Fall, Lippert gibt als Grenzen für die Sauerstoffzahl normaler Firnisse 12—16 an, vereinzelt fand er auch höhere Werte. Weger fand Werte bis zu 17,5, doch liegt die Mehrzahl seiner Zahlen auch unter 16.

Als wahrscheinlich typisch für den Verlauf des Trockenprozesses der Leinölfirnisse mag ein Versuch angeführt sein, den Weger[2]) mit einem Firnis anstellte, erhalten aus Leinöl durch Behandeln mit 3 % harzsaurem Bleimangan in der Kälte.

---

[1]) Zeitschr. f. angew. Chem. 1897, **10**, 547.
[2]) Zeitschr. f. angew. Chem. 1898, **11**, 508.

| Stunden | Sauerstoffzahl |
|---|---|
| 1 | 0,0 |
| 2 | 1,4 |
| 3 | 4,1 |
| 4 | 6,9 |
| 5 | 10,1 |
| 6 | 13,8 |
| 7 | 15,2 |
| 8 | 16,1 |
| 9 | 16,1 |
| 24 | 16,1 |

Die graphische Darstellung ergibt eine S-förmige Kurve, ähnlich der Gentheschen, trotzdem beim Trocknen der Firnisse sicher auch flüchtige Substanzen weggehen. Der aufsteigende Ast ist nahezu eine Gerade.

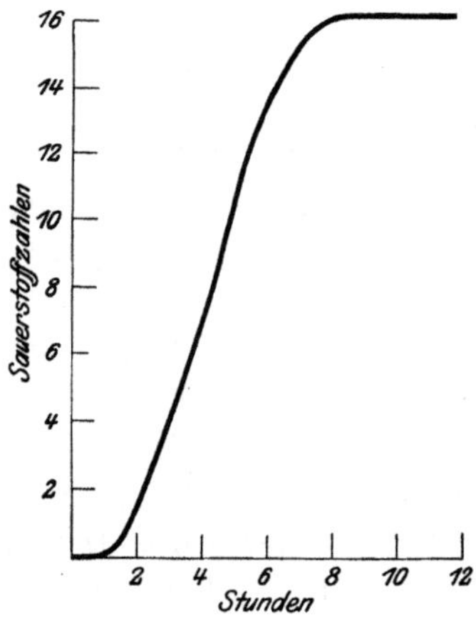


Fig. 6.

Auch die nachfolgende Tabelle Lipperts[1]) spricht dafür, daß beim Trocknen der Firnisse das Gewichtsmaximum ziemlich lange konstant bleibt und nur sehr langsam Gewichtsabnahme eintritt. Gleichzeitig zeigt sie, daß die Schichtendicke zwischen 0,7 und 1,2 mg pro qcm variieren kann, ohne das Resultat zu beeinflussen.

[1]) Zeitschr. f. angew. Chem. 1898, **11**, 433.

| | I | II | III | IV |
|---|---|---|---|---|
| Schichtendicke, mg pro qcm. . | 0,68 | 1,24 | 1,07 | 1,03 |
| O-Zahl nach 16 Stunden . . . | 13,9 | 13,8 | 13,2 | 13,8 |
| ,, ,, 22 ,, . . . | 13,5 | 13,6 | 13,0 | 13,6 |
| ,, ,, 2 Tagen . . . . | 13,2 | 12,7 | 12,4 | 12,9 |
| ,, ,, 4 ,, . . . . | 12,6 | 12,5 | 12,0 | 12,4 |
| ,, ,, 6 ,, . . . . | 12,1 | 12,0 | — | 12,0 |
| ,, ,, 7 ,, . . . . | 11,1 | 11,3 | — | 11,6 |
| ,, ,, 11 ,, . . . . | 10,8 | 10,4 | — | 10,7 |
| ,, ,, 91 ,, . . . . | 6,9 | 6,0 | — | 6,0 |
| ,, ,, 104 ,, . . . . | 6,3 | 5,7 | — | 5,8 |

Wie die technisch wichtigste Eigenschaft der Leinölfirnisse, die Trockenzeit, durch verschiedene Faktoren beeinflußt wird, soll in den nachfolgenden Abschnitten gezeigt werden.

## 1. Einfluß des Lichtes auf die Trockenzeit.

Der Erste, welcher die starke Beschleunigung der Fettoxydation durch das Licht feststellte, scheint Cloez[1]) gewesen zu sein. Er ließ das Licht durch verschiedenfarbiges und farbloses Glas passieren und fand, daß im letzteren Falle die Sauerstoffaufnahme am schnellsten vor sich geht.

Mulder fand den günstigen Einfluß des Sonnenlichtes durchaus bestätigt. Bei zweien seiner diesbezüglichen Versuche (mit Leinöl) betrug zufällig die Schichtendicke nur 3 mg pro qcm, und gegen die Resultate ist auch von unserem heutigen Standpunkte aus wenig einzuwenden.

| | Im Schatten | Im Sonnenlicht |
|---|---|---|
| O-Zahl nach 1 Tag . . . . . . | 1,2 | 1,9 |
| ,, ,, 2 Tagen . . . . . | 4,3 | 13,8 |
| ,, ,, 3 ,, . . . . . | 7,3 | 15,4 |
| ,, ,, 4 ,, . . . . . | 11,1 | 15,4 |
| ,, ,, 6 ,, . . . . . | 16,6 | 15,4 |
| ,, ,, 7 ,, . . . . . | 16,9 | 15,4 |
| ,, ,, 8 ,, . . . . . | 17,1 | — |
| ,, ,, 13 ,, . . . . . | 16,4 | 12,4 |

Mulder übersah allerdings die obigen Maximalzahlen und hielt den Prozeß nach 13 Tagen noch lange nicht für beendigt.

---

1) Bull. soc. chim. 1865, 41.

Daß im Sonnenlicht etwas mehr verflüchtigt wird als im Schatten, ist verständlich, denn, wie Weger[1]) mit Recht betont, handelt es sich dabei um eine kombinierte Einwirkung von Licht und Wärme. Dasselbe gilt für die Tag- gegenüber den Nacht- und für die Sommer- gegenüber den Winteraufstrichen. Weger empfiehlt daher, die Trockenproben durchweg frühmorgens anzusetzen. Eigene zahlreiche Versuche gaben ihm das Resultat, daß ein Aufstrich im Sonnenlicht die Hälfte bis ein Drittel der Zeit zum Trocknen erfordert wie im Schatten.

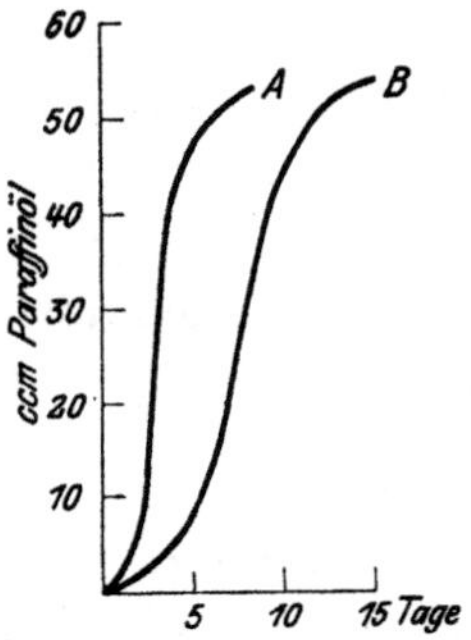


Fig. 7.

Daß auch Genthe den starken Einfluß des Lichtes bestätigt fand, und daß seiner Meinung nach speziell das Uviollicht sogar alle Sikkative an beschleunigender Wirkung übertrifft, wurde schon früher erwähnt (s. S. 155). Die Resultate zweier Versuche mit einem Firnis, erhalten durch Auflösung von 1 % ölsaurem Blei in Leinöl, werden durch die Kurven A: im zerstreuten Tageslicht und B: im Dunkeln, veranschaulicht. Der Firnis brauchte somit im Dunkeln etwa 15, im Licht etwa 8 Tage zum Trocknen.

## 2. Einfluß der Temperatur auf die Trockenzeit.

Die Annahme, daß der Trockenprozeß bei höherer Temperatur rascher verlaufen wird als bei gewöhnlicher, liegt nahe. In der Tat konstatierte schon Chevreul, daß das Leinöl bei 25 bis 28$^0$ rascher trocknet als bei 15—18$^0$. Mulder erhielt bei einem Versuch mit Leinöl nach 3 Tagen nur die O-Zahl 0,2; dagegen bei einem Parallelversuch, wobei die Blechplatte täglich einige Stunden auf 80$^0$ erwärmt wurde, in derselben Zeit die O-Zahl 10,9.

Nach Livache[2]) begünstigen höhere Temperaturen den Trockenprozeß so stark, daß sogar nichttrocknende Öle zum Trocknen gebracht werden können. Olivenöl, mit Bleiglätte und Manganborat behandelt und bei 160$^0$ in dünner Schicht der Luft ausgesetzt, war in 7—30 Stunden trocken.

---

[1]) Zeitschr. f. angew. Chem. 1897, **10**, 548.

[2]) Compt. rend. 1895, **120**, 842.

Weger[1]) macht über die Beschleunigung des Trocknens durch Temperaturerhöhung folgende Angaben. Reines Leinöl, welches im Winter bei normaler Zimmertemperatur in 5—7 Tagen, im Sommer in 3—4 Tagen trocknete, brauchte im dunkeln Trockenschrank bei $50^0$ nur 12 Stunden, bei $95^0$ ca. 1 Stunde und bei $120^0$ nur ca. 30 Minuten. Die Trockenzeit eines Manganoxydhydratfirnisses war: bei normaler Zimmertemperatur ca. 14 Stunden, bei $95^0$ 30—40 Minuten und bei $120^0$ 15—20 Minuten. Ein Glättefirnis trocknete normal in ca. 9 Stunden, bei $120^0$ in ca. 20 Minuten, ein Bleimanganresinatfirnis normal in ca. 10 Stunden, bei $95^0$ in ca. 45 und bei $120^0$ in 15—20 Minuten.

## 3. Einfluß der Luftfeuchtigkeit auf die Trockenzeit.

Mulder hat hierüber keine besonderen Versuche angestellt, indessen geht aus einigen Bemerkungen hervor, daß er der Luftfeuchtigkeit einen verzögernden Einfluß auf den Trockenprozeß zuschrieb.

Weger[2]) fand dies nicht durchweg bestätigt. Er brachte Glastafeln, die mit demselben Firnis gleich stark bestrichen waren, unter zwei Glasglocken, von denen die eine eine Schale mit Wasser, die andere eine solche mit konz. $H_2SO_4$ enthielt. Aber nicht immer trocknete der Firnis im zweiten Falle langsamer, manchmal sogar rascher. Weger wollte keine bestimmte Regel aufstellen, hielt es aber für mehr als Zufall, daß die Blei- und Bleimanganfirnisse an feuchter Luft schneller, die Manganfirnisse dagegen langsamer trockneten als an trockener.

Eingehende Versuche über diesen Punkt hat dann W. Lippert[3]) angestellt und dabei die obige Beobachtung Wegers nicht durchaus bestätigt gefunden. Er arbeitete in der Weise, daß er die Tafeln einerseits der gewöhnlichen Zimmerluft, andererseits in einem Exsikkator einer Luft aussetzte, welcher durch wiederholte Behandlung mit konz. $H_2SO_4$ und Phosphorsäureanhydrid jede Spur von Feuchtigkeit entzogen worden war. Die gefundenen O-Zahlen wurden in Tabellen zusammengestellt, doch können hier nur die allgemeinen Resultate angeführt werden. Manganoxyd-

[1]) Chem. Rev. 1898, **5**, 1.
[2]) Chem. Rev. 1898, **5**, 2.
[3]) Zeitschr. f. angew. Chem. 1900, **13**, 133; 1903, **16**, 365.

-borat- und -resinatfirnisse zeigen im trockenen Raum ein schnelles An- und Austrocknen und zwar findet das Trocknen umso rascher statt, je höher der Mangangehalt ist (Maximum 0,4 %). Umgekehrt erfolgt das Trocknen an feuchter Luft umso schneller, je niedriger der Mangangehalt ist. Die O-Zahlen stiegen im trockenen Raum bis 16, im feuchten lieferten die manganarmen Firnisse (weniger als 0,05 %) im allgemeinen höhere Zahlen als die manganreichen.

Bei den Bleifirnissen dagegen spielt der Bleigehalt der Firnisse keine Rolle, und das Trocknen wird durch die Luftfeuchtigkeit kaum beeinflußt. Nur in zwei Fällen erfolgte es an feuchter Luft rascher, und Lippert hält daher die Vermutung Wegers (s. o.) nicht für richtig. Eine Tendenz zum besseren Antrocknen im trockenen Raume scheint auch bei den Bleifirnissen vorzuliegen. Die Sauerstoffzahlen schwanken zwischen 11 und 16, und zwar sowohl an trockener als an feuchter Luft. Die an trockener Luft getrockneten Aufstriche fühlten sich sehr hart an, nach einigem Lagern an feuchter Luft zeigten sie meist starkes Nachkleben Beim Herausnehmen der Platten aus dem Exsikkator war ein angenehmer Geruch zu beobachten, der aber an feuchter Luft in einen ranzigen überging. An sehr feuchter Luft zeigten die Bleifirnisse öfters die Erscheinung des „Bockens“, d. h. der Aufstrich läuft an einzelnen Stellen auseinander, um sich an anderen in Form dicker Tropfen wieder anzusammeln.

## 4. Einfluß der Sikkativmenge auf die Trockenzeit.

Vor Mulder herrschte in dieser Richtung ein großer Wirrwarr, manche Vorschriften gaben viel zu hohe, andere zu niedrige Sikkativmengen an. Chevreul z. B. schlug vor, das Leinöl mit 15 % Metalloxyd zu kochen, und Binks wollte in 1000 Teilen Leinöl nur 2—5 Teile leinölsaures Blei lösen. Eingehendere Versuche hierüber hat Mulder nicht angestellt; er konstatierte aber, daß sein „gekochtes Leinöl“ mit 2,6 % PbO nicht rascher trocknete, wenn ihm noch weitere Mengen Glätte oder Mennige zugefügt wurden. Von letzterer hielt er 3 % des Leinöls für völlig ausreichend.

Nach Mulder war es fast 30 Jahre in der Literatur ganz ruhig über obigen Punkt. Aktuell wurde die Frage naturgemäß bei Einführung der löslichen Sikkative, weil man mit diesen, vorausgesetzt, daß keine Satzbildung eintrat, Firnisse mit ganz bestimmtem Metallgehalt herstellen konnte. Aber erst im Jahre 1895 stellte H. Amsel[1]) die Forderung auf, daß reines Leinöl, auf Glas gestrichen, in 3 Tagen, mit 5 % Sikkativ in 24 Stunden trocknen müsse. Mit Recht wandte sich Lippert[2]) gegen diese Forderung mit dem Einwand, daß die Trockenzeit reinen Leinöls je nach den äußeren Umständen eine verschiedene sei, und daß es bei den Sikkativen auf die Art und auf den Metallgehalt ankomme. Zum Beweis stellte er zwei Lösungen von gefälltem leinölsauren Mangan in Terpentinöl her, eine mit 9,9 g, die andere mit 2,8 g Mn im Liter, mischte je 25 ccm Leinöl mit 5 ccm der obigen Lösungen und strich die so erhaltenen Firnisse, welche demnach etwa 0,049 bzw. 0,014 % Mn enthielten, auf Blechtafeln. Der erste war in 24 Stunden, der zweite erst in 48 Stunden trocken.

M. Weger[3]) wandte sich dagegen, daß aus obigem Versuch der Schluß gezogen würde: Je mehr Sikkativ, desto rascher das Trocknen. Es sind vielmehr drei Fälle möglich:

1. Die Trockenkraft steigt proportional der Sikkativmenge;

2. es gibt für jedes Sikkativ ein Maximum der Trockenkraft. Letztere bleibt bei weiterem Zusatz konstant; oder

3. bei Überschreitung des Maximums sinkt die Trockenkraft wieder.

Zur Lösung dieser Frage führte Weger 2 Versuchsreihen aus; als Sikkative dienten ein geschmolzenes harzsaures Manganoxyd mit 2,5 % lösl. Mn, also ca. 50 % freiem Harz, sowie ein harzsaures Bleimangan mit 8,10 % lösl. Pb und 1,65 % lösl. Mn, somit ca. 35 % freiem Harz. Die Sikkative wurden bei 150° in der doppelten Menge Leinöl gelöst und von diesem Extrakt einem rohen, gut abgelagerten Leinöl die entsprechenden Zusätze beigefügt. Über einen gewissen Sikkativgehalt konnte nicht hinausgegangen werden, weil sonst die Resultate infolge eines zu hohen Harzgehaltes oder infolge von Satzbildung zweifelhaft wurden.

---

[1]) Über Leinöl und Leinölfirnis, Zürich 1895.

[2]) Zeitschr. f. angew. Chem. 1897, **10**, 306.

[3]) Zeitschr. f. angew. Chem. 1897, **10**, 542.

### Firnisse mit harzsaurem Manganoxyd.

| | | | | | | | |
|---|---|---|---|---|---|---|---|
| Sikkativ .........% | 16⅔ | 11 | 8⅓ | 6⅔ | 4¾ | 3⅓ | 1½ |
| Mn ..............% | 0,42 | 0,28 | 0,21 | 0,17 | 0,12 | 0,08 | 0,04 |
| Trockenzeit,Stunden a | 8¼ | 8¼ | 8¼ | 8½ | 9 | 10½ | ca. 12 |
| „ „ b | 7 | 7 | 7 | 7¼ | 7½ | 8¼ | ca. 10 |
| „ „ c | 7½ | 7½ | 7½ | 7½ | 7½ | 8¼ | 10½ |
| „ „ d | 6¼ | 6¼ | 6½ | 6¾ | 6¾ | 8½ | 9½ |
| „ „ e | 9 | 9 | 9 | 9¼ | 9 | 9¼ | 9¼ |
| „ „ f | 7 | 6½ | 7 | 7 | 7 | 6 | 7 |
| „ „ g | 6¾ | 8 | 6¾ | 8½ | 7½ | 7½ | ca. 8½ |

### Firnisse mit harzsaurem Bleimangan.

| | | | | | |
|---|---|---|---|---|---|
| Sikkativ ................% | 6⅔ | 4¾ | 3⅓ | 2½ | 1½ |
| Mn .....................% | 0,54 | 0,39 | 0,27 | 0,18 | 0,09 |
| Pb .....................% | 0,11 | 0,08 | 0,06 | 0,03 | 0,02 |
| Trockenzeit, Stunden a | 2¾ | 3 | 3½ | 4 | — |
| „ „ b | 3 | 2¾ | 3½ | 4¼ | 5¾ |
| „ „ c | 3¼ | 3½ | 4½ | 5¼ | 9 |
| „ „ d | 5 | 5 | 5½ | 6½ | 8 |
| „ „ e | 4½ | 4½ | 5¾ | ca. 8 | über 8 |
| „ „ f | 4¾ | 6 | 7½ | ca. 9 | über 10 |
| „ „ g | 5½ | 7 | 8½ | 10 | über 10 |
| „ „ h | 5½ | 5¾ | 6 | 6¾ | über 10 |
| „ „ i | 4¾ | 6½ | 9 | über 10 | über 10 |

Außer diesen Resinatfirnissen wurden auch noch zwei Oxydfirnisse durch zweistündiges Erwärmen von Leinöl mit Manganoxydhydrat dargestellt. Die Trockenproben ergaben folgendes:

| | | |
|---|---|---|
| Prozent Sikkativ ....... | 1,10 | 0,22 |
| Sollgehalt an Prozent Mn ... | 0,50 | 0,10 |
| Wirkl. Gehalt an Prozent Mn . | 0,31 | 0,10 |
| Trockenzeit in Stunden, a) .. | 4 | 4½ |
| „ „ „ b) .. | 5 | 5¾ |
| „ „ „ c) .. | 4 | 5 |
| „ „ „ d) .. | 4 | 4 |
| „ „ „ e) .. | 4½ | 5½ |

Durch obige Resultate war somit die Frage im Sinne der zweiten Möglichkeit gelöst: Bei einem gewissen Gehalt an Mn oder Mn + Pb tritt das Maximum der Trockenkraft ein, bei weiterem Zusatz bleibt die letztere ziemlich konstant. Die abweichende Ansicht, daß zu viel Sikkativ die Trockenkraft wieder verringere, rührt wahrscheinlich von Beobachtungen an Lacken und Farbgemischen her. Vielleicht hat dabei auch der Umstand mitgewirkt, daß übergroße Mengen Sikkativ sich im Firnis nicht halten. Als praktische Folgerung obigen Befundes ergab sich: Es ist bei Verwendung von Resinaten vollkommen zwecklos, einem Firnis mehr als 0,25 % Mn oder 0,5 % Pb + 0,1 % Mn einzuverleiben; denn die Trockenkraft wird dadurch nicht erhöht, es bildet sich im zweiten Falle höchstens mehr Satz.

Zwei weitere Tabellen mit Firnissen aus geschmolzenem leinölsauren Manganoxydul sollen hier nicht angeführt werden, weil Weger selbst die Resultate infolge Satzbildung für unsicher hält. Immerhin glaubte er, aus denselben schließen zu dürfen, daß es auch bei diesem Sikkativ keinen Zweck hat, höher als bis zu einem Mangangehalt des Firnisses von 0,2 % zu gehen; Weger hält sogar 0,1 % als Maximum für richtiger.

Die nachstehende Tabelle enthält Versuche von Lippert[1]) mit Resinatfirnissen, deren Mangangehalte aber unterhalb des Wegerschen Maximums liegen. Das Sikkativ stellte sich Lippert selbst dar, indem er eine alkalische Harzlösung mit Manganazetat fällte und den Niederschlag mit Äther auszog. Zur völligen Verdunstung des Lösungsmittels mußte einige Stunden auf 100⁰ erwärmt werden, dann ließ sich der Rückstand zu einem gelben Pulver mit 4,0 % Mn zerkleinern. Die Lösung im Leinöl wurde durch $^1/_4$stündiges Erwärmen auf 150⁰ bewirkt.

| | | | | |
|---|---|---|---|---|
| Sikkativ . . . . . . . . . . . . . . . . . % | 5,2 | 3,6 | 1,6 | 0,5 |
| Mn . . . . . . . . . . . . . . . . . . . . . . % | 0,20 | 0,15 | 0,06 | 0,02 |
| O-Zahl nach 12 Stunden | 6,5 | 6,6 | 4,9 | 2,1 |
| „ „ 36 „ | 14,0 | 14,4 | 15,5 | 16,0 |
| „ „ 40 „ | 14,0 | 14,4 | 15,7 | 16,9 |
| „ „ 55 „ | Abnahme | Abnahme | Abnahme | 17,0 |
| „ „ 80 „ | — | — | — | Abnahme |

Bei derartig geringen Gehalten gilt also der Satz: Je mehr Sikkativ, desto rascher das Trocknen, aber desto niedriger die Sauerstoffzahl.

[1]) Zeitschr. f. angew. Chem. **1898, 11, 433.**

Diesen Satz fand allerdings J. Petroff[1]) nicht bestätigt. Er fand für 3 Manganresinatfirnisse mit 0,136, 0,176 und 0,220 % Mn die Trockenzeiten 10, 12 und 14½ Stunden. Allerdings betrug bei seinen Trockenproben die Schichtendicke 3—4 mg pro qcm.

Zu abweichenden Resultaten kam auch Steenberg[2]), allerdings auch auf Grund einer vom Tafelverfahren abweichenden Methode, welche schon im achten Kapitel (s. S. 143) beschrieben wurde. Der Trockenprozeß verlief ungleich langsamer als in der Praxis; als typisch mögen die Resultate mit einem Firnis angeführt sein, welcher 0,20 % Mn in Form von selbst hergestelltem gefällten Manganlinolat enthielt. 0,9555 g Firnis ergaben nach 1—13 Tagen folgende Sauerstoffzahlen: 2,5, 11,8, 13,7, 13,9, 14,0, 14,5, 15,1, 15,5, 16,1, 16,6, 16,7, 16,7, 16,7. Diese Zahlen führen zu nebenstehender Kurve:

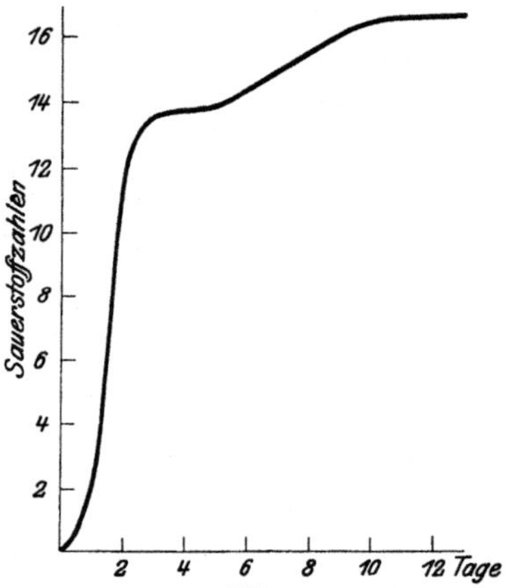

Fig. 8.

Allgemein wurden folgende Resultate erhalten:

Manganfirnisse, dargestellt durch Auflösen von leinölsaurem Mangan in Leinöl bei 160°, Mn-Gehalt 0,10—0,95 %, trockneten umso rascher, je weniger Mn sie enthalten. 0,1 % erwies sich aber als untere Grenze, ein Firnis mit 0,05 % Mn trocknete wiederum langsamer.

Bleifirnisse, analog wie oben dargestellt, Pb-Gehalt 0,25—2,70 %, trockneten umso rascher, je mehr Blei sie enthielten. Dabei waren 2,70 % die obere Grenze, ein Firnis mit 3,50 % Pb trocknete wiederum langsamer.

E. Täuber[3]) hat sich auf Grund praktischer Versuche dahin geäußert, daß bei Anstrichen im Freien übergroße Mengen von Bleisikkativ die Härte und die Widerstandsfähigkeit beeinträchtigen.

---

[1]) Seifens.-Ztg. 1906, **33**, 921.

[2]) Farben-Ztg. 1907, **12**, 669.

[3]) Chem.-Ztg. 1906, **30**, 1252.

## 5. Einfluß der Art des Sikkativs auf die Trockenzeit.

Eingehendere Versuche in dieser Richtung liegen von M. Weger[1]) vor. Er stellte sich die Frage: Wirken 0,10 % Mn im Firnis in Form von Linolat, Resinat oder Oxyd gleich? Versuche mit entsprechend bereiteten Firnissen sprachen einigermaßen zugunsten des Linolats, eine weitere Versuchsreihe mit harzsaurem und leinölsaurem Bleimangan ließ aber fast gar keine Unterschiede erkennen. Genthe[2]) fand bei seinen Versuchen mit löslichen Sikkativen, daß die Linolate eine um etwa 15 % stärkere Wirkung ausüben als die Resinate. Umgekehrt findet Th. A. Davidson[3]), daß die Resinate wirksamer sind als die Linolate. Täuber[4]) erhielt mit leinölsaurem Mangan bessere Resultate als mit borsaurem. Lippert[5]) konstatierte, daß Manganfirnisse öfters eine Verzögerung des Antrocknens zeigen; setzt man aber zu einem derartigen Firnis einen Bleifirnis, so wird er sofort wieder raschtrocknend. Steenberg[6]) fand die günstige Wirkung zweier Metalle bestätigt. Von drei Resinatfirnissen, welche 0,25 % Pb, bzw. 0,05 % Mn, bzw. 0,23 % Pb + 0,05 % Mn enthielten, trocknete der erste in 13, der zweite in 6, der dritte in 2 Tagen.

## 6. Einfluß des Alters der Firnisse auf die Trockenzeit.

In der Praxis gilt allgemein die Ansicht, daß ein Firnis umso besser wird, je länger er lagert. Weger[7]) konnte diese Ansicht, wenigstens in bezug auf die Trockenkraft, nicht bestätigt finden. Er prüfte eine große Anzahl von frischen Firnissen in einem Zeitraum von 4 Wochen öfters auf ihre Trockenzeit und wiederholte die Versuche mit denselben Firnissen nach 1½ jährigem Lagern. Die Trockenzeit war teilweise gleichgeblieben, teilweise gestiegen, teilweise gefallen. Spätere Versuche führten Weger zu der Ansicht, daß reine Manganfirnisse, ob offen oder verschlossen gelagert, in ihrer Trockenkraft konstant bleiben, daß

---

[1]) Zeitschr. f. angew. Chem. 1897, **10**, 561.
[2]) Zeitschr. f. angew. Chem. 1906, **19**, 2092.
[3]) Farben-Ztg. 1909, **14**, 536.
[4]) Chem.-Ztg. 1906, **30**, 1252.
[5]) Zeitschr. f. angew. Chem. 1903, **16**, 369.
[6]) Farben-Ztg. 1907, **12**, 671.
[7]) Zeitschr. f. angew. Chem. 1897, **10**, 548; 1899, **12**, 300, 332

dagegen Bleimanganfirnisse unter allen Umständen nachlassen, aber die verschlossenen weniger als die offen aufbewahrten, die erhitzten weniger als die kalt bereiteten, dagegen die Oxydfirnisse ebenso gut wie die Resinatfirnisse. Ähnlich wie die Bleimangan- verhalten sich wahrscheinlich auch die reinen Bleifirnisse. Letzteres bestreitet Lippert[1]; er fand vielmehr, daß Bleifirnisse, falls sie bei völligem Luftabschlusse aufbewahrt werden, an ihrer Trockenkraft nichts einbüßen.

Umgekehrt fand Weger öfter, daß bei Manganlinolat- und bei Manganboratfirnissen die Trockenkraft erst nach etwa 8 Tagen zur vollen Geltung gelangt, daß also z. B. ein frischer derartiger Firnis bei warmer Witterung über 12 Stunden brauchte, während er nach einer Woche trotz kalten, feuchten Wetters schon in 6 Stunden trocken war, ohne daß Ausscheidungen eines ev. schädlichen Überschusses stattgefunden hätten.

J. Petroff[2] fand für frische Manganresinatfirnisse Trockenzeiten von 10—16½ Stunden, nach 3 Jahren war die Trockenzeit auf 20—37 Stunden gestiegen. Zu berücksichtigen ist aber, daß bei seinen Versuchen die Schichtendicke über 3 mg pro qcm betrug.

## 7. Einfluß besonderer atmosphärischer Zustände auf den Trockenprozeß.

Mulder kam auf Grund seiner zahlreichen Versuche zu der Ansicht, daß außer der Temperatur und der Luftfeuchtigkeit noch irgendwelche unbekannten Faktoren den Trockenprozeß beeinflussen müssen. Auch bei anscheinend ganz gleichen Witterungsverhältnissen erhielt er doch verschiedene Gewichtszunahmen, an denen der wechselnde Feuchtigkeitsgehalt der Luft nicht allein schuld sein konnte. Eine Mitwirkung des Ozons beim Trockenprozeß bestritt er und bezeichnete jene unbekannten Faktoren als „besondere atmosphärische Zustände".

In ähnlichem Sinne schreibt Weger[3]: „Auch wenn man glaubt, alle Versuchsbedingungen gleich gemacht zu haben, also denselben Firnis in gleich starker Schicht mehrmals aufstreicht und bei der nämlichen Temperatur, Beleuchtung und Feuchtigkeit trocknen läßt, so wird man doch nicht stets dieselben Resultate erhalten."

---

[1] Zeitschr. f. angew. Chem. 1903, **16**, 365.
[2] Seifensieder-Ztg. 1906, **33**, 921.
[3] Chem. Rev. 1898, **5**, 2.

Genthe[1]) konstatierte eine außerordentliche Empfindlichkeit des Trockenprozesses gegen die geringsten Verunreinigungen. Wenn er z. B. zu zwei Parallelversuchen das Leinöl mit derselben Pipette abmaß, so hinkte regelmäßig der zweite Versuch hinter dem ersten nach. Die Erscheinung ist auf die Atemluft zurückzuführen, sie blieb aus, wenn jedesmal eine frisch mit Chromsäure gereinigte und dann getrocknete Pipette verwendet wurde. Eine Mitwirkung von Ozon beim Trockenprozeß bestreitet auch Genthe, dagegen wird man den merkwürdigen Einfluß des Uviollichts auch zu den „besonderen atmosphärischen Zuständen" zählen dürfen.

Wenn somit der Trockenprozeß gegen die Verhältnisse der Umgebung außerordentlich empfindlich ist, so vermag er auch seinerseits auf diese Umgebung einen gewissen Einfluß auszuüben. W. Schmidt[2]) hat beobachtet, daß die photographische Platte geschwärzt wird, wenn sich in der Nähe trocknender Firnis befindet. Durch bedrucktes Papier, d. h. durch den darin enthaltenen Firnis, kann Gummiarabikum in eine unlösliche Modifikation übergeführt werden, wie dies bei Gummilösungen der Fall ist, nachdem sie 3 Monate dem Sonnenlicht ausgesetzt wurden. Die Fernwirkung des Firnisses ist daher als eine Art Strahlung aufzufassen, die aber das Elektroskop nicht beeinflußt und magnetisch nicht ablenkbar ist. Die Durchlässigkeit der Stoffe für die Strahlung ist sehr verschieden, namentlich kolloidale Körper werden leicht durchstrahlt. Auf Zink- und Bleiblech zeigen sich Oxyd- und Superoxydbeschläge. Mit Radioaktivität hat die Sache nichts zu tun. Dagegen folgt aus einer Mitteilung von B. T. Brooks [3]), daß nur die beim Trockenprozeß entstehenden Peroxyde die Ursache der obigen Erscheinung sein können. Er brachte 0,1 g Benzopersäure, Azetylperoyxd usw. auf feuchtem Filtrierpapier in eine flache Kristallisierschale und bedeckte letztere mit einer photographischen Platte. Nach 20—45 Minuten war ein deutlicher Eindruck sichtbar. Ähnlich wie die Peroxyde verhielten sich Kolophonium und Kopal, und zwar konnte von letzterem nachgewiesen werden, daß nicht die Terpene, sondern die Harzsäuren der wirksame Bestandteil sind.

---

[1]) Zeitschr. f. angew. Chem. 1906, **19**, 2088.

[2]) Zeitschr. f. physikal. Chem. 1908, **64**, 243.

[3]) The Philippine Journal of Science 1910, **4**, 451.

## 8. Einfluß von Fälschungsmitteln auf die Trockenzeit.

Da das Leinöl das trocknende Öl par excellence ist, so wird man a priori sagen können, daß alle Verschnitte und Verfälschungen seine Trockenzeit verlängern. Dies ist denn auch in der Tat, mit einer gewissen Ausnahme (s. u.), der Fall.

Die Bestrebungen, das Leinöl durch andere Öle, wenigstens teilweise, zu ersetzen, mehren sich naturgemäß mit dem Steigen der Leinölpreise, und da die letzteren zurzeit eine ganz abnorme Höhe erreicht haben, so ist die Frage, wie die schon früher (s. S. 87) genannten halbtrocknenden Öle, welche als Leinölsurrogate in Betracht kommen, den Trockenprozeß des Leinöls beeinflussen, mehr als je von Interesse. In zwei Fällen liegen spezielle Untersuchungen vor, nämlich über das Sojabohnenöl und verschiedene Trane.

Von den Resultaten, welche Meister [1]) bei der gleichzeitigen Untersuchung eines Leinöls und zweier Bohnenöle erhielt, seien die folgenden angeführt:

| | Trockenzeit Stunden | Sauerstoff-zahl |
|---|---|---|
| Leinöl, roh . . . . . . . . . . . . . | 78 | 19,5 |
| Bohnenöl, roh. . . . . . . . . . . . | 144 | 16,9 |
| Leinöl, mit Floridaerde gebleicht . . | 72 | 20,7 |
| Bohnenöl, ,, ,, ,, . . | 120 | 10,1 |
| Leinöl, 1 Stunde auf 250° erhitzt . | 72 | 18,7 |
| Bohnenöl, 1 ,, ,, 250° ,, . | 114 | 18,3 |
| 75 Teile B., 25 Teile L., roh . . . . . | 138 | 17,3 |
| 50 ,, ,, 50 ,, ,, ,, . . . . . | 114 | 15,7 |
| 25 ,, ,, 75 ,, ,, ,, . . . . . | 114 | 15,0 |
| Leinöl, mit 2 % harzsaurem Mn . . | 8 | 17,9 |
| Bohnenöl, ,, 2 ,, ,, ,, . . | 13 | 18,7 |
| Leinöl, ,, 2 ,, ,, Pb . . | 36 | 17,2 |
| Bohnenöl, ,, 2 ,, ,, ,, . . | 52 | 16,4 |
| Leinöl, ,, 2 ,, ,, Pb-Mn | 7 | 18,1 |
| Bohnenöl, ,, 2 ,, ,, ,, | 13 | 15,4 |
| 75 Teile L., 25 Teile B., 2% harzs. Mn. . | 14 | 14,1 |
| 75 ,, ,, 25 ,, ,, 5 ,, ,, Pb-Mn | 8 | 4,1 |

[1]) Farben-Ztg. 1910, **15**, 1486.

Auf Grund dieser und ähnlicher Zahlen bezeichnet Meister das Bohnenöl als einen mittelguten Trockner. Aber es hat verschiedene Nachteile. Es läßt sich zwar besser bleichen als Leinöl, aber beim Erhitzen, für sich oder mit Sikkativen, färbt es sich wesentlich dunkler. Ferner sind die Firnishäutchen aus Bohnenöl sehr weich und lassen sich leicht abreiben. Endlich zeigt das Bohnenöl und besonders die daraus hergestellten Firnisse die unangenehme Eigenschaft, nicht glatt aufzutrocknen wie Leinöl, sondern zu unregelmäßigen Flecken und Streifen zusammenzulaufen, welche mit Glanz auftrocknen, während die glatten Stellen blind werden. Wahrscheinlich handelt es sich um einen Entmischungsvorgang. Meister rät daher, dem Leinöl zu Zwecken der Firnisbereitung nur 25 % oder allerhöchstens 35 % Bohnenöl beizumischen.

Auch über das Trockenvermögen der Trane hat Meister[1]) mit Hilfe des Tafelverfahrens interessante Versuche angestellt. Der Prozeß setzt viel rascher ein als beim Leinöl und ist in der Regel schon in 24 Stunden beendigt. Die O-Zahlen geben keine S-förmige Kurve, ferner wird das Trocknen des Leinöls durch Tranzusatz nicht beschleunigt, beides spricht gegen die Annahme einer Autokatalyse. Nach Erreichung des Gewichtsmaximums findet 2 Tage lang abwechselnd Gewichtsabnahme und -zunahme statt, dann gleichmäßig Abnahme. Das Maximum fällt, wie beim Leinöl, annähernd mit dem Trockensein zusammen, die Häutchen sind aber, besonders bei den Wal-, Robben- und Dorschtranen ölig-klebrig. Nur bei den eigentlichen Fischölen, wie Menhaden-, Sardinentran usw. wird die Haut einigermaßen fest. In allen Fällen ist sie aber, im Gegensatz zum Linoxyn, in Chloroform und Äther noch vollkommen löslich und daher ohne Zweifel auch gegen atmosphärische Einflüsse weniger widerstandsfähig. Sikkative beschleunigen den Trockenprozeß viel weniger als beim Leinöl, er wird höchstens auf die Hälfte abgekürzt. Dagegen liegen die O-Zahlen der Firnisse höher als diejenigen der reinen Trane. Auf Grund seiner Versuche rät Meister, dem Firnisleinöl höchstens 25—40 % eines Fischöls zuzufügen und dem Gemisch bei 140—150° 5 % geschmolzenes harzsaures Bleimangan oder 2,5 % gefälltes harz-

[1]) Farben-Ztg. 1910, **16**, 211.

saures Mangan einzuverleiben. Die betreffenden Firnisse bleiben hell und klar, während reine Trane beim Erhitzen mit Sikkativen sich dunkel färben und starke Satzbildung zeigen.

Als Beispiele mögen die Sauerstoffzahlen angeführt sein, welche Meister für einen Sardinentran (Jodzahl 183,4), für den daraus hergestellten Firnis und für einen Firnis aus 75 % Leinöl und 25 % Tran erhielt. Zum Vergleich sind die Parallelzahlen eines Leinöls und eines reinen Leinölfirnisses beigesetzt.

| O-Zahl nach Stunden | Leinöl | Tran | Leinöl-firnis | Tran-firnis | Firnis aus 75% L. u. 25% Tr. |
|---|---|---|---|---|---|
| 1 | — | 3,8 | — | — | — |
| 2 | 0,1 | 7,2 | — | 12,1 | — |
| 3 | 0,3 | 10,1 | 5,7 | 17,2 | 10,9 |
| 6 | 0,5 | 14,1 | 12,2 | 19,7 | 13,5 |
| 8 | — | 15,8 | — | — | **15,5** |
| 9 | 0,5 | 16,7 | **14,8** | — | 15,6 |
| 10 | — | — | — | **19,8** | — |
| 11 | — | 17,9 | — | — | — |
| 12 | 0,7 | — | — | 19,8 | 15,9 |
| 22 | — | **19,9** | — | 17,7 | — |
| 24 | 4,2 | — | 16,3 | — | — |
| 28 | — | 18,3 | — | — | — |
| 30 | — | — | 14,2 | — | — |
| 48 | 9,8 | 18,9 | 12,4 | 15,6 | 15,1 |
| 54 | 10,2 | — | — | — | — |
| 72 | 16,8 | 16,1 | 12,2 | 14,7 | — |
| 75 | **19,2** | 15,6 | — | — | 13,1 |
| 96 | — | 16,4 | — | — | — |
| 120 | 19,0 | 16,2 | 12,3 | 15,2 | 12,9 |
| 144 | 18,7 | 16,1 | 12,2 | 14,9 | — |
| 168 | — | 15,9 | — | 14,2 | — |
| 200 | — | 15,6 | 12,0 | 13,8 | 12,7 |

Da mit den Resinatsikkativen regelmäßig geringe Mengen Kolophonium in die Firnisse gelangen, so ist es von Interesse, wie dieses den Trockenprozeß beeinflußt. Es verhält sich dabei nicht etwa indifferent, es nimmt vielmehr — entsprechend seiner hohen Jodzahl — wie das Leinöl Sauerstoff aus der Luft auf. Dies hat Weger [1]) direkt und indirekt bewiesen. Er mischte

[1]) Chem. Rev. 1898, **5**, 237 ff.

Leinölfirnissen größere Mengen amerikanischen Kolophoniums bei und untersuchte die Gemische nach dem Glastafelverfahren. Die O-Zahl sank bei weitem nicht in dem erwarteten Verhältnis, vielmehr ließ sich aus den erhaltenen Zahlen für das Kolophonium eine O-Zahl von 8,2, für das vorher 20 Stunden auf 150° erhitzte Kolophonium sogar eine solche von 11,7 berechnen. Als ferner eine alkoholische Harzlösung in einem Kristallisierschälchen verdunstet, der Rückstand einige Stunden auf 100° erhitzt und das Lösen, Verdunsten und Erhitzen noch 5 mal wiederholt wurde, hatte das Harz 7,6 % an Gewicht zugenommen. Bei weiterem Erhitzen trat Gewichtsabnahme ein, die aber ohne Zweifel der Verflüchtigung sekundärer Autoxydationsprodukte zuzuschreiben ist. Verf.[1]) ließ 1 g gepulvertes Kolophonium auf einem Uhrglas unter öfterem, verlustfreiem Durchmischen bei Zimmertemperatur 2 Monate lang an der Luft liegen und konstatierte trotz der großen Schichtendicke eine Gewichtsvermehrung von 4,2 %. Aber das Autoxydationsprodukt hat nicht die guten Eigenschaften des Linoxyns, vielmehr macht ein größerer Kolophoniumgehalt des Firnisses das Häutchen klebend, außerdem dokumentiert er sich auch dadurch, daß beim Mischen des Firnisses mit Bleiweiß oder bleiweißhaltigen Farben eine starke Verdickung eintritt.

Das Harzöl hat eine ungleich niedrigere Jodzahl als das Kolophonium (s. S. 92), es gibt nach Versuchen von Weger[2]) beim Tafelverfahren im Verlaufe von 2 Monaten Gewichtsabnahmen von 15—26 % und wird dabei nur dicker, nicht fest. Dagegen gaben Harzölfirnisse, d. h. Harzöle, in welchen 6 % harzsaures Bleimangan bei 120° aufgelöst wurden, Sauerstoffzahlen von 19,8—25,7 innerhalb $5\frac{1}{2}$—$8\frac{1}{2}$ Tagen. Trocken waren sie aber schon nach $1\frac{1}{2}$—$2\frac{1}{2}$ Tagen. Sie unterscheiden sich also hierin von den Leinölfirnissen, ebenso dadurch, daß nach erreichtem Maximum die Gewichtsabnahme langsamer vor sich geht. Zu bemerken ist noch, daß Weger mit nahezu säurefreiem Harzöl arbeitete (Säurezahl 0,9, spez. Gew. 0,980); die Jodzahl gibt er nicht an. Daß er für reines Harzöl negative O-Zahlen fand, liegt zweifellos an einer beträchtlichen Ver-

---

[1]) Zeitschr. f. angew. Chem. 1907, **20**, 356.
[2]) Chem. Rev. 1898, 5, 241 f.

flüchtigung sekundärer Produkte. Dies beweist der Versuch von O. Bach [1], laut welchem 1 g Harzöl, mit überschüssigem O im zugeschmolzenen Rohr 10 Stunden auf 110° erhitzt, 181 ccm O absorbierte, was einer wahren O-Zahl von 25,9 entspricht. In der Tat wurden denn auch auf die Verwendung von Harzöl zu Firnissen sogar schon Patente erteilt [2].

Im Gegensatz zum Harz und Harzöl nimmt das Mineralöl mit seiner niedrigen Jodzahl (s. S. 92) auch in dünner Schicht aus der Luft keinen O auf. W. Lippert [3]) fand für verschiedene Sorten, sofern sie keine leichtflüchtigen Bestandteile enthalten, die O-Zahl 0. Dementsprechend drückt ein Zusatz von Mineralöl die O-Zahl eines Firnisses herab, die Trockenzeit kann aber dieselbe bleiben, ja, es kann unter Umständen das Antrocknen beschleunigt werden. Lippert schreibt dies einer Bewegung innerhalb der Schicht zu, es tritt Entmischung ein, und das Mineralöl steigt an die Oberfläche. Infolgedessen kann man schon bei 5 % Mineralöl mit dem Finger über die Firnishaut hingleiten, während er an einer Haut aus reinem Leinöl adhäriert. Lippert hat eine Reihe von Versuchen mit mineralölhaltigen Firnissen angestellt, von denen als Beispiel folgende angeführt seien.

| | Trockenzeit Stunden | Sauerstoffzahl |
|---|---|---|
| Manganoxydfirnis . . . . . . . . . . | 24 | 14,4 |
| „ mit 5 % Mineralöl . | 24 | 13,4 |
| „ „ 10 „ „ . | 24 | 13,3 |
| „ „ 25 „ „ . | 24 | 10,0 |
| „ „ 50 „ „ . | 72 | 4,7 |

In einem späteren Artikel [4] wies Lippert eindringlich auf die Schäden hin, die eine Verfälschung des Leinölfirnisses mit Mineralöl nach sich zieht. Kleinere Mengen des letzteren bilden an der Oberfläche des trocknenden Firnisses eine feine Schicht, die von der Firnishaut noch zusammengehalten und teilweise umhüllt wird. Da das Mineralöl nicht klebrig ist, so fühlt sich

[1]) Chem.-Ztg. 1889, **13**, 905.
[2]) E. Pietzker, D.R.P. 54 510; R. Blume, D.R.P. 154 219, 155 107.
[3]) Zeitschr. f. angew. Chem. 1899, **12**, 541 f.
[4]) Chem. Rev. 1910, **17**, 215.

ein derartiger Anstrich zunächst ganz gut und scheinbar wie ein reiner Firnisanstrich an. Da aber das Mineralöl nicht trocknet, so wird das Firnishäutchen bald gesprengt, die Mineralölschicht tritt hervor, und das Ganze läßt sich wachsartig abreiben. Der Anstrich ist zwar nicht allzu klebrig, aber sehr weich. Wenn nun, wie z. B. bei Fußböden, ein guter Lackanstrich darüber kommt, so fängt letzterer an zu kriechen und zu kleben, weil das Mineralöl seine Verbindung mit der Firnishaut verhindert. Ist die Mineralölschicht auf dem Firnis nur dünn, so wird sie von dem Lackanstrich eventuell gelöst und teilweise umhüllt, teilweise an die neue Oberfläche abgeschoben. Der Lack kann infolgedessen nicht richtig trocknen, er bleibt weich und wird bald unansehnlich.

## Prüfung der Leinölfirnisse.

Dem Praktiker geben schon die organoleptischen Proben gewisse Anhaltspunkte. Ein guter Firnis soll hell sein, er wird um so dunkler sein, je länger er erhitzt wurde. Auch die Menge des Sikkativs ist auf die Farbe von Einfluß, besonders die Mangansikkative, auch die löslichen, beeinträchtigen die helle Farbe. Durch das Blasen der Firnisse wird bis zu einem gewissen Grade eine Bleichung erzielt, ebenso durch eine der Firnisbereitung vorausgehende Entschleimung. Ein guter Firnis soll ferner vollkommen klar und schleierfrei sein. Geringe Mengen von Satz dürfen sich bilden, doch soll derselbe rasch zu Boden sinken. Ein Gehalt an Schleim verringert die Trockenkraft nicht. Reine gekochte Bleifirnisse zeigen meist starke Satzbildung, reine Manganfirnisse nicht, ebenso tritt bei Verwendung des Bleis in Form von Resinat keine Satzbildung ein, solange die Menge des letzteren nicht zu groß ist. Nach Lippert[1]) bleiben auch die Bleifirnisse bei völligem Luftabschluß klar. Über die Zusammensetzung der Firnisbodensätze ist nichts Sicheres bekannt, Lippert dachte an die Möglichkeit, daß beim Kochen von Leinöl mit Bleioxyden Bleiglyzerinat entsteht, und daß dieses mit der Satzbildung zusammenhängt; andererseits hält er den Satz für ein Oxydationsprodukt, da er nur bei Luftzutritt entsteht.

[1]) Zeitschr. f. angew. Chem. 1903, **16**, 365.

### Physikalische Kennzahlen der Leinölfirnisse.

Je länger ein Firnis bei seiner Herstellung gekocht und geblasen wurde, und je mehr er Sikkativ enthält, desto mehr werden sich naturgemäß seine Kennzahlen von denjenigen reinen Leinöls entfernen.

Das spezifische Gewicht der Leinölfirnisse schwankt nach Weger [1]) zwischen 0,935 und 0,945. Charitschkoff [2]) fand für russische Firnisse Werte von 0,939—0,958, Lewkowitsch [3]) für englische 0,931—0,948, Mc Ilhiney [4]) für amerikanische 0,935 bis 0,947. Durch Harz und Harzöl wird das spez. Gew. erhöht, durch Tran und Mineralöl erniedrigt.

Die Viskosität der Firnisse ist natürlich durchweg höher als diejenige des Leinöls. Sie ist von besonderer Bedeutung für die graphischen Gewerbe, welche allerdings vorwiegend Stand- und Dicköle verbrauchen. Der Englersche Apparat ist zur Bestimmung der Zähflüssigkeit bei gewöhnlicher Temperatur nicht geeignet, E. Valenta [5]) hat daher einen anderen Apparat [6]) vorgeschlagen. Sein wesentlichster Bestandteil ist eine genau vertikal stehende Glasröhre, in welcher eine Silberkugel eine etwa 60 cm hohe Firnisschicht durchfällt. Die hierzu erforderliche Zeit gibt ein Maß für die Zähflüssigkeit, als Vergleichsmedium dient Wasser oder Rizinusöl. Einen, auf demselben Prinzip basierenden Apparat, der aber insofern noch bequemer ist, als die Fallzeit automatisch registriert wird, hat M. Stange [7]) beschrieben.

Die Refraktion der Leinölfirnisse ist ein wichtiges Hilfsmittel für deren Untersuchung, andererseits darf sie aber auch nicht überschätzt werden. Hefelmann und Mann [8]) untersuchten verschiedene Handelsfirnisse sowie Gemische von Leinöl mit Harz, Harzöl und Mineralöl und stellten die Grenzwerte 80,6 bis 84,2 für die Refraktionszahl (bei 25°) reiner Leinölfirnisse

---

[1]) Benedikt-Ulzer S. 502.
[2]) Chem. Rev. 1900, **7**, 1.
[3]) Analyst 1904, **29**, 2.
[4]) Lewkowitsch, Bd. II, S. 977.
[5]) Chem.-Ztg. 1906, **30**, 583.
[6]) Zu beziehen von F. Rohrbecks Nachf., Wien I, Kärntnerstr. 59.
[7]) Chem.-Ztg. 1906, **30**, 643.
[8]) Pharm. Zentralh. 1895, **36**, 685.

auf. Ein höherer Wert soll eine Verfälschung mit einer der drei oben erwähnten Substanzen anzeigen. Weger [1]) wies indessen nach, daß zwar die meisten Firnisse der obigen Bedingung entsprechen, daß aber doch die Grenzen zu eng gefaßt sind; z. B. gab ein indisches Leinöl die Refraktionszahl 80,2, ein daraus mit 5 % harzsaurem Bleimangan in der Kälte bereiteter Firnis 85,8 und derselbe Firnis, 1 Stunde auf 150° erhitzt, 86,7. Ein Firnis mit 4 % harzsaurem Mangan zeigte frisch die Zahl 85,0, 12 Monate geschlossen im Dunkeln aufbewahrt die Zahl 85,7 und 12 Monate offen am Licht aufbewahrt die Zahl 94,0. Daß auch durch das Blasen die Refraktionszahl stark erhöht wird, wurde schon früher (s. S. 130) erwähnt. Ferner gibt es Mineralöle mit der niedrigen Refraktionszahl 67—72. Die Bestimmung der Refraktionszahl eines Firnisses kann daher wohl gewisse Anhaltspunkte geben, es muß aber auf Mineral- und Harzöl noch besonders geprüft werden.

Wie die Refraktionszahl speziell durch Harzzusätze beeinflußt wird, hat H. Wolff [2]) untersucht. Er empfiehlt, die Bestimmung im Zeißschen Butterrefraktometer bei 15° und bei Natriumlicht vorzunehmen. Unter Verwendung von 6 verschiedenen Sorten Leinöl und 5 Sorten Harz stellte er sich eine größere Anzahl von Firnissen im Laboratorium selbst her und prüfte dieselben mit folgenden Resultaten:

| | Mittelwert | Höchster Wert | Niedrigster Wert |
|---|---|---|---|
| 20 harzfreie Firnisse . . . . . | 88,0 | 91,2 | 86,2 |
| 12 Firnisse mit 3 % Harz . . | 90,0 | 92,2 | 88,5 |
| 12 ,, ,, 5 ,, ,, . . | 92,5 | 94 | 91,8 |
| 15 ,, ,, 10 ,, ,, . . | 97,5 | 100 | 96,7 |
| 10 ,, ,, 15 ,, ,, . . | 1,4920 | 1,4975 | 1,4896 |
| 5 ,, ,, 20 ,, ,, . . | 1,4980 | 1,5012 | 1,4960 |

Bei den Firnissen mit mehr als 10 % Harz wird naturgemäß das ganze Gesichtsfeld erhellt, man hilft sich dadurch, daß man den Firnis mit dem gleichen Gewicht Terpentinöl von bekannter Refraktion verdünnt und das Gemisch prüft. Ist der gefundene

---

[1]) Zeitschr. f. angew. Chem. 1899, **12**, 297.

[2]) Farben-Ztg. 1910, **16**, 268,.

Brechungsexponent $n_g$, derjenige des Terpentinöls $n_t$, so ist der gesuchte Exponent des Firnisses

$$x = 2{,}09\, n_g - 1{,}093\, n_t + 0{,}003.$$

Wolff empfiehlt, bei allen Firnissen mit erhöhtem spez. Gew. und einer Refraktionszahl über 92 das Harz quantitativ zu bestimmen.

Das Verhalten der Firnisse im polarisierten Licht kann speziell zum Nachweis von Harz und Harzöl dienen. F. Filsinger [1]) schlug vor, den Firnis zur Aufhellung mit 2 Vol. Chloroform und 1 Vol. absolutem Alkohol zu verdünnen. Reine Oxyd- und Linolatfirnisse geben nur minimale, Resinatfirnisse etwas höhere Ablenkungen, für harzölhaltige Firnisse fand Filsinger Werte von + 25 bis + 30°.

## Chemische Untersuchung der Leinölfirnisse.

Zur qualitativen Unterscheidung von Leinöl und Leinölfirnis hat Finkener eine Methode angegeben, bei welcher die Probe mit einer wässerigen Lösung von Bleiazetat, Glyzerin und Ammoniak geschüttelt bzw. erhitzt wird. Beim Leinöl soll die wässerige Schicht klar, beim Firnis schleimig sein. Die Methode dürfte sich auf den Mehrgehalt der Firnisse an freien Fettsäuren gründen und kaum zuverlässig sein. Nach Evers [2]) soll sie allerdings für Oxydfirnisse zu empfehlen sein.

Eine andere Methode wurde von Mopurgo [3]) angegeben. 5 g der Probe werden mit alkoholischer Natronlauge verseift, der Alkohol verjagt, die Seife in Wasser und in der Seifenlösung so viel Kochsalz gelöst, bis keine Seife mehr abgeschieden wird. Das Filtrat wird mit Essigsäure versetzt; bei reinem Leinöl entsteht kein Niederschlag, wohl aber bei „gekochtem". Wie man sieht, bedeutet die Methode nichts weiter als einen qualitativen Nachweis der nicht aussalzbaren Oxysäuren, sie wird daher bei kalt bereiteten Firnissen versagen und nur bei stark geblasenen oder beim Kochen oxydierten Firnissen eintreten.

Zur qualitativen Prüfung eines Firnisses auf Reinheit kann wiederum die Wasserreaktion (s. S. 92) dienen. Einige

---

[1]) Chem.-Ztg. 1894, **18**, 1867.

[2]) Chem.-Ztg. 1899, **23**, 334.

[3]) Chem.-Ztg. Rep. 1897, **21**, 36.

Kubikzentimeter werden mit alkoholischer Lauge verseift und die Seifenlösung mit viel Wasser verdünnt, wobei sie klar bleiben soll. Eine Trübung deutet auf Mineralöl oder Harzöl, geringe Mengen der letzteren können sich aber der Beobachtung entziehen. Ferner ist zu berücksichtigen, daß leinölsaures und harzsaures Pb und Mn in Wasser unlöslich sind, so daß auch sikkativreiche, aber sonst reine Firnisse eine Trübung geben können. Es dürfte sich daher empfehlen, die Reaktion erst mit dem vom Metall befreiten Firnis vorzunehmen.

Die Reaktion Storch-Morawski (s. S. 94) zum qualitativen Nachweis von Harz und Harzöl soll nach Ulzer [1]) beim Leinölfirnis unzuverlässig sein, weil auch bei Abwesenheit von Harz rotbraune Färbungen entstehen können, besonders wenn der Firnis längere Zeit der Luft ausgesetzt war. Hiermit stimmt eine Angabe von J. Grosser [2]), laut welcher gewisse „Oxysäuren" sich sowohl bei der obigen Reaktion als auch bei der Methode Twitchell genau wie Abietinsäure verhalten. Auch H. Wolff [3]) erhielt bisweilen mit harzfreien Manganfirnissen Färbungen, welche mit der in Frage stehenden verwechselt werden konnten. Andererseits behauptet zwar Lippert [4]), daß die Reaktion auch bei Leinölfirnissen eindeutige Resultate gebe; er scheint aber zu seinen Versuchen anstatt Essigsäureanhydrid Eisessig benutzt zu haben. Verf. möchte empfehlen, vor der Prüfung die Metalle zu entfernen, oder noch besser, sie mit den abgeschiedenen, petrolätherlöslichen Fettsäuren auszuführen.

Zum Nachweis größerer Mengen Kolophonium schüttelt H. Wolff [5]) 5 ccm Firnis mit 20 ccm Alkohol und 1 ccm konz. HCl kräftig durch, dampft die alkoholische Lösung ein, löst den Rückstand in Benzin und schüttelt diese Lösung mit 1—2 ccm 25 proz. Ammoniak. Eine Trübung zeigt Harz an, doch versagt die Reaktion bei Mengen unter 10 % häufig.

Von den quantitativen Methoden interessiert naturgemäß hauptsächlich die Bestimmung des Metallgehaltes, und kann in dieser Hinsicht auf die Analyse der Sikkative im

---

[1]) Mitt. des K. K. Technol. Gewerbe-Mus., Wien 1896.

[2]) Chem.-Ztg. 1906, **30**, 330.

[3]) Farben-Ztg. 1910, **16**, 268.

[4]) Chem. Rev. 1905, **12**, 4.

[5]) Farben-Ztg. 1910, **16**, 268.

10. Kapitel verwiesen werden. Da ein klarer Firnis Pb und Mn nur in löslicher Form enthält, so ist es am einfachsten, die Metalle in der Asche zu bestimmen. Statt dessen empfehlen Fresenius und Schattenfroh [1]), die ätherische Lösung des Firnisses mit verdünnter Salpetersäure auszuschütteln, oder, falls es sich nur um Pb handelt, entweder direkt Schwefelwasserstoff in den Firnis einzuleiten oder denselben mit verdünnter Schwefelsäure zu schütteln.

Die Säurezahl eines Leinölfirnisses wird um so höher sein, je länger und höher er erhitzt oder geblasen wurde. Durch gefällte Sikkative wird sie nicht, durch geschmolzene Linolatsikkative kaum erhöht, wohl aber durch geschmolzene Resinatsikkative, weil diese ausnahmslos freies Harz enthalten. Weger und Wolff geben übereinstimmend als obere zulässige Grenze den Wert 12 an. Eisenstein [2]) fand in 3 „doppeltgekochten" Leinölfirnissen Säurezahlen von 16,2, 14,0 und 11,8, er scheint indessen nicht auf Kolophonium geprüft zu haben.

Die Verseifungszahl des Leinöls wird, wie schon früher dargelegt, durch das Kochen kaum verändert, durch starkes Blasen unter Umständen erhöht. Durch den Sikkativgehalt wird sie nur unwesentlich erniedrigt. Filsinger [3]) hatte die Grenzzahlen 180—190 angegeben, dagegen meint Weger [4]), die Verseifungszahl normaler Firnisse liege zwischen 190 und 195, eine Verseifungszahl von 180—185 erwecke den Verdacht einer Beimischung von Harz- oder Mineralöl und ein Wert unter 175 beweise sicher eine Verfälschung. Ulzer [5]) fand in 5 Oxydfirnissen (davon 3 mit PbO, 2 mit $MnO_2$ gekocht) Verseifungszahlen von 188,1—192,0, Mc Ilhiney [6]) in 8, allem Anschein nach mit löslichen Sikkativen bereiteten Firnissen 187,5—192,2, dagegen Eisenstein in den 3 oben erwähnten Firnissen nur Werte von 182,5—185,2.

Die Jodzahl kann bei Firnissen mit löslichen Sikkativen fast ebenso hoch sein wie beim Leinöl, z. B. fand Mc Ilhiney

---

[1]) Zeitschr. f. anal. Chem. 1895, **34**, 381.
[2]) Mitt. des K. K. Technol. Gewerbe-Mus., Wien 1908, **18**, Heft 1.
[3]) Chem.-Ztg. 1894, **18**, 1867.
[4]) Benedikt-Ulzer, S. 503.
[5]) Daselbst S. 507.
[6]) Lewkowitsch, Bd. II, S. 977.

(s. o.) 180,4—183,3. Dagegen wird die Jodzahl naturgemäß durch Kochen, Blasen und durch Zusätze von Mineral- und Harzöl herabgedrückt. Die untere Grenze für reine Firnisse wird verschieden angegeben, z. B. von Filsinger zu 160, von Hefelmann und Mann [1]) zu 163, von Ulzer (s. o.) zu 145, von Charitschkoff [2]) zu 130. Die Jodzahl spielt daher bei der Analyse der Firnisse nicht die große Rolle wie bei derjenigen des Leinöls. Zu erwähnen ist noch, daß Lewkowitsch [3]) rät, vor Bestimmung der Jodzahl die Metalle zu entfernen, weil sonst unter Umständen zu hohe Werte gefunden werden.

Die Hexabromidzahl muß nach früheren Angaben bis zu einem gewissen Grade darüber Aufschluß geben, ob ein Firnis stark gekocht oder vielleicht ganz in der Kälte hergestellt wurde. Eingehendere Untersuchungen hierüber scheinen noch nicht angestellt zu sein, die Zahlen der nachstehenden Tabelle wurden von Lewkowitsch [4]) ermittelt.

| | $d_{15}$ | Jodzahl | Hexabromidzahl [5]) |
|---|---|---|---|
| Rohes Leinöl . . . . . . . . . . | 0,9308 | 186,4 | 24,17 |
| Heller Firnis . . . . . . . . . . | 0,9429 | 171,0 | 20,97 |
| „Doppelt gekochter“ Firnis . . | 0,9449 | 170,0 | 13,03 |
| „Ozonisierter“ Firnis I . . . . | 0,9310 | 180,1 | 36,30 |
| „ „ II . . . . | 0,9388 | 171,2 | 25,73 |
| „ „ III . . . | 0,9483 | 169,7 | 30,19 |

Auch die Sauerstoffzahl kann bei der Firnisanalyse nur wenig Anhaltspunkte geben. Kalt bereitete oder nur mäßig erhitzte Firnisse werden im allgemeinen annähernd dieselben Zahlen liefern wie reines Leinöl. Stark gekochte und stark geblasene Öle werden niedrigere Werte zeigen, zu unterscheiden sind sie aber durch die O-Zahl nicht, man kann höchstens sagen, daß die ersteren langsamer trocknen und das Gewichtsmaximum später erreichen werden als die letzteren [6]).

[1]) Pharm. Zentralh. 1895, **36**, 685.
[2]) Chem. Rev. 1900, **7**, 1.
[3]) Band II, S. 378.
[4]) Analyst 1904, **29**, 2.
[5]) Direkte Bromierung der Glyzeride.
[6]) Vgl. Weger, Chem. Rev. 1898, **5**, 237.

Von einer gewissen Bedeutung ist sicher die Bestimmung der Oxysäuren, wenn sie auch bis jetzt wenig ausgeführt wurde. Wie schon früher dargelegt, steigt ihre Menge beim Kochen ohne Luftzutritt kaum, wohl aber beim Blasen und beim offenen Lagern. Geringe Mengen von Oxysäuren können auch aus dem Kolophonium der Resinatsikkative stammen.

Man glaubte früher, daß beim Firniskochen auch die Menge des Unverseifbaren zunehme. R. Williams [1]) fand in rohen Leinölen 0,8—1,3, in „gekochten" 1,3—2,3 % Unverseifbares. Indessen wurde schon früher dargetan, daß sowohl beim Kochen als beim Blasen des Leinöls eine irgendwie beträchtliche Vermehrung des Unverseifbaren nicht stattfindet. In der Tat fand denn auch Ulzer in den oben erwähnten Oxydfirnissen nur 0,5 bis 0,92 % Unverseifbares. Da das Kolophonium zuweilen viel Unverseifbares enthält, so kann bei den Resinatfirnissen immerhin eine geringe Erhöhung des ursprünglichen Gehaltes eintreten. O. Bach [2]) fand in Oxydfirnissen 0,43—0,74, in Resinatfirnissen 0,95—1,71 % Unverseifbares.

Man wird daher auch bei den Firnissen 2 % als zulässige obere Grenze für den Gehalt an Unverseifbarem annehmen dürfen. Bei höheren Gehalten wird man zunächst die Jodzahl des Unverseifbaren feststellen, sie wird gemäß früheren Angaben bei reinen Firnissen kaum unter 70—80 sinken, während sie durch Harz- und besonders durch Mineralöl stark herabgedrückt wird.

Es kann vorkommen, daß weniger als 2 % Unverseifbares gefunden werden, und doch Kohlenwasserstoffe zugegen sind. G. Knappe [3]) fand in einem Leinölfirnis 2—3 % Petroleum, welches sich weder durch den Geruch noch bei der Wasserreaktion bemerkbar machte. Dagegen trat im Apparat von Abel-Pensky bei 80—90° eine deutliche Entflammung ein. H. Wolff [4]) fand in einem anderen Falle die Verseifungszahl 188,5, die Refraktion 87 und das spez. Gew. 0,9309. Die Trockenzeit war normal, der Gehalt an Unverseifbarem wurde zu 1,2 % ermittelt. Trotzdem enthielt der Firnis 4 % Leichtbenzin,

---

[1]) J. Soc. Chem. Ind. 1898, **17**, 305.
[2]) Zeitschr. f. öff. Chemie 1898, **4**, 167.
[3]) Chem.-Ztg. 1903, **27**, 930.
[4]) Farben-Ztg. 1910, **16**, 267.

welches durch Wasserdampfdestillation isoliert werden konnte. Schließlich ist noch an die Firnisse zu erinnern, welche auf kaltem Wege mit Hilfe von „flüssigen Sikkativen" (s. S. 189) gewonnen wurden und daher einige Prozent Terpentinöl enthalten. Auch dieses wird am besten durch Wasserdampfdestillation abgeschieden.

Wegen der Ausführung der verschiedenen, vorstehend angeführten Untersuchungsmethoden sowie auch wegen Prüfung der Leinölfirnisse auf einen Gehalt an halbtrocknenden Ölen, wie Bohnenöl usw., kann auf Kapitel 4, Abschnitt H, verwiesen werden. Dort wurde auch die Methode Twitchell-Wolff zur quantitativen Bestimmung des Kolophoniums schon besprochen, welche für die Firnisanalyse von besonderer Bedeutung ist. Nachdem heute die geschmolzenen Resinate die am meisten verwendeten Sikkative sind, mußte die Frage auftauchen: Wieviel Kolophonium, frei und gebunden, darf ein reeller Firnis enthalten? Diese Frage hat C. Niegemann[1]) dahin beantwortet, daß 5 % Resinat unter allen Umständen genügen, und daß höhere Gehalte als Verfälschung angesehen werden sollten. Schon 7 % Harzsäuren genügen, um einen Firnis beim Anrühren mit Bleiweiß „stocken" zu machen. Nach H. Wolff[2]) genügen schon 3—4 %, und 6 % sind entschieden zu viel.

Es wurden schon Versuche gemacht, Normen für die Begutachtung von Firnissen aufzustellen, doch sind sie bis heute an den großen Schwierigkeiten der Materie gescheitert[3]).

Zum Schlusse glaubt Verf. für die vollständige quantitative Analyse eines Leinölfirnisses folgenden Gang empfehlen zu können.

Etwa 10 g Firnis werden in 100 ccm Petroläther gelöst und diese Lösung im Scheidetrichter zweimal mit verdünnter HCl geschüttelt, einmal mit Wasser gewaschen. Die vereinigten wässerigen Lösungen werden eingedampft und im Rückstand die Metalle bestimmt. Die Petrolätherlösung wird mit 50 ccm Alkohol vermischt, Phenolphthalein zugegeben und unter Umschütteln mit Normallauge auf Rot titriert. Man fügt so viel

[1]) Seifens.-Ztg. 1910, **37**, 1040.
[2]) Farben-Ztg. 1910, **16**, 268.
[3]) Vgl. Treumann, Chem.-Ztg. 1905, **28**, 1071.

Wasser zu, daß seine Gesamtmenge ca. 50 ccm beträgt, schüttelt tüchtig durch, überläßt eine Stunde der Ruhe und wiederholt das Ausschütteln der Seifenlösung noch zweimal mit je 50 ccm Petroläther. Die vereinigten Petrolätherauszüge werden einmal mit 20 ccm 50 proz. Alkohols gewaschen und der Waschalkohol mit der Seifenlösung vereinigt. In der letzteren hat man die freien sowie diejenigen Fettsäuren, welche im Firnis an Metall gebunden waren, ferner die Harzsäuren. Man fügt noch etwas Lauge zu, verdampft zur Trockne, nimmt den Rückstand mit Wasser auf und schüttelt die Lösung im Scheidetrichter mit Petroläther und HCl. Jener nimmt die Fett- und Harzsäuren auf, welche im Verdunstungsrückstand in bekannter Weise getrennt werden. Im Scheidetrichter kann eine geringe Menge Oxysäuren zurückbleiben.

Die zuerst erhaltene Petrolätherlösung (200 ccm, s. o.) enthält das Neutralfett, das Unverseifbare des Leinöls und des Kolophoniums sowie etwa vorhandenes Mineral-, Harz-, Terpentinöl. Das Lösungsmittel wird verdunstet und im Rückstand in bekannter Weise Fettsäuren, Oxysäuren und Unverseifbares bestimmt.

## Linoxyn.

Die Haut, welche beim Eintrocknen der Firnisse entsteht, kann naturgemäß nicht ohne weiteres als Linoxyn angesprochen werden; zunächst enthält sie eine gewisse Menge Metall und bei Resinatsikkativen eine gewisse Menge Kolophonium. Der Metallgehalt wirkt nach Mulder vorteilhaft, indem er den Anstrich härter und dadurch gegen die reibende Wirkung des Regens und des Sandes widerstandsfähiger macht. Auf der anderen Seite wird dem Firnis häufig etwas rohes Leinöl beigemischt, um den Anstrich elastischer zu machen. Das Kolophonium wirkt, sobald es einen gewissen Prozentsatz überschreitet, ungünstig, indem es die spätere Rißbildung beschleunigt. Ferner ist zu berücksichtigen, daß die Firnisse fast nie allein, sondern zumeist im Gemisch mit anorganischen Farbkörpern aufgestrichen werden. Die letzteren sind teilweise vollkommen indifferent, wie z. B. das Baryumsulfat, teilweise sind sie aber basisch und wirken auf die Firnisse, wenn auch nur in geringem Maße, verseifend, wie dies z. B. beim Bleiweiß schon Mulder feststellte.

Daß die Firnisse sogar, vermutlich erst während des Trockenprozesses, mit Schwefelzink, einem Bestandteil der Lithophone, einer weißen Anstrichfarbe, welche außerdem noch Baryumsulfat enthält, reagieren, hat neuerdings Meister[1]) gezeigt; er konnte in einem ZnS enthaltenden Firnishäutchen nach 3 Wochen gelöstes Zn nachweisen. Außerdem enthalten die Anstrichfarben manchmal etwas Terpentinöl, entweder von flüssigem Sikkativ herstammend oder dem Anstrich als Verdünnungsmittel, zur Erhöhung der Streichfähigkeit, zugesetzt. Während des Trocknens verflüchtigt sich zwar der größte Teil, der Rest verharzt. Umgekehrt enthalten die Malerfarben zuweilen Verdickungsmittel. Die früher verwendeten: Paraffin, Japanwachs usw., sind allerdings heute fast durchweg durch Standöl verdrängt.

Die wertvollsten Eigenschaften eines Anstrichs sind naturgemäß eine gewisse Elastizität und eine gewisse Kohärenz bzw. Undurchlässigkeit für Gase und Flüssigkeiten. Infolge wechselnder Temperatur wird sich die bestrichene Fläche ausdehnen und zusammenziehen, und der Anstrich muß ihr folgen. Nun wird der Ausdehnungskoeffizient der Unterlage, des Farbkörpers und des Linoxyns ein ganz verschiedener sein, und die Differenzen müssen durch die Elastizität des Linoxyns ausgeglichen werden. Ferner werden die Farbkörper in Form staubfeiner Pulver verwendet, das Linoxyn muß ihnen nicht nur die fehlende Kohärenz bringen, sondern es muß auch mit ihnen gemeinsam eine vollkommen dichte Decke für die zu schützenden Flächen abgeben.

Beide Eigenschaften schrieb Mulder dem Linoxyn in vollem Umfang zu. Er wird fast begeistert, wenn er die Fortschritte schildert, welche die holländischen Maler Hubert und Johan van Eyk dadurch hervorriefen, daß sie im 14. Jahrhundert als Erste Leinöl (bzw. Leinölfirnis?) verwendeten. Die Wasserfarben wurden beim Trocknen im Ton stumpfer, ferner trockneten sie sehr schnell, so daß die Grenzen nicht ineinander flossen, was dem Bild eine gewisse Härte, einen Mangel an Harmonie gab. Ferner gaben die Wasserfarben eine undurchsichtige Schicht, und ein Übermalen (Korrigieren) der Gemälde war unmöglich. Dagegen erwies sich das „gekochte Leinöl“ als ein nahezu ideales

---

[1]) Farben-Ztg. 1910, **15**, 2274.

Vehikel für Malerfarben. Es hat eine gewisse Konsistenz, welche durch die festen Farbteilchen noch erhöht wird. Es läßt sich gut streichen und trocknet rasch genug, daß man weiter malen kann, aber doch nicht so rasch, daß die neue Schicht sich mit der alten nicht mehr verbindet. Ganz trocken gewordene Schichten können mit Öl benetzt und dadurch von neuem aufnahmefähig gemacht werden; das fertige Gemälde ist elastisch genug, daß es der Ausdehnung und Zusammenziehung der Unterlage zu folgen vermag. Die Farbschichten sind durchscheinend, so daß die einzelnen Farben in ihrer vollen Schönheit und gegenseitigen Harmonie zur Wirkung kommen. „Die Ölfarbe hat der Kunst neues Leben und eine früher nicht geahnte Größe verliehen."

Mulder hielt das Linoxyn auch für vollkommen undurchlässig. Er stellte sich Anstrichfarben in der Weise her, daß er Leinölfirnis (mit 2—3 % PbO) mit 5 % feingepulverter Bleimennige und mit 40—200 % eines indifferenten Pulvers, z. B. Sand, Pfeifenerde, Toneisenstein, Ziegelpulver usw., mischte. Damit strich er eiserne Platten auf einer Seite und setzte sie alsdann monatelang Wind und Wetter, Regen und Sonnenschein aus. Die nicht gestrichene Seite überzog sich mit einer dicken Rostschicht, auf der gestrichenen haftete der Anstrich fest, und war keinerlei Rostbildung zu beobachten.

Trotzdem diese Resultate Mulders eigentlich nicht bezweifelt werden dürfen, ist man heute zumeist anderer Ansicht. J. Treumann [1]) erklärte die Firnishäute für undicht und führte sogar Mulder als Kronzeugen für diese Behauptung an. Wenn während des Trocknens, auch aus den untersten Schichten des Anstrichs, Wasserdampf und Kohlensäure entweichen, so müssen diese Anstriche sowohl für Wasser als für Gase durchlässig sein. Man kann hiergegen einwenden, daß die flüchtigen Oxydationsprodukte vorwiegend in den ersten Stadien des Trockenprozesses weggehen, und daß die betreffenden Poren sich in den späteren Stadien wieder schließen können, ganz abgesehen davon, daß nur wenige derselben ganz auf die bestrichene Fläche hinabreichen werden. Treumann ließ ferner Firnisse und Ölfarben auf Platten von Glas, Metall oder Porzellan auftrocknen und

[1]) Chem. Rev. 1898, 5, 135.

brachte die Platten alsdann unter Wasser von gewöhnlicher Temperatur. Früher oder später bildeten sich Runzeln und Blasen, die Haut wurde zwar nicht zerstört, aber ihr Zusammenhang mit der bestrichenen Fläche wurde teilweise aufgehoben. Aber in der Praxis sind die Anstriche zumeist nicht ständig unter Wasser, und ferner kommen bei der Treumannschen Versuchsanordnung Ränder in Betracht, welche in der Praxis ebenfalls nicht vorhanden sind. Treumann kam zu dem Schlusse, daß die Zerstörung des Anstrichs durch das Wasser umso rascher erfolge, je mehr verharztes Öl, bzw. je weniger Mineralfarbe zugegen ist. Ferner sei die Art des Farbkörpers auf die Durchlässigkeit von Einfluß. Anstriche mit Ruß und Ocker seien am meisten durchlässig, weniger solche mit Bleiweiß und Mennige, am wenigsten solche mit Zinkweiß. Dabei gibt aber Treumann selber zu, daß es einwandsfreie Methoden zur Bestimmung der Durchlässigkeit gar nicht gibt, weil zwei verschiedene Anstriche in wissenschaftlicher Hinsicht niemals identisch sind, auch wenn sie offenbar ganz gleich ausgeführt wurden. Auch wenn man Glastafeln durch einen handwerkstüchtigen Maler mehrmals mit Ölfarbe bestreichen läßt, so können sie bei der mikroskopischen Prüfung noch Fehlstellen aufweisen. Und wenn ein Anstrich auch zunächst vollkommen dicht wäre, so wird er doch im Lauf der Zeit undicht werden, indem infolge wechselnder Temperatur und ungleicher Ausdehnung mikroskopisch wahrnehmbare Haarrisse entstehen.

Auch C. P. Dudley [1]) kam zu dem Resultat, daß die getrockneten Firnishäute wasserdurchlässig seien. Er löste 20 g Dextrin in einem Gemisch von 40 ccm Wasser und 30 ccm Alkohol, brachte auf eine gut gereinigte Glasplatte einen mehrere Zentimeter breiten Fleck obiger Lösung, ließ ihn bei höchstens 65° trocken werden und bestrich dann die Platte wiederholt mit Firnis, dem jedesmal 10—12 Stunden Zeit zum Trocknen gelassen wurde. Hierauf wurde die Platte 12 Stunden in Wasser gelegt. Das Dextrin wurde regelmäßig fleckig, ein Beweis, daß das Wasser zu ihm gelangt war. Wenn dem Firnis Pigmente beigemischt wurden, sank die Durchlässigkeit. Gegen obige Versuchsanordnung lassen sich dieselben Einwände erheben wie bei Treumann.

[1]) Seifens.-Ztg. 1905, **32**, 218.

Von anderer Seite [1]) wurde behauptet, daß zum mindesten die Mennige, mit möglichst wenig Leinölfirnis aufgestrichen, einen vollkommen wasserdichten Überzug gebe. Wenn dieser trotzdem keinen unbedingten Schutz gegen Rost gewähre, so müssen dafür andere Gründe vorliegen. In letzterer Hinsicht mag kurz W. Thomson [2]) erwähnt sein, welcher vermutet, daß durch die Wechselwirkung zwischen dem Eisen und den Metallen der Firnisse schwache galvanische Ströme entstehen. Ebenso vermutet E. Täuber [3]) schwache elektrische Ströme als Ursache der Rißbildung in Ölgemälden.

Die Durchlässigkeit der Firnishäute für Wasser führte Treumann (s. o.) zum Teil auch darauf zurück, daß das Linoxyn stark hygroskopisch sei. Er brachte vollkommen oxydierte, lufttrockene und zerkleinerte Firnishäute auf Uhrgläser und die letzteren gemeinsam mit einem teilweise mit Wasser gefüllten Gefäß unter eine Glasglocke. Die Gewichtszunahme der Häute betrug in 4—8 Tagen 7—15 %, beim Liegen an der Luft wurde das Wasser wieder abgegeben. Obige Zahlen sind sehr hoch; Mulder und Weger fanden viel niedrigere. Wenn Mulder die Platten mit getrocknetem Leinöl oder Firnis einige Stunden auf $80^0$ erwärmte, so nahm das Linoxyn ungefähr 4 % an Gewicht ab. Ließ er die Platten nunmehr an der Luft liegen, so stieg das Gewicht des Linoxyns wieder um etwa 1,2 %. Daraus schloß Mulder, daß das Linoxyn regelmäßig ungefähr obigen Betrag an „kondensiertem Wasserdampf" enthalte. Weger [4]) legte gut getrocknete Firnishäutchen im Exsikkator abwechselnd neben Wasser und neben konz. $H_2SO_4$. Er fand Gewichtsdifferenzen bis 2,4 %, betont aber, daß solche Extreme in der Luftfeuchtigkeit praktisch nicht in Betracht kommen, daß der Einfluß der letzteren vielmehr unter 1 % liegt. Es ist daher zweifellos übertrieben, wenn W. Jones [5]) behauptet, daß die Firnishaut „wie ein Schwamm" Wasser aufsauge.

Daß die guten Eigenschaften des Linoxyns nicht ewig vorhalten können, daß es vielmehr, wie alle organischen Körper,

---

1) Chem. Rev. 1902, **8**, 33, 59.
2) Chem. Rev. 1898, **5**, 136.
3) Chem.-Ztg. 1909, **33**, 85.
4) Chem. Rev. 1898, **5**, 215.
5) Chem. Rev. 1898, **5**, 136.

dem späteren Untergang geweiht ist, hat wiederum schon Mulder betont. Schon das Licht kann ungünstig wirken; Mulder konstatierte eine Braunfärbung innerhalb der ersten Monate. Unter dem Einfluß des direkten Sonnenlichtes verschwindet der braune Körper wieder; aber dadurch können die Farben nachteilig beeinflußt werden. Vor allen Dingen ist es aber die Luft bzw. der Luftsauerstoff, welcher zwar zuerst den Firnis trocknet, aber auch den getrockneten Firnis nicht unverändert läßt. Bei Ölgemälden wird zwar die Vorderseite durch einen Lacküberzug, die Rückseite durch eine dicke Farbschicht nach Kräften geschützt, aber ein vollständiger Luftabschluß ist nicht möglich und daher ein Verderben unvermeidlich. Den betreffenden chemischen Prozeß dachte sich Mulder in der Weise, daß zunächst die Ölsäure durch Oxydation verflüchtigt wird, die Farbe wird härter. Dann erleiden die Palmitin- und Myristinsäure dasselbe Schicksal: die Farbe wird noch härter. Zuletzt kommt die Reihe an das Linoyxn: die Farbe geht unter.

Auch M. Toch [1]) konstatierte, daß die Ölgemälde schon unter dem Einfluß des Lichtes altern. Die weißen Farben werden gelb, indem unter dem Einfluß des im Firnis enthaltenen Pb und Mn das Xanthophyll des Leinöls zu Chlorophyll reduziert wird. Im hellen Sonnenlicht wird die weiße Farbe zurückgebildet. Nach W. Lippert [2]) wird ein im Dunkeln getrockneter Firnis braunrot, im direkten Licht aber wieder entfärbt. Bei Innenanstrichen werden weiße Farben allmählich gelb, was durch einen Zusatz von Ultramarin vermieden werden kann.

Verf. [3]) hat die Ansicht ausgesprochen, daß das Linoxyn, wenn auch in maskierter Form, noch aktiven Sauerstoff enthält, und daß es mit diesem den Keim der Zerstörung in sich trägt. Die Peroxygruppen werden sich spontan, wenn auch nur sehr langsam, zu Ketoxygruppen umlagern, die dabei entstehenden Hydroxylgruppen werden Wasserabspaltung, diese Volumverminderung und diese Rißbildung herbeiführen. Daß letztere die endgültige Zerstörung der Anstriche beschleunigt, liegt auf der Hand, nachdem Reid (s. S. 169) gezeigt hat, daß bei der

[1]) Vortrag auf dem VII. Internationalen Kongreß für angew. Chemie in London, vgl. Zeitschr. f. angew. Chem. 1909, **22**, 1151.

[2]) Chem. Rev. 1910, **17**, 191.

[3]) Zeitschr. f. angew. Chemie 1910, **23**, 726.

Weiteroxydation des Linoxyns auch wasserlösliche Körper entstehen.

Nur ganz kurz sei hier auf die von Pettenkofer angegebene Methode zur Restaurierung alter, schadhaft gewordener Ölgemälde hingewiesen, darin bestehend, daß dieselben kürzere oder längere Zeit Alkoholdämpfen ausgesetzt werden.

Es kann oft nötig werden, das Linoxyn quantitativ zu bestimmen, z. B. im Linoleum oder in getrockneten Farbenaufstrichen. Genau genommen, handelt es sich dabei allerdings nicht um eine Bestimmung des Linoxyns, sondern um eine solche des gesamten oxydierten und unoxydierten Leinöls. Daß beim Trockenprozeß die Ölsäure gar nicht, die Linolen- und Linolsäure nicht quantitativ oxydiert werden, geht aus früheren Angaben deutlich hervor. Infolgedessen fand Mulder in getrocknetem Leinöl nur etwa 80 % ätherunlösliches Linoxyn. In neuester Zeit hat sich Meister[1]) bemüht, das Leinöl auf dem Wege des Trockenprozesses möglichst weit zu oxydieren; er gelangte zu der minimalen Jodzahl 26,9. Bei der Linoleumfabrikation ist die Oxydation aus naheliegenden Gründen noch weniger vollständig als beim Trockenprozeß. In der Tat fand H. Ingle [2]), daß gepulvertes Linoleum an Äther 4,5 % in Form einer gelben kristallinischen Masse, an Alkohol 3,2 % in Form einer rotbraunen, amorphen Masse abgibt. Dem Linoleum das gesamte Linoxyn durch Äther entziehen zu wollen, wie dies Pinette [3]) vorschlug, war natürlich von vornherein aussichtslos, nachdem schon Mulder festgestellt hatte, daß das Linoxyn in Äther unlöslich ist. Diese Unlöslichkeit in Fettlösungsmitteln ist allerdings, wie zuerst Livache [4]) fand, nur eine relative. Bei längerer Behandlung mit Benzol quoll das Linoxyn auf und ging teilweise in Lösung, es zeigte somit ein ganz ähnliches Verhalten wie Kautschuk. Der ungelöste Anteil war zwar noch elastisch, aber mit dem Finger zerdrückbar. Der gelöste hinterblieb nach dem Verdunsten des Benzols als eine feste, aber am Finger klebende und beim Erwärmen erweichende Masse. Livache folgerte, daß der lösliche Anteil wie eine Art Zement den unlöslichen zu-

[1]) Chem. Rev. 1910, **17**, 260.

[2]) J. Soc. Chem. Ind. 1904, **23**, 1197.

[3]) Chem.-Ztg. 1892, **16**, 282.

[4]) Compt. rend. 1891, **113**, 136.

sammenkittet. Ulzer und Baderle [1]) ließen das Benzol unter Druck (im Bombenrohr 1 Stunde bei 150°) auf Linoxyn wirken und konstatierten vollständige Lösung. Bei derselben Behandlung blieb Korkmehl nahezu unverändert, nur etwa 4 % desselben gingen in Lösung. Ulzer und Baderle empfahlen daher die obige Methode zur Bestimmung des Linoleumzements (= Linoxyn + unoxydiertes Leinöl + Harz) im Linoleum. Sie fanden in verschiedenen Sorten 13—25 %. Nach F. Fritz [2]) ist dies aber zu wenig, ein verkäufliches Linoleum muß mindestens 30 % Linoleumzement enthalten, welcher seinerseits in der Regel aus etwa 82 % Leinöl (zum größten Teil oxydiert), 12 % Kolophonium, 5 % Kopal und 1 % Rizinusöl besteht. Er meint, daß vielleicht eine der Benzolbehandlung folgende Extraktion mit Benzol-Chloroform zum Ziel führen könnte, ferner erklärt er eine Methode zur Trennung der obigen 4 Substanzen für wünschenswert, weil der Linoleumzement neuerdings Handelsartikel geworden ist, den besonders die Lincrustafabriken [3]) von den großen Linoleumfabriken beziehen.

Da das Linoxyn beim Erwärmen mit wässeriger oder besser mit alkoholischer Lauge vollständig in Lösung geht, so läßt sich seine Bestimmung (inklusive des unoxydierten Leinöls) in getrockneten Farbenaufstrichen einfach durch Verseifung und nachherige Isolierung der Fettsäuren und Oxysäuren ausführen, wobei aber der wasserlösliche Anteil der letzteren keinesfalls vernachlässigt werden darf. Beim Linoleum dagegen ist dieser Weg ungangbar, weil dabei auch das Korkmehl zum großen Teil in Lösung geht. Ulzer und Baderle (s. o.) erhielten für Kork die Verseifungszahl 238,5, und Ingle (s. o.) erhielt bei der Behandlung von Korkmehl mit alkoholischer Lauge

| | |
|---|---|
| Zellulose . . . . . . . . . . . . . | 24,4 % |
| Asche . . . . . . . . . . . . . . . | 1,8 ,, |
| Säuren, in Äther löslich . . . . . . | 22,7 ,, |
| ,, ,, Alkohol ,, . . . . . . | 5,9 ,, |
| ,, ,, Wasser ,, . . . . . . | 34,4 ,, |
| Unverseifbares, in Äther löslich . . | 3,4 ,, |
| ,, ,, Alkohol ,, . . | 7,4 ,, |

[1]) Benedikt-Ulzer, S. 540.

[2]) Chem. Rev. 1910, **17**, 126.

[3]) Lincrusta heißt eine tapetenartige Wandbekleidung, welche aus einer Papierunterlage mit aufgepreßtem, farbigem Linoleumzement besteht.

Nachdem Leinölfirnis rascher O aufnimmt als unverändertes Leinöl, läßt sich voraussehen, daß er unter geeigneten Bedingungen auch mehr zur Selbstentzündung geneigt sein wird. Dem ist auch in der Tat so. Nach Bing [1]) entzünden sich Watte und Putzbaumwolle, mit rohem Leinöl getränkt, nicht, dagegen mit Leinölfirnis innerhalb 30—60 Minuten. Bis zu einer gewissen Grenze herab erfolgt die Selbstentzündung um so rascher, je geringer die Menge des Firnisses ist. Auch Flachs gibt, mit Leinölfirnis getränkt, noch eine Entflammung, während Wolle und Seide nur verkohlen, Holzmehl und Badeschwamm kaum reagieren. L. Haepke [2]) führt folgenden Fall an: Ein Berliner Geschäft bezog direkt von der Fabrik eine Kiste mit künstlichen Blumenstengeln. 12 Stunden nach Empfang entzündeten sich dieselben von selbst. Es ergab sich, daß sie aus grün gefärbtem Baumwollzeug bestanden, 8 % nicht vollständig getrockneten Firnis enthielten und mit Wollstaub bestreut waren. Einen ähnlichen Fall erwähnt R. Kißling [3]). In einer Fabrik war ein Faß mit Leinölfirnis undicht geworden. Der ausgelaufene Firnis wurde mit Sägespänen aufgenommen und die mit Firnis getränkten Sägespäne in einen Eimer geworfen, in welchem sie sich in der nächsten Nacht von selbst entzündeten.

## Zwölftes Kapitel.

# Öllack.

Unter Öllacken versteht man Gemische von trocknendem Öl oder Firnis mit Kopalen oder anderen Harzen, die mit Terpentinöl oder dessen Surrogaten verdünnt sind [4]). Sie werden zu ähnlichen Zwecken verwendet wie die Firnisse; die beim Trocknen zurückbleibende Schicht ist aber härter, glänzender und widerstandsfähiger. Der Kopal gibt ihr die Härte, das Linoxyn die Elastizität, das Terpentinöl verleiht dem Anstrich die Streichfähigkeit, und das Sikkativ befördert

[1]) Rigasche Ind.-Ztg. 1906, **32**, 139.
[2]) Die Selbstentzündung, Bremen 1893.
[3]) Zeitschr. f. angew. Chemie 1895, **8**, 44.
[4]) M. Weger, Benedikt-Ulzer, S. 511.

das Trocknen [1]). Man unterscheidet fette Lacke mit mehr Leinöl als Kopal, magere mit mehr Kopal als Leinöl und halbfette mit ungefähr gleichen Mengen beider.

Von den verschiedenen Leinölsorten ist das kaltgeschlagene baltische wiederum am besten geeignet, es trocknet hart und klebfrei, während die übrigen Sorten eine gewisse Klebrigkeit beibehalten und die betreffenden Lacke unter Umständen im Sonnenlicht wieder erweichen. Da sich der Leinölschleim mit dem Kopal nicht verträgt, so muß das für Lacke bestimmte Leinöl unbedingt entschleimt werden, daher der Name „Lackleinöl". Man verwendet im allgemeinen das Leinöl als solches und setzt erst dem fertigen Lack ein flüssiges Sikkativ zu, in der Regel leinölsaures oder harzsaures Blei oder Bleimangan, in Terpentinöl gelöst. Nach Meister [2]) ist besonders harzsaures Blei-Zink empfehlenswert, weil es eine Rötung der Lacke verhindert. Außerdem erhalten viele Lacke auch noch einen Zusatz von Standöl.

Die Kopale sind vorwiegend fossilen Ursprungs; sie werden zumeist ausgegraben. Es gibt eine große Anzahl von Varietäten, für die Fabrikation der Öllacke kommen hauptsächlich Kauri-, Sansibar- und Manilakopal in Betracht. Die Kopale bestehen zum geringeren Teil aus Kohlenwasserstoffen, zum größeren aus Harzsäuren. Die letzteren sind aber in den üblichen Lösungsmitteln viel schwerer löslich und auch viel schwerer verseifbar als die Abietinsäure des Kolophoniums, infolgedessen sind die entsprechenden Aufstriche ungleich beständiger. Andererseits haben die Kopale dem Kolophonium gegenüber den Nachteil, daß sie sich auch im Leinöl nur teilweise auflösen. Um sie darin löslich zu machen, müssen sie einer partiellen trockenen Destillation, der sog. Kopalschmelze, unterworfen werden. Bei 300—380° geht das sog. „Kopalöl" über, welches in der Hauptsache aus Kohlenwasserstoffen besteht, aber auch sauerstoffhaltige Körper enthält. Seine Menge wird ganz verschieden angegeben, von 10—50 % des ursprünglichen Kopals; nach Weger beträgt der Gewichtsverlust beim Schmelzen 15—30 %, kann aber bei gewissen Sorten auch auf 40 % steigen. Da die Kopale immer teurer werden, und da der obige Gewichtsverlust mit einer Ein-

---

[1]) W. Lippert, Chem. Rev. 1898, **5**, 235.

[2]) Farben-Ztg. 1909, **14**, 731.

buße an Härte und Widerstandsfähigkeit Hand in Hand geht, so wurden schon große Anstrengungen gemacht, die Kopalschmelze zu umgehen. Man suchte zunächst nach einem Mittel, welches gleichzeitig den Rohkopal und das Leinöl löst. H. Flemming [1]) empfahl für diesen Zweck die Chlorhydrine des Glyzerins, speziell Dichlor- und Epichlorhydrin, C. G. Lyman [2]) ein Gemisch von Methylalkohol und Azeton, Bedford [3]) Leinölsäure, ein anderer [4]) Ölsäure, M. Winkelmann [5]) Palmitinsäure, A. Tixier [6]) Terpineol, d. h. ein mit Salpetersäure oxydiertes Terpentinöl, H. Terrisse [7]) Naphthalin, A. Livache [8]) nitrierten Amylalkohol. Außerdem meinte Livache, die Kopalschmelze sei entbehrlich, wenn man anstatt Leinöl ein Gemisch von $^2/_5$ Leinöl und $^3/_5$ Leinölfettsäure verwende; der geringen Trockenkraft der letzteren sei durch Manganresinat aufzuhelfen.

Andere suchten den Gewichtsverlust dadurch herabzumindern, daß sie das gesamte Kopalöl [9]) oder wenigstens die neutralen Anteile desselben [10]) dem fertigen Lack wieder zusetzten. M. Guédras [11]) will das Kopalöl durch Behandeln mit Salpetersäure in Terpentinöl löslich machen.

Schon vor langer Zeit hatte Violette [12]) die Behauptung aufgestellt, daß sich die Kopale unter Druck im Leinöl völlig auflösen. A. J. Smith [13]) griff diesen Gedanken wieder auf und hielt einen Druck von 2 Atm. für genügend. Nach A. Ph. Bjerregaard [14]) ist sogar ein erhöhter Druck ganz überflüssig; es genügt, den Kopal direkt mit ungekochtem Leinöl auf 315° zu erwärmen

---

[1]) D.R.P. 84 146.
[2]) Amer. Pat. 655 499 von 1900.
[3]) Engl. Pat. 19 736 von 1897.
[4]) Engl. Pat. 9048 von 1902.
[5]) D.R.P. 129 677, 145 388.
[6]) D.R.P. 160 791.
[7]) D.R.P. 165 008.
[8]) Compt. rend. 1908, **146**, 259, 898.
[9]) Worstall und Hackathorn, Amer. Pat. 663 594 von 1902.
[10]) A. L. Tedesco, D.R.P. 138 270.
[11]) Chem. Rev. 1903, **10**, 14.
[12]) Compt. rend. 1866, **63**, 461.
[13]) J. Soc. Chem. Ind. 1901, **20**, 1076.
[14]) D.R.P. 123 147.

und das Gemisch mit Terpentinöl zu verdünnen. W. Lippert [1]) hat diese Vorschläge nachgeprüft und gefunden, daß unter gewöhnlichem Druck der Kopal in Leinöl von 300° löslich ist, daß er sich aber beim Erkalten teilweise wieder ausscheidet. Im Autoklaven findet eine starke Zersetzung des Kopals statt, die Zersetzungsprodukte sind zwar in Leinöl löslich, geben aber keine brauchbaren Lacke. Nach E. Schäfer [2]) muß bei der Lösung unter Druck Wasser zugegen sein, welches aus dem Leinöl freie Leinölsäure abspaltet.

Auch von den oben genannten Lösungsmitteln hat sich auf die Dauer keines bewährt, und man wird wohl Ch. Coffignier [9]) recht geben müssen, wenn er erklärt, daß es überhaupt keinen Fortschritt bedeuten würde, ein derartiges Lösungsmittel zu finden. Die Kopalschmelze wird daher noch heute ausgeübt: Nach dem Abtreiben des Kopalöls setzt man dem noch 300° heißen Rückstand das zuvor auf 100° erwärmte Leinöl zu, erhitzt nochmals auf 300—320°, läßt auf etwa 200° abkühlen, mischt das Terpentinöl bei, filtriert noch warm, setzt schließlich das flüssige Sikkativ zu und überläßt den fertigen Lack, oft ein Jahr und noch länger, der Ruhe.

Für billige Lacke werden die Kopale ganz oder teilweise durch Kolophonium ersetzt. Um letzterem eine größere Widerstandsfähigkeit zu geben, neutralisiert man die Abietinsäure durch ein Erdalkali, zumeist durch Kalk, seltener durch Baryt oder Magnesia. Der sog. „Harzkalk" wird in großen Mengen zu Lacken verwendet, er gibt den Anstrichen eine große Härte, soll aber auch nach dem Trocknen gegen Wasser nicht ganz beständig sein. Er wurde daher in letzter Zeit teilweise durch das harzsaure Zink verdrängt, welches beständiger sein und auch den Glanz der Anstriche erhöhen soll. Einen anderen Weg hat E. Schaal [4]) eingeschlagen, indem er die Abietinsäure durch Erhitzen mit Alkoholen, wie Glyzerin, Mannit usw., unter gewöhnlichem oder erhöhtem Druck verestert. Nach A. Heupel [5]) sind die sog. „Esterlacke" sehr widerstandsfähig gegen Wasser

---

[1]) Chem. Rev. 1901, **8**, 177; 1902, **9**, 252.

[2]) Farben-Ztg. 1910, **15**, 2334.

[3]) Bull. soc. chim. 1905 [3], **33**, 169.

[4]) Vgl. D.R.P. 32 083, 38 467, 69 441, 75 119, 75 126, 80 137.

[5]) Chem. Rev. 1903, **10**, 125.

und sogar gegen schwache Alkalien, sie trocknen aber langsam, und die Anstriche erweichen leicht wieder.

Da auch das Terpentinöl, welches, wie schon früher erwähnt, neben Kolophonium bei der Destillation des Fichtenharzes gewonnen wird, seit Anfang dieses Jahrhunderts ganz bedeutend im Preise gestiegen ist, so wird es mehr und mehr durch billigere Verdünnungsmittel ersetzt. Am nächsten kommen ihm noch die sog. „Kienöle", welche durch trockene Destillation des Holzes, speziell der Wurzelstöcke gewisser Fichtenarten, gewonnen werden und durch einen Raffinationsprozeß von harzölartigen, sauerstoffhaltigen Verunreinigungen befreit werden müssen. Außer ihnen haben sich wegen ihrer Billigkeit gewisse Petroleumdestillate trotz verschiedener Nachteile mehr und mehr eingebürgert. Man stellt folgende Anforderungen an dieselben: Flammpunkt über 200°, Siedegrenzen 140—180°, milder Geruch, keine Fluoreszenz, hohes Lösungsvermögen. Vollständig ersetzen können sie das Terpentinöl nicht.

Das Auftrocknen der Lacke ist wiederum ein Autoxydationsprozeß, bei welchem nicht nur das Leinöl, sondern auch der Kopal und das Terpentinöl aus der Luft Sauerstoff aufnehmen. Von den Kopalen hat dies Weger [1]) experimentell bewiesen. Er löste 2 Teile Sansibar- bzw. Manilakopal in 3 Teilen Manganfirnis bei 170—180° auf und erhielt mit den Gemischen Sauerstoffzahlen von 12—14.

Das Terpentinöl besteht bekanntlich aus einem Kohlenwasserstoff Pinen, $C_{10}H_{16}$, mit zwei Doppelbindungen, es ist daher sehr zur Autoxydation geneigt, andererseits ist es auch leicht flüchtig. Mulder war der Ansicht, es erschwere den Trockenprozeß des Leinöls, indem es teilweise verdunste und teilweise verharze. Dem Verharzungsprodukt, in seiner Konsistenz dem venetianischen Terpentin ähnlich, schrieb er dagegen einen günstigen Einfluß auf die Lackschicht zu, indem es die Sprödigkeit des Harzes vermindere. Nach W. Lippert [2]) wirkt das Terpentinöl nicht nur als Verdünnungsmittel, sondern gleichzeitig als Sikkativ: der nicht verdunstende Anteil nimmt aus der Luft Sauerstoff auf und gibt ihn an das Leinöl und den Kopal wieder ab.

---

[1]) Chem. Rev. 1898, **5**, 238.

[2]) Maler-Ztg. 1900, 201; Chem. Rev. 1904, **11**, 177.

A. Genthe [1]) erhielt nur mit anoxydiertem Terpentinöl günstige Resultate. G. Bornemann [2]) glaubt experimentell bewiesen zu haben, daß das Terpentinöl den Trockenprozeß des Leinöls beschleunige, seine Versuche sind aber wegen viel zu großer Schichtendicke nicht unbedingt beweiskräftig. Er nimmt an, daß bei der Autoxydation des Terpentinöls Säuren und Wasserstoffsuperoxyd entstehen, und daß letzteres seinen aktiven O an das Leinöl abgibt. Hier ist aber an den Befund Genthes zu erinnern, wonach $H_2O_2$ den Trockenprozeß des Leinöls nicht beschleunigt. K. Rebs [3]) vertrat wiederum die Ansicht, daß das Terpentinöl den Trockenprozeß ungünstig beeinflusse. M. Ragg [4]) konstatierte, daß die Verharzung des Terpentinöls in zwei Stufen verläuft, indem zunächst ein dickes braunes Öl und erst aus diesem ein harzartiger Körper entsteht. Beide Produkte wurden in wechselnden Mengen einem Kopallack zugesetzt, dessen Trockenkraft sie nicht beeinträchtigten. Bei Leinölfirnis und sikkativfreien Ölfarben hält aber Ragg eine derartige Beeinträchtigung für möglich. W. E. F. Powney [5]) ließ rohes Leinöl und Leinölfirnis, teilweise für sich und teilweise mit Terpentinöl gemischt, in flachen Schalen an der Luft stehen und stellte von Zeit zu Zeit die Gewichtszunahme fest. Er kam zu dem Schlusse, daß das Terpentinöl den Trockenprozeß des Leinöls nicht merklich beeinflußt. Trotzdem auch bei seinen Versuchen die Schichtendicke zweifellos zu hoch war, hält Verf. obigen Schluß für richtig, nachdem gefunden wurde (s. S. 206), daß die Sikkative sehr wahrscheinlich molekularen O übertragen, während das Terpentinöl nur atomaren O abgeben kann.

Die Analyse der Öllacke ist eine schwierige und in verschiedenen Punkten noch nicht gelöste Aufgabe. Als Vorprobe empfiehlt sich die schon früher (s. S. 92) erwähnte Wasserreaktion, der Lack soll durch alkoholische Lauge vollständig verseifbar sein. Einschränkend ist hier allerdings zu bemerken, daß bei größeren Mengen von Harzkalk eine klare Lösung erst nach der Zersetzung mit HCl zu erzielen sein wird. Beim Schütteln

---

[1]) Zeitschr. f. angew. Chem. 1906, **19**, 2094.
[2]) Chem. Rev. 1907, **14**, 280.
[3]) Chem. Rev. 1908, **15**, 13.
[4]) Chem. Rev. 1908, **15**, 262.
[5]) Analyst 1910, **35**, 192.

mit Wasser soll der Lack an letzteres keine Säure abgeben. Ferner empfiehlt sich gleich zu Anfang eine Aschenbestimmung, der Aschengehalt soll gering und außer Mn und Pb soll nur wenig Ca vorhanden sein. Eine größere Menge Kalk deutet auf Harzkalk, da nur in seltenen Fällen auch geringe Kopalsorten mit Erdalkalien neutralisiert werden, Nach Weger entspricht 1 Teil Ca durchschnittlich 25 Teilen Harzkalk.

Im übrigen ist der Gang der Analyse ziemlich vorgezeichnet. Man wird zunächst die flüchtigen Bestandteile durch Wasserdampfdestillation übertreiben, wobei allerdings ein Teil des Terpentinöls verharzt. Zur Unterscheidung von Terpentinöl, Kienöl und Mineralöl können das spez. Gew., die Refraktion und die Polarisation dienen, ferner das Verhalten gegen Schwefelsäure [1]) und Salpetersäure [2]), gegen Bromdämpfe [3]) und besonders auch die Jodzahl, welche beim Terpentinöl über 300, beim Kienöl zwischen 200 und 300, bei der Harzessenz um 180 und bei Petroleumdestillaten wenig über 0 liegt.

Nach Entfernung des Lösungsmittels hat man ein Gemisch von Leinöl, Kopal und eventuell Kolophonium oder Harzkalk. Man wird dasselbe verseifen, die Säuren abscheiden und in irgend einer Weise zu trennen versuchen. P. C. Mc Ilhiney [4]) schlägt vor, sie zunächst mit Petroläther zu behandeln, wobei die unoxydierten Fettsäuren des Leinöls, das Unverseifbare und die Abietinsäure in Lösung gehen, um alsdann nach bekannten Methoden getrennt zu werden. Ungelöst bleiben die Oxysäuren und die eigentlichen Kopalsäuren. Beide können durch 85 proz. Alkohol getrennt werden, in welchem nur die Oxysäuren löslich sind. In der sauren wässerigen Lösung soll das Glyzerin nach Hehner (Oxydation mit Chromsäure) bestimmt werden, um einen Rückschluß auf die Menge des Leinöls zu gestatten, indessen wurde von verschiedenen Seiten konstatiert, daß in solchen Fällen alle Oxydationsmethoden zu hohe Resultate liefern.

---

[1]) Vgl. H. Herzfeld, Chem.-Ztg. 1909, **33**, 1081; 1910, **34**, 885.

[2]) Vgl. J. Marcusson, Chem.-Ztg. 1909, **33**, 966; Chem. Rev. 1910, **17**, 6.

[3]) C. Grimaldi, Chem.-Ztg. 1910, **34**, 72.

[4]) Proc. of the Amer. Soc. for Testing Materials, Bd. 8, Philadelphia 1908.

Livache [1]) glaubt das Leinöl in Form von Linoxyn bestimmen zu können, indem er eine gewisse Menge Lack auftrocknen läßt und die getrocknete Schicht mit einem „geeigneten Lösungsmittel“, vermutlich Alkohol oder Äther, behandelt, wobei das Linoxyn zurückbleibt. Aber getrocknetes Leinöl besteht nicht ausschließlich aus Linoxyn, und ob der Trockenprozeß des Leinöls in Gegenwart von Terpentinöl und Kopal ebenso verläuft wie ohne diese, wäre erst noch festzustellen.

W. G. Scott [2]) will den Lack unterhalb $0^0$ mit Petroläther ausziehen. Dabei soll nur das Öl und wenig Harz in Lösung gehen, und letzteres soll durch Schütteln der Lösung mit Wasser wieder zu beseitigen sein.

Nach A. Heupel [3]) führt die Methode Twitchell nicht zum Ziel, wenn gleichzeitig Kolophonium und Kopal vorhanden sind. Dagegen gelingt eine annähernde Trennung von Öl und Harz auf folgende Weise. Von dem vom ätherischen Öl befreiten Lack werden 10—15 g mit alkoholischer Lauge verseift, der Alkohol verjagt, der Rückstand in viel Wasser gelöst und die Lösung mit verdünnter Säure zersetzt. Die Fettsäuren steigen an die Oberfläche oder bleiben im Wasser suspendiert, während die spezifisch schweren Harzsäuren zu Boden sinken. Sie werden noch einigemal mit Wasser digeriert, dann bei höchstens $40^0$ getrocknet und gewogen. Dann bestimmt man ihre Säurezahl; sie liegt bei geschmolzenen Kopalen immer unter 100, beim Kolophonium bei etwa 160.

Nach Ch. Coffignier [4]) läßt sich nach dem Verdunsten des Terpentinöls das Leinöl durch Amylalkohol isolieren.

A. H. Gill [5]) versetzt 60 g Lack in einem Rundkolben von 500 ccm Inhalt mit 40 ccm Wasser und treibt das Terpentinöl durch Wasserdampf über. Ist nur Kopal vorhanden, so legt sich das gesamte Harz an die Kolbenwand an, bei Gegenwart von Kolophonium nur teilweise. Der gesamte Rückstand wird verseift, die abgeschiedenen Fettsäuren werden in Alkohol gelöst, die Lösung mit Wasser verdünnt, mit Salzsäure angesäuert und

---

[1]) Vernis et huiles siccatives, S. 296.

[2]) Farben-Ztg. 1902, **7**, 43.

[3]) Chem. Rev. 1903, **10**, 125.

[4]) Monit. scientif. 1906 [4], **20**, **I**, 106.

[5]) J. Amer. Chem. Soc. **1906**, **28**, 1723.

mit Äther ausgeschüttelt. Im Verdunstungsrückstand werden nach Twitchell die Fett- und Harzsäuren getrennt.

H. Rebs [1]) löst 3 g des vom Terpentinöl befreiten Lacks in 200 ccm Petroläther und schüttelt die Lösung zur Zersetzung der Sikkative mit 5 ccm verdünnter Essigsäure. Der Kopal scheidet sich beim Stehen der Lösung ab, um so langsamer, je mehr Öl vorhanden ist. Die filtrierte Lösung wird mit Ammoniak bis zur völligen Fällung des Kolophoniums geschüttelt und dann Alkohol zugefügt, welcher das abietinsaure Ammoniak löst. Es bilden sich zwei Schichten, von denen die obere das Öl enthält.

Von einer Unterscheidung der einzelnen Kopalsorten kann bis jetzt gar keine Rede sein. Einmal schwanken schon die Kennzahlen derselben Sorte sehr stark, und ferner werden sie durch den Schmelzprozeß stark verändert. Im allgemeinen sinken die Säure-, Verseifungs- und Jodzahl, während der Gehalt an Unverseifbarem steigt, doch lassen die Veränderungen keinerlei Gesetzmäßigkeiten erkennen [2]).

Zum Schluß mag erwähnt sein, daß die Internationale Analysen-Kommission die Lackanalyse auf ihr Programm gesetzt hat.

Seiner ganzen Zusammensetzung nach muß der Öllack mindestens ebensogut Selbstentzündungen veranlassen können wie der Leinölfirnis und in der Tat hat W. Lippert [3]) einen derartigen Fall beschrieben. Zum Zweck einer ersten Rohfiltration werden die Lacke noch ziemlich warm durch Watte gegossen, welche sich in runden Sieben von etwa 0,5 m Durchmesser befindet. Derartig imprägnierte Watte wurde ausgedrückt, zusammengefaltet und an einen Ort gelegt, der dem Winde ausgesetzt war, so daß durch Abkühlung eine Wärmezufuhr von außen vermieden wurde. In das Innere der Watte tauchte ein Thermometer. Die Temperatur stieg bald auf 60°, nach 15 Minuten hatte sie 138° erreicht. Dabei entwickelten sich reichlich Dämpfe, während im Innern der Watte am Thermometerrohr sich dicke Öltropfen absetzten. Nach 45 Minuten war die Temperatur auf 275° gestiegen, die Dämpfe zeigten einen äußerst unangenehmen Geruch, welcher unter Umständen als Warnungszeichen dienen

---

[1]) Lack- und Farbenindustrie 1908, **13**, 121.

[2]) J. Lewkowitsch, Analyst 1901, **26**, 37.

[3]) Zeitschr. f. angew. Chem. 1897, **10**, 434.

kann, dann stieg das Thermometer plötzlich auf 300° und noch höher. Wurde nunmehr die Watte auseinandergefaltet, so zeigte sich das Innere stark verkohlt, während die Außenseite intakt und gegen die Ränder hin noch völlig weiß erschien. An den verkohlten Stellen trat unter dem Einfluß der Luft sofort Glimmerscheinung ein, welche sich energisch verbreitete, sobald der Luftzug darüber fuhr, so daß die Watte in wenigen Augenblicken völlig in Brand stand. Der ganze Vorgang dauerte nur eine Stunde und ließ sich noch wesentlich dadurch beschleunigen, daß die äußere Abkühlung durch eine eiserne Haube verhindert wurde.

Lippert erklärt den Vorgang folgendermaßen. Infolge der vorausgegangenen Erwärmung und der Gegenwart von Sikkativen tritt eine lebhafte Autoxydation des Leinöls ein. Die Reaktionswärme wird durch die Watte als einen schlechten Wärmeleiter im Innern zusammengehalten, sie steigert sich daher derartig, daß eine Zersetzung der organischen Substanz eintritt und daher Kohlenstoff ausgeschieden wird. Sobald dieser fein verteilte pyrophorische Kohlenstoff mit der Luft in Berührung kommt, ist die Bedingung der Selbstentzündung gegeben.

## Zweiter Teil.

# Die übrigen trocknenden Öle.

Es wurde schon in der Einleitung zum ersten Teil gesagt, daß die Anzahl der natürlich vorkommenden trocknenden Öle eine sehr große ist. Benedikt-Ulzer führt 49 auf, und zweifellos gibt es noch eine ganze Anzahl solcher, welche bis jetzt nicht dargestellt und näher untersucht wurden. Für die vorliegende Arbeit kommen aber nur diejenigen trocknenden Öle in Betracht, welche, wenn auch nicht in Deutschland, in technisch bedeutsamen Mengen gewonnen werden, und über deren Trockenvermögen bzw. über deren Eignung für Firniszwecke schon etwas eingehendere wissenschaftliche Untersuchungen vorliegen.

Schon im ersten Teil wurden außer dem Leinöl das Holzöl, Mohnöl, Nußöl und Hanföl genannt. Die drei letzteren stehen in ihrer chemischen Zusammensetzung dem Leinöl nahe, nur enthalten sie weniger Linolensäure. An technischer Bedeutung stehen sie heute dem Holzöl nach, welches sowohl in seiner chemischen Zusammensetzung als auch in seinem Verhalten beim Trockenprozeß vom Leinöl stark abweicht. Außer obigen vier Ölen ist noch zu besprechen das Perillaöl, welches in der Trockenfähigkeit das Leinöl sogar übertrifft. Von schwächer trocknenden Ölen wurden das Sojabohnenöl und die Trane schon im ersten Teil abgehandelt, weil sie an erster Stelle zum Verschneiden des Leinöls in Betracht kommen. Ihnen schließen sich an das Sonnenblumen- und das Nigeröl.

### Erstes Kapitel.

## Das Holzöl.

Das Holzöl, auch Tungöl genannt (vom chinesischen tung = Baum), stammt aus den Samen des Ölfirnisbaums, einer Euphorbiacee, welche in zahlreichen Spielarten in den gebirgigen Gegenden von China und Japan heimisch ist. Die Früchte ähneln unseren Walnüssen, sie enthalten 3—5 Kerne, welche zusammen etwa das halbe Gewicht der Schalen haben und ihrerseits etwas mehr als 50 % Öl enthalten. Das Öl wird in China und Japan in sehr primitiver Weise gewonnen, es wurde daher wiederholt vorgeschlagen, die Nüsse selbst nach Europa einzuführen und in rationeller Weise auf Öl zu verarbeiten; doch wurde dieser Vorschlag bis jetzt nicht in die Tat umgesetzt. Wohl aber wurden, hauptsächlich in Amerika und den französischen Kolonien, Anbauversuche mit dem Firnisbaum gemacht, über deren Erfolg aber nichts Sicheres bekannt ist.

Bei der kalten Pressung liefern die Samen bis zu 40 % eines hellgelben und fast neutralen Öls von schwachem Geruch; das warm gepreßte Öl ist dunkel gefärbt und riecht stark und unangenehm. Nur die erstere Sorte wird ausgeführt, der Hauptausfuhrhafen für China ist Hankow, während die Japaner fast ihre gesamte Produktion selbst verbrauchen. Eine Verwendung als Speiseöl ist ausgeschlossen, dagegen wird das Öl in den Ursprungsländern schon seit Jahrhunderten benützt zum Wasserdichtmachen von Papier und Geweben, zum Kalfatern von Booten, zu Firnissen für Möbel usw. Bei uns trat es erst vor einigen 20 Jahren in die Erscheinung, es nimmt aber heute unter den Rohstoffen der Firnis- und Lackindustrie einen achtunggebietenden Platz ein.

Zwei Eigenschaften sind es, die in manchen Fällen seiner Verwendung hindernd im Wege stehen, nämlich sein übler Geruch und seine Giftigkeit. Der erstere scheint durch gewisse Autoxydationsprodukte bedingt zu sein, er wird beim Stehen an der Luft immer intensiver. F. Ulzer [1]) hat Versuche zur Desodorisierung des Öls angestellt und die besten Resultate bei der Behandlung mit überhitztem Wasserdampf und nachherigem Erkalten bei Luftabschluß erhalten; sobald das Öl aber mit Luft in Berührung kommt, kehrt auch der Geruch wieder zurück. Im Widerspruch hiermit steht eine Angabe von Bang und Ruffin [2]), laut welcher durch 6—8 stündiges Blasen des Öls bei $50^0$ der Geruch fast vollständig zum Verschwinden gebracht werden kann.

---

[1]) Chem. Rev. 1901, **8**, 7.

[2]) Chem. Rev. 1905, **12**, 87.

Nach J. Hertkorn [1]) kann das Holzöl auf der Haut schwere Eiterungen und Abszesse hervorrufen, er warnt daher vor seiner Verwendung für kosmetische Zwecke. In China soll als Gegenmittel eine Abkochung von Fichtenspänen verwendet und die verletzten Hautstellen damit gebadet werden.

## Verhalten gegen Lösungsmittel.

Das Holzöl ist leicht löslich in Petroläther, Äther, Chloroform, unlöslich in kaltem Alkohol. Es löst sich in kochendem Alkohol und kochendem Eisessig, beim Erkalten scheidet es sich aber wieder ab. Mischt man 5 g Öl mit 2 ccm Schwefelkohlenstoff und 2 ccm Chlorschwefel, so erstarrt es zu einer Gallerte (Jenkins).

## Verhalten gegen chemische Agenzien.

Bei der Elaidinprobe gibt das Holzöl eine braunrote Masse, aus einem schwereren, fast festen Anteil und aus einem öligen Rest bestehend. Durch konz. $H_2SO_4$ wird es in eine feste, schwarze Masse übergeführt, auch bei der Behandlung mit $HNO_3$ liefert es eine zähe Masse, welche beim Erhitzen noch dunkler und spröder wird. Versetzt man die Chloroformlösung mit einer gesättigten Lösung von Jod in Chloroform, so erstarrt das Ganze zu einer harten, zerreiblichen Masse. In einem Falle wurde die Silbernitratreaktion (s. S. 88) erhalten, nie aber die Halphenreaktion (Jenkins). Bei der Reaktion Storch-Morawski liefert das Öl eine weinrote Färbung (Boughton).

## Die physikalischen und chemischen Kennzahlen

schwanken sehr stark. Zwischen dem chinesischen und japanischen Öl scheinen prinzipielle Unterschiede nicht zu bestehen, vermutlich sind die Schwankungen in der Hauptsache auf die verschiedenen Varietäten des Firnisbaums und vielleicht teilweise auf autoxydative Veränderungen zurückzuführen. Aus den Arbeiten einer größeren Zahl von Analytikern [2]) ergeben sich die folgenden

[1]) Chem.-Ztg. 1903, **27**, 635.

[2]) H. Davies, Pharm. J. and Trans. 1885, 634; Holmes, Chem. Rev. 1895, **2**, 15; R. Henriques, Chem. Rev. 1894, **4**, 81; de Negri und Sburlati, Monit. scientif. 1897, **11**, 678; J. H. B. Jenkins, J. Soc. Chem. Ind. 1897,

Grenzwerte, welche wahrscheinlich auf Grund weiterer Untersuchungen mit ausschließlich frischen Ölen teilweise noch näher zusammenrücken werden.

| | |
|---|---|
| Spez. Gew. bei 15° . . . . . . . | 0,936—0,944 |
| Erstarrungspunkt . . . . . . . . | — 17 bis — 18° |
| Brechungsexponent . . . . . . . | 1,503—1,504 |
| Säurezahl . . . . . . . . . . . | 2—11 |
| Verseifungszahl . . . . . . . . | 190—197 |
| Hehnerzahl . . . . . . . . . . | 96—96,7 |
| Jodzahl . . . . . . . . . . . . | 154—170 |
| Unverseifbares . . . . . . . . . | 0,4—0,7 % |
| Schmelzpunkt der Fettsäuren . | 35—44° |
| Erstarrungsp. „ „ . . | 31—37° |
| Mittl. Mol.-Gew.[1]) der „ . . | 283—285 |

## Chemische Zusammensetzung der Holzölfettsäuren.

Hierüber hat als erster Cloez [2]) gearbeitet. Er fand, daß die Fettsäuren aus einem flüssigen und einem festen Anteil bestehen. Ersterer erwies sich als normale Ölsäure. Die feste Fettsäure, durch Pressen mit Filtrierpapier von der Ölsäure getrennt und wiederholt aus Alkohol kristallisiert, schmolz bei 48°; die Verbrennung und die Analyse der Salze führten zu der Formel $C_{17}H_{30}O_2$. Cloez nannte die Säure Elaeomargarinsäure und fand 72 % davon im Holzöl. Er konstatierte, daß sie sehr unbeständig ist und aus der Luft rasch Sauerstoff aufnimmt.

Nach längerer Zeit nahm L. Maquenne [3]) die Untersuchung der festen Holzölfettsäure von neuem auf. Er nannte sie α-Elaeostearinsäure (s. später), bei der Oxydation mit $KMnO_4$ (nicht in alkalischer Lösung) erhielt er Azelainsäure und n-Valeriansäure, anstatt $C_{17}H_{30}O_2$ fand er die Formel $C_{18}H_{30}O_2$.

---

**16**, 193, 684; Analyst 1898, **23**, 113; R. Williams, J. Soc. Chem. Ind. 1898, **17**, 304; F. Jean, Rev. Chim. Industr. 1898, **9**, 161; M. Kitt, Chem.-Ztg. 1899, **23**, 23; Chem. Rev. 1905, **12**, 241; W. Normann, Chem.-Ztg. 1907, **31**, 188; A. Rathje, Dissertation Kiel 1908; A. Kreikenbaum, J. Ind. and Eng. Chem. 1910, **2**, 205; Meister, Chem. Rev. 1910, **17**, 150.

[1]) Aus der Verseifungszahl (Kitt).

[2]) Compt. rend. 1875, **81**, 69; 1876, **82**, 501; **83**, 943.

[3]) Compt. rend. 1902, **135**, 696.

Schon die Jodzahl des Holzöls spricht dagegen, daß dessen Hauptbestandteil ein Isomeres der Linolensäure ist, ferner fanden Walker und Warburton [1]) bei der Bromierung des Holzöls in einem Falle gar keine, in einem zweiten nur 0,38 % ätherunlösliche Hexabromide.

In der Tat konnte auch T. Kametaka [2]) nachweisen, daß die Elaeosterainsäure nicht ein Isomeres der Linolensäure, sondern ein solches der Linolsäure, $C_{18}H_{32}O_2$, ist. Für die, aus Alkohol kristallisierte Säure fand er nur den Schmelzp. 43—44°, beim Bromieren in Eisessiglösung gab sie Tetrabromlinolsäure vom Schmelzp. 114° und bei der Hazura-Oxydation Sativinsäure (Tetraoxystearinsäure) und Dioxystearinsäure. Letztere beweist, daß die Säure noch Ölsäure enthielt, daher der zuniedrige Schmelzpunkt.

M. Kitt [3]) fand wiederum den höheren Schmelzp. 48° und wies darauf hin, daß auch die Stearolsäure, $C_{18}H_{32}O_2$, mit einer dreifachen Bindung obigen Schmelzp. zeigt. Bei der Oxydation mit $HNO_3$ erhielt er nur etwas Azelainsäure, bei der Hazura-Oxydation eine sehr geringe Menge Dioxystearinsäure sowie eine wasserlösliche Säure, im rohen Zustand bei 97—102° schmelzend.

S. Fokin [4]) erhielt bei der elektrolytischen Reduktion der Holzölfettsäuren Stearinsäure, wodurch der Kern $C_{18}$ erneut bewiesen war.

A. Rathje [5]) trennte die beiden Holzölfettsäuren nach Varrentrapp. Das Bleisalz der Elaeomargarinsäure ist in Äther unlöslich; die Trennung ist aber keine scharfe, was schon daraus hervorgeht, daß Rathje für die Ölsäure anstatt 90 die Jodzahl 93 und für die Elaeostearinsäure den zu niedrigen Schmelzp. 43 bis 44° fand. Im übrigen stimmt sein Befund, daß die Holzölfettsäuren zu 75 % aus Elaeostearinsäure und zu 25 % aus Ölsäure bestehen, mit der Angabe von Cloez, laut welcher das Holzöl 72 % der festen Fettsäure enthält, überein.

Endgültige Aufklärung über die Konstitution der Elaeostearinsäure brachte eine Arbeit von R. Majima [6]). Er gibt

[1]) Analyst 1902, **27**, 237.
[2]) J. Chem. Soc. 1903, **83**, 1042.
[3]) Chem. Rev. 1904, **11**, 190.
[4]) J. Russ. phys.-chem. Ges. 1906, **38**, 419.
[5]) Dissertation, Kiel 1908.
[6]) Berl. Ber. 1909, **42**, 674.

den Schmelzp. 48—49° an; im Kohlensäurestrom unter 12 mm Druck siedet die Säure unzersetzt bei ca. 235°, im Rückstand bleiben 11—14 % einer braunen, amorphen, wahrscheinlich polymerisierten Masse. Die gereinigte Säure wurde in Chloroformlösung unter Eiskühlung ozonisiert, es resultierte ein gelbliches, halbfestes, beim Entzünden verpuffendes Ozonid der Formel $C_{18}H_{32}O_8$. Durch Kochen mit Wasser wurde es zersetzt, das Wasser zeigte $H_2O_2$-Reaktion, und es ließen sich daraus isolieren n-Valeraldehyd, Azelainsäurehalbaldehyd, n-Valeriansäure, Azelainsäure. Daraus folgt für die α-Elaeostearinsäure die Formel

$$CH_3 . (CH_2)_3 . CH : CH . (CH_2)_2 . CH : CH . (CH_2)_7 . COOH.$$

Sie hat somit mit der Linolsäure (s. S. 44) die zentrale Doppelbindung gemeinsam, dagegen findet sich die zweite Doppelbindung nicht in der 6.7-, sondern in der 5.6-Stellung.

## Nachweis von Verfälschungen.

In Zeiten starker Nachfrage soll das Holzöl von den Chinesen öfters verfälscht werden, womit, weiß man nicht recht. Rathje [1]) erwähnt die Möglichkeit einer Verfälschung mit Gurjunbalsam, der auch zuweilen unter dem Namen Holzöl gehandelt wird; es mag dahingestellt sein, ob eine derartige Fälschung rentabel wäre. Zu ihrem Nachweis empfiehlt Rathje die schon früher (S. 264) angegebene Reaktion von Jenkins: 5 ccm Öl mit 2 ccm $CS_2$ und 2 ccm $SCl_2$ gemischt, erstarren nach 1½ Minuten zu einer dicken, steifen Masse. Bei Anwesenheit von Gurjunbalsam soll diese Reaktion nicht eintreten.

Mit Mineralöl und Harzöl scheint das Holzöl nur selten verfälscht zu werden, wenigstens ist in der Literatur nichts darüber zu finden. Der Nachweis wäre in derselben Weise zu führen wie beim Leinöl. Ob dieser Nachweis auch bei einem Zusatz von Kolophonium in derselben Weise qualitativ und quantitativ gelingt, wäre noch zu untersuchen.

Eine Verfälschung des Holzöls mit anderen trocknenden oder nichttrocknenden Ölen kam in früheren Jahren wegen der geringen Preisdifferenz kaum in Betracht. Nachdem aber heute das Leinöl im Preise wesentlich höher steht als das Holzöl, ist

---

[1]) Dissertation, Kiel 1908.

umgekehrt auf eine Verfälschung des Leinöls mit Holzöl Rücksicht zu nehmen. Zum qualitativen Nachweis von Holzöl im Leinöl erhitzt man nach E. W. Boughton [1]) 10 ccm Öl mit 10 ccm einer gesättigten Lösung von Jod in Chloroform auf dem Wasserbad bis zur völligen Verflüchtigung des Lösungsmittels, dann noch 1 Stunde im Ölbad auf 200°. Reines Leinöl bleibt flüssig, solches mit minimal 10 % Holzöl wird fest. Oder man schüttelt 10 ccm Öl mit 10 ccm konz. $HNO_3$ tüchtig durch und stellt das Gemisch 1 Stunde in Eiswasser. Bei 10 % Holzöl wird es halbfest. Wie leicht einzusehen, erniedrigt ein Zusatz von Holzöl die Jodzahl und die Hexabromidzahl des Leinöls; die Differenzen werden aber auch nur bei gröberen Verfälschungen sichere Schlüsse zulassen.

## Verhalten des Holzöls beim Lagern und beim Erhitzen unter Luftabschluß.

Beim Aufbewahren im Dunkeln und bei Luftabschluß scheint sich das Holzöl ähnlich zu verhalten wie das Leinöl. Meister [2]) untersuchte im Frühjahr 1909 ein Holzöl, das im Dezember 1908 in China verladen worden war. Es ergab die Säurezahl 4,2, die Verseifungszahl [3]) 181,2 und die Jodzahl 163,0. Nach einjährigem Lagern im Faß waren die entsprechenden Werte 7,1, 175,9 [2]) und 161,9.

Ein wesentlich anderes Verhalten als das Leinöl zeigt das Holzöl, wenn man es ohne Luftzutritt dem Licht aussetzt, z. B. in einem Glasgefäß. Es wird dabei allmählich fest, und der Schmelzpunkt steigt auf 32°. Das Umwandlungsprodukt ist in allen Fettlösungsmitteln unlöslich, aber noch leicht verseifbar. Diese Erscheinung hat schon Cloez beobachtet. Für die aus dem festen Holzöl abgeschiedene Fettsäure, die er Elaeostearinsäure nannte, fand er den Schmelzp. 72° und dieselbe Zusammensetzung wie für die Elaeomargarinsäure. Er faßte daher den Umwand-

---

[1]) Seifens.-Ztg. 1909, **36**, 1031.

[2]) Chem. Rev. 1910, **17**, 150.

[3]) Die abnorm niedrigen Verseifungszahlen rühren wahrscheinlich von der angewandten Methode her; die Seifenlösung wurde vor der Titration eingedampft.

lungsprozeß als eine Polymerisation auf. Maquenne [1]) fand den Schmelzp. 71° und die Formel $C_{18}H_{30}O_2$, er nannte die beiden Säuren α- und β-Elaeostearinsäure. Die Polymerisation bestritt er, vielmehr nahm er eine molekulare Umlagerung in dem Sinne an, daß die β-Säure zur α-Säure in demselben Verhältnis stehe wie die Elaidin- zur Ölsäure. W. Normann [2]) analysierte ein im zugeschmolzenen Rohr mehrere Wochen lang belichtetes Holzöl, das aber noch nicht fest geworden war, zusammen mit dem unveränderten Öl. Das Molekurlagewicht wurde aus der Siedepunktserhöhung in Benzollösung ermittelt, je nach der Konzentration wurden stark schwankende Werte gefunden.

| | Holzöl | Belichtetes Holzöl |
|---|---|---|
| Verseifungszahl . . . . . . . . | 195,3 | 196,1 |
| Jodzahl . . . . . . . . . . . . . | 159,6 | 156,2 |
| Mol.-Gew. . . . . . . . . . . . . | 810,4—572,5 | 730,6—534,1 |
| Mol.-Gew. der Fettsäuren . . . . | 441,6—399,6 | 469,0—428,1 |

Aus den Molekulargewichten schloß Normann, daß bei der Belichtung nur eine geringe Polymerisation eintrete; doch läßt sich hiergegen einwenden, daß die Umwandlung nur in geringem Maße stattgefunden hat, solange das belichtete Öl noch in Benzol löslich ist. Normann konstatierte auch, daß die wässerig-alkoholische Seifenlösung, wie sie bei Bestimmung der Verseifungszahl resultiert, im Dunkeln unverändert bleibt, dagegen im Licht breiartig wird. Rathje [3]) setzte eine gesättigte alkoholische Lösung der α-Elaeostearinsäure dem Lichte aus, wobei sich weiße Kriställchen der hochschmelzenden β-Säure ausschieden, welche indessen bei längerem Aufbewahren verharzten.

Ungleich rascher als durch Belichten erfolgt das Festwerden oder, wie es in der Praxis heißt, das „Gerinnen" des Holzöls durch Erhitzen. Als geeignete Temperatur wird zumeist 250° angegeben, doch genügen bei längerem Erhitzen auch wesentlich niedrigere Temperaturen. Cloez zog Holzöl aus den Kernen mit Schwefelkohlenstoff aus und erhielt schon beim Verdunsten des Lösungsmittels festes Holzöl vom Schmelzp. 34°. Maquenne

[1]) Compl. rend. 1902, **135**, 696.
[2]) Chem.-Ztg. 1907, **31**, 188.
[3]) Dissertation, Kiel 1908.

fand, daß die α-Säure schon beim Schmelzen in die β-Säure übergeht, wenn man ihr eine Spur Schwefel oder Jod zusetzt.

Daß das Festwerden des Holzöls durch Erhitzen auf einem Polymerisationsvorgang beruht, behauptete auch A. Kronstein [1]). Er ließ sich ein Verfahren schützen, wonach beliebige Gegenstände mit Holzöl überzogen oder durchtränkt und dann bei Luftabschluß auf Temperaturen über 100° erhitzt wurden. Sie sollten dadurch gegen die Einwirkung hoher Hitzegrade und chemischer Agenzien widerstandsfähig werden; indessen erwies sich das Verfahren in dieser Form als undurchführbar.

M. Kitt [2]) konstatierte beim Festwerden des Holzöls durch Erhitzen eine Gewichtsabnahme. Das festgewordene Öl war unlöslich in Äther, Alkohol, Benzol, es löste sich in heißem Eisessig, schied sich aber beim Erkalten wieder ab. Der Glyzeringehalt war von 10,3 auf 6,8 % gefallen, die Reichert-Meißl-Zahl (s. S. 122) von 0,7 auf 3,3 gestiegen. Kitt vermutet, daß außer der Polymerisation eine Bildung von inneren Anhydriden oder Lactonen aus den frei gewordenen Fettsäuren stattfinde.

W. Normann [3]) fand bestätigt, daß zum Gerinnen des Holzöls kein Sauerstoff erforderlich sei; beim Erhitzen im zugeschmolzenen Rohr auf 290° wurde es in kurzer Zeit fest. Die Verseifungszahl war von 195,5 auf 190,8, diejenige der Fettsäuren von 202,9 auf 201,9, die Jodzahl der Fettsäuren von 162,9 auf 102,0 gefallen. Dagegen war das Mol.-Gew. der Fettsäuren von (durchschnittlich) 427,9 auf 620,9 gestiegen. Beim Erhitzen auf 300—320° trat auch eine geringe Zersetzung ein, beim Öffnen des Rohrs zeigte sich Gasentwickelung und ein brenzlicher Geruch, das feste Öl war von Blasen durchsetzt. Die Jodzahl der abgeschiedenen Fettsäuren betrug nur noch 68,6, dagegen ihr Mol.-Gew. 744,2.

Für die Bildung innerer Anhydride (s. o. Kitt) spricht auch der Befund von Meister [4]), wonach beim Erhitzen des Holzöls außer der Jodzahl auch die Säurezahl sinkt. Dies zeigt die folgende Tabelle.

---

[1]) D.R.P. 170 788 vom 4. 1. 1901.

[2]) Chem. Rev. 1905, **12**, 241.

[3]) Chem.-Ztg. 1907, **31**, 188.

[4]) Chem. Rev. 1910, **17**, 151.

| | Säure-zahl | Vers.-Zahl | Jodzahl |
|---|---|---|---|
| Holzöl I . . . . . . . . . . . . . . | 7,1 | 175,9 | 161,9 |
| ,, 2 Stunden auf 150° erhitzt . | 3,9 | 185,8 | 162,2 |
| ,, 5 ,, ,, 150° ,, . | 1,1 | 185,3 | 154,5 |
| ,, 9 ,, ,, 150° ,, . | 0,6 | 180,1 | 142,2 |
| ,, fest nach 9¾ Stunden . . . | — | 195,4 | — |
| Holzöl II . . . . . . . . . . . . . . | 5,6 | 193,9 | 160,7 |
| ,, 2 Stunden auf 150° erhitzt . | 5,1 | 193,4 | 157,8 |
| ,, 5 ,, ,, 150° ,, . | 2,6 | 190,4 | 143,5 |
| ,, fest nach 6 Stunden . . . . | — | 187,2 | — |

Die leichte Gerinnbarkeit des Holzöls machte sich in der Technik des öfteren unliebsam bemerkbar, solange man mit demselben noch nicht richtig umzugehen wußte. Besonders die Überführung in Standöl machte Schwierigkeiten, umsomehr als sich auch verschiedene Öle ganz verschieden verhalten können. L. Bock [1]) empfiehlt, für jedes Öl die zulässige Höchsttemperatur durch Vorversuche festzustellen. Im allgemeinen soll man ein gutes Holzöl-Standöl erhalten durch 3—4 stündiges Erhitzen auf 210—220°, vorher empfiehlt sich ein Bleichen des Rohöls mit 5—10 % Fullererde.

Nach Traine und Hauff [2]) läßt sich das Gerinnen verhindern, wenn man dem Holzöl vor dem Erhitzen eine geringe Menge Kalk, Alkali oder Alkalikarbonat zusetzt, nach Meffert [3]) durch bloßes Rühren, nach Weinschenk [4]) durch Zusatz einer geringen Menge Zinkstaub.

Um das einmal festgewordene Öl wieder verwendungsfähig zu machen, erhitzt es W. Haller [5]) mit derselben Menge Mohn- oder Nußöl oder mit 30 % Leinöl und 30 % Kolophonium auf 400°; das Gemisch ist in Benzin und Terpentinöl wieder löslich. A. H. Dewar [7]) verwendet ein Gemisch von festem Holzöl mit Harzöl oder oxydiertem Leinöl zur Linoleumfabrikation.

In der Technik erkannte man bald, daß es für die meisten Zwecke besser ist, das Holzöl nicht rein, sondern im Gemisch

[1]) Farben-Ztg. 1908, **14**, 13.
[2]) D.R.P. 161 941.
[3]) D.R.P. 211 405.
[4]) D.R.P. 219 715.
[5]) D.R.P. 114 400.
[6]) Eng. Pat. 5789 v. 1903.

mit Leinöl oder Kolophonium zu verwenden. Daß dadurch die Gefahr des Gerinnens nicht ganz beseitigt ist, zeigen einige Versuche, welche Meister (loc. cit.) mit Gemischen von 25 % Leinöl und 75 % der schon oben erwähnten Holzöle anstellte.

| | Säure-zahl | Vers.-Zahl | Jodzahl |
|---|---|---|---|
| Holzöl I + 25 % Leinöl . . . . . . | 6,0 | 177,9 | 172,6 |
| Nach 2stündigem Erhitzen auf $180^0$ . | 3,1 | 188,1 | 151,7 |
| „ 5 „ „ „ $180^0$ . | 1,1 | 187,3 | 136,1 |
| „ $5\frac{1}{2}$ Stunden fest . . . . . . . | — | 191,6 | — |
| Holzöl II + 25 % Leinöl . . . . . | 4,8 | 192,3 | 165,2 |
| Nach 2stündigem Erhitzen auf $180^0$ . | 2,1 | 192,7 | 147,3 |
| „ 4 Stunden fest . . . . . . . . | — | 193,4 | — |

Beim Erhitzen von Holzöl mit Kolophonium soll sich nach K. [1]) nicht nur die Säurezahl des ersteren, sondern auch diejenige des Harzes stark vermindern, während ein Gemisch von Leinöl und Harz beim Erhitzen seine Säurezahl erhöht. K. fand

| | Säurezahl |
|---|---|
| Holzöl . . . . . . . . . . . . . . . . . . | 11,8 |
| „ auf $200^0$ erhitzt . . . . . . . . . . | 10,7 |
| „ „ $245^0$ „ . . . . . . . . . . | 7,0 |
| Kolophonium, auf $300^0$ erhitzt . . . . . . . . | 298,2 |
| 1 Teil Kolophonium und 2 Teile Holzöl, auf $300^0$ erhitzt. . . . . . . . . . . . . . . . . | 66,4 |
| | (berechnet 104,4). |

Es wird aus der letzten Zahl geschlossen, daß die Holzölfettsäure mit der Harzsäure eine chemische Verbindung eingeht. Wenn aber tatsächlich die Säurezahl des Kolophoniums durch bloßes Erhitzen auf $300^0$ sich nahezu verdoppelt, so könnte man als Grund auch eine Bildung niedrigmolekularer Säuren vermuten, welche in Gegenwart des Holzöls nicht eintritt.

Über das Verhalten des Holzöls beim Erhitzen unter Luftzutritt ist wenig zu sagen; geblasenes Holzöl wird kaum hergestellt, da auch hier die Gefahr des Gerinnens im Wege steht.

---

[1]) Farben-Ztg. 1910, **16**, 74.

## Verhalten des Holzöls beim Trocknen.

Die Trockenkraft des Holzöls ist trotz seiner niedrigeren Jodzahl größer als diejenige des Leinöls. Während reines Leinöl in 3—7 Tagen trocknet (s. S. 182), trocknet reines Holzöl schon in 1—3 Tagen. Aber während das Leinöl eine glatte und glänzende Haut liefert, trocknet das Holzöl matt und netzartig (eisblumenartig). Ferner trocknet es nicht von oben nach unten, sondern von innen heraus. Schon der letztere Umstand spricht dafür, daß beim Trocknen außer einer Autoxydation auch diejenigen Prozesse eintreten, welche das Gerinnen veranlassen.

Auch in Gemischen äußert das Holzöl seine hohe Trockenkraft. Nach M. Kitt [1]) trocknete ein Leinöl in 40 Stunden (!), nach Zusatz von 20 % Holzöl schon in 18 Stunden, eine noch größere Beschleunigung erzielte er durch Zusatz von belichtetem Holzöl. W. N. Blakeman [2]) behauptet, daß z. B. geblasenes Baumwollsamenöl nach Zusatz von 15 % Holzöl gut trockne.

M. Weger [3]) erhielt bei der Anwendung des Glastafelverfahrens auf das Holzöl sehr stark differierende Resultate. Die mittlere Sauerstoffzahl gibt er zu 14—16 an, in einzelnen Fällen erhielt er aber viel höhere oder viel niedrigere Werte. Er erwähnt auch die Möglichkeit, daß die von ihm untersuchten Öle zum Teil schon in China gefälscht worden waren, weil damals (1897) das Holzöl sehr knapp war. Ferner wies schon Weger darauf hin, daß, während beim Leinöl Trockensein und Gewichtsmaximum im allgemeinen zusammenfallen, dieselben beim Holzöl mehrere Tage auseinander liegen können.

Gut übereinstimmende Resultate auch mit verschiedenen Holzölen erhielt Meister [4]). Als mittlere Sauerstoffzahl gibt er den Wert 14 an, aber schon bei einer Gewichtszunahme von 4—6 % ist das Öl trocken, so daß der größere Teil des Sauerstoffs erst nach dem Trocknen aufgenommen wird. Ferner geben erhitzte Holzöle (Dicköle) fast dieselben Sauerstoffzahlen wie die nicht erhitzten, während Leinöl-Dicköle bekanntlich viel niedrigere Zahlen liefern als unbehandeltes Leinöl.

---

[1]) Chem. Rev. 1901, **8**, 157; 1905, **12**, 244.

[2]) Amer. Pat. 767 682/3 von 1904.

[3]) Zeitschr. f. angew. Chem. 1898, **11**, 509; Chem. Rev. 1898, **5**, 241.

[4]) Chem. Rev. 1910, **17**, 152.

Als typisch mag ein Versuch mit dem schon früher erwähnten Holzöl I angeführt sein.

| Stunden | Sauerstoffzahl | |
|---|---|---|
| 4 | 2,9 | |
| 6 | 2,5 | |
| 23 | 5,2 | |
| 27 | **6,1** | trocken |
| 30 | 9,3 | |
| 46 | **12,3** | hart |
| 48 | 13,1 | |
| 54 | 14,1 | |
| 72 | 14,6 | |
| 80 | 15,0 | |
| 100 | 15,2 | |
| 140 | 14,6 | |

Diese Zahlen ergeben folgendes Bild.

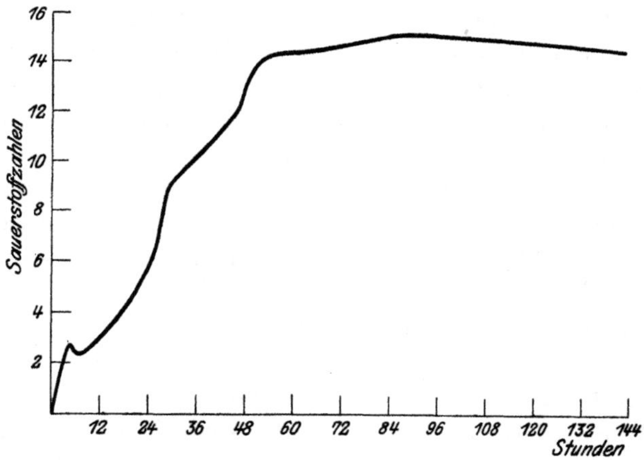


Fig. 9.

Meister hält die Annahme, daß das frühe Antrocknen durch den Gerinnungsprozeß veranlaßt werde, für weniger wahrscheinlich als diejenige, daß in den ersten Stadien des Trockenprozesses sehr viel flüchtige Substanzen weggehen, während in den späteren Stadien die Sauerstoffzunahme stark überwiegt.

Holzölfirnisse haben sich besonders für Fußbodenöle sehr bewährt. Bei ihrer Herstellung muß naturgemäß auch auf die Gerinnungsgefahr Rücksicht genommen werden; die Temperatur beim Einverleiben der Sikkative soll 180° nicht übersteigen. Rosenblum und Rideal [1]) haben sich die Verwendung der Holzölfettsäuren zur Fabrikation von Sikkativen (Tungaten) schützen lassen; dieselben konnten sich aber nicht einführen. Von manchen wird behauptet, daß Bleisikkative besser geeignet seien als Mangansikkative und Linolate besser als Resinate.

Meister [2]) löste in den beiden schon früher erwähnten Holzölen je 5 % harzsaures Bleimangan, die Firnisse trockneten in 18 bzw. 12 Stunden mit einer O-Zahl von 6,8 bzw. 4,2. Die maximale O-Zahl mit 14,3 bzw. 13,1 wurde in 30 bzw. 48 Stunden erreicht. Auch die Holzölfirnisse nehmen somit fast ebensoviel Sauerstoff auf als das Holzöl selbst.

In der Regel werden aber keine reinen Holzölfirnisse verwendet. Meister erhitzte das Holzöl I 9, das Holzöl II 5 Stunden auf 150° und versetzte sie alsdann mit je 5 % harzsaurem Bleimangan und 10 % Kolophonium. Die Trockenzeit betrug 18 bzw. 9 Stunden, die entsprechende O-Zahl 5,9 bzw. 3,7, nach 48 Stunden war sie auf 11,2 bzw. 11,0 gestiegen.

Weger [3]) fand für einen Firnis aus 100 Teilen Holzöl, 8 Teilen Leinöl und 4 Teilen harzsaurem Bleimangan eine Trockenzeit von 8½ Stunden mit der O-Zahl 12,1; letztere stieg innerhalb 5 Tagen auf 15,8.

Ganz besonders hat das Holzöl in der Fabrikation der Öllacke Eingang gefunden. Es macht den getrockneten Lack härter, zäher und widerstandsfähiger und kann daher in Verbindung mit Kolophonium die Kopale ganz oder teilweise ersetzen. Dabei muß man sich aber vor einem Überschuß an Sikkativen hüten, weil sonst leicht ein Wiedererweichen der Lackschicht eintritt. Analog den Leinölfettsäuren wurden auch die Holzölfettsäuren zur Umgehung der Kopalschmelze empfohlen [4]).

Ein Fall von Selbstentzündung scheint beim Holzöl nicht bekannt zu sein; dagegen wird angeführt, daß, wenn das Öl

[1]) Engl. Pat. 16 147 von 1897.

[2]) Chem. Rev. 1910, **17**, 153.

[3]) Zeitschr. f. angew. Chem. 1898, **11**, 509.

[4]) E. Hecht, D.R.P. 124 427.

nicht nur bis zum Festwerden, sondern länger erhitzt und nach dem Erkalten in Stücken aus dem Kessel ausgebrochen wird, diese Stücke an der Luft verkohlen [1]).

Zweites Kapitel.

# Das Mohnöl.

Das Mohnöl wird aus den Samen des Mohns (papaver somniferum), welche 40—50 % Fett enthalten, durch Pressen gewonnen. Die Pflanze wird auch in Deutschland und dem übrigen Europa angebaut, hauptsächlich aber in China, Indien, Persien, Kleinasien, Ägypten, Algier. Deutschland importiert jährlich einige 30 000 Tonnen Mohnsaat, seine eigene Produktion dürfte heute kaum mehr den zehnten Teil betragen.

Die Mohnsamen sind je nach Spielart, Erntezeit usw. verschieden gefärbt, weiß, gelb, braun, grau, schwarz, die weißen sind die ölreichsten und geschätztesten. Die kalte Pressung gibt ein kaum gefärbtes, geruchloses und angenehm schmeckendes Öl, das als beliebtes Speiseöl hoch im Preise steht. Das Öl der zweiten Pressung sowie dasjenige aus geringerer Saat ist zumeist stark sauer, dunkel und nur als Brennöl und in der Seifenfabrikation verwendbar.

Das Verhalten gegen Lösungsmittel und gegen chemische Agenzien bietet nichts Besonderes. Die physikalischen und chemischen Kennzahlen bewegen sich innerhalb folgender Grenzen.

| | |
|---|---|
| Spez. Gew. bei 15° . . . . . . . . . | 0,924—0,927 |
| Erstarrungspunkt . . . . . . . . . . | — 15 bis — 20° |
| Refraktionszahl (25°) [2]) . . . . . . | 71—72 |
| ,, (15°) [3]) . . . . . . | 77,8—78,4 |
| Säurezahl [4]) . . . . . . . . . . . | 0,4—35 |
| Verseifungszahl . . . . . . . . . . | 189—197 |
| Hehnerzahl. . . . . . . . . . . . | 94,9—95,5 |

[1]) Chem. Rev. 1905, **12**, 56.

[2]) Beckurts und Heiler, Arch. Pharm. 1895, **233**, 423; Thomson und Dunlop, Analyst 1906, **31**, 283; Olig und Brust, Zeitschr. f. Unters. d. Nahr.- und Genußm. 1909, **17**, 561.

[3]) Tolman und Munson, J. Amer. Chem. Soc. 1903, **25**, 690; Utz, Chem.-Ztg. 1903, **27**, 1176.

[4]) Vgl. besonders H. Nördlinger, Zeitschr. f. anal. Chem. 1889, **28**, 183.

| | | |
|---|---|---|
| Jodzahl | . . . . . . . . . . . . . . | 140—160 |
| Unverseifbares | . . . . . . . . . . | 0,4—0,6% |
| Schmelzpunkt | der Fettsäuren . . | 20—21⁰ |
| Erstarrungspunkt | „ „ . . | 15—17⁰ |
| Mittl. Mol.-Gew.[1] | „ „ . . | 281 |

Zu obiger Tabelle ist ergänzend noch folgendes zu bemerken.

M. Rakusin [2]) gibt den Flammpunkt des Mohnöls mit 250⁰ an. Einzelne Ölsorten erkannte er als optisch inaktiv, in anderen fand er ein Drehungsvermögen bis + 0,17⁰. Auch Crossley und Le Sueur [3]) hatten + 4⁰ angegeben, indessen wies Utz [4]) nach, daß reines Mohnöl optisch inaktiv ist.

Die von früheren Autoren gefundenen Jodzahlen bewegten sich im allgemeinen zwischen 130 und 140; die Grenzzahlen 140 bis 160 wurden von Utz aufgestellt, nachdem er nachgewiesen hatte, daß die Mohnöle des Handels ausnahmslos Sesamöl (bis zu 40 %) enthielten. Er extrahierte indische, levantinische und deutsche Mohnsaat mit Petroläther und fand für die so erhaltenen Öle die Jodzahlen 153,5, 157,5 und 156,9. Ferner fand er für zwei Handelsöle, welche nur eine schwache Sesamölreaktion gaben, die Jodzahlen 151,6 und 150,6. Immerhin ist einzuwenden, daß Tolman und Munson [5]) für kaltgepreßte Öle aus angeblich reiner Mohnsaat Jodzahlen von 133,2 und 134,9 erhielten. Für die innere Jodzahl fanden sie den Wert 151,7, Tortelli und Ruggeri [6]) 149,6.

Zum qualitativen Nachweis von Sesamöl im Mohnöl empfiehlt Utz [7]) eine von Soltsien angegebene Reaktion in folgender Ausführungsform. 5 ccm Öl werden in einem Reagenzglas mit eingeschliffenem Stopfen mit dem halben Volum einer Lösung von $SnCl_2$ in konz. HCl geschüttelt. Hierauf hält man das Glas bis zur Trennung der Schichten in lauwarmes Wasser, alsdann nur die untere Schicht ¼ Stunde in kochendes Wasser. Bei Gegenwart von Sesamöl tritt eine Rotfärbung ein.

---

[1]) Aus der Verseifungszahl 199, vgl. W. Thörner, Chem. Ztg. 1894, **18**, 1154.

[2]) Chem.-Ztg. 1905, **29**, 690; J. russ. phys.-chem. Ges. 1905, **37**, 442.

[3]) J. Soc. Chem. Ind. 1898, **17**, 989.

[4]) Chem.-Ztg. 1903, **27**, 1176; 1904, **28**, 257.

[5]) J. Amer. Chem. Soc. 1903, **25**, 690.

[6]) Annali del Lab. Chim. delle Gabelle 1900.

[7]) Apoth.-Ztg. 1904, **19**, 444.

Da das Sesamöl nur eine Jodzahl von 103—112 hat, so erniedrigt es naturgemäß diejenige des Mohnöls. Auch die Refraktion wird erniedrigt, gegenüber 78,1—78,4 beim Mohnöl hat das Sesamöl nur eine Refraktionszahl von 73,0 (bei $15^0$). Endlich ist das Sesamöl auch optisch aktiv, sein Drehungsvermögen beträgt + 0,8 bis + $1,6^0$.

## Chemische Zusammensetzung des Mohnöls.

Da das Mohnöl nicht so stark zur Autoxydation neigt wie das Leinöl, so stimmen auch die Literaturangaben über seine prozentische Zusammensetzung besser überein.

| | % C | % H | % O |
|---|---|---|---|
| Sacc. . . . . . . . . . | 76,6 | 11,6 | 11,8 |
| Lefort . . . . . . . . . | 77,2 | 11,4 | 11,4 |
| Cloez . . . . . . . . . | 77,5 | 11,4 | 11,1 |
| Mulder . . . . . . . | 76,6 | 11,2 | 12,2 |

Was die festen Fettsäuren des Mohnöls betrifft, so ließ Mulder die alkoholische Lösung der Gesamtfettsäuren lange Zeit bei Winterkälte stehen, die Ausscheidungen betrugen 13,7 % des Öls. Mulder hielt diese Zahl aus verschiedenen Gründen für zu niedrig und schätzte den Gehalt des Mohnöls an gesättigten Glyzeriden auf 20 %. Durch fraktionierte Kristallisation der festen Fettsäuren aus Alkohol konnte er Myristinsäure, $C_{14}H_{28}O_2$, vom Schmelzp. $53,2^0$ und Laurinsäure $C_{12}H_{24}O_2$, vom Schmelzp. $46^0$ isolieren, erstere in größerer Menge. Stearinsäure fand er überhaupt nie, dagegen einmal eine geringe Menge Palmitinsäure vom Schmelzp. $62^0$.

Ein ganz anderes Resultat erhielten Tolman und Munson (loc. cit.). Sie trennten die Gesamtfettsäuren nach Varrentrapp und fanden nur 6,7 % feste Fettsäuren, und zwar Palmitin- und Stearinsäure.

Die flüssige Mohnölfettsäure betrachtete Mulder wiederum als ein Gemisch von Leinöl- und Ölsäure, trotzdem sie, im Gegensatz zur flüssigen Leinölsäure, an der Luft nicht rot wurde. Die trockene Destillation des Mohnöls ergab ähnliche Resultate wie diejenige des Leinöls, nur war der Destillationsrückstand dünnflüssiger als das „Leinölsäureanhydrid". Mohnölsaures Blei, mit Hilfe von Äther an der Luft oxydiert, wurde nicht rot wie linoxysaures Blei und gab auch bei der Analyse stark abweichende Zahlen, vor allen Dingen viel weniger O. Mulder erklärte dies dadurch, daß es außer „basisch linoxysaurem Blei" auch noch „basisch leinölsaures Blei" enthalte, trotzdem letzteres in Äther löslich ist. Vollkommen getrocknetes Mohnöl gab an Äther, gegenüber 20 % bei getrocknetem Leinöl, 27,5 bzw. 28,6 % ab. Daraus schloß Mulder zunächst ganz richtig, daß das Mohnöl mehr Ölsäure enthalte als das Leinöl; da dies aber in seine anderweitigen Rechnungen nicht paßte, schätzte er den Ölsäuregehalt auf nur 8 %, den ätherunlöslichen Anteil des getrockneten Mohnöls sah er als identisch mit „Linoxyn" an.

Hazura und Grüssner [1]) erhielten aus 100 g der flüssigen Mohnölsäure 8,5 g Dioxystearinsäure, 18,5 g Sativinsäure und 0,3 g Linusin- und Isolinusinsäure. Daraus schlossen sie rückwärts, daß die ungesättigten Fettsäuren des Mohnöls zu ungefähr 30 % aus Ölsäure, zu 65 % aus Linolsäure und zu nur 5 % aus Linolensäure bestehe. Alle diese Angaben, auch diejenigen von Tolman und Munson (s. o.) bedürfen der Nachprüfung; jedenfalls erklärt aber der geringe Linolensäuregehalt vollkommen die Unterschiede, welche Mulder bei der Autoxydation des Leinöls und des Mohnöls beobachtete, ferner steht er im Einklang damit, daß das Mohnöl keine Hexabromidzahl hat.

## Verhalten des Mohnöls beim Lagern unter Luftzutritt.

Sherman und Falk [2]) ließen Mohnöl in einem offenen, vor Staub geschützten Gefäß unter öfterem Umschütteln mehrere Monate an der Luft stehen, wodurch die Kennzahlen in folgender Weise verändert wurden.

| | $d_{15,5}$ | Säurezahl | Jodzahl |
|---|---|---|---|
| vorher | 0,923 | 5,5 | 125,3 |
| nachher | 0,930 | 7,2 | 117,1 |

Die Differenzen beweisen sicher eine stattgehabte Autoxydation, das spez. Gew. und die Jodzahl des Ausgangsmaterials sind indessen abnorm niedrig.

---

[1]) Monatsh. Chem. 1888, **9**, 188; Zeitschfr. f. angew. Chem. 1888, **1**, 313.

[2]) J. Amer. Chem. Soc. 1903, **25**, 711.

In verschiedenen Lehrbüchern findet man die Angabe, das Mohnöl werde schwer ranzig. Nach Utz dagegen wird es leichter ranzig als Sesamöl, und ist dies der Grund dafür, daß ihm die Ölfabrikanten regelmäßig Sesamöl beimischen. Ferner spricht auch gegen die obige Angabe die Leichtigkeit, mit welcher das Mohnöl Glyzerin abspaltet. H. Nördlinger [1]) fand in gepreßten Speiseölen Säurezahlen bis 5,6, in gepreßten technischen Ölen bis 35,4 und in extrahierten Ölen bis 18,8. Ferner fand er in Mohnölkuchen 3,7—6,8 % Gesamtfett und in letzterem Säurezahlen von 86,8—140,4. Ohne Zweifel hatte dieses Mohnkuchenfett schon eine Autoxydation hinter sich.

## Der Trockenprozeß des Mohnöls.

Trotz seines geringen Gehaltes an Linolensäure steht das Mohnöl an Trockenkraft dem Leinöl nicht so bedeutend nach, als man eigentlich erwarten sollte; man wird seine Trockenzeit zu 6—8 Tagen annehmen können. Cloez fand bei seinen Oxydationsversuchen in dicker Schicht für das Mohnöl dieselbe Gewichtszunahme wie für das Leinöl, nämlich 7,0 %. Mulder erhielt sogar eine höhere Sauerstoffzahl, als er sie für Leinöl annahm. Bei dem betreffenden Trockenversuch (auf Blech) betrug die Schichtendicke 15 mg pro Quadratzentimeter, das Gewicht stieg innerhalb 30 Tagen stetig um insgesamt 12,2 %. Bei zwei Versuchen im direkten Sonnenlicht, Schichtendicke 4,2 bzw. 3,2 mg pro Quadratzentimeter, fand er allerdings nur 4,3 bzw. 7,6 % Gewichtszunahme; doch hatte er hier sicher das Maximum übersehen, da er vom vierten bis zum fünfzehnten Tage nicht wog. In Wirklichkeit ist natürlich die Sauerstoffzahl des Mohnöls kleiner als diejenige des Leinöls, Weger [2]) fand sie zu 13,4 bei einer Trockenzeit von 6½ Tagen.

Versuche über Mohnölfirnisse liegen von J. Petroff [3]) vor. Er löste 2 % harzsaures bzw. leinölsaures Mangan das eine Mal in rohem, das andere Mal in einem bei 200—250° 4 Stunden lang geblasenen und dadurch ziemlich stark verdickten Mohnöl und fand folgende Trockenzeiten:

---

[1]) Zeitschr. f. anal. Chem. 1889, **28**, 183; 1890, **29**, 6.
[2]) Chem. Rev. 1898, **5**, 243.
[3]) Seifens.-Ztg. 1906, **33**, 922.

| | | |
|---|---|---|
| Rohes Mohnöl | | 8 Tage |
| ,, ,, mit 2 % harzsaurem Mn | | 25 Stunden |
| ,, ,, ,, 2 ,, leinölsaurem ,, | | 34 ,, |
| Geblasenes Mohnöl mit 2 % harzsaurem Mn | | 34 ,, |
| ,, ,, ,, 2 ,, leinölsaurem ,, | | 34 ,, |

Die Schichtendicke betrug 3 mg pro Quadratzentimeter, so daß die Trockenzeiten vermutlich zu lang sind.

Für gewöhnliche Firnisse kommt das Mohnöl wegen seines hohen Preises kaum in Betracht, da nur die besseren Sorten brauchbar sind. Dagegen wurde es lange Zeit für Malerfarben dem Leinöl vorgezogen, und zwar wegen folgender Vorzüge. Es gibt hellere Farbentöne, wird bei pastosem Auftrag weniger leicht runzelig und in der Tube unter dem Einfluß von Pigmenten weniger leicht fest. Auf der anderen Seite stellte sich aber der Nachteil heraus, daß das Mohnöl die spätere Rißbildung mehr begünstigt als das Leinöl. Seine Verwendung wurde daher teilweise wieder ganz aufgegeben [1]).

Drittes Kapitel.

# Das Nußöl.

Das Nußöl findet sich in den bekannten Früchten des Walnußbaums, Juglans regia. Er kommt in ganz Europa vor, doch geht die Kultur seit Jahren zurück, weil das Holz für Möbelzwecke und besonders für Gewehrschäfte sehr geschätzt wird. Die Nußkerne enthalten bis zu 65 % Fett. Im frischen Zustand gepreßt, liefern sie ein trübes, nur schwer zu klärendes Öl. Die Nüsse werden daher zunächst einige Monate gelagert, dann aufgeschlagen, die Kerne zwischen Walzen zerquetscht und zuerst kalt, dann warm ausgepreßt. Die Gewinnung des Öls erfolgt kaum im Großbetrieb, sondern in der Regel — besonders in Frankreich und der Schweiz — durch den Produzenten selbst. Das kalt gepreßte Öl, nur schwach gefärbt, fast geruchlos und von angenehmem Geschmack, ist ein sehr geschätztes und daher hochpreisiges Speiseöl. Das warm gepreßte Öl ist dunkler, von

[1]) Vgl. E. Täuber, Chem.-Ztg. 1909, **33**, 85.

eigentümlichem Geruch und scharfem, bitterem Geschmack. Es wird leicht ranzig und dient vorwiegend als Brennöl.

Folgendes sind die Kennzahlen des Nußöls [1]):

| | |
|---|---|
| Spez. Gew. bei 15° | 0,925—0,927 |
| Refraktionszahl bei 40° | 65—68 |
| Säurezahl | 1—10 |
| Verseifungszahl | 189—197 |
| Jodzahl | 143—152 |
| Schmelzpunkt der Fettsäuren | 16—20° |
| Erstarrungspunkt „ „ | 14—16° |

Nach Livache verdickt sich das Öl von — 15° ab, um erst bei — 30° fest zu werden.

## Chemische Zusammensetzung.

Mulder ließ die alkoholische Lösung der Gesamtfettsäuren bei Winterkälte stehen, wobei sich 10,9 % feste Fettsäuren abschieden. Ferner konstatierte er, daß vollkommen eingetrocknetes Nußöl noch 34,9 bzw. 36,1 % an Äther abgibt. Daraus schloß er zunächst auf 23—25 % Ölsäure. Aber die beiden Befunde paßten nicht für die Zusammensetzung des Gesamtöls: C 76,05, H 11,25, O 12,7 %. Mulder nahm daher nicht weniger als 30 % gesättigte Glyzeride im Nußöl an, was ganz sicher viel zu hoch ist, sogar 10,9 % dürfte schon zu viel sein. Durch fraktionierte Kristallisation der festen Fettsäuren konnte Mulder Myristinsäure vom Schmelzp. 53,5° und Laurinsäure vom Schmelzp. 44° isolieren, von der ersteren etwa doppelt soviel als von der letzteren.

Die flüssige Nußölfettsäure hielt Mulder wiederum für Leinölsäure mit etwas Ölsäure; bei der trockenen Destillation des Öls erhielt er ähnliche Resultate wie beim Mohnöl. Hazura und Grüssner [2]) erhielten bei der alkalischen Oxydation der flüssigen Nußölfettsäure 2,5 % Dioxystearinsäure, 25 % Sativinsäure und 2 % Linusin- und Isolinusinsäure, woraus sie rückwärts auf

---

[1]) Crossley und Le Sueur, J. Soc. Chem. Ind. 1898, **17**, 989; L. F. Kebler, Amer. J. Pharm. 1901, **73**, 173; N. Petkoff, Zeitschr. f. Unters. d. Nahr.- und Genußm. 1901, **4**, 826; A. A. Shukoff, Chem. Rev. 1901, **8**, 250; Benedikt-Ulzer, S. 672.

[2]) Monatsh. Chem. 1888, **9**, 198; Zeitschr. f. angew. Chem. 1888, **1**, 313.

etwa 7 % Ölsäure, 80 % Linolsäure und 13 % Linolensäure schlossen. Hiermit steht im Einklang, daß Hehner und Mitchell für das Mohnöl die Hexabromidzahl 0, für das Nußöl dagegen Werte von 1,4—1,9 fanden.

Wegen seines hohen Preises wird das Nußöl vielfach verfälscht. Eine häufige Fälschung soll darin bestehen [1]), daß Mohnöl mit Walnußkuchen erwärmt wird. Sie läßt sich nach M. J. Bellier [2]) in folgender Weise erkennen. Man verseift genau 1 ccm Öl durch gelindes Erwärmen mit 5 ccm 15 proz. alkoholischer Kalilauge und setzt dann bei 70° die genau der obigen Alkalimenge entsprechende Menge 25 proz. Essigsäure zu. Beim nunmehrigen Abkühlen auf Zimmertemperatur gibt reines Nußöl nur eine ganz geringe, Mohnöl dagegen eine das ganze Reagenzglas erfüllende Ausscheidung von festen Fettsäuren. Bis zu 20 % Mohnöl sollen auf diesem Wege noch nachweisbar sein [3]), von anderen Ölen, wie Olivenöl usw. noch geringere Mengen.

Zum speziellen Nachweis von Leinöl im Nußöl löst G. Halphen [4]) $^1/_2$ ccm Öl in 10 ccm Äther und fügt eine Lösung von Brom in Tetrachlorkohlenstoff hinzu, wobei in Gegenwart von Leinöl sofort ein Niederschlag entsteht. Später [5]) hat Halphen die Methode in der Weise abgeändert, daß das Brom tropfenweise direkt zur ätherischen Lösung gesetzt wird, und in der Tat wird man vorziehen, nach der Methode Hehner und Mitchell (s. S. 77) die Hexabromidzahl quantitativ zu bestimmen; 10 % Leinöl dürften sie schon sehr merklich erhöhen.

## Verhalten des Nußöls beim Trocknen.

Die Trockenkraft des Nußöls steht derjenigen des Leinöls nach, ist aber größer als diejenige des Mohnöls. Mulder fand bei zwei Parallelversuchen mit Mohnöl und einem nicht mehr frischen Nußöl (Schichtendicke 16 mg pro Quadratzentimeter), daß letzteres nach 5 Tagen um 2,4 % an Gewicht

[1]) Vgl. Chem. Rev. 1905, **12**, 191.

[2]) Ann. chim. anal. appl. 1905, **10**, 52.

[3]) Vgl. a. Balavoine, Schweiz. Wochenschr. Chem. Pharm. 1906, **44**, 224.

[4]) Bull. soc. chim. 1905, [3], **33**, 571.

[5]) Ber. der Intern. Anal.-Kommission an den VII. Kongreß, London 1909, Supplement S. 13.

zugenommen hatte, Mohnöl erst um 0,2 %. Das Maximum wurde beim Nußöl in 22 Tagen mit einer Sauerstoffzahl von 9,5 erreicht. Beim Erhitzen gab getrocknetes Nußöl einen viel größeren Gewichtsverlust als getrocknetes Leinöl, was Mulder dem vermeintlichen hohen Gehalt des ersteren an Laurin- und Myristinsäure zuschrieb.

Das kalt gepreßte Nußöl ist nach einer eventuellen Bleichung, durch die es nahezu farblos wird, ein geschätztes Material für Künstlerfarben. Man glaubte früher, daß es am allerwenigsten zur Rißbildung geneigt sei; nach E. Täuber [1]) ist aber in dieser Beziehung das Leinöl am ungefährlichsten, dann folgt das Nußöl und diesem das Mohnöl. Dagegen ist das Nußöl am wenigsten von allen dreien zum Runzeln geneigt und hat vor dem Leinöl auch noch den Vorzug, die Reinheit des Tons bei leuchtendem Weiß und zartem Rosa oder Blau nicht zu beeinträchtigen.

Viertes Kapitel.

# Das Hanföl.

Das Hanföl stammt aus den Samen — eigentlich sind es Nüßchen — des Hanfes, Cannabis sativa. Die Pflanze wächst in Südasien noch wild, wird aber daselbst auch in großem Maßstab angebaut, hauptsächlich in China, Indien, Arabien, Persien. Auch in ganz Europa, Afrika und Amerika wird sie kultiviert. In Deutschland geht die Kultur mehr und mehr zurück, es führt seinen Hauptbedarf an Hanfsaat aus Rußland ein.

Charakteristisch für normales Hanföl ist die grüne Farbe, vom Chlorophyll der Schalen herrührend. Die kalte Pressung liefert bis zu 25 % eines ziemlich dünnen, hellgrünen, die warme Pressung bis zu 30 % eines dickeren und dunkelgrünen Öls. Unter dem Einfluß der Luft wird das Öl braungelb. Die besseren Sorten dienen, besonders in Rußland, als Speiseöl, die geringeren werden zu Firnissen und Seifen verwendet, die in Norddeutschland sehr verbreitete „grüne Seife“ ist eine Schmierseife aus Hanföl.

---

1) Chem.-Ztg. 1909, **33**, 85.

Die Kennzahlen des Hanföls[1]) sind folgende:

| | |
|---|---|
| Spez. Gew. bei 15° . . . . . . . . . . . . . . | 0,925—0,928 |
| Säurezahl . . . . . . . . . . . . . . . . . . | 1—10 |
| Verseifungszahl . . . . . . . . . . . . . . . | 190—195 |
| Jodzahl . . . . . . . . . . . . . . . . . . . | 145—166 |
| Unverseifbares . . . . . . . . . . . . . . . | bis 1,1 % |
| Schmelzpunkt der Fettsäuren . . . . . . . . | 17—19° |
| Erstarrungspunkt ,, ,, . . . . . . . . . . | 14—16° |
| Mittl. Mol.-Gew. ,, ,, . . . . . . . . . . | 280,5 |

Nach Holde [2]) ist das Hanföl bei — 10° noch klarfließend, bei — 15° trübt es sich, fließt aber noch. Nach einer anderen Angabe wird es bei — 15° dicker, aber erst bei — 27° fest. M. Rakusin [3]) gibt den Flammpunkt zu 250—265°, das Drehungsvermögen zu + 0,1° an.

Die Jodzahlen früherer Autoren sind großenteils zu niedrig; F. Ludwig (loc. cit.) fand in 11 Proben als Mindestwert 149,4.

## Chemische Zusammensetzung.

Mulder fand im Hanföl 76,0 % C, 11,3 % H, 12,7 % O. Die festen Fettsäuren scheinen noch nicht näher untersucht worden zu sein. Es wird behauptet, daß sie aus Palmitin- und Stearinsäure bestehen, Lewkowitsch vermutet, daß die letztere fehlt. Die Menge der festen Fettsäuren scheint gering zu sein, A. Lidoff [4]) fand in den aus einem Hanfölfirnis abgeschiedenen Gesamtfettsäuren nur 4,8 %.

Die flüssige Hanfölsäure wurde früher als identisch mit der Leinölsäure, $C_{16}H_{28}O_2$, angesehen. Hazura [5]) legte ihr in seiner ersten Arbeit noch die obige Formel, in seiner zweiten [6]) die Formel $C_{18}H_{32}O_2$ bei, weil er die Hexabromlinolensäure vom Schmelzp. 177°, welche er außer der Tetrabromhanfölsäure,

---

[1]) Vgl. A. Shukoff, Chem. Rev. 1901, **8**, 250; P. Schestakoff, Chem. Rev. 1902, **9**, 204; S. Talanzeff, Chem. Rev. 1902, **9**, 162; F. Ludwig, Chem. Rev. 1904, **11**, 107; Benedikt-Ulzer, S. 670.

[2]) Zeitschr. f. angew. Chem. 1891, **4**, 712.

[3]) Chem.-Ztg. 1905, **29**, 690; J. russ. phys.-chem. Ges. 1905, **37**, 442.

[4]) Chem. Rev. 1900, **7**, 121.

[5]) Monatsh. Chem. 1886, **7**, 216.

[6]) Monatsh. 1886, **7**, 637.

$C_{18}H_{32}Br_4O_2$, Schmelzp. 114—115°, beim Bromieren erhielt, zunächst ebenfalls als ein Derivat der Linolsäure ansah. Erst die systematische Oxydation mit $KMnO_4$ [1]) zeigte, daß die Hanfölsäure nicht einheitlich ist, sie lieferte 4 % Dioxystearinsäure, 24 % Sativinsäure und 2,5 % Linusin- und Isolinusinsäure. Daraus wurde geschlossen, daß die flüssige Hanfölsäure hauptsächlich aus Linolsäure, $C_{18}H_{32}O_2$, besteht (ca 70 %) und außerdem ungefähr gleich viel (je 15 %) Ölsäure, $C_{18}H_{34}O_2$, und Linolensäure, $C_{18}H_{30}O_2$, enthält.

In seiner Trockenkraft steht das Hanföl dem Leinöl nur wenig nach. M. Weger [2]) fand eine Trockenzeit von 4 bzw. 4½ Tagen; die entsprechenden Sauerstoffzahlen waren 13,6 und 13,4. Das Hanföl ist daher ein gutes Rohmaterial für die Firnisbereitung, die grüne Farbe läßt sich durch Fullererde leicht beseitigen, ebenso verschwindet sie bei längerem Erhitzen auf 300°, wodurch man ein gutes, goldgelbes Standöl erhält.

A. Lidoff [3]) hat zwei russische Hanfölfirnisse untersucht mit folgenden Resultaten:

| | I | II |
|---|---|---|
| Säurezahl | 13,1 | 12,7 |
| Verseifungszahl | 201,0 | — |
| Hehnerzahl | 93,4 | 92,9 |
| Jodzahl | 140,0 | — |
| Säurezahl der Fettsäuren | 148,6 | 152,8 |
| Jodzahl „ „ | 149,1 | 153,4 |

Lidoff wunderte sich über die hohen Jodzahlen der Fettsäuren, da er in der Literatur die Angabe 122—125 (Morawski und Demski) fand. Diese Angabe ist aber viel zu niedrig und durch zu langes Erhitzen der Fettsäuren veranlaßt. Die Annahme Lidoffs, daß bei den Firnissen noch eine besondere Reaktion zwischen dem Jod und den Oxydationsprodukten stattfinde, ist überflüssig, denn aus der Hehnerzahl 93,4 und der Jodzahl 140,0 des Firnisses I berechnet sich für die Fettsäuren derselben die Jodzahl 149,9, welche mit dem von Lidoff gefundenen Wert 149,1 gut übereinstimmt. Auffallend ist der Rückgang der

[1]) Hazura und Grüssner, Monatsh. 1888, **9**, 198; Zeitschr. f. angew. Chem. 1888, **1**, 313.

[2]) Chem. Rev. 1898, **5**, 243.

[3]) Chem. Rev. 1900, **7**, 120.

Azidität der Fettsäuren um annähernd $\frac{1}{4}$; die Ursache kann nur ein längeres, starkes Erhitzen bei der Firnisbereitung gewesen sein, für welche auch der niedrige Gehalt von 5,2 % Glyzerin spricht, den Lidoff im Firnis I fand. Daß das Glyzerin beim Trockenprozeß eine wichtige Rolle spielt, schloß Lidoff aus zwei vergleichenden Oxydationsversuchen mit dem Firnis II und den daraus erhaltenen Fettsäuren. Zwar war die Schichtendicke viel zu groß; gegen den Schluß, daß die freien Fettsäuren zwar mehr Sauerstoff aufnehmen, aber viel langsamer fest werden als die Glyzeride, ist aber nichts einzuwenden; schon Mulder hat ja dasselbe beim Leinöl gefunden. Die Säurezahl der Fettsäuren war bei dem Versuch (innerhalb 75 Tagen) von 153,4 auf 163,2 gestiegen.

Zwei ähnliche Versuche, ebenfalls mit viel zu großer Schichtendicke, hat J. Petroff[1]) angestellt, einmal mit einem rohen, daneben mit demselben, aber bei 200—250° 4 Stunden lang geblasenen Hanföl. Die Gewichtszunahme betrug im zweiten Fall 12,0, im ersten nur 0,3 %, allerdings innerhalb 75 Tagen. Petroff schloß daraus, daß beim Hanföl das Blasen einen besonders guten Einfluß ausübe. Einige aus demselben Hanföl hergestellte Firnisse ergaben folgende Trockenzeiten:

| | |
|---|---|
| Rohes Hanföl . . . . . . . . . . . . . . . . . . | 8 Tage |
| ,, ,, mit 2 % harzsaurem Mn . . . . . | 25 Stunden |
| ,, ,, ,, 2 ,, leinölsaurem ,, . . . . . | 25 ,, |
| Geblasenes Hanföl mit 2 % harzsaurem Mn . . . | 20 ,, |
| ,, ,, ,, 2 ,, leinölsaurem ,, . . . | 34 ,, |

Fünftes Kapitel.

# Das Perillaöl.

Das Öl ist enthalten in den von einer Schale umgebenen Samen einer Labiate, Perilla ocymoides, welche in Japan, China und Indien wild wächst und auch angebaut wird. Das frische Öl ist von gelber Farbe und erinnert im Geruch und Geschmack an Leinöl; bei einem alten, stark sauren Öl konstatierte Meister

[1]) Seifens.-Ztg. 1906, **33**, 922.

(s. u.) eine bräunlichgelbe Farbe und einen tranartigen Geruch. Das Öl wird in Asien zu denselben Zwecken verwendet wie das Holzöl, am Himalaja soll es auch als Speiseöl dienen. Der Anbau der Pflanze in Europa wurde wiederholt empfohlen, das Öl wurde bis heute nur in geringen Mengen bei uns eingeführt.

Die Kennzahlen wurden von zwei Seiten bestimmt.

| | Wijs [1] | Meister [2] |
|---|---|---|
| Spez. Gew. | 0,9306 ($d_4^{20}$) | 0,9310 ($d_{15}^{15}$?) |
| Säurezahl | 0,9 | 10,9 |
| Verseifungszahl | 189,6 | 192,1 |
| Jodzahl | 206,1 | 194,7 |
| Schmelzpunkt der Fettsäuren | — 5° | — 4° |
| Säurezahl " " | 197,7 | 197,1 |
| Mittl. Mol.-Gew. " " | 284 | 284 |
| Jodzahl " " | 210,6 | 198,2 |

Die von Wijs gefundene Jodzahl ist die höchste, welche jemals für ein fettes Öl ermittelt wurde. Meister fand seinen niedrigeren Wert sowohl nach der Wallerschen als nach der Wijsschen Methode, er schreibt ihn dem Alter seines Musters zu. Bei einer mittleren Hehnerzahl von 95 berechnet sich die Jodzahl der Fettsäuren bei Wijs zu 217, bei Meister zu 205; daß in beiden Fällen niedrigere Werte gefunden wurden, ist nach früheren Angaben leicht begreiflich.

Außer der hohen Jodzahl wurde auch ein ähnlich niedriger Schmelzpunkt der Gesamtfettsäuren noch bei keinem anderen Öle beobachtet. Er deutet auf einen abnorm niedrigen Gehalt an gesättigten Fettsäuren. Im übrigen konnte Verf. [3] die Angaben von Wijs und Meister nicht vollkommen bestätigt finden. Leider stand nur eine sehr geringe Menge Perillasaat zur Verfügung. Sie wurde in der Reibschale zerkleinert und mit Petroläther ausgezogen. Die Ölausbeute betrug 36,0 %, was mit der Wijsschen Angabe von 35,8 % gut übereinstimmt. Die Saat war vermutlich schon alt, die Jodzahl des Öls betrug nur 192,4. Die abgeschiedenen Fettsäuren waren zwar bei Zimmertemperatur

[1]) Zeitschr. f. Unters. d. Nahr.- u. Genußm. 1903, **6**, 492.

[2]) Farben-Ztg. 1910, **16**, 266.

[3]) Unveröffentliche Versuche.

vollkommen flüssig, bei 0° schieden sie aber einzelne Kriställchen von festen Fettsäuren aus.

Angesichts der hohen Jodzahl wird man dem Perillaöl ohne weiteres auch ein größeres Trockenvermögen zuschreiben als dem Leinöl. In der Tat erhielt Weger (s. bei Wijs) Sauerstoffzahlen von 18.3—20.9 und hält diese Werte noch für zu niedrig. Er betont eine Schwierigkeit, welche das Perillaöl beim Glastafelverfahren insofern bietet, als es, ähnlich wie Quecksilber, zu Tropfen zusammenläuft, so daß man nicht mit gleichmäßig dünnen Schichten arbeiten kann.

Meister (loc. cit.) fand diese Beobachtung bestätigt. Normale Aufstriche trockneten daher erst in 6—8 Tagen, dagegen besonders dünne (0.5 mg pro Quadratzentimeter) schon in 2 bis 3 Tagen, allerdings nicht gleichmäßig. Ferner ließ sich der Übelstand durch ein einmaliges rasches Erhitzen des Öls auf 250° vollständig beseitigen. Infolgedessen trockneten auch Perilladicköle gleichmäßig auf, und Firnisse aus Perillaöl zeigten ein stärkeres Trockenvermögen als die entsprechenden Leinölfirnisse. Dies zeigt die folgende Tabelle.

| | Trockenzeit Stunden | O-Zahl |
|---|---|---|
| Leinöl, roh | 96 | 19,3 |
| Perillaöl, roh, 0,8 mg pro qcm | 144 | 18,3 |
| ,, ,, 0,5 ,, ,, ,, | 60 | 21,2 |
| ,, einmal auf 250° erhitzt | 64 | 18,3 |
| ,, 7 Stunden auf 250° erhitzt | 48 | 13,4 |
| Perillaölfirnis, 3 % harzsaures PbMn bei 150° gelöst | 6 | 21,8 |
| Leinölfirnis, 3 % harzsaures PbMn bei 150° gelöst | 10 | 15,1 |

Ein Perillaölfirnis mit 5 % des obigen Sikkativs trocknete sogar schon in 4½ Stunden, während bei Leinölfirnissen Trockenzeiten unter 6 Stunden überhaupt nicht zu erreichen sind. Da die Sauerstoffzahl beim Erhitzen und bei der Firnisbereitung sinkt, so schließt Meister aus den gefundenen Werten, daß die maximale Gewichtszunahme des reinen Perillaöls mindestens 25 % beträgt. Er konstatierte ferner, daß das Öl schon durch Erhitzen auf 270° bis zu einem gewissen Grade gebleicht wird, es wird dabei hell weingelb und dunkelt nicht mehr nach. Durch Floridaerde läßt es sich fast wasserhell bleichen. Die Perilladicköle gleichen in ihren Eigenschaften den Leinöldickölen und lassen sich daher wie diese zu Buchdruckfirnissen, Lacken usw. verwenden. Für die Lackfabrikation kommt noch der Vorteil hinzu, daß die Hartharze größere Zusätze von Perillaöl vertragen als von Leinöl. Meister erwähnt allerdings auch die Möglichkeit, daß Anstriche mit Perillaölfirnissen, entsprechend ihrer kürzeren Trockenzeit, weniger dauerhaft sind als solche mit Leinölfirnissen. Abgesehen davon zweifelt er aber nicht daran, daß das Perillaöl einen sehr guten Leinölersatz bilden würde, wenn es in entsprechenden Mengen und zu einem nicht allzu hohen Preise an den Markt gebracht werden könnte.

Sechstes Kapitel.

# Das Sonnenblumenöl.

Obiges Öl wird zumeist den trocknenden Ölen zugerechnet; eigentlich gehört es wie das Sojabohnenöl in die Klasse der halb- oder schwachtrocknenden. Es findet sich in den Kernen der Sonnenblume, Helianthus annuus, welche besonders in Rußland und Ungarn zum Zweck der Ölgewinnung angebaut wird. Die Kerne enthalten bis zu 50 % Fett, das kaltgepreßte Öl ist hellgelb, von angenehmem Geruch und Geschmack und dient vorwiegend als Speiseöl. Die zweite, warme Pressung liefert ein dunkleres Öl, das als Brennöl sowie zu Seifen und Firnissen Verwendung findet.

Die Kennzahlen sind folgende [1]):

| | |
|---|---|
| Spez. Gew. bei 15° . . . . . . . . . . . . . | 0,924—0,926 |
| Erstarrungspunkt . . . . . . . . . . . . . . | —16 bis —19° |
| Refraktionszahl bei 25° . . . . . . . . . . . | 72,2 |
| „ „ 40° . . . . . . . . . . . | 62,5—64 |

[1]) D. Holde, Mitt. Techn. Vers.-Anst. Berlin 1894, **12**, 36; W. Thörner, Chem.-Ztg. 1894, **28**, 1154; Beckurts und Heiler, Arch. Pharm. 1895, **233**, 423; F. Jean, Ann. chim. anal. appl. 1901, **6**, 166; A. A. Shukoff, Chem. Rev. 1901, **8**, 250; P. Schestakoff, Chem. Rev. 1902, **9**, 204; Tolman und Munson, J. Amer. Chem. Soc. 1903, **25**, 954; N. Petkoff, Z. öff. Chem. 1907, **13**, 21; Benedikt-Ulzer, S. 679.

| | |
|---|---|
| Säurezahl | 0,1—11 |
| Verseifungszahl | 190—194 |
| Jodzahl | 127—136 |
| Schmelzpunkt der Fettsäuren | 21—24° |
| Erstarrungspunkt „ „ | 17—20° |
| Verseifungszahl „ „ | 200—202 |
| Mittl. Mol.-Gew. „ „ | 278—280 |

Die Menge der gesättigten Fettsäuren ist sehr gering, Tolman und Munson (s. S. 290) fanden nach Varrentrapp nur 3,9 %. Hiermit steht in ziemlicher Übereinstimmung die Angabe von K. Hazura [1]), wonach das Öl 92,5 % flüssige Fettsäuren enthält. Die Oxydation der letzteren lieferte Dioxystearinsäure und Sativinsäure, sie bestehen somit aus Öl- und Linolsäure. Nimmt man 130 als mittlere Jodzahl des Öls, so würden sich daraus ungefähr gleiche Mengen von Öl- und Linolsäure berechnen.

Die Jodzahl des Sonnenblumenöls läßt a priori auf ein nur mäßiges Trockenvermögen schließen. In der Tat erhielt v. Hübl durch Vermittelung von Kupferpulver (s. S. 141) in 7 Tagen nur eine Sauerstoffaufnahme von 5,0 %, und auch J. Petroff [2]) erhielt mit Firnissen aus Sonnenblumenöl keine günstigen Resultate. Er fand folgende Trockenzeiten:

| | |
|---|---|
| Sonnenblumenöl, roh | 8 Tage |
| „ „ 4 Stunden bei 200—250° gebl. | 8 „ |
| Rohes Öl mit 2 % harzsaurem Mangan | 15 Stunden |
| „ „ „ 2 „ leinölsaurem „ | 38 „ |
| Geblasenes Öl mit 2 % harzsaurem Mangan | 25 „ |
| „ „ „ 2 „ leinölsaurem „ | 38 „ |

25 Teile Firnis, mit 20 Teilen Blei- oder Zinkweiß gemischt und auf Holz aufgetragen, trockneten erst in 30 Stunden, während die Praxis 8—9 Stunden verlangt. Petroff kam daher zu dem Resultat, daß das Sonnenblumenöl für sich allein zu Firnissen nicht brauchbar ist.

[1]) Monatsh. Chem. 1889, **10**, 190.

[2]) Seifens.-Ztg. 1906, **33**, 922.

Siebentes Kapitel.

# Das Nigeröl.

Die Pflanze, von der das Nigeröl stammt, wird hauptsächlich in Indien und Abessinien angebaut, es ist eine Komposite, Guizotia oleifera. Die Saat wird auch nach England (Hull) und Frankreich (Marseille) eingeführt und dort gepreßt, sie enthält 30—40 % eines gelben Öls von angenehmem Geschmack, das vorwiegend als Speise- und Brennöl sowie zur Seifenfabrikation verwendet wird. Seine Kennzahlen sind [1]):

| | |
|---|---|
| Spez. Gew. bei 15° . . . . . . . . | 0,924—0,927 |
| Erstarrungspunkt . . . . . . . . . | — 9 bis — 15° |
| Refraktionszahl bei 40° . . . . . . | 63 |
| Säurezahl . . . . . . . . . . . . . | 2—11 |
| Verseifungszahl . . . . . . . . . . | 189—192 |
| Jodzahl . . . . . . . . . . . . . . | 126—134 |
| Innere Jodzahl . . . . . . . . . . | 147,5 |

Auch das Nigeröl gehört seiner Jodzahl nach zu den schwach trocknenden Ölen. Trotzdem wurde es im vergangenen Jahre, angesichts der großen Leinölknappheit, in größeren Mengen als Leinölersatz angeboten. Aus diesem Grunde hat Meister (s. u.) Trockenversuche damit angestellt. Er fand, daß es für sich allein in etwa 8 Tagen, mit Zusatz von Sikkativen in 16 bis 20 Stunden trocknet. Aber die Firnisse fallen wesentlich dunkler aus als beim Leinöl, und die getrockneten Häutchen bleiben noch tagelang klebrig. Im großen ganzen steht das Nigeröl, trotz annähernd gleicher Jodzahl, im Trockenvermögen dem Sojabohnenöl nach, und es ist nur als Zusatz zum Leinöl verwendbar, wenn es sich nicht um helle Farben handelt.

# Schlußwort.

Wir haben gesehen, daß unter den verschiedenen trocknenden Ölen das Leinöl weitaus an erster Stelle steht, wenn ihm auch das Holzöl und das Perillaöl in der Trockengeschwindigkeit

[1]) Wallenstein und Finck, Chem.-Ztg. 1894, **18**, 1190; Crossley und Le Sueur, J. Soc. Chem. Ind. 1898, **17**, 989; Meister, Farben-Ztg. 1910, **16**, 20.

überlegen sind. Nun ist der Preis des Leinöls seit Jahren starken Schwankungen unterworfen, in erster Linie veranlaßt durch den Wechsel guter und schlechter Ernten. Es scheint aber doch, als ob auch die Produktion an Leinsaat dem ständig steigenden Bedarf nicht genügend folgen würde; denn wir haben zurzeit eine Hausse auf dem Leinölmarkt, wie sie in dieser Intensität und langen Dauer noch nie da war. Ohne Zweifel wird ja im Lauf der nächsten Jahre ein gewisser Ausgleich eintreten, immerhin ist die Frage aktueller als je: Gibt es Körper organischer, oder schließlich auch anorganischer Natur, welche die trocknenden Öle, speziell das Leinöl, ersetzen können und uns dadurch vom Pflanzenreich unabhängig machen?

Um diese Frage richtig zu würdigen, müssen wir uns die folgenden Eigenschaften des Leinölfirnisses vor Augen halten.

1. Er ist bei gewöhnlicher Temperatur flüssig, daher streichbar.

2. Er ist ganz oder nahezu geruchlos.

3. Er geht in dünner Schicht mit dem Luftsauerstoff eine Reaktion ein.

4. Diese Reaktion ist in weniger als 24 Stunden beendigt.

5. Das Reaktionsprodukt hinterbleibt in Form einer zusammenhängenden, dichten und zähen Haut.

6. Er zeigt die unter 1—5 genannten Eigenschaften auch, zum Teil sogar in erhöhtem Maße, im Gemisch mit festen Farbkörpern, deren Farbe er nicht beeinflußt.

7. Er ist verhältnismäßig billig.

Bei näherem Zusehen ergibt sich, daß für ein Leinölersatzmittel die unter 1 und 3 genannten Bedingungen etwas eingeschränkt werden können. Der Körper braucht nicht unbedingt flüssig zu sein, er kann fest, muß aber dann in einem seinerseits geruchlosen und billigen Lösungsmittel löslich sein. Das nächstliegende derartige Lösungsmittel wäre natürlich das Wasser. Ferner ist auch der Autoxydationsprozeß nicht unbedingt erforderlich, im Gegenteil, es wäre ein Vorteil, wenn der gesuchte Körper gegen den Luftsauerstoff beständig und fähig wäre, in chemisch unverändertem Zustande die gewünschte Haut zu bilden.

Aber auch mit dieser Einschränkung finden wir, wenn wir uns unter der großen Zahl bekannter Verbindungen umsehen, bis heute keine, die allen Bedingungen gerecht würde. Nehmen wir als Beispiel das Kollodium. Die nitrierte Zellulose ist zwar fest, sie löst sich aber in Ätheralkohol. Der Körper ist ferner geruchlos, das Lösungsmittel dagegen weder geruchlos noch billig, und seine Dämpfe würden physiologisch nachteilig wirken. Dagegen würde die Verdunstung rasch vor sich gehen, eine Autoxydation überflüssig und die gebildete Haut luftbeständig sein. Andererseits wäre wegen der spezifischen Leichtigkeit des Lösungsmittels eine innige Mischung mit schweren Farbkörpern kaum möglich, und vor allen Dingen wäre der Körper viel zu teuer.

Nun ist es bekanntlich in vielen Fällen gelungen, pflanzliche Substanzen zu ersetzen durch Kunstprodukte, erhalten durch Zerlegung oder chemische Veränderung der Überreste, welche uns eine längst vergangene Flora und Fauna in bis heute unerschöpflichen Mengen hinterlassen hat: Kohle und Erdöl. Es war im zwölften Kapitel des ersten Teils davon die Rede, daß das zu teuer gewordene Terpentinöl in großem Umfang durch Erdöldestillate ersetzt wird. Analog hat man einen Ersatz für das Leinöl unter den Teerdestillaten gesucht. Das betreffende Präparat, „Leinin" genannt, wurde von Sr. [1]) geprüft, die Resultate waren aber zunächst wenig ermutigend. Es zeigte einen widerlichen Geruch, trocknete erst in drei Wochen und die Anstriche wurden mißfarbig. Diese Übelstände verschwanden aber, nachdem das Präparat mit Salzsäure und Kaliumbichromat oxydiert worden war. Das Oxydationsprodukt trocknete über Nacht härter durch als Leinölfirnis. Es ließ sich ohne Beeinflussung des Tons mit bunten Farben mischen, nur Zinkweiß wurde gelblich gefärbt. Auch zur Herstellung von Lacken war es verwendbar. Demnach hätte man ein nahezu ideales Leinölsurrogat vor sich; doch wird man gut tun, eine Bestätigung der obigen Angaben abzuwarten.

---

[1]) Farben-Ztg. 1910, 15, 2120.

# Sachregister.

GPSR Compliance

*The European Union's (EU) General Product Safety Regulation (GPSR) is a set of rules that requires consumer products to be safe and our obligations to ensure this.*

*If you have any concerns about our products, you can contact us on ProductSafety@springernature.com*

In case Publisher is established outside the EU, the EU authorized representative is:

Springer Nature Customer Service Center GmbH
Europaplatz 3
69115 Heidelberg, Germany

**Batch number: 10682439**

Printed by Printforce, the Netherlands